卓越 工程师教育培养计划系列教材

精细化工导论

陈洪龄　王海燕　周幸福　等 编著

第二版

化学工业出版社

·北京·

内容简介

《精细化工导论》(第二版)介绍了精细化工的概念、产品特点、开发流程和发展趋势,对常见的精细化工产品染料、涂料、胶黏剂、合成材料助剂、表面活性剂、造纸化学品、工业水处理剂、食品添加剂、化妆品与盥洗卫生品、高新精细功能材料等进行了专门介绍。本书注重突出产品的功能和分子结构特点,淡化合成方法和工艺。

《精细化工导论》(第二版)可作为高等院校化学、化工、轻工、石油、食品、环境、材料等专业的教材,同时可供成人教育选用,还可供从事精细化工研究、生产的技术人员参考。

图书在版编目(CIP)数据

精细化工导论 / 陈洪龄等编著. —2 版. —北京:
化学工业出版社,2022.1(2024.9重印)
卓越工程师教育培养计划系列教材
ISBN 978-7-122-40287-5

Ⅰ. ①精⋯ Ⅱ. ①陈⋯ Ⅲ. ①精细化工-高等学校-
教材 Ⅳ. ①TQ062

中国版本图书馆 CIP 数据核字(2021)第 235393 号

责任编辑:杜进祥 马泽林 孙凤英
责任校对:宋 玮   装帧设计:关 飞

出版发行:化学工业出版社(北京市东城区青年湖南街 13 号 邮政编码 100011)
印 装:北京建宏印刷有限公司
787mm×1092mm 1/16 印张 16¾ 字数 420 千字 2024 年 9 月北京第 2 版第 3 次印刷

购书咨询:010-64518888   售后服务:010-64518899
网 址:http://www.cip.com.cn
凡购买本书,如有缺损质量问题,本社销售中心负责调换。

定 价:49.00 元

前 言

　　精细化工产品从组成上讲包含精细化学品和专用化学品两大类，前者赋予产品化学上的深度加工，强调精确的分子结构和纯度，后者常为多组分构成，强调产品的功能性。精细化工产品种类繁多、功能独特、附加值高，虽然产量上远比大宗化学品少，但在许多领域不可或缺。精细化工产品的品种和质量一定程度上反映了一个国家和地区经济和社会发展的水平。强化和提升精细化工的产业水平已成为世界各国调整化学工业结构、扩大经济效益的重要战略。

　　第一版《精细化工导论》于 2015 年 9 月由化学工业出版社出版，是"卓越工程师教育培养计划系列教材"之一。该书出版后，许多学校选作教材和图书馆藏书，使用和销售情况良好。该书"淡化化学合成反应和生产工艺，突出精细化工产品功能性、专用性"的内容特色，得到了广泛认可。同时，我们也发现有一些不足，章节设置需要调整，有些内容需要更新。

　　第二版《精细化工导论》新增了"表面活性剂"一章，将第一版第 11 章"乳化剂与乳液制备"并入该章。表面活性剂有"工业味精"之称，与其他章有诸多关联，在很多领域有着广泛应用，将表面活性剂独立设章可使内容上更加丰富，和其他章也能更好衔接。此外，将第一版"纳米精细功能材料"一章改为"高新精细功能材料"，内容上除了介绍纳米精细功能材料外，进一步拓展了超亲/疏水材料、超硬材料、气凝胶超级隔热材料、先进显示材料、石墨烯材料等更多高新精细功能材料，让学生能够更多感受科技进步和高新功能材料对社会发展的促进作用。其他章对相关领域概况、发展趋势等进行了更新，以更好反映当今精细化工的现状和未来。

　　本书共分 11 章。第 1 章绪论部分介绍了精细化工的概念、产品特点、产品开发、发展趋势等总体内容。第 2 到 10 章分别介绍了染料、涂料、胶黏剂、合成材料助剂、表面活性剂、造纸化学品、工业水处理剂、食品添加剂、化妆品与盥洗卫生品等常见精细与专用化学品相关知识。第 11 章介绍了几种代表性的高新精细功能材料。本书注重概念和原理，淡化精细化学品的化学合成，以更好地扩充产品功能性知识。本书可作为高等院校化学、化工、轻工、精细化工等专业教材，也可供相关行业工程技术人员参考之用。

　　本书由陈洪龄、王海燕、周幸福等编著。其中第 1、3、5、6、8 章由陈洪龄编写，第 7、9、10 章由王海燕编写，第 2、4 章由周幸福编写，第 11 章由陈巧玲编写，陈洪龄负责全书统稿。

　　本书虽经第二版完善，但一定存在不足，诚恳接受读者指正！

编著者

2021 年 9 月于南京工业大学

第一版前言

精细化工是当今化学工业中最具活力的新兴领域之一，是新材料的重要组成部分。精细化工产品种类多、附加值高、用途广，产业关联度大，直接服务于国民经济的诸多行业和高新技术产业。大力发展精细化工已成为世界各国调整化学工业结构、扩大经济效益的战略重点。精细化工率（精细化工产值占化工总产值的比例）的高低已经成为衡量一个国家或地区化学工业发达程度和化工科技水平高低的重要标志。

精细化学品和专用化学品统称为精细化工产品，虽然有不同之处，但两者有许多共同特征。精细化工产品共同的特点：①品种多、批量小；②技术性强；③利润大、附加值高；④研发投入大、成功率低；⑤生产装备具有通用性。

实践中我们发现，化学和化工专业的学生有较扎实的化学原理、工艺过程设计和计算知识，但对常见的精细与专用化学品概念、组成和原理等了解不多。很显然，作为化学、化工等专业的学生了解这些精细化工的知识是十分必要的。

本书共分十一章。第一章绪论部分介绍了精细化工的概念、产品特点、产品开发、发展趋势等总体内容。第二到十一章分别介绍了染料、涂料、胶黏剂、合成材料助剂、工业水处理剂、造纸化学品、纳米精细功能材料、食品添加剂、化妆品与盥洗卫生品、乳化剂与乳液制备等常见精细与专用化学品相关知识。本书注重概念和原理，淡化精细化学品的化学合成，以更好地扩充产品功能性知识。本书可作高校精细化工教材，也可供相关行业工程技术人员参考之用。

本书第一、三、五、六、十一章由陈洪龄编写，第二、四、八章由周幸福编写，第七、九、十章由王海燕编写，陈洪龄负责统稿。

本书虽已成稿出版，但一定存在不足，诚恳接受读者指正！

编著者
2015 年 4 月于南京工业大学

目 录

第 4 章　胶黏剂 / 55

第 5 章　合成材料助剂 / 77

第6章 表面活性剂 / 113

第7章 造纸化学品 / 137

第 8 章　工业水处理剂 / 162

第 9 章　食品添加剂 / 178

第 10 章　化妆品与盥洗卫生品 / 198

第 11 章　高新精细功能材料 / 222

参考文献 / 254

第1章

绪　论

1.1　精细化工产品的概念

化工产品的品种繁多，当我们听到甲苯、环己酮、盐酸等产品名称时，很清楚地知道这是化工产品；在使用燃气、洗涤剂、涂料、润滑油、除锈剂、胶黏剂等不是以化学名称而是以用途命名的产品时，也很容易想到这些产品和化工紧密相连。但有一些领域对化工产品应用的需求很大甚至具有依赖，一般人并不是很了解，如电子产品的塑料包装袋就和普通的塑料袋完全不同，电子产品的塑料包装袋具备抗静电功能，以防止静电对电子模块的伤害；再比如夏季洒水车对绿化带树木喷水，采用科学的养护措施可以在水中加入一种叫抗蒸腾剂的化学材料，能够有效降低树木叶面高温下的蒸腾作用和水分损失，抵御高温干旱，增加植物营养，增强枝叶的恢复力、再生力，而这类材料本身无毒、无副作用，直接加水稀释即可施用，是环保型生态化学制剂。化学合成药物给人类带来的对疾病的预防和治疗更是不胜枚举。可以说，化工产品在人们的日常生活、其他传统产业、高科技领域，以及科学研究中发挥着不可替代的重要作用。

上述列举的甲苯、环己酮、盐酸，以及抗静电剂、抗蒸腾剂、合成药物等都是化工产品，很显然，这些产品在本身的结构、组成、制造特点上区别很大。甲苯、环己酮、盐酸等结构明确简单，生产技术成熟且产量很大；抗静电剂、抗蒸腾剂等产品功能明确，使用者关注的是产品能不能达到所声称的作用功能；合成药物一般结构复杂，需要多步化学合成过程才能完成，无论是中间产物还是最终产物，其结构必须十分精确。从事化工发展战略研究的学者很早就注意到化工产品的这些差异，并将化工产品进行分类，以使人们能更深刻地认识化工产品的发展规律，认识化工产业所处的发展阶段。

精细化工产品包含两大类：精细化学品（fine chemicals）和专用化学品（specialty chemicals）。

精细化学品指的是深度加工的，技术密集度高、附加值大，具有特定应用功能的化学品。这类产品往往是化学制药、染料、农药、有机功能材料等复杂化合物的中间体，也包括一些高纯试剂，强调化学结构和纯度。商业上按化学名称销售，纯度和规格决定价格。如3,5-二甲氧基苯甲酸，不同厂家生产的都是这一结构，单纯度可能有99.9%，也可能是

98%，这决定了价格。由于终端产物的合成步骤繁多，这些终端产物的制造商往往向其他生产厂定制精确分子结构并有一定纯度要求的中间产物。而中间体的制造商往往不知道终端产品是什么，或是什么用途。精细化学品可以说是专用化学品技术含量很高的原料产品。

专用化学品指的是产品有特定的功能和用途，如防锈剂、油墨、车蜡、极压添加剂等。这些产品往往没有固定的化学结构，而是科学的配方组合而成，强调产品的功能。其中组分有可能包含特殊定制分子结构，也可能是常用的化学品。商业上按产品的功能销售，不同厂家生产的同一类专用化学品在功能效果上往往存在一定差异，从而导致价格相差很大，这也体现出制造商的技术水平。如室内墙面装饰用的乳胶漆，不同厂家销售的乳胶漆配方不尽相同，可能在白度、耐候性、耐水性上有差异，价格显然不同。

当今的化工原料主要来自石油、煤炭、化学矿、天然动植物。这些原料经加工首先成为烷烃（如辛烷）、烯烃（如乙烯、丙烯）、芳烃（如苯、甲苯）、油脂（如脂肪酸甘油酯）等初级产物，产量大，也称之为大宗化学品。这些初级大宗产品处在产品链的开始阶段，往往也被称为化工上游产品（upstream products）；而精细和专用化学品是在这些原材料的基础上不断深度加工产生的，往往被称为化工下游产品（downstream products），也就是精细化工产品。

1.2 精细化工产品的特点

精细化学品和专用化学品统称为精细化工产品，虽然有不同之处，但两者有许多共同特征。精细化工产品共同的特点有以下几方面。

（1）品种多、批量小 中间体名目繁多，如一些药物往往要经过几十步反应制得，每一个中间产物都可以看作是精细化学品，更有一些处在研发筛选阶段的医药、农药、兽药或是其他功能有机材料，定制的中间体更是结构特殊、五花八门；同样，强调功能性的专用化学品更是针对不同场合和用途需要不同的品种。"定制"和"功能性"也决定了产品不像化工上游产品那样大吨位，而是小批量。

（2）技术性强 定制的精细化学品往往在结构上是特殊的，越是接近终端的中间体，其合成和提纯越是困难，得率也低，需要设计合理的合成路线，精确地反应控制，甚至特殊的分离过程，这些都需要很高的技术性；而针对特殊用途的功能性专用化学品，在特定功能的实现和产品与周边环境的适应性上往往难以求全，如集成线路板的涂层防腐性与导电性要求，纺织品面料的防水性与透气性要求，涂料中用到的一些粉体的遮盖性、分散稳定性、流变性和对成膜高分子材料的塑性影响等，都需要在材料选择、添加量、组分协同效应上综合考虑，有时也需要设计定制特定分子结构的配方组分。这就需要对化学品性能有深入认识，对结构和性能的关系、组分相互之间的影响等有充分的知识储备和娴熟的经验，同时还需要高技术支撑，很多产品更需要多学科知识的融合。

（3）利润大、附加值高 由于精细化工产品的技术性强，在一些特定的场合或领域的应用往往是不可替代的，因此价格一般较大宗化学品要高得多，带来的利润也颇为丰厚。越是加工深度大、技术性强的产品，其利润也越高。尤其是在一种需求或一个新品种刚刚推向市场时，其利润会大得惊人。当其他一些企业效仿开发出类似产品时，价格会大幅降低，有实力的企业就会推出功能性更好、更高端的产品。如作为聚氨酯发泡剂使用的有机硅聚醚产品，最早需国外进口，价格高，而当国内研发并有类似产品上市时，进口产品的价格应声下滑，现在，国内的有机硅聚醚产业蓬勃发展，基本和进口产品处于同等质量水平。

（4）**研发投入大、成功率低** 有实力的精细化工企业不仅有人数众多、水平高端的研发队伍，还不惜重金对研发投入。这是产品功能性要求和结构精细化决定的，也是企业在激烈市场竞争中保持优势地位的必然要求。如新药的开发，一种原创性新药从实验室研究到摆放到药店上市一般要花费 10～15 年时间，耗资超过 13 亿美元，最初可能需要有 5000～10000 种化合物进行筛选，仅 250 种左右能进入临床前研究，进入临床试验的可能仅剩 5 种，而最后获得批准上市的只有 1 种。由此看来，新药的 20 年专利保护期也是合理和必需的，不然都不会去做周期漫长、耗资巨大、风险极高的原创性工作。一种新药的诞生，也会带来一些新的中间体精细化学品产业。当然，药物的研发已成为特殊的精细化工行业，就一般的专用化学品而言，研发的费用同样是很高的，而成功率却很低。如水性涂料的概念在许多年前就已提出，但至今在一些场合仍然需要使用溶剂型涂料，而这些年来的水性涂料研发和试验始终没有停止过，从发表的大量研究文献就可以说明这一点。

（5）**生产装备具有通用性** 精细化学品的生产往往由一些单元反应和单元操作技术组成。单元反应如卤化、磺化、氧化、还原、烷基化、羟基化、酰基化、硝化、酯化、氨解、水解等；单元操作技术如反应器、精馏、萃取、过滤、干燥、重结晶、粉碎等。对于某一特定的精细化学品，可能只需要用到几种单元反应和单元操作技术。一个企业如果具备几种单元反应和单元操作技术装备，就可能生产多种精细化学品。而不像石油化工中乙烯、芳烃等需要巨大装备，但只能生产较单一品种。

功能性的专用化学品往往是以配方技术决定质量的，装备需要的是计量和混合，一般更具有通用性。当然也有一些相对特殊的设备，如乳化装备，但在一台乳化装备上也可生产乳液类的不同产品。极少量一些产品需要特殊的装备手段，如低温环境、气氛保护或需要在真空下完成的工艺过程。

1.3 精细化工产品的研发

精细化工产品的研发一般是有明确的市场需求和商业导向。社会需求往往是满足人们在福利、健康、科学探索中对一些功能型产品的期待；而商业导向往往是精细化工产品的高价值、高利润驱使企业进入这些行业或开发一些新品获取更多利润。精细化工产品的研发可以通过图 1-1 说明其一般过程。

课题的确立可来源于社会需求或科学原理推测可实现某些功能造福人类。社会需求广泛而多样，如对流感药物的需求，或户外运动者对低刺激、无毒害、高防晒指数的防晒霜的期待；而科学预测往往是科学工作者在发现某一物质化学规律或制备出某种新化合物或新材料时，凭借敏锐的眼光判断预计可能制造出更好的功能材料或药物，如碳纤维是近年来化学界广泛关注的研究热点，通过碳纤维制造轻质高强度材料不仅在民用而且在军事上有着广泛的用途，一些汽车保险杠、坦克装甲外壳都已采用碳纤维材料制造。围绕碳纤维材料应用需求的如分散、黏合、成型加工的功能助剂也应运而生。

确定课题以后，研发的过程往往是艰苦的，要保证研发的顺利进行并最终获得成功，以下几方面尤其需要重视。

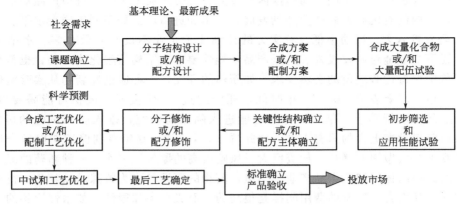

图 1-1　精细化工产品的一般开发程序

（1）实力雄厚的研发团队　精细化工产品技术性强的特征就决定了研发不是非专业人士可从事的工作。需要配备合理结构的研发团队。往往需要有高水平的产品开发设计者和具有丰富实验室经验的实验操作人员、仪器分析人员协调工作。团队成员能够敏锐地观察实验现象，分析和归纳出现的问题，并及时给出解决方案。

（2）充足的资金投入　许多企业对资金投入的重要性往往认识不足。一个项目的开发要经过的过程很多，特别是开发研究初期的摸索阶段，失败是不可避免的。管理者只有允许失败，放手让研究者试验研究才会有更多成功，一旦完成开发投向市场，效益是显著的。高投入、高回报正是精细化工产品的特点之一。试剂、分析测试、实验室仪器装备、中试、应用试验、信息调研等都需要经费支撑。

（3）尽量完备的实验条件　实验室制备、化学结构的确定和定量分析、性能测试等都是必不可少的条件。特别是对专用化学品来说，性能测试更加重要。完善的实验条件不仅可以起到事半功倍的效果，而且是提高成功率所必需的。有些功能型产品的开发由于性能测试不全面，在实际应用时出现这样那样的问题，甚至产生可怕的危险。全面的产品性能评价和测试是十分必要的，实验室无法完成的一些性能评价可委托专门机构完成。

（4）注重开发的时效性　快速地满足客户需求是保持市场竞争优势的关键。客户在寻求一个精细化工产品时往往会和多家联系，谁能快速提供合格产品谁就争取到订单。有实力的精细化工企业在市场上推出的只是市场上最好的产品，不见得是其研发的最好产品。当销售到市场上的产品失去优势时，会迅速推出储备的新品种。

（5）用户服务技术团队　和客户的沟通是十分重要的。很多专用化学品的使用需要按照设定的方法和程序进行，包含一定的技术性。如黏合剂的固化温度和时间、乳化剂需要的乳化过程等。有些设定的使用方法由于其他因素客户无法实施，就需要针对性地解决，成为某一客户专用的产品。这样的情况经常发生。和客户完美的沟通协调，不仅体现了企业的技术水平，也是企业维持稳定客户关系的最好办法。

（6）信息和情报工作　无论是精细化学品的制备工艺，还是专用化学品的更新换代都是快速发展。了解行业动态，跟踪最新技术，并有意识地将这些新技术用到产品开发中去，就会不断取胜。实际上化学上的每一点进步最终都将体现在产品性能或工艺上，如目前以纳米技术为主要特征的精细化工产品已很普遍。规模性的企业都有信息和情报搜索部门，为决策者和研究人员提供行业和学术界最新发展和需求。

（7）逐步形成自身的技术特色　精细与专用化学品涉及很多行业，品种繁多，一个企业只有形成自己的技术特色，才能保证自身的不断发展。比如，涉及有机硅精细化工产品，人们会联想到陶熙（原道康宁）、信越，国内的星火化工等；涉及洗化用品，就会联想到宝洁公司等。但技术特色不代表产品单一，很多不同行业需求的专用化学助剂叫法不同，涉及的领域也完全不一样，但在化学原理和配方设计上是相通的。如颗粒的悬浮技术，在建筑涂料、电子元器件包封料、油墨等行业都涉及，这些产品的制备在技术上有共同的界面化学原理。国外的一些百年企业，由于自身的不断发展已在不同的领域形成自己鲜明的技术特色。

1.4　精细化工的发展趋势

精细化工的产生与发展是人类文明不断进步的体现。人类社会发展的过程是人类与自然不断抗争、不断认识、不断取得和谐共生的过程。对健康生活的追求使人们产生对药物的期待，甚至是长生不老丹的妄想；爱美之心使人们期望更好地保护皮肤，使用天然色彩美化身体更是屡见不鲜。随着人类对自然认识的不断加深，特别是 18 世纪中后期，化学等科学体系的建立，人类开始有意识地"创造"新物质，满足人类不断发展的需求。

化学这门自然科学，是人类科学文明的重要部分，其不同寻常之处，不仅在于它不断发现物质世界的规律，还在于它不断地创造新物质和体系。也可以说，化学科学的工作包括发现和创造两部分。化学家希望发现化学世界的构成，从原子、分子，到有组织的体系，如水分子结构，水分子聚集和运动规律，乃至动植物活体细胞和整个生物体等，化学家还希望认识这些构成之间如何相互作用并随时间改变。但人的主观能动性决定了化学家并不只局限在研究自然存在的化学世界的构成，他们也研究那些科学理论上可能存在的未知分子和物质的性能及相互作用，这就是创造，创造新的分子和物质及其化学转变，超出了对自然界发现的本身。18 世纪后期，化学迅猛发展，出现了第一种人工合成染料——苯胺紫，其可以说是第一个精细化工产品，时至今日，染料的品种和功能在不断扩大。品种上已达三百多万种，功能上已不再是普通的染色，激光染料、医学诊断标记物等都可以说是染料功能的延伸。每年人们不断创造着大量新化合物，不仅研究合成制备，更关注功能的开发。这些研究的根本目标是给人类社会带来更多的福利和健康，同时促进了包括精细化工在内的产品工程发展。

1.4.1　精细化工产品的内涵不断扩展

对精细化工产品的分类各国都没有明确的规定。随着科学技术的进步和社会发展的不断需求，精细化工产品涉及的行业和品种不断扩大。早在 1984 年日本出版的《精细化工年鉴》将精细化工分为 35 个行业类别，而仅一年后的 1985 年就增加到 51 个类别，它们是医药、农药、合成染料、有机颜料、涂料、黏合剂、香料、化妆品、表面活性剂、合成洗涤剂、肥皂、印刷用油墨、塑料增塑剂、塑料稳定剂、其他塑料添加剂、橡胶添加剂、成像材料、电子用化学品和电子材料、饲料添加剂与兽药、催化剂、合成沸石、试剂、燃料油添加剂、润滑剂、润滑油添加剂、保健食品、金属表面处理剂、食品添加剂、混凝土外加剂、水处理剂、高分子絮凝剂、工业杀菌防霉剂、芳香除臭剂、造纸用化学品、纤维用化学品、溶剂与中间体、皮革用化学品、油田化学品、汽车用化学品、炭黑、脂肪酸及其衍生物、稀有气体、稀有金属、精细陶瓷、无机纤维、贮氢合金、非晶态合金、火药与推进剂、酶、生物技术材料、功能高分子等。

我国在 20 世纪 80 年代初期"精细化工"的概念得到重视，殷宗泰先生在 1985 年编写的《精细化工概论》是最早一本关于精细化工的专业书籍。许多高校也相继设立了精细化工专业。从事精细化工生产的企业也迅速扩张。当时的化学工业部为了统一精细化工产品的口径，加快调整产品结构，大力发展精细化工，并作为以后计划、规划、统计的依据，对精细化工产品分类作出了暂行规定，将精细化工行业分为 11 大类，即农药、染料、涂料（包括油漆和油墨）及颜料、试剂和高纯物、信息用化学品（包括感光材料、磁性材料等）、食品和饲料添加剂、黏合剂、催化剂和各种助剂、化学药品、日用化学品、功能高分子材料等。在催化剂和各种助剂中，又细分为催化剂、印染助剂、塑料助剂、橡胶助剂、水处理剂、纤维用油剂、有机抽提剂、聚合物添加剂、表面活性剂、炭黑、吸附剂、皮革化学品、电子工业专用化学品、造纸化学品、农药用助剂、油田用化学品、混凝土用添加剂、机械及冶金用助剂、油品添加剂、其他助剂等 20 大类。每一大类中又分为若干类，包含的品种很多。其后关于精细化工的分类没有再正式给出。

很显然，当今精细化工产品的品种大大超出上述国内外的分类。现在人们更关注的是产品"深度加工"和"功能性"的属性，品种繁多已无法详细分类，特别是高新技术带来的新功能产品越来越多，涉的领域也越来越广泛，如医学诊断试剂、有机发光材料、纳米复合材料等，不仅深度加工，功能上也越来越满足人类社会需要，甚至改变了我们的生活。

1.4.2　学科知识交叉呈鲜明特征

社会不断进步，人类活动不断涉及新领域、新方向。石灰水粉墙，凡士林护肤，明矾净水，这些单一物质发挥作用的印象还留在一些人的记忆里，但单一物质作为专用功能助剂材料的时代却已基本结束。例如电子产品的维修、更换集成块是常见的，取下线路板中原有的集成块需要特殊的溶剂，不伤害线路，不损害基板，这是电子工程师对化学工程师提出的问题，这就是鲜明的交叉领域特征。目前涂料中的遮盖剂依然是无机颗粒，但现代涂料中，还包括高分子有机成膜物质、流平剂等，无机颗粒直接添加难以形成稳定体系，这就要对颗粒进行必要的改性，或必要的其他添加剂和特别的制备过程使体系稳定才能成为商品，这就涉及有机化学、无机化学、界面化学等多方面知识。多学科知识交叉对精细化工产品的技术支撑越来越明显。

1.4.3　绿色化发展趋势明显

随着社会进步，人们对当今世界出现的生态、环境、人口、资源等危机越来越重视，绿色发展已经成为趋势。精细化工发展的绿色化体现在原料、产品绿色化和生产工艺绿色化。以表面活性剂为例来说，脂肪酰氨基酸类、烷基糖苷类等为代表的绿色表面活性剂近些年来得到大力发展。这些绿色表面活性剂原材料来自天然，使用后短期内容易降解，性能温和，在很多领域取代了石化原料生产的传统表面活性剂。国际大公司无不加大对绿色专用化学品的开发和产品推广，如德国巴斯夫的绿色螯合剂 MGDA、绿色表面清洁剂，荷兰阿克苏诺贝尔绿色螯合剂 GLDA 等。从化学原理上设计的高选择性原子经济性反应路线，生产工艺紧凑、经济、节能、环保和安全，正改变着传统化学工业。

1.4.4　产业格局变化

作为高附加值的化工产业，精细化工向来是欧、美、日本等化学工业发达国家和地区的重要产业方向。传统精细化工行业，像农药、染料和纺织化学品等曾经是欧美、日本等发达国家和地区的处于垄断地位的产业，近些年来在发达国家和地区化工产品中所占的比重呈下降趋势，而高新精细化工领域如创新原料药、酶制剂、专用聚合物、纳米材料、分离膜、特种涂料、电子化学品和高性能催化剂等成为发达国家和地区新的增长点。竞争也导致大公司合并和重组，以更好发挥技术优势。美国杜邦和陶氏两大化工巨头经历了合并与拆分重组，原陶氏农业部门和杜邦农业部门组成新的农业公司；陶氏除农业和电子材料外的部门与杜邦功能材料部门组成新的（陶氏）材料科学公司；而陶氏的电子材料与杜邦除农业和功能材料外的部门整合形成新的（杜邦）特种化学品公司，可以说这样的重组聚焦了产业链竞争力的提升。

我国从 20 世纪 80 年代初期开始大力发展精细化工产业。经过几十年的努力，目前我国部分精细化工产品，如涂料、染料、农药、化学原料药及其中间体等已经完全可以满足国民经济发展的需要，部分产品也实现了出口，并具有一定的国际竞争力；许多领域的专用化学品，如食品添加剂、饲料添加剂、表面活性剂、胶黏剂、塑料助剂、橡胶助剂、水处理剂、造纸化学品、混凝土外加剂、油田化学品、皮革化学品等也可以满足国内相关产业的绝大部分需求；但总体精细化工产值占化工总产值的比例（精细化工率）与欧洲、美国、日本发达国家和地区相比还有差距，特别是像电子化学品、高性能特种专用化学品等还不能满足相关产业需求，较大程度还依赖进口。在当前制造业转型升级创新驱动的大背景下，未来几年，我国精细化工产业将有快速发展。

思 考 题

1. 举例说明精细化工产品和大宗化学品的区别。
2. 举例说明什么叫精细化学品，什么叫专用化学品？
3. 精细化工产品的特点是什么？
4. 举例说明学科交叉知识在精细化工产品中的体现。
5. 精细化工的发展趋势有哪些方面？

第2章

染　料

2.1　概述

2.1.1　基本概念

染料是能使其他物质获得鲜明而坚牢色泽的有机化合物，分天然和合成两大类。染料是能够使一定颜色附着在纤维上的物质，且不易脱落、变色。染料通常溶于水中，一部分的染料需要媒染剂使染料能附着于纤维上。早期的染料主要来源于动植物和矿物质，目前合成染料已经取代了天然染料，种类已达 8600 多种。在染料的选择上，可以根据实际要求来定。由于被染物用途各异，对染色成品的色牢度的要求也不同。

1856 年 Perkin 发明第一个合成染料——苯胺紫（也叫马尾紫），使有机化学分出了一门新学科——染料化学。20 世纪 50 年代，Pattee 和 Stephen 发现含二氯均三嗪基团的染料在碱性条件下与纤维上的羟基发生键合，标志着染料使纤维着色从物理过程发展到化学过程，开创了活性染料的合成应用时期。染料已不局限于纺织物的染色和印花，它在油漆、塑料、皮革、光电通信、食品等许多方面得到应用。

2.1.2　染料的分类

染料的分类方法有三种：按来源划分（天然和合成染料）、按应用性能划分、按化学结构划分。常用后两种分类方法。

染料按应用性能划分为以下几类。

（1）**直接染料**　该染料与纤维分子之间以范德华力和氢键相结合，分子中因含有磺酸基、羧基而溶于水，在水中以阴离子形式存在，可使纤维直接染色。

（2）**酸性染料**　在酸性介质中，染料分子中所含的磺酸基、羧基等水溶性基团与蛋白纤维分子中的氨基以离子键相结合，主要用于蛋白质纤维（羊毛、蚕丝、皮革）的染色。

（3）**活性染料**　染料分子中含有能与纤维分子中羟基、氨基等发生反应的基团，通过与纤维形成共价键而使纤维着色，又称反应性染料。主要用于棉、麻、合成纤维的染色，也可用于蛋白质纤维的着色。

（4）**中性染料**　在中性介质中染羊毛、聚酰胺纤维及维纶等。

（5）**分散染料**　属于非离子型染料，分子中不含有离子化基团，用分散剂使其成为低水溶性的胶体分散液而进行染色，以适合于憎水性纤维，如涤纶、锦纶、醋酸纤维等。

（6）**阳离子染料**　因在水中呈阳离子状态而得名。用于腈纶纤维的染色，常并入碱性染料类。

（7）**冰染染料**　在棉纤维上发生化学反应生成不溶性的偶氮染料而染色，由于染色时在冷却条件下进行，所以称冰染染料。

（8）**还原染料**　这类染料不溶于水，在强碱溶液中借助还原剂还原溶解进行染色，染后氧化重新转变成不溶性的染料而固着在纤维上，由于染液的碱性较强，一般不适宜于羊毛、蚕丝等蛋白质纤维的染色。

（9）**硫化染料**　在硫碱液中染棉及维纶用的染料。

2.1.3　染料的命名

染料是分子结构比较复杂的有机化合物，有些染料其结构至今尚未完全确定，因此一般的化学命名法不适用于染料，另有专用命名法。我国染料名称由三部分组成：冠称、色称和字尾。即三段命名法。

（1）**冠称**　采用染料应用分类法，为了使染料名称能细致地反映出染料在应用方面的特征，将冠称分为31类。即酸性、弱酸性、酸性络合、中性、酸性媒介、直接、直接耐晒、直接铜盐、直接重氮、阳离子、还原、可溶性还原、硫化、可溶性硫化、氧化、毛皮、油溶、醇溶、食用、分散、活性、混纺、酞菁素、色酚、色基、色盐、快色素、颜料、色淀、耐晒色淀、涂料色浆。

（2）**色称**　表示染料在纤维上染色后所呈现的色泽。我国染料商品采用30个色称，色泽的形容词采用"嫩""艳""深"三个字。例如嫩黄、黄、深黄、金黄、橙、大红、红、桃红、玫瑰红、品红、红紫、枣红、紫、翠蓝、湖蓝、艳蓝、蓝、深蓝、艳绿、绿、深绿、黄棕、红棕、棕、深棕、橄榄、橄榄绿、草绿、灰、黑。

（3）**字尾**　补充说明染料的性能或色光和用途。字尾通常用字母表示。常用字母有：B代表蓝光；C代表耐氯、棉用；D代表稍暗、印花用；E代表匀染性好；F代表亮、坚牢度高；G代表黄光或绿光；J代表荧光；L代表耐光牢度较好；P代表适用印花；S代表升华牢度好；R代表红光……有时还用字母代表染料的类型，它置于字尾的前部，与其他字尾间加破折号。如活性艳蓝KN-R，其中KN代表活性染料类型，R代表染料色光。由于染料色光的表现程度的差异，有时会使用几个字母来表示色光，如GG（2G）、GGG（3G）等，2G表示黄光程度高于G但低于3G。

2.2　光和色

染料的颜色不仅与染料分子本身结构有关，也和照射在染料上的光线性质有关，因此要正确了解颜色与染料结构之间的关系，首先要了解光的物理性质。

2.2.1 光的性质

光是一种电磁波。可见光、γ 射线、紫外线、红外线、X 射线等都是波长不同的电磁波。在整个电磁辐射波谱中只有很窄的一部分射线照射到眼睛中才能引起视觉。可见光范围的界限大约为 $400\sim760\text{nm}$。

在波动理论中，光的特性可用波长 λ 和频率 v 表示，两者关系为：

$$c = v\lambda \tag{2-1}$$

式中，c（光速）$=3\times10^8\text{m/s}$。

不同波长的可见光作用于人眼的视网膜后，视觉反应的颜色感觉也不同。可见光中各种不同波长的光线反映的颜色称为光谱色。

微粒理论中，单色光以每个光子能量来表示其特性。光子能量（E）和频率的关系：

$$E = h\nu \tag{2-2}$$

式中，h 为普朗克常数，等于 $6.626\times10^{-34}\text{J}\cdot\text{s}$。

从上式可计算出各种不同的频率光波的能量。光子的能量和波长成反比，所以紫外线的能量较可见光的能量高，红外线的能量较可见光的能量低。同理，在可见光中，波长不同的光线能量也不同，波长短的光线能量高，波长长的光线能量低。

2.2.2 光和色的关系

可见光能全部通过透明的物体，则该物体是无色；若全部被反射，则物体呈白色；若全部被吸收，则物体呈黑色；只有当物体选择吸收可见光中某一波段的光线，反射其余各波段的光线时，物体才呈现其他颜色。因此所谓物体的颜色就是对可见光选择吸收的结果。不过我们感觉到的颜色，不是吸收光波长的光谱色，是反射光的颜色，是反射光作用于人眼视觉而造成的。也就是被吸收光的补色。例如若某一物体吸收波长为 $500\sim560\text{nm}$ 的光线（光谱色为绿），我们肉眼感觉到的颜色为红紫，红紫色是光谱色为绿色的补色，光谱色与补色之间关系可用颜色环的形式来描述，如图 2-1 所示。

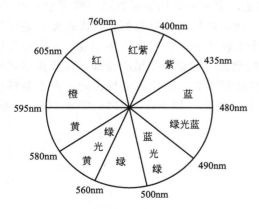

图 2-1 不同波的可见光的颜色

图 2-1 中颜色环周围所注的波长标度并无物理意义，但从图中可看出沿着直径方向，每块扇形的对顶处，都有另一块扇形，它们互为补色。例如：蓝色（$435\sim480\text{nm}$）的补色是黄色（$580\sim595\text{nm}$），即蓝色和黄色混合得到的是白光。若某一物质的吸收波长小于 400nm 或大于 760nm，则该物质在紫外光及红外光部分有吸收，物体呈无色。

测定紫外光谱或可见光谱的实验方法，目前几乎都采用自动记录分光光度计。让单色光通过试样，用电子仪器测量出被吸收掉的光辐射量。Beer-Lambert 定律是吸收光度法的基本定律，表示物质对某一单色光吸收的强弱与吸光物质浓度和厚度间的关系。式（2-3）表示了入射光强度（I_0）和出射光强度（I）与溶液浓度（c）以及光线通过溶液时通道长度（l）之间的关系：

$$\lg(I_0/I) = \varepsilon cl \tag{2-3}$$

如果用 mol/L 表示浓度，光线通过的路程用厘米（cm）为单位，则比例常数 ε 是摩尔吸收率或者叫摩尔消光系数。它是溶质对某特定波长光的吸收强度的一种量度。ε 的最大值（ε_{max}）以及出现最高吸收时的波长（λ_{max}），表示物质吸收带的特性值。用分光光度仪可测定 I_0/I 的比值（光密度），则由上式可求算出 ε_{max}。λ_{max} 说明染料基本颜色。

最大吸收波长 λ_{max} 增长或减短，染料的色调就相应地改变。一般黄、橙、红称浅色；绿、蓝、紫色称深色。所以染料最大吸收波长增大，色调就加深；反之染料最大吸收波长减短，色调就变浅。

颜色的纯度和染料吸收可见光的范围有关。光吸收接近于一种波长，颜色纯度高。染料吸收可见光后，没有被吸收而被反射出来的反射光量表现为染料亮度。反射光越多，亮度越大。

2.2.3 染料的发色

（1）经典发色理论　有机化合物结构中至少需要有某些不饱和基团存在时才能发色，这些基团称为发色基团（也称"发色团"），主要的发色基团有—N＝N—、＝C＝C＝、—N＝O、—NO_2、＝C＝O 等，含有发色基团的分子称为发色体或色原体。增加染料结构中共轭双键的数量，其颜色加深，羰基数目增加，颜色也加深。

对各种被染物质也不一定具有染色能力（或亲和力），能够作为染料的有机化合物分子中还应含有助色团，它们能加强发色团的生色作用，并增加染料与被染物的结合力。主要的助色团有—NH_2、—NHR、—NR_2、—OH、—OR 等。此外像磺酸基（—SO_3H）、羧基（—COOH）等为特殊助色团，它们对发色团并无显著影响，但可以使染料具有水溶性和对某些物质具有染色能力。

维特的发色团与助色团理论在历史上对染料化学的发展起过重要的作用，也正是这个原因，维特的发色团与助色团这两个名称现在还在被广泛地使用着，不过它们的涵义已经有了根本的变化。

（2）近代发色理论　根据量子化学及休克尔（Huckel）分子轨道理论，有机化合物呈现不同的颜色是由于该物质吸收不同波长的电磁波而使其内部的电子发生跃迁。能够作为染料的有机化合物，它的内部电子跃迁所需的激化能必须在可见光（400～760nm）范围内。

物质的颜色主要是物质中的电子在可见光作用下发生 $\pi \rightarrow \pi^*$（或伴随有 $n \rightarrow \pi^*$）跃迁的结果，因此研究物质的颜色和结构的关系可归结为研究共轭体系中 π 电子的性质，即染料对可见光的吸收主要是由其分子中的 π 电子运动状态所决定的。

现代发色理论中所谓的发色团，一般是指那些能吸收波长为 400～760nm 的电磁波的基团，它们的分子结构里有若干个共轭双键组成的共轭体系，这些共轭体系往往还带有助色团，共轭体系和助色团共同组成为一个发色体系。所谓助色团指的是那些连接在 π 共轭体系上的—NH_2、—NHR、—NR_2、—OH、—OR 等供电子基团。

（3）重要的发色体系　①乙烯发色体系；②偶氮发色体系；③次甲基/多次甲基；④芳香发色体；⑤稠环芳香体；⑥蒽醌；⑦酞菁。

人们把能增加染料吸收波长的效应称为深色效应，把增加染料吸收强度的效应叫增色效应。反之，把降低吸收波长的效应称为浅色效应，把降低吸收强度的效应叫淡色效应。

2.3 酸性染料

酸性染料分子量低，大多数在 300～800 之间，结构上带有水溶性酸性基团。染浴加入中性盐时因同离子效应而使染料离解减缓，减少色素酸的生成，缓染、匀染。与重金属阳离子会产生有色沉淀，故染色时不可用金属器皿，对钙、镁离子不敏感，可在硬水中使用。不能与阳离子染料同浴染色，若先用阴离子染料染色，后用阳离子染料固色，则染色效果好。染浴中加入一定量的阴离子或非离子表面活性剂可对酸性染料起匀染作用。一般用于羊毛、蚕丝、聚酰胺纤维的染色和印花的染料，也可用于皮革、纸张、墨水等的着色，色泽鲜艳。

之所以称为酸性染料，是因为染色必须在酸性染浴中，非染料本身呈酸性。按染色酸性强弱分为强酸性染料、弱酸性染料和中性染料。按化学结构又可以分为偶氮类、蒽醌类、三芳基甲烷类、氧蒽类等。为提高酸性染料与纤维间亲和力，提高湿处理牢度，可以制成金属络合型染料。

2.3.1 强酸性染料

最早发展起来的一种酸性染料，要求在较强的酸性染浴中染色，其分子结构简单，分子量低，含有磺酸基或羧基，对羊毛亲和力不大，在羊毛上能匀移，染得均匀，故也称酸性匀染染料，但色光不深，耐洗牢度较差，且染色时对羊毛有损伤，染后的羊毛手感较差。

强酸性染料按化学结构可以分为偶氮型、蒽醌型和三芳甲烷型等，其中以偶氮型居多。虽然这些不同结构的染料合成方法不同，但是染色机理基本一致。

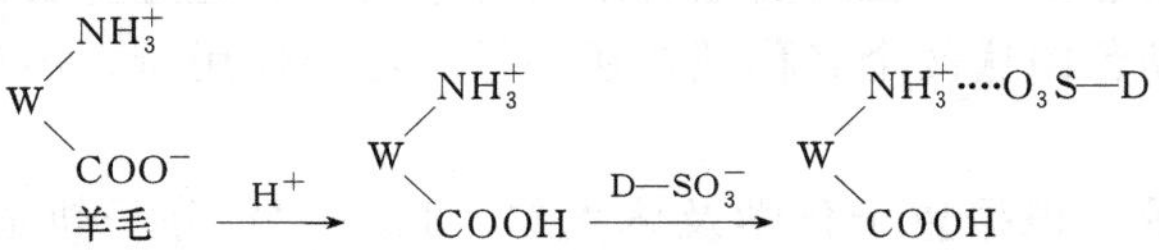

下面是几种强酸性染料的分子结构。

（1）酸性艳黄 2G

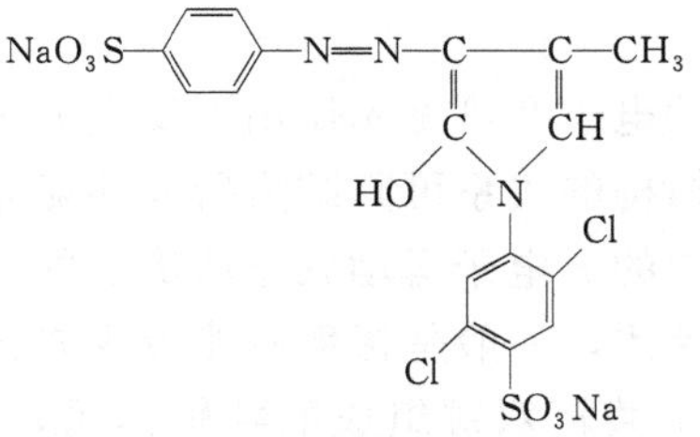

酸性艳黄 2G 为浅黄色粉末，可溶于水。主要用于毛、丝、锦纶织物的染色，并能在毛、丝织物上直接印花，还可用于皮革、纸张和电化铝的着色。

（2）酸性红 5B

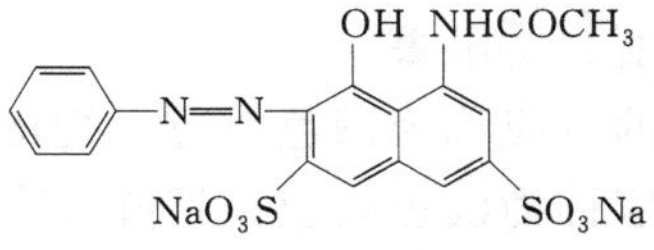

酸性红 5B 主要用于羊毛织物的染色。可以直接在毛织物、锦纶和蚕丝织物上印花，可以用来制造色淀和墨水，还可以用于化妆品、纸张、肥皂和木材等的着色。其钡盐可作为有机颜料，还可用于塑料和医药。

（3）酸性嫩黄 G

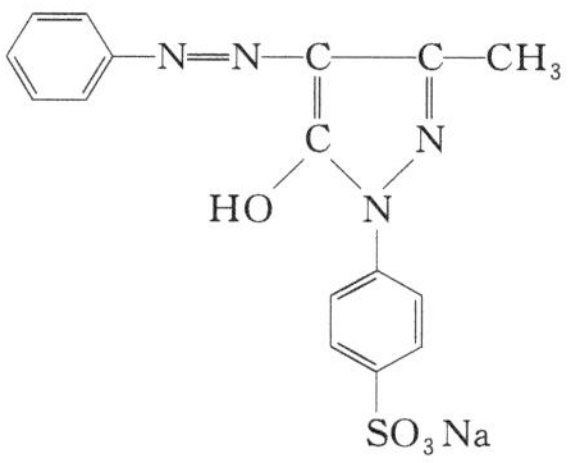

酸性嫩黄 G 的合成路线如下。

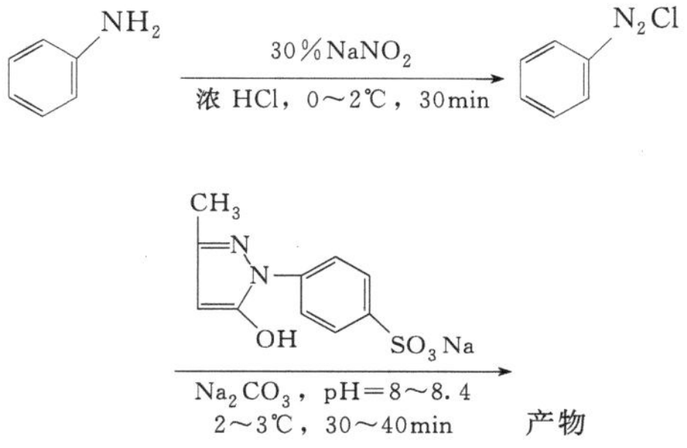

2.3.2　弱酸性染料

在强酸性染料中通过增大分子量、引入芳砜基等基团或引入长碳链等方法即生成弱酸性染料。分子结构较复杂，对羊毛亲和力较大，在弱酸性介质中染羊毛，对羊毛无损伤，色光较深，能有效改进强酸性染料染羊毛的缺点，坚牢度有所提高，但不匀染。

弱酸性染料染羊毛时，染色机理可表示为：

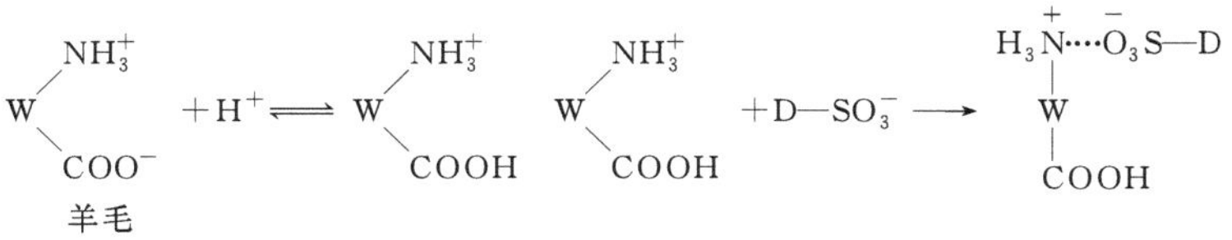

弱酸性染料也以偶氮型和蒽醌型为主。下面是一些弱酸性染料的分子结构。

弱酸性黄 6G

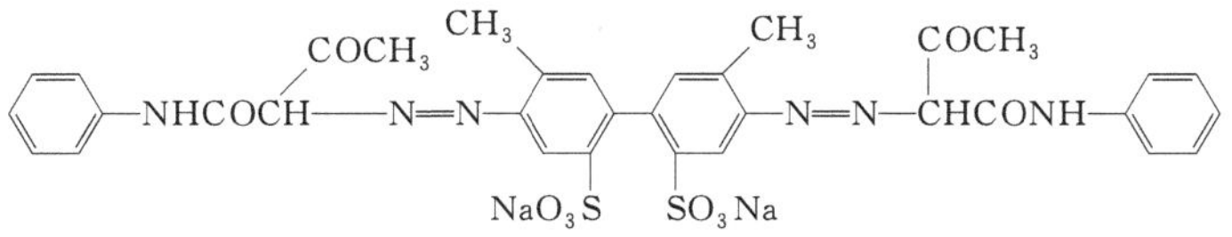

弱酸性艳红 3B

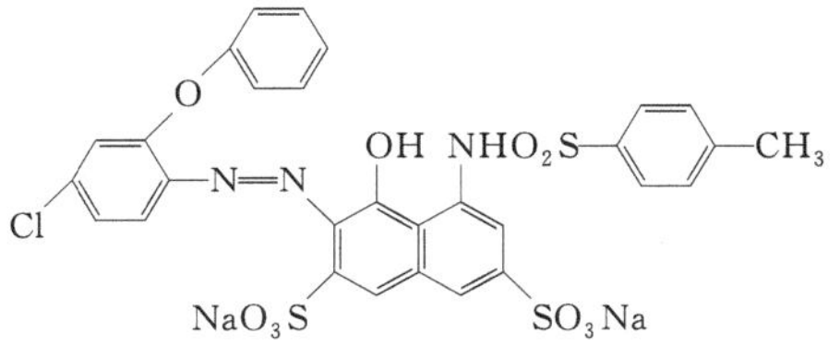

弱酸性橙 GS

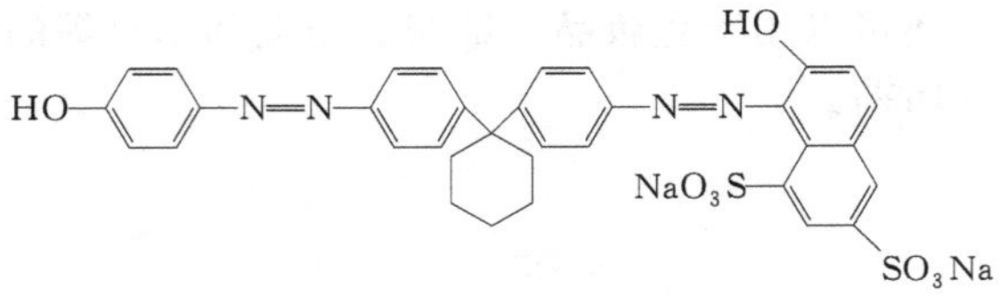

以弱酸性橙 GS 为例，合成路线如下。

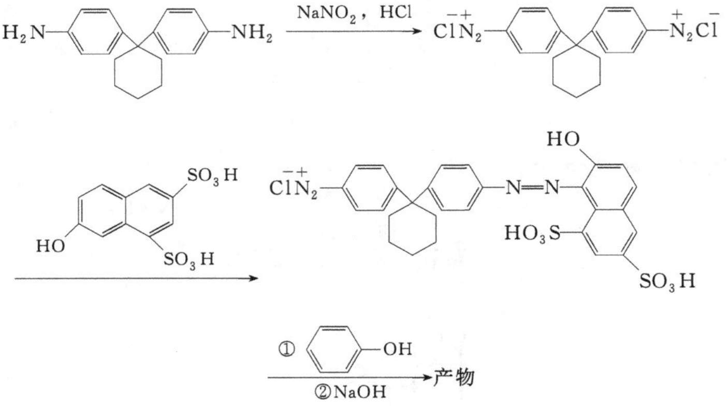

2.3.3　酸性媒介与络合染料

（1）酸性媒介染料　酸性染料用金属盐（如铬盐、铜盐等）为媒染剂处理后，在织物上形成金属络合物，能提高耐洗、耐晒和耐摩擦性能，但是染色的过程比较复杂，而且织物容易变色。酸性媒介染料合成方法与其他酸性染料相似，区别在于重氮组分和偶合组分的取代基不同，常见的偶合组分如下。

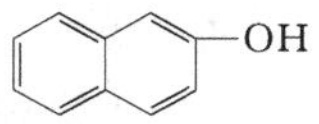

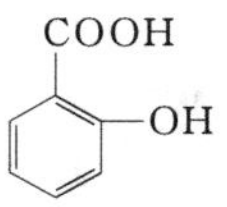

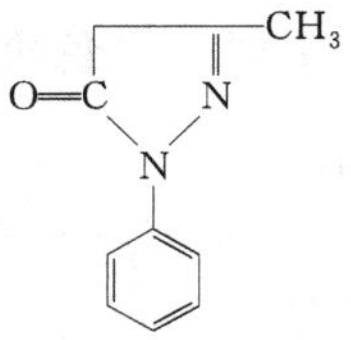

2-羟基萘　　　　　　邻羟基苯甲酸　　　　　1-苯基-3-甲基-5-吡唑酮

此类染料结构主要为偶氮型，如酸性媒介红 19 与酸性媒介深黄 GG 等。

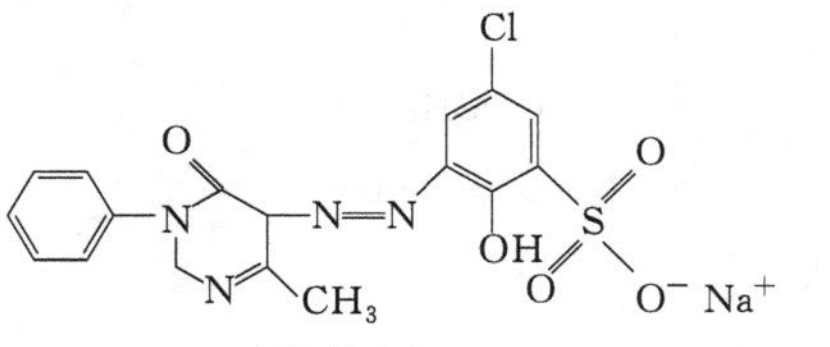

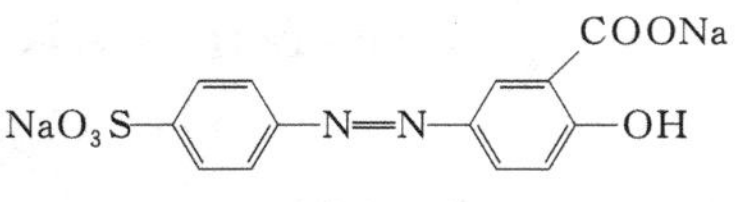

酸性媒介红 19　　　　　　　　　　　　　酸性媒介深黄 GG

（2）金属络合染料　由直接、酸性、酸性媒介或活性等染料与铬、钴等金属络合而成，实际上是染料母体作为多啮配位体、金属离子作为中心原子而形成的有色金属螯合物，可溶于水。其染品耐晒、耐光性能优良。它的染料母体和酸性媒介染料相似，但在制备染料时，已将金属原子引入偶氮染料分子中，金属原子与染料分子比为 1∶1，故又称 1∶1 金属络合染料，染色时不需再用媒染剂处理。

酸性络合紫 5RB

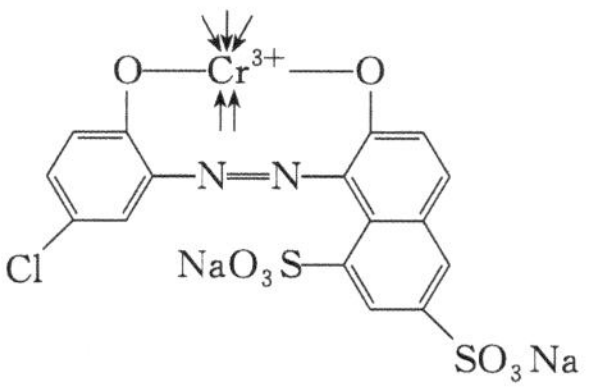

另一类酸性络合染料分子中不含磺酸基，而含有磺酰氨基等亲水基团，染料分子中金属原子与染料分子比为 1∶2，故称 1∶2 金属络合染料。1∶2 型染料中，有一部分常用于皮革涂饰着色，而且着色迅速，尤其在表面染色时，遮盖能力强。喷染时可加入少量的表面活性剂以助匀染。其耐水、耐汗、耐摩擦、耐光坚牢度均较好。这类染料常在中性或弱酸性介质中染色，又称为中性染料，如中性黄 2GL 等。以下是几种中性染料的分子结构。

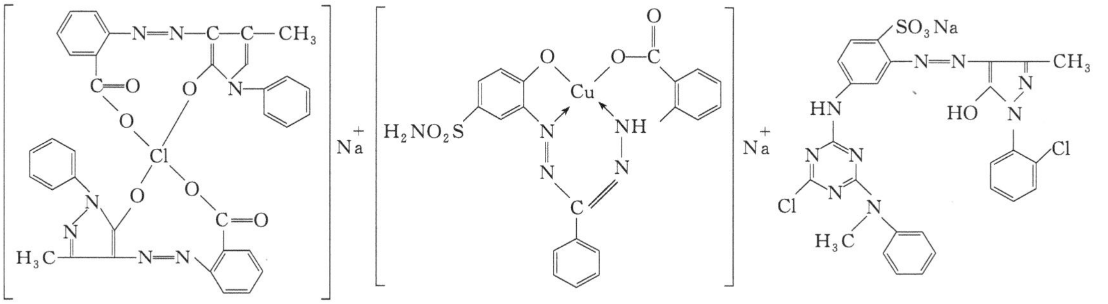

中性蓝 BNL   中性艳黄 3GL

以中性艳黄 3GL 为例，合成路线如下。

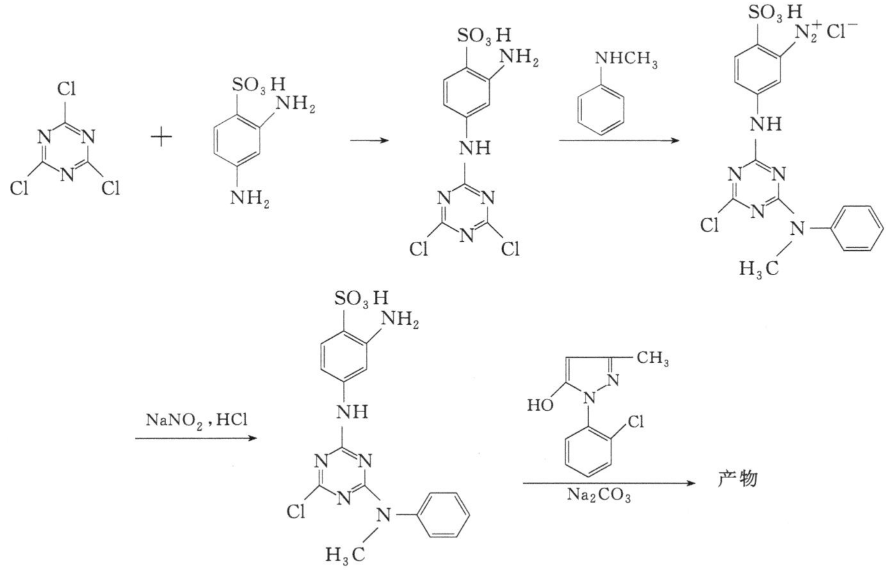

2.4 阳离子染料

阳离子染料又称碱性染料或盐基染料，可溶于水，在水溶液中电离，生成带正电荷的有色离子和酸根阴离子，解离方程式如下。

$$Me—NH_3Cl \longrightarrow Me—NH_3^+ + Cl^-$$

阳离子能与织物中第三单体的酸性基团结合而使纤维染色，是腈纶纤维染色的专用染料，能够改性涤纶、锦纶和丝绸的染色，具有强度高、色光鲜艳、耐光牢度好等优点。但阳离子染料一般不耐碱，适宜在酸性条件下染色。为了提高染料的染色性能，通常在染料分子中引入杂环，阳离子染料常用的杂环中间体有噻唑、吲哚和咪唑等，结构如下。

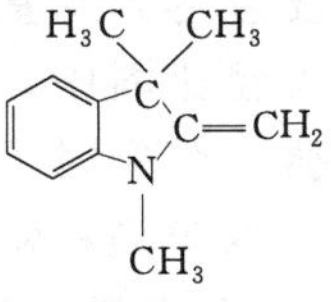

吲哚类 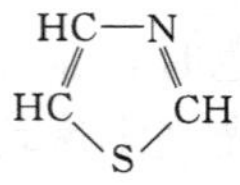　　　　　噻唑类 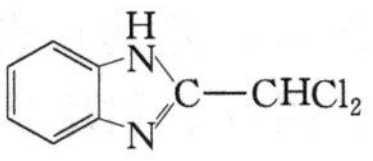　　　　　咪唑类

阳离子染料根据其分子中阳离子与染料分子母体联结方式的不同，可分为共轭型和隔离型。

2.4.1　共轭型阳离子染料

共轭型阳离子染料，季铵离子包含在染料分子共轭链中。通常也称为菁型（或次甲基类）。若分子中仅一端为含氮杂环，另一端为苯环则称为半菁。共轭型染料色泽鲜艳，上染率高，是阳离子染料中的主要品种。

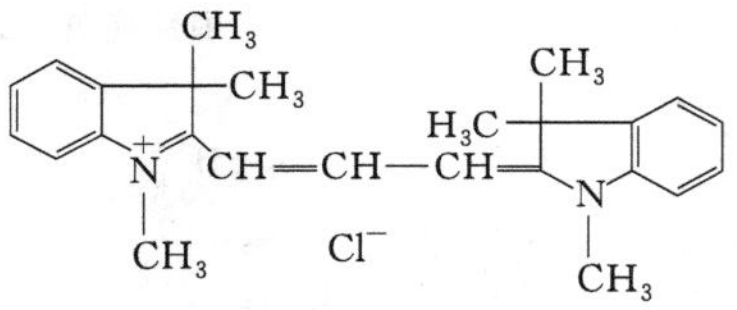

阳离子桃红 FF 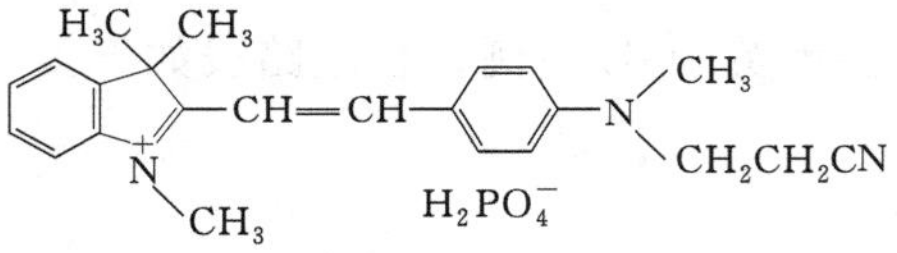　　　　　　　　　阳离子艳红 X-5GN

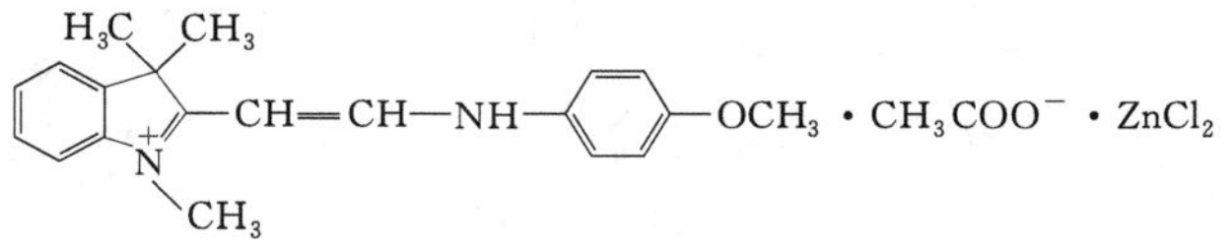

阳离子黄 X-8GL

以阳离子黄 X-8GL 为例，合成路线如下。

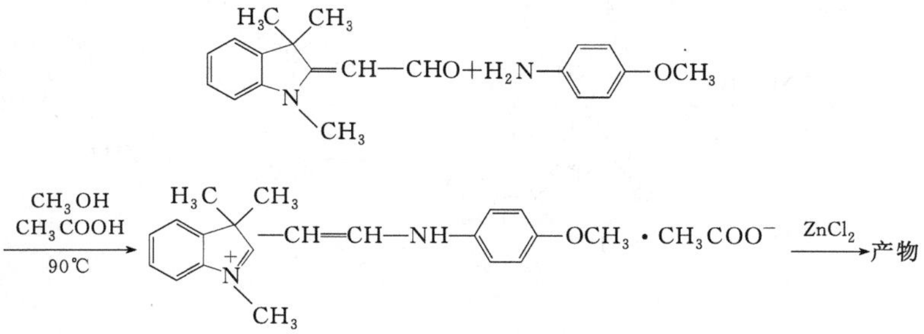

2.4.2　隔离型阳离子染料

隔离型阳离子染料，季铵离子不与染料分子共轭系统贯通，通常被 2～3 个亚甲基（—CH_2）隔离开。隔离型阳离子染料按其染料母体分子结构又可分为偶氮类和蒽醌类。这类染料色光

不十分鲜艳，给色量稍低。但耐热、耐晒、耐酸碱的稳定性好，其品种相对较少。

　　常见的中间体有

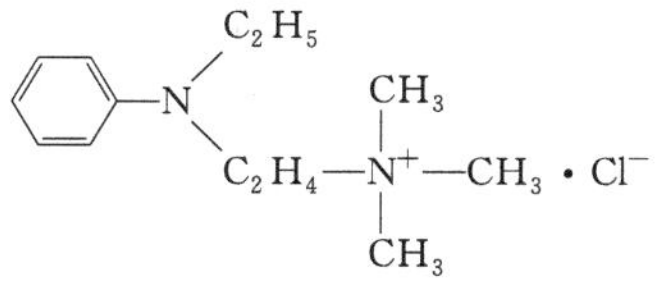

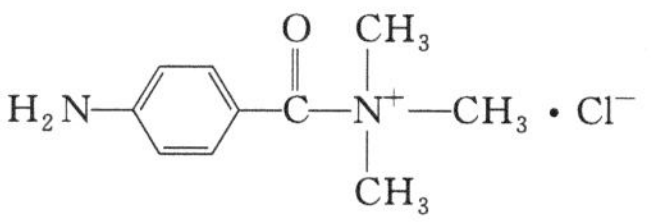

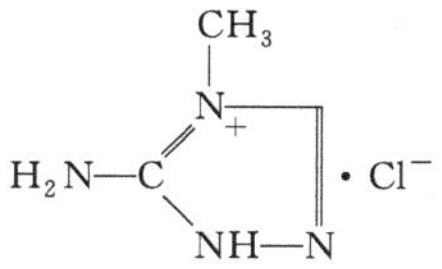

　　隔离性阳离子染料可以呈现紫色、红色等。

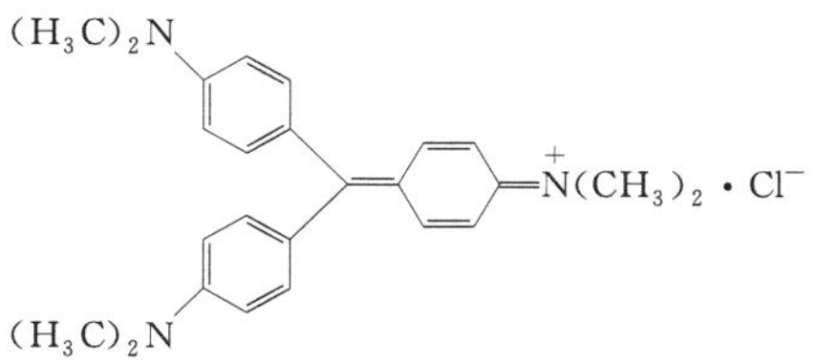

碱性紫 5BN 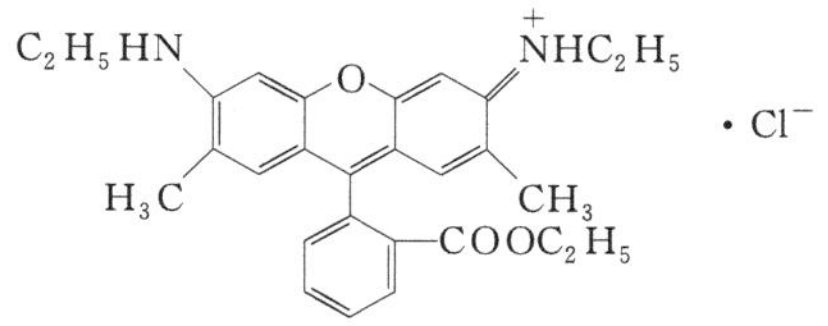　　　　　　　　　　　碱性红 6GDN

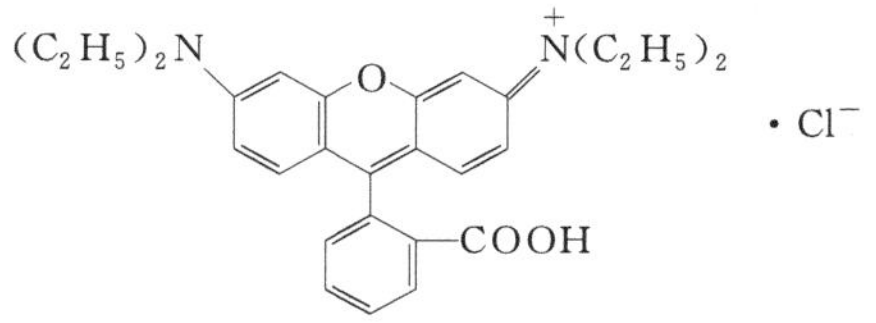

碱性玫瑰精 B

　　传统阳离子染料分子中的阴离子被萘磺酸阴离子取代后可得分散型阳离子染料。这类染料几乎不溶于水，其分散性、扩散性均得到提高，改善了阳离子染料的匀染性，可与酸性染料共同浴染，也可与分散染料同浴染涤腈、改性涤纶、涤纶混纺织物而不需加入防沉淀剂，是一类值得推广的产品。

2.5 直接染料

　　直接染料，指能直接溶解于水，对纤维素纤维进行染色时，不需要媒染剂的帮助就能染色的染料。直接染料能在弱酸性或中性溶液中对蛋白纤维（如羊毛、蚕丝）上色，还应用于棉、麻、人造丝、人造棉染色。色谱齐全、价格低廉、操作方便。由于染色时一般凭借纤维和染料分子之间的氢键和范德华力的结合，耐洗和耐晒牢度比较差。且在溶液中容易聚集，对酸和钙、镁离子比较敏感，使用的时候要注意溶液酸碱性质和水的硬度。

　　按化学结构分类，绝大部分直接染料属于偶氮染料，且以双偶氮和多偶氮染料为主，其他结构品种很少。按应用又可分为直接染料、直接耐晒染料、直接铜盐染料、直接重氮染料等。

　　直接染料分子通常较大，主要为双偶氮和多偶氮两种结构，最早使用的是联苯二胺类和二苯乙烯类。由于联苯二胺类化合物的致癌作用，很多国家已经禁止使用。目前，一些新型结构的染料被开发应用，如尿素型、苯甲酰苯胺型、三聚氰酰胺型、苯并咪唑型、噻唑型等。为了提高直接染料的耐晒、耐洗牢度，还开发生产了铜络合型直接染料，以及在染色过程中使用的固色剂。值得一提的是三聚氰酰胺型直接染料，由于引入一个三嗪环基，其耐晒、耐水洗坚牢度均优于联苯胺型直接染料。而且这类染料耐高温，上染率高，染浴 pH 值适应范围广，可以与分散染料同浴染色，对涤纶沾色少，已形成一个单独系列，统称为 D 型直接混纺染料。

直接染料的另一新发展，则是反应性直接染料（或称直接交联染料）的出现。这是一类铜络合的多偶氮直接染料。染色时需与特定的固色剂配套使用，这类固色剂多为阳离子型大分子化合物，在其固色的同时，能分别与染料和纤维素分子产生新的共价键、离子键或配位键等，从而大大提高染料的染色坚牢度和固着率，适用于涤棉织物一浴一步法染色。缺点是都为铜络合物，会使染色织物色光偏暗。

2.5.1 一般直接染料

一般直接染料按结构可以分为单偶氮、双偶氮和多偶氮型。单偶氮直接染料分子较小，直接性和牢度较差，仅限于一些黄色、橙色、红色等品种。双偶氮和多偶氮染料又以平面型和直线型为主要结构类型。随着分子的增大，染料对纤维素纤维的直接性也相应增加，耐洗、耐摩擦和耐光牢度都有所提高。当共轭体系增长时发生深色效应，可以得到蓝、紫、黑等深色品种。

（1）单偶氮直接染料 单偶氮染料由色基重氮盐和色酚通过偶合反应得到，由于单偶氮染料性能比较差，数量也比较少。大部分为双偶氮和多偶氮染料。

（2）双偶氮和多偶氮直接染料 双偶氮染料可以由一种重氮组分和两种偶合组分反应得到，多偶氮染料可由多次偶合得到。重氮组分是指两个氨基不在同一个芳香环上的芳胺，染料分子中的偶合组分可以相同，也可以不同，第一次偶合时反应速率比较快，第二次反应时，反应能力减弱，需要给予更强的反应条件才能够进行。

直接艳黄 4R

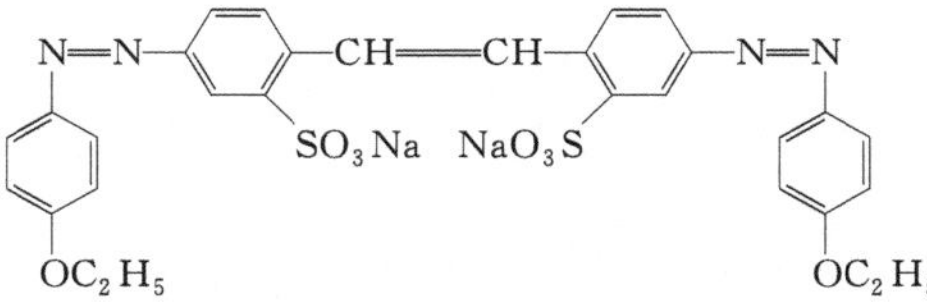

直接橙 S

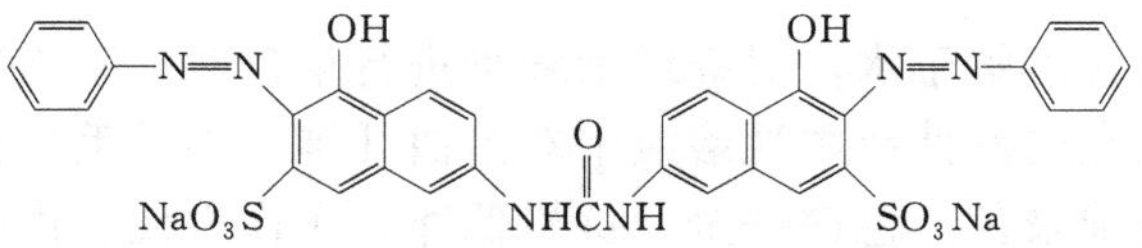

直接紫 B

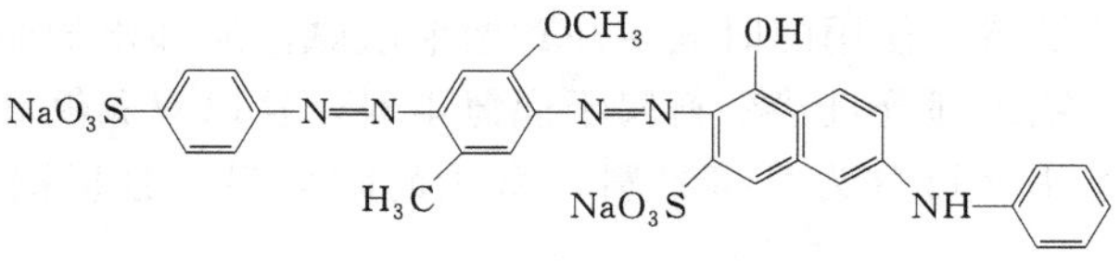

2.5.2 直接耐晒染料

直接耐晒染料的耐光牢度比一般直接染料好（大于 4 级），按其化学结构主要可以分为二芳基脲偶氮型、三聚氰胺型、共轭连贯型多偶氮型、二噁嗪型、酞菁型、络合金属型等。

直接耐晒黄 2R

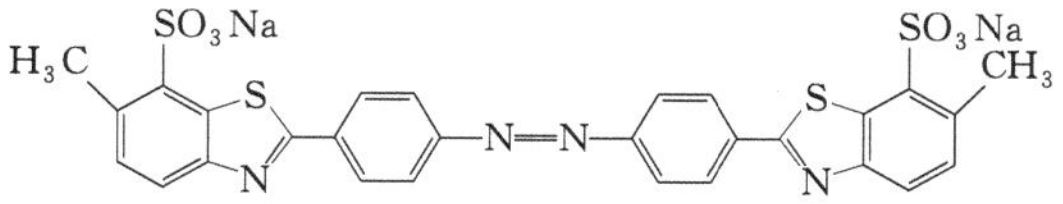

直接耐晒桃红 BK

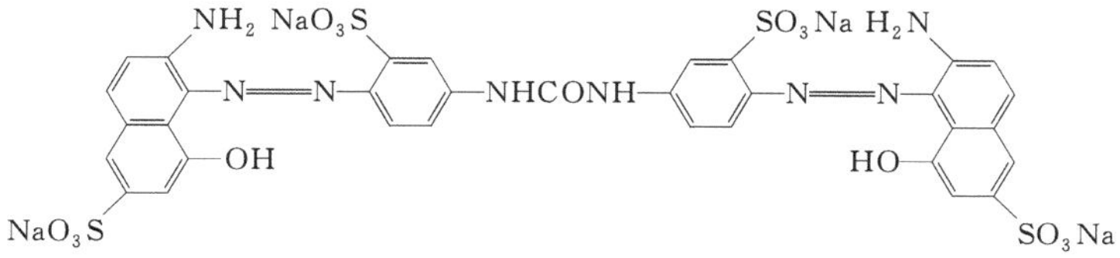

2.5.3　直接铜盐染料

这类染料含有能与金属离子络合的结构，但要在上染纤维后再用硫酸铜和醋酸处理，使染料与 Cu^{2+} 形成络合物，从而提高耐洗和耐光牢度，但色泽会变暗。

常见的能与铜盐形成络合物的结构有：

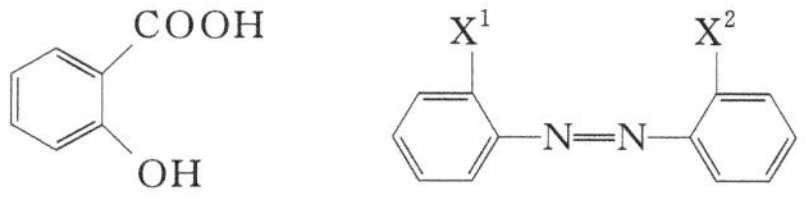

以上结构中，X^1 可以为—OH、—OCH₃ 等；X^2 可以为—OH、—COOH、—OCH₃ 等。铜盐络合染料如直接混纺红玉 D-BL、直接耐晒红 BWS 等，结构如下。

直接混纺红玉 D-BL

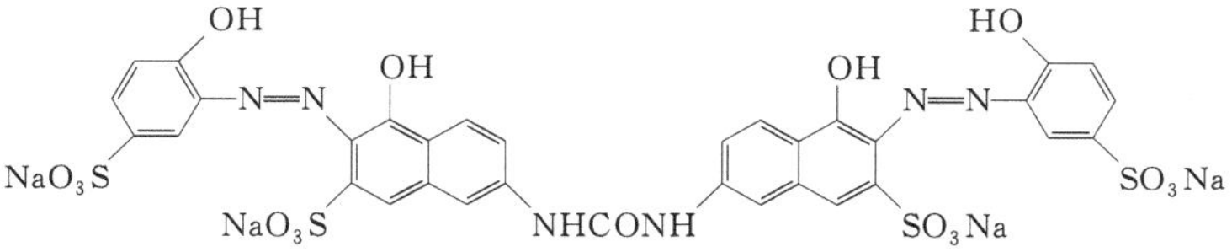

直接耐晒红 BWS

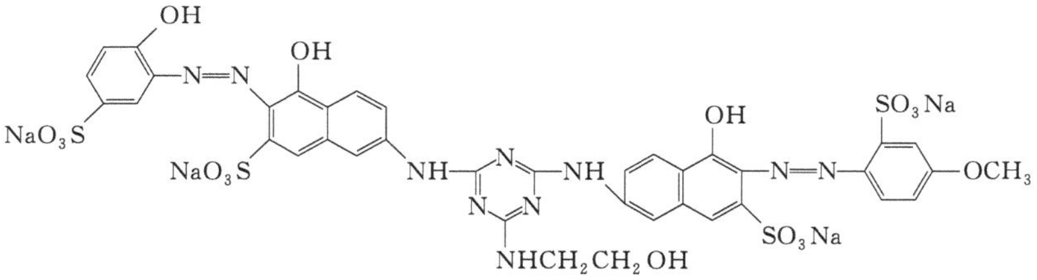

2.5.4　直接重氮染料

直接重氮染料的分子中含有可重氮化的氨基，先按一般直接染料的染色方法上染纤维后，经重氮化处理，再用 2-萘酚等偶合剂偶合，形成较深的颜色，并提高湿处理牢度。

直接混纺艳红 D-10BL

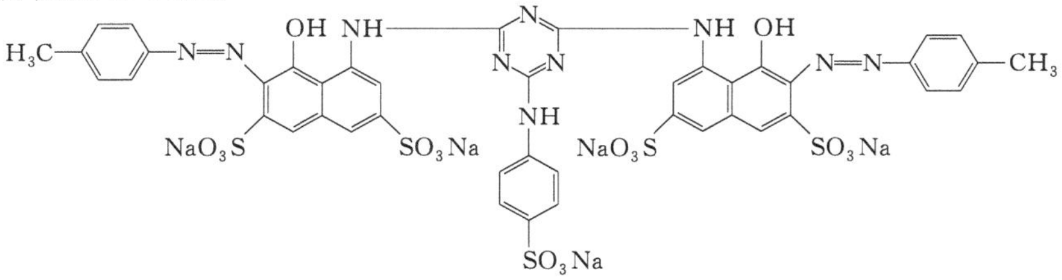

直接混纺棕 D-RS

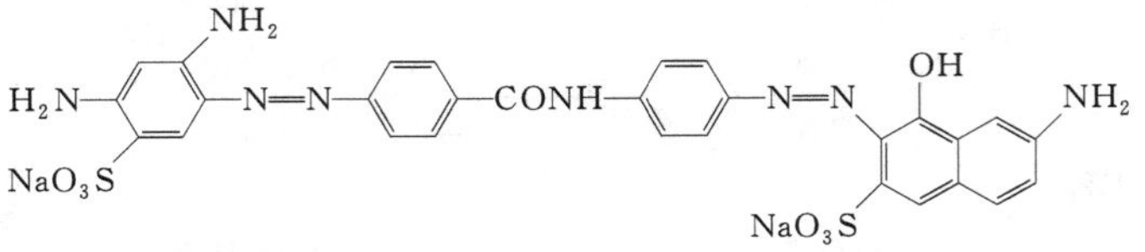

以直接混纺棕 D-RS 为例，合成步骤如下。

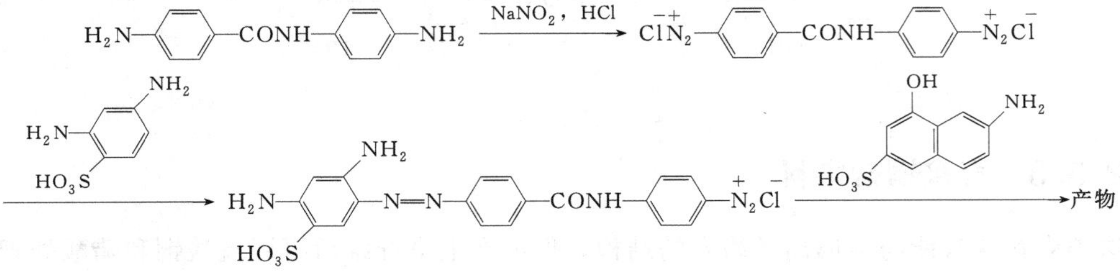

2.6 分散染料

分散染料是一类水溶性较低的非离子型染料，分子中不含磺酸基等水溶性基团，但有羟基、偶氮基、氨基等极性基团，最早用于醋酯纤维的染色，称为醋纤染料。随着合成纤维的发展，对染料提出了新的要求，即要求具有更好疏水性和一定分散性及耐升华等，分散染料基本上具备这些性能，由于品种较多，使用时还必须根据加工要求进行选择。

分散染料按化学结构分主要有偶氮型和蒽醌型两种，偶氮型约占 60%，蒽醌型占 25%，其他的还有苯乙烯类、硝基二苯胺类和非偶氮类等。按应用特性又可以分为高温型、中温型和低温型。

从色谱看，单偶氮染料具有红、黄至蓝各种颜色，蒽醌型染料具有红、紫、蓝等。双偶氮型、硝基型等大多数为黄色和橙色。

2.6.1 偶氮型分散染料

偶氮型分散染料是分散型染料中主要的一类，通式可以表示为：

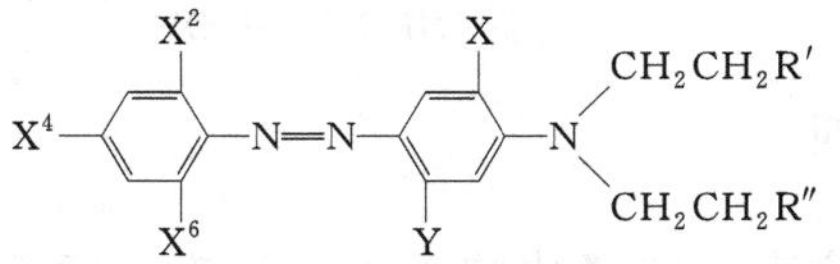

X^2、X^4、X^6 分别表示重氮组分染料中 2、4、6 位上的取代基；X、Y、R'、R'' 表示偶合组分对应位置上的取代基。

偶氮型分散染料是由芳氨基重氮化反应和偶合反应得到的，常见的重氮组分有：

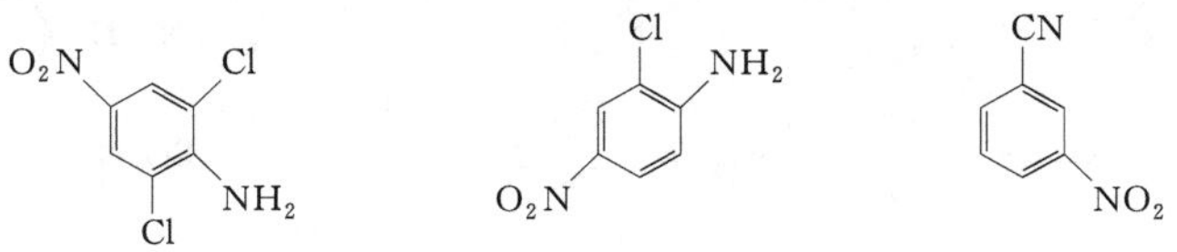

偶合组分有：

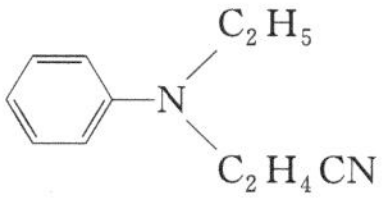

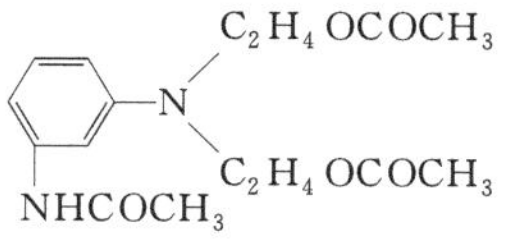

C_2H_5

C_2H_4CN

$C_2H_4OCOCH_3$

$C_2H_4OCOCH_3$

$NHCOCH_3$

重氮组分和偶合组分在酸性条件下经过一系列反应可以制得相应的染料。

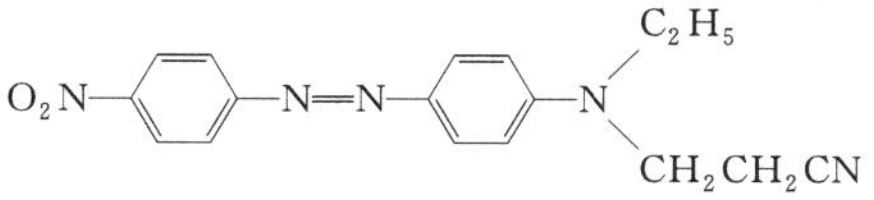

O_2N —— N=N —— N

C_2H_5

CH_2CH_2CN

分散橙 F-3R

O_2N —— N=N —— N

Cl

C_2H_5

CH_2CH_2CN

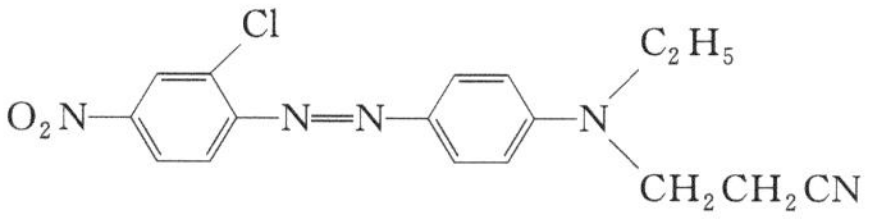

分散红 SE-R

2.6.2 蒽醌型分散染料

蒽醌型分散染料的色谱有红、紫、蓝等颜色。这类染料的耐晒、耐洗牢度比较好，色泽鲜艳，但是制造方法复杂，价格昂贵。这类染料的分子通式为：

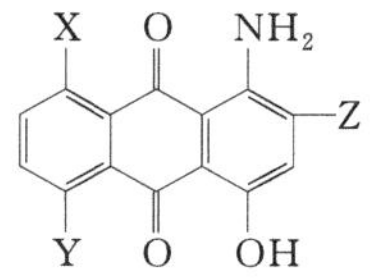

X、Y、Z 分别表示不同位置上的取代基。

若 X 为 H，Y 为 H，Z 为 OCH_3、OCH_2CH_2OH、$(OCH_2CH_2)OC_2H_5$ 等时，染料显红色，称为1-氨基-4-羟基蒽醌染料。

若 X 为 OH，Y 为 NH_2，Z 为 OCH_3、OCH_2CH_2OH、$(OCH_2CH_2)OC_2H_5$ 等时，染料大多呈蓝色，称为1,5-二氨基-4,8-二羟基蒽醌染料。

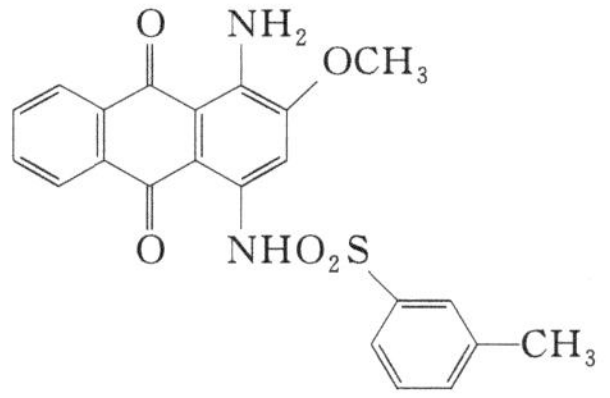

分散桃红 R3L

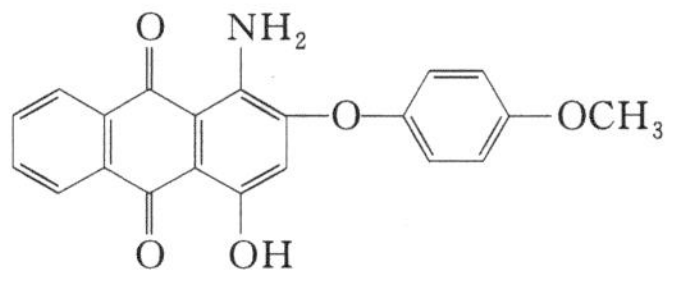

分散蓝光红 E-BS

分散蓝光红 E-BS 的合成路线如下。

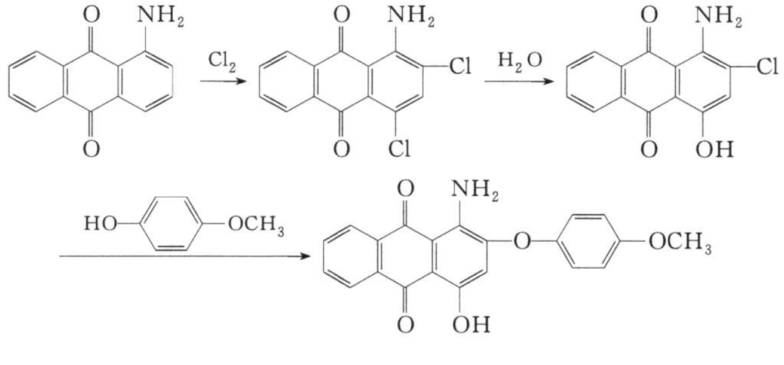

2.6.3 其他类型分散染料

如前所述，偶氮型和蒽醌型染料在分散染料中占据了很大的一部分。苯乙烯类、硝基二苯胺类和非偶氮类等较少，约占总量的 15%，在此也给出这些染料的一些分子结构。

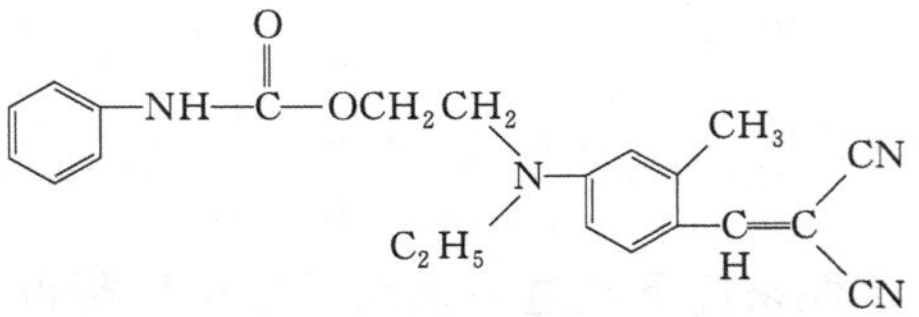

苯乙烯类（分散黄 49）

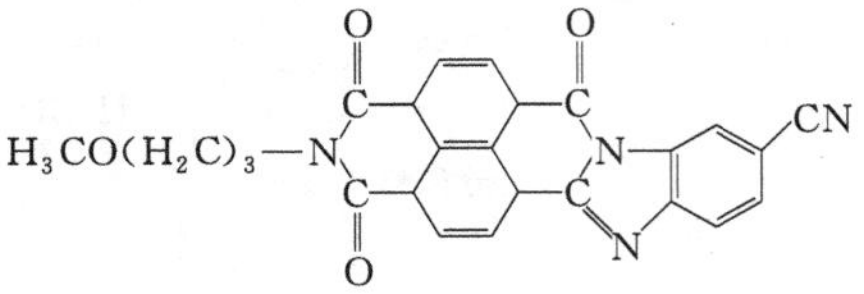

苯并咪唑类（分散黄 63）

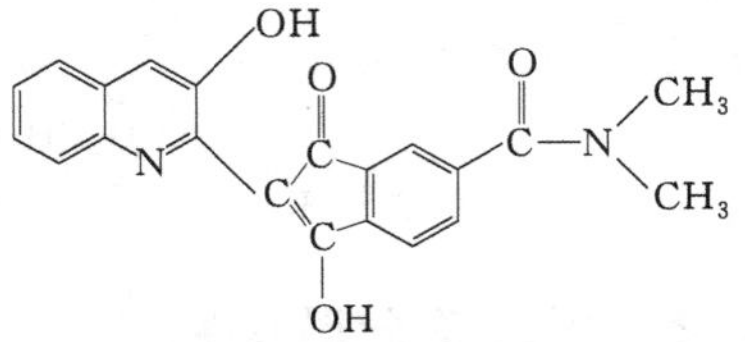

喹啉酞酮类（分散蓝 67）

2.7 活性染料

2.7.1 概念与分类

活性染料，又称反应性染料。是在染色时与纤维起化学反应的一类染料。这类染料分子中含有能与纤维发生化学反应的基团，染色时染料与纤维反应，二者之间形成共价键，成为稳定的整体，使耐洗和耐摩擦牢度提高。

活性染料具有色泽鲜艳、色谱齐全、价格低廉、工艺简单和匀染性好等优点，主要用于棉及其纺织品的染色、印花，也可以用于麻、羊毛、蚕丝和部分合成纤维的染色。

活性染料分子由母体、连接基和活性基团组成。母体是活性染料的发色部分，可以是偶氮、蒽醌、酞菁等。活性基能够与纤维中的—OH反应而结合，不同的活性基与—OH的结合能力不同，因而对染料的染色能力以及耐晒、耐洗和耐磨牢度等都会产生影响。连接基连接母体与活性基，起到平衡两个组成部分的作用。

按染料母体的结构分类，活性染料可以分为偶氮型、蒽醌型和酞菁型。偶氮型具有固色率和着色好、染色能耗低等优点，品种最多。按活性基结构不同又可以分为均三氮苯型（均三嗪型）、乙烯砜型、嘧啶型等。生产上以均三嗪型和乙烯砜型为主，后续将介绍这两种类型的染料。

2.7.2 染色机理

最早发现的活性染料是三聚氯氰，其母体是对称三氮苯，三氮苯核上由于共轭效应，氮原子上电子云密度变大，使得碳原子带部分正电荷。如果再引入氯原子，由于氯原子的诱导效应及与碳原子的结合，碳原子电荷进一步增加，该类染料与纤维作用后形成"染料-纤维"化合物。

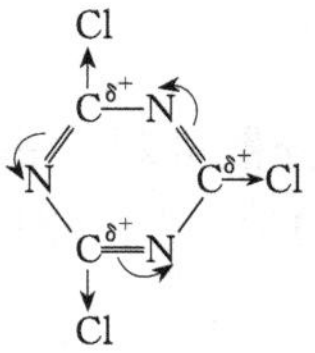

活性染料与纤维的结合包括吸色和固色两个过程。吸色染料分子和水分子进入纤维内部被纤维吸着，固色染料分子中的活性基团与纤维分子中羟基、氨基等发生反应，生成新的共价键，从而纤维被染色。反应过程可以表示为：

$$染料—X+HO—纤维素 \longrightarrow 染料—O—纤维素$$

$$染料—X+H_2N—羊毛 \longrightarrow 染料—NH—羊毛$$

该反应为亲核取代反应，并且不可逆。

2.7.3 三氮苯型活性染料

这类活性染料最早被发现，色谱齐全。分子中三个氯原子可以被取代，但是它们的反应活性不同，因而可以在不同的温度下被全部或部分取代，这是得到一氯、二氯及三氯苯型活性染料的化学基础。

若三氮苯核上有不同的取代基时，氯原子的活性也会受到影响。引入给电子基时，会降低碳原子上的正电荷密度，从而降低氯原子的活性。不同的给电子基影响也不同，影响大小顺序为：苯氨基＞氨基＞甲氧基。

三氮苯型活性染料的生产分为两步，母体的合成可以按一般酸性染料的合成方法进行，然后与活性基团缩合。

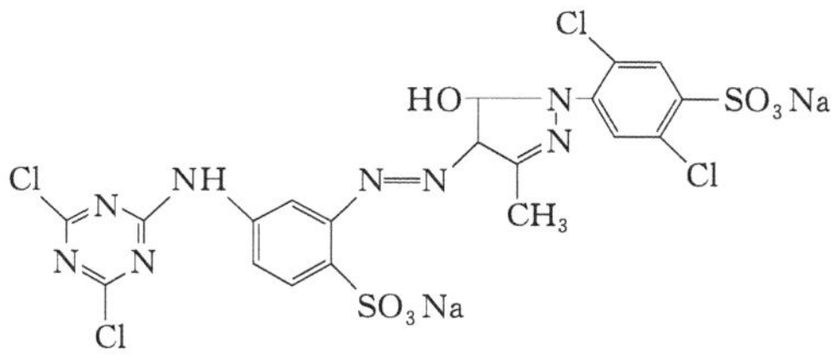

活性嫩黄 X-6G

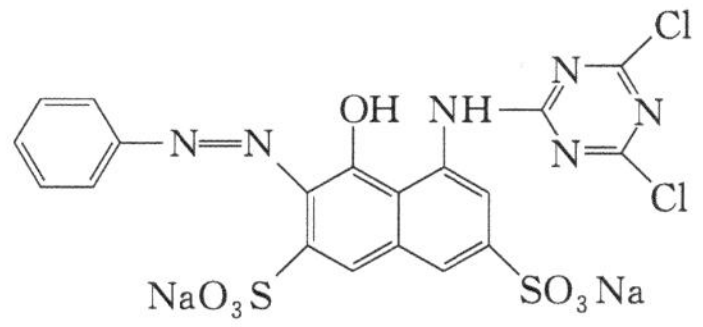

活性艳红 X-3B

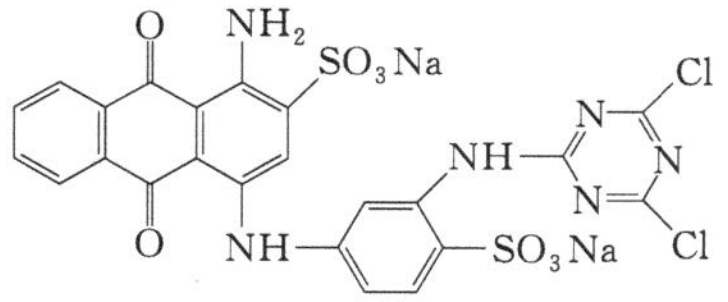

活性蓝 X-3G

2.7.4 乙烯砜型活性染料

乙烯砜活性染料分子中含有 β-乙烯砜基硫酸酯活性基团。这类染料色谱齐全，活泼性良好，合成工艺简单，俗称 KN 型活性染料。这类染料在合成时以 β-羟乙砜基苯胺为中间体，然后直接引入染料分子中，常用的 β-羟乙砜基苯胺有：

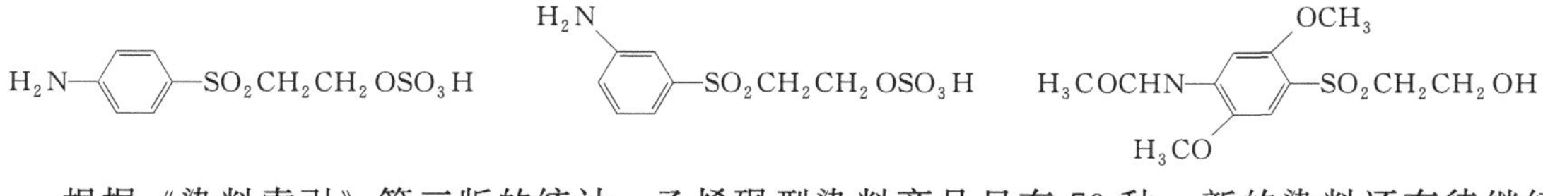

根据《染料索引》第三版的统计，乙烯砜型染料商品只有 79 种，新的染料还有待继续研究。

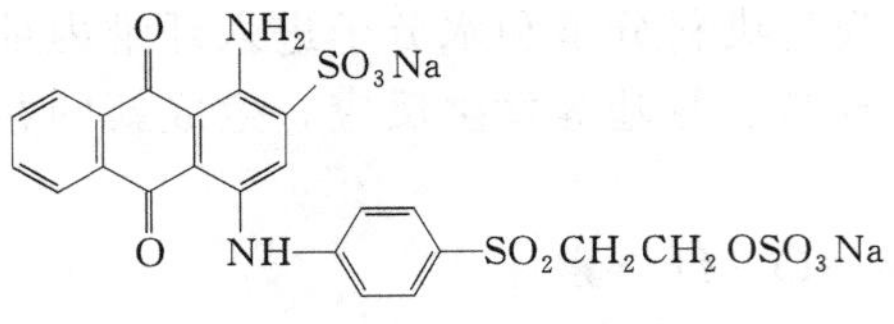

活性艳蓝 KN-R

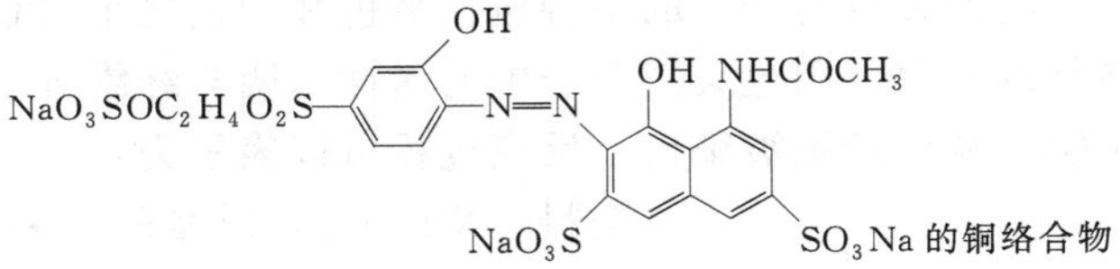

活性紫 KN-4R

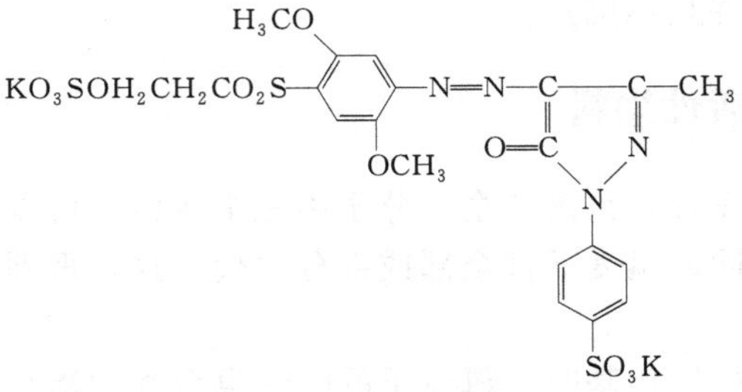

活性金黄 KN-G

2.8 冰染染料

冰染染料是一类在冰冷却下，由重氮组分的重氮盐和偶合组分在纤维上形成不溶性偶氮染料，从而达到染色的目的，其中重氮组分又称为色基，偶合组分又称为色酚。

冰染染料色泽比较鲜艳、色谱齐全、耐晒和耐洗牢度好、应用方便、价格低廉，但摩擦牢度差，主要应用于织物的染色和印花。

（1）色酚 色酚是冰染染料中的偶合组分，也称打底剂，分子结构中不含有磺酸基或羧基等水溶性基团，含有羟基的化合物，与重氮组分在纤维上偶合生成不溶性染料。色酚一般有 2-羟基-3 萘甲酰芳胺类（AS）、乙酰乙酰胺类、蒽及咔唑的羟基酰胺类等，但以 AS 系列的使用量最广，该类色酚的结构通式为：

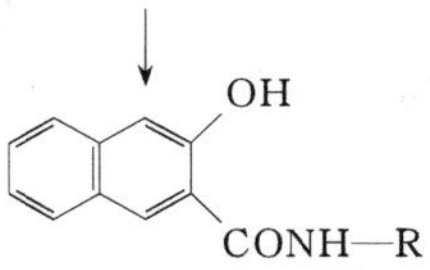

结构通式中箭头表示偶合的位置，改变芳胺上取代基的位置可以得到结构各异的色酚，以下是几种常见的品种。

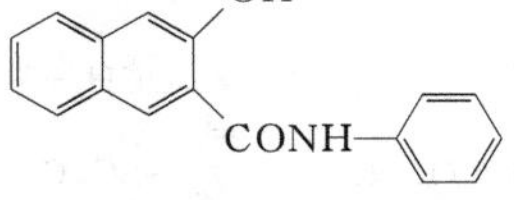

色酚 AS

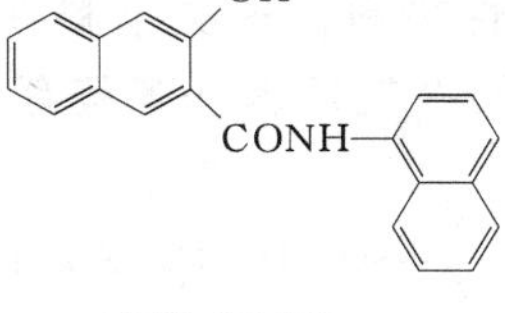

色酚 AS-BO

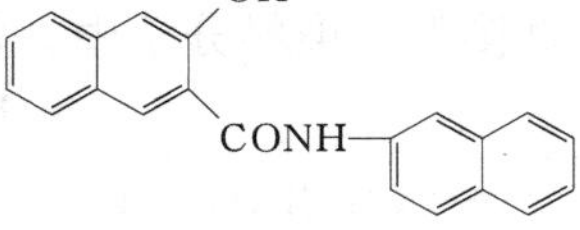

色酚 AS-SW

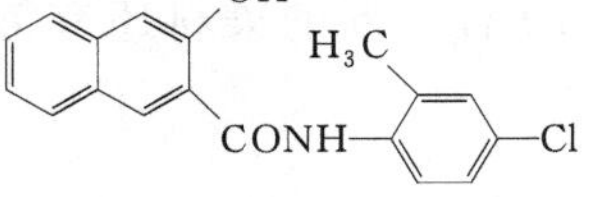

色酚 AS-TR

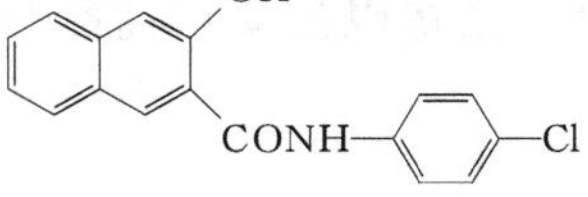

色酚 AS-E

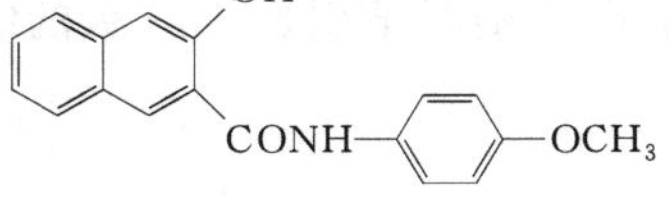

色酚 AS-RL

（2）**色基** 冰染染料的重氮部分为色基，又称为显色剂，常含有氯、硝基、氰基、三氟甲基、芳氨基、甲砜基（—SO$_2$CH$_3$）、乙砜基（—SO$_2$CH$_2$CH$_3$）等，不含磺酸基等水溶性基团。

不同色基与不同色酚偶合可以得到不同颜色的染料。引入氯原子或氰基可以提高颜色的亮度，引入硝基则会降低颜色亮度。按照化学结构，色基可以分为苯胺衍生物、对苯二胺-N-取代衍生物、氨基偶氮苯衍生物。常见的色基有如下几种。

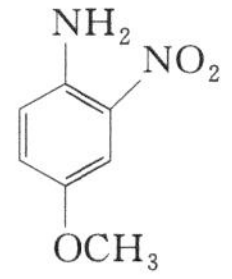

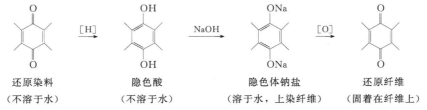

枣红色基 GP 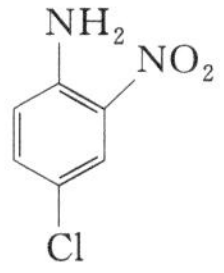　　红色基 3GL 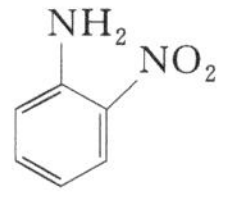　　橙色基 GR 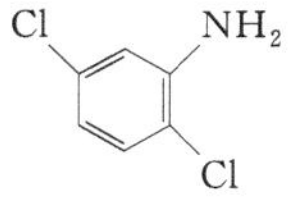　　大红色基 GGS 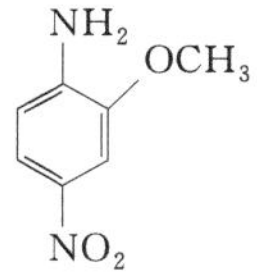　　红色基 B 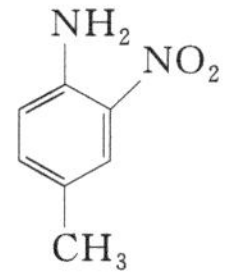　　红色基 GL

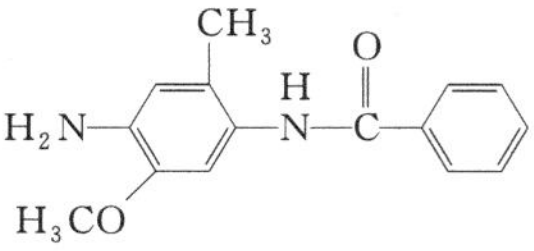

紫色基 B 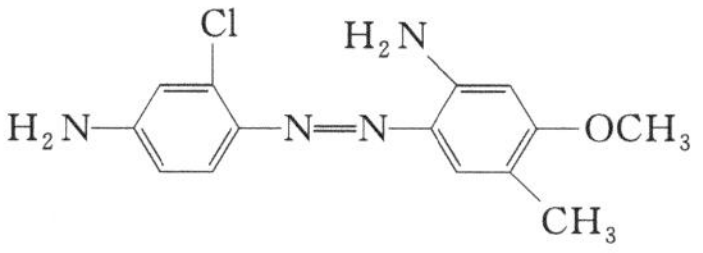　　　　　　　　　　　　棕 V

2.9 其他染料

2.9.1 还原染料

还原染料分子中含有两个或以上共轭羰基，是染料中各项性能都比较优良的染料。本身不能够溶于水，必须先在碱性溶液中用强还原剂还原成钠盐。其染色过程可以表示为：

还原染料　　　　　　隐色酸　　　　　　隐色体钠盐　　　　　　还原纤维
（不溶于水）　　　　（不溶于水）　　　（溶于水，上染纤维）　　（固着在纤维上）

还原染料主要用于纤维素和维纶的染色与印花，它的色谱较全，色泽鲜艳，皂洗、日晒牢度都比较高，但因价格较贵，某些黄、橙等色有光敏脆损现象，使其应用受到一定的限制。还原染料按化学结构可分为靛类、蒽醌类、蒽酮类和可溶性还原染料四大类。

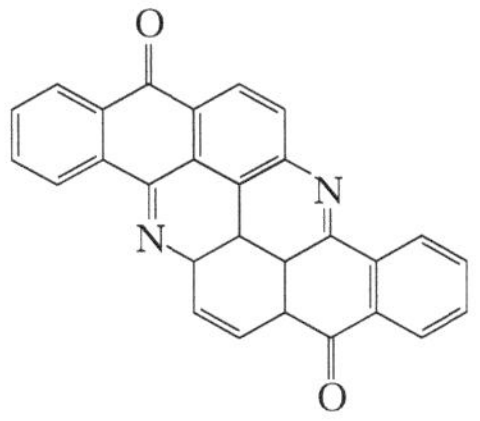

还原黄 G 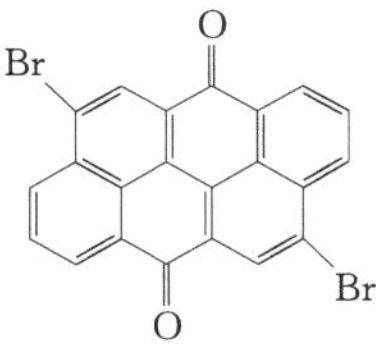　　　　　还原艳橙 3RK 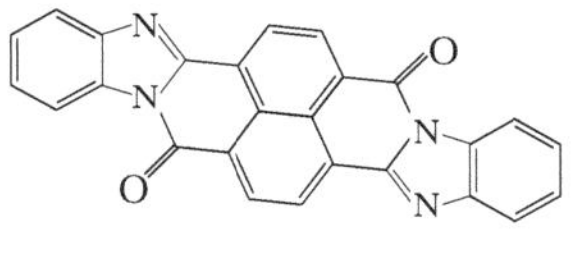　　　　还原艳橙 GR 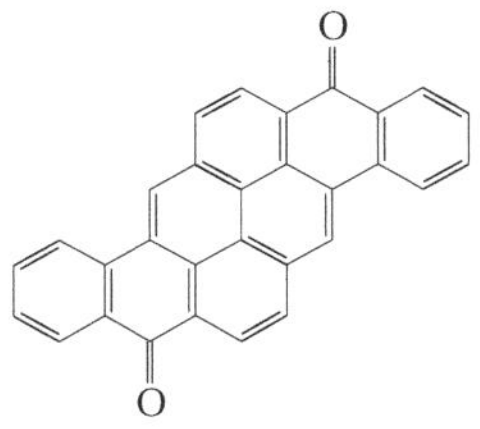　　　　还原金橙 G

2.9.2 硫化染料

硫化染料是以芳胺酚为原料，采用硫黄或者硫化钠硫化而制得。硫化染料不溶于水，染色时先用硫或硫化钠将其还原成可溶性的隐色体盐，上染后经氧化显色。染色过程与还原染料相同，但所用还原剂不同，染色坚牢度不如还原染料高，颜色也没有还原染料鲜艳。因此硫化染料大多数为深色品种，以蓝、黑、棕为主。

$$R—S—S—R' \xrightarrow{2[H]} R—SH + R'—SH$$

硫化染料   隐色体

$$R—SH + R'—SH + 2NaOH \rightleftharpoons R—SNa + R'—SNa + 2H_2O$$

隐色体盐

$$R—SH + R'—SH \xrightarrow{[O]} R—S—S—R' + H_2O$$

硫化染料一般结构都比较复杂，分离很困难，一种纯硫化染料的分子结构也就难以测定。

工业上制备硫化染料的方法有烘焙法和煮沸法。烘焙法是将原料芳烃的胺类、酚类或硝基化物与硫黄或多硫化钠在高温下烘焙，得到的是黄、橙、棕色染料；煮沸法是将原料的胺类、酚类或硝基类与多硫化物在水或有机溶剂中煮沸，制得的是黑、蓝、绿色染料。以下是几种简单的硫化染料。

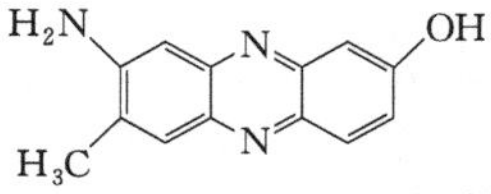

硫化黄 GC   硫化红棕 B3R   硫化蓝 BRN

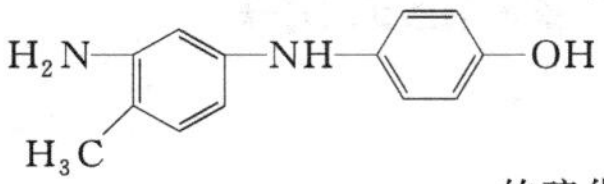

2.9.3 溶剂染料

溶剂染料是一类不溶于水、易溶于各种有机溶剂的染料。根据溶剂的性质不同可以分为两类：一类可溶于弱极性溶剂，如烃类、甲苯、二甲苯、燃料油等，称为油溶性染料；另一类是可溶于极性较强的溶剂，如乙醇、丙酮等，称为醇溶性染料。

溶剂染料分子量一般不大，不含水溶性基团。按化学结构可以分为偶氮类、蒽醌类、金属络合类、三芳基甲烷类等。蒽醌类由于化学稳定性好、耐光和耐热牢度高，是目前溶剂染料中的主要品种，其次是偶氮染料制成的金属络合型染料。

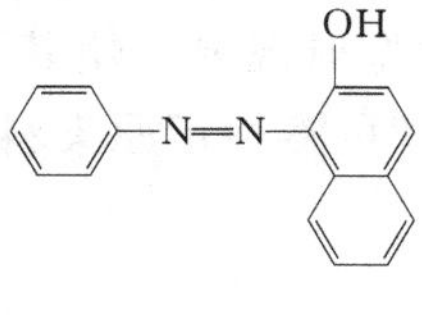

油溶黄 R   溶剂红 B

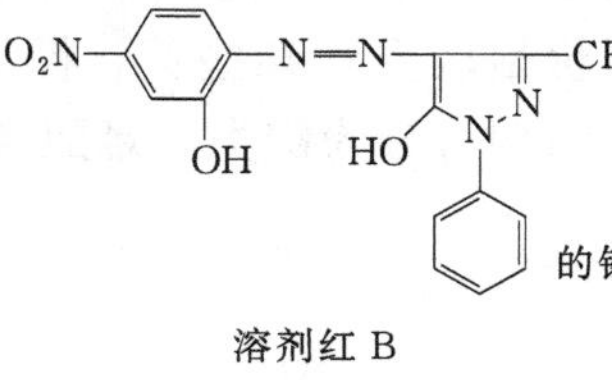

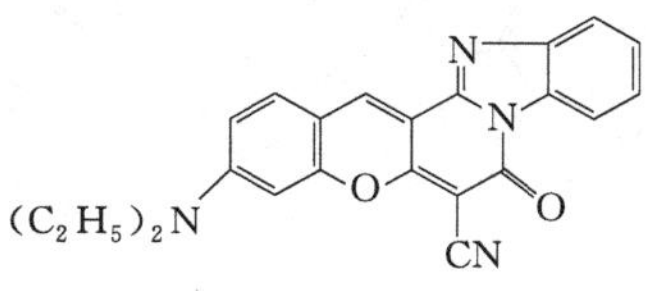

荧光红 BK 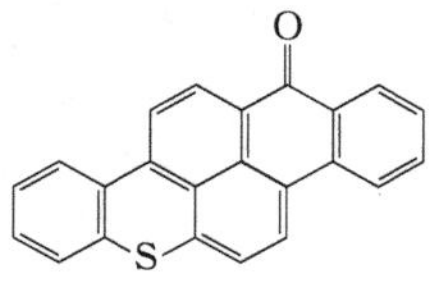   油溶橙 504

2.10 功能染料与助剂

2.10.1 功能染料

功能染料，又称专用染料，是一类具有特殊功能的染料，与普通染料的不同在于这类染料分子在光、热、电场、化学等作用下会发生物理化学变化，其特殊功能便来源于此。这类染料吸收很少的能量，即可产生某些特殊的功能，因此用量少、价格比较高，经济效益显著。随着科学技术的发展，功能染料的应用也越来越广泛。

（1）太阳能电池敏化染料 太阳能作为一种清洁的能源，已经受到了广泛的关注。如何提高太阳能的利用效率是一个热门话题，太阳能的利用包括光电转换、光热转换等。研究表明纳米 TiO_2 是一种良好的半导体材料，在阳光的照射下能够被激发产生电子，但由于禁带宽度较大，对光的吸收位于紫外区，对可见光的吸收较弱，对太阳光的利用效率不高。一些染料的禁带宽度比较小，在太阳光的照射下，能够激发产生电子。TiO_2 表面吸附染料后，借助染料的光响应能够拓宽吸收光的范围，从而提高了利用效率。这种太阳能电池称为染料敏化太阳能电池（DSSCs）。

随着有机染料敏化太阳能电池研究的不断深入，有机染料敏化剂在数量和质量上都得到了较好的发展。目前新型的染料具有较宽的可见光谱吸收范围、激发态寿命较长、电荷转移容易以及化学性质稳定等良好的性能。

有机染料种类繁多，分子结构多样，容易修饰，摩尔吸光系数高，成本低，合成工艺简单，且电池循环易操作。目前用于染料太阳能电池的有机染料种类有香豆素类、多烯类、噻吩类、天然染料、半花菁类、卟啉类、三苯胺类、菲类等。

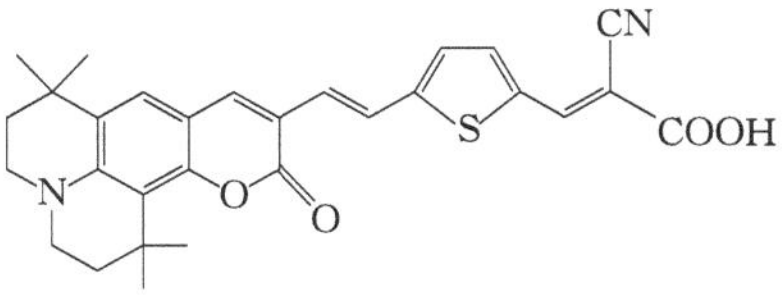

豆香素类（NKX-2593）　　　　　　　　　　　　　　菲类燃料（JK-16）

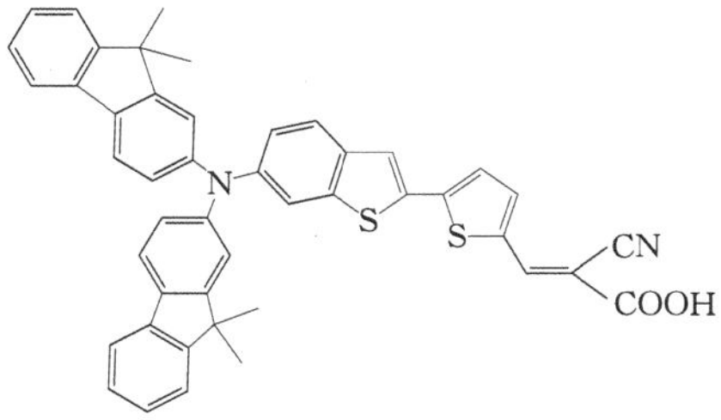

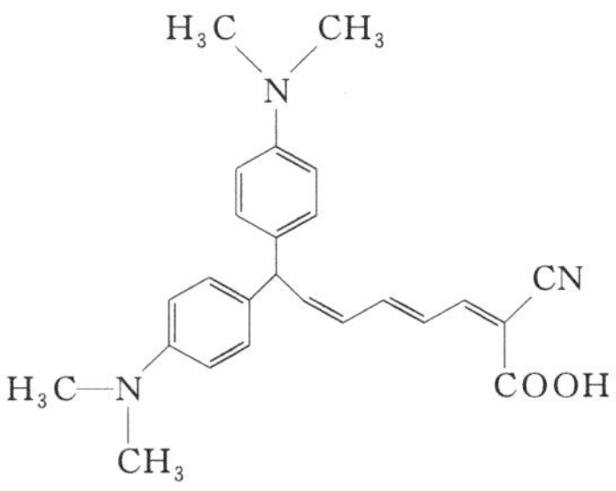

多烯类染料（NKX-2569）

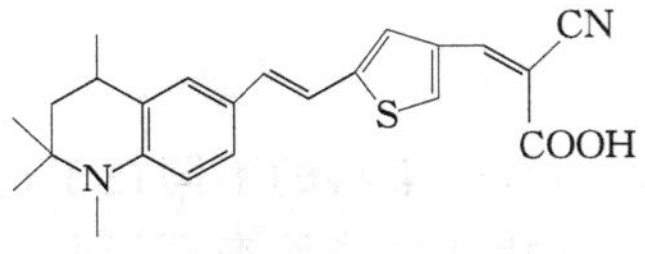

喹啉类染料（C1-1） 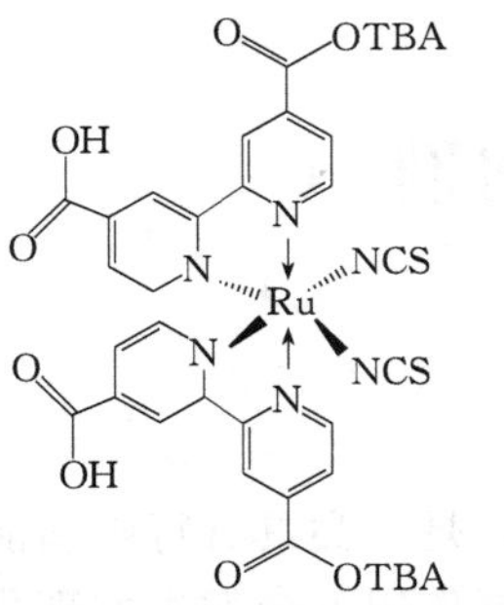　　　　　　　　　N719 染料 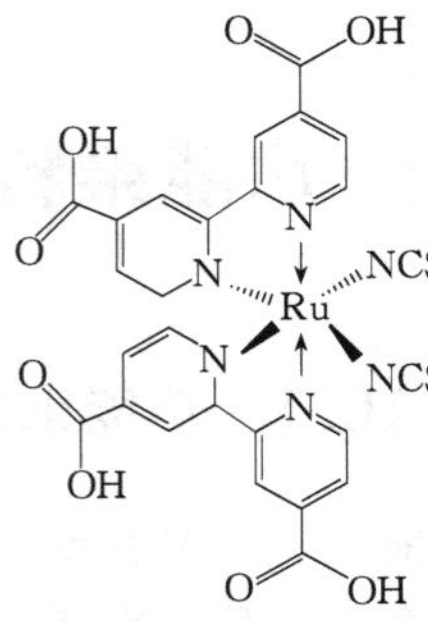　　　　　　　　　N3 染料

（2）液晶显示染料　　液晶显示广泛应用于电子表、计算器、汽车仪表盘、电视和电脑显示器等。液晶显示材料因为能耗少、图像稳定、安全等特点得到了快速发展，实现液晶的彩色显示有两种方法：利用分子本身的各向异性和功能染料。这里的功能染料称为二向色性染料，二向色性有正负之分，因而液晶显示也有正型和负型两种。正二向色性染料有偶氮型、蒽醌型和其他类型；负二向色性染料有均四嗪型和蒽醌型等。

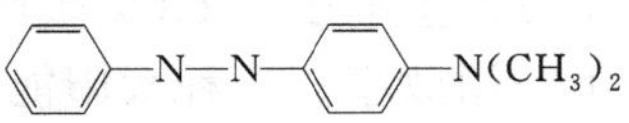

单偶氮染料 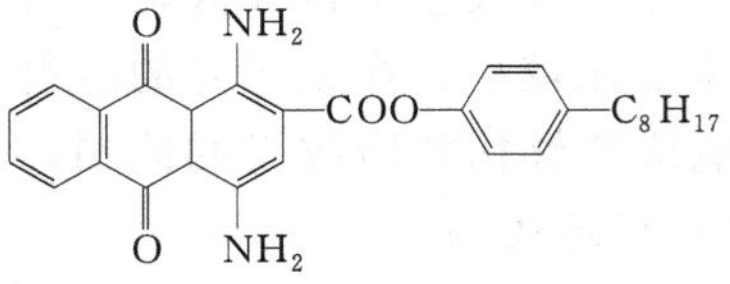　　　　　　　　　　蒽醌型染料

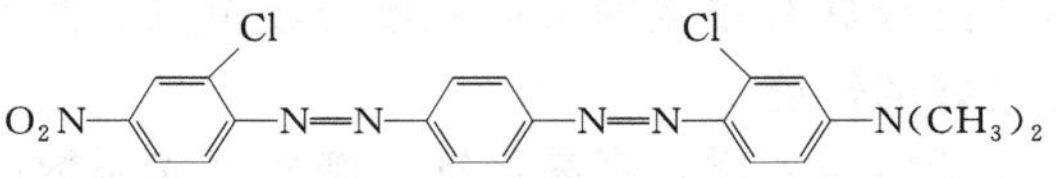

双偶氮染料

（3）热压敏染料　　用于感热、感压记录纸的发色剂。1954 年，NCR 公司把 CVL 应用于压敏记录纸并工业化，标志着压敏染料和压敏纸的诞生，不同于普通的染料和颜料的染色过程，热压敏染料包裹于微粒中，涂覆于纸张的背面，当纸面因书写或打字时，由于受压，微粒破裂，其中的染料溶液渗透到下层涂有酸性陶土的底纸上而显色。按母体结构的不同，热压敏染料可以分为三芳基甲烷苯酞类、荧烷类、噻嗪类、二芳基甲烷类和螺旋类，其中又以三芳基甲烷类居多。

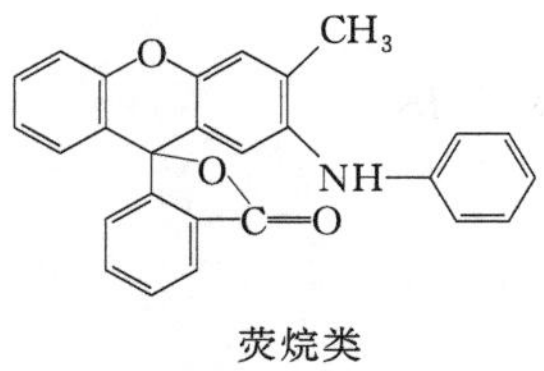

荧烷类 　　　　　　　　　　噻嗪类 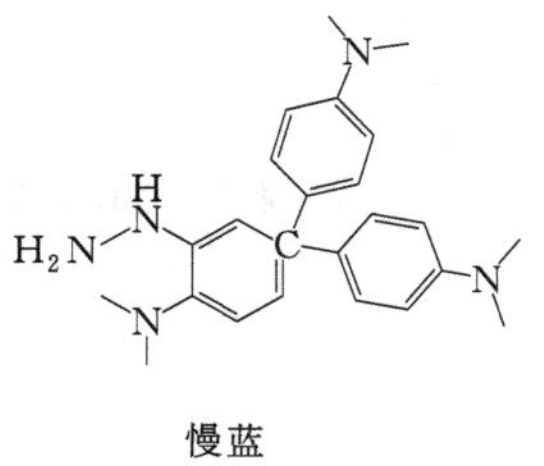　　　　　　　　　　慢蓝

早在二十几年前，热压敏染料的结构就达到了三千多种六十多个系列，随着热压敏技术的不断提高，不同种类的染料也逐渐被开发应用到生活中。

（4）激光染料　　激光染料是一类受激光光源作用下能够产生可调谐激光的染料。利用激光染料产生可调节波长的激光的特点，可用于大气污染检测、同位素分离、特定光化学反应等方面。激光染料按化学结构可分为四类：①香豆素类，应用较广泛的一类激光染料，波长范围为 425～565nm（蓝绿光区）；②菁染料，激光波长范围为 540～1200nm（红外区）；③闪烁体类，主要是联多苯及噁唑类化合物，激光波长在近紫外到紫外区；④噁嗪类，激光波长范围为 650～700nm（红光区及红外区）。

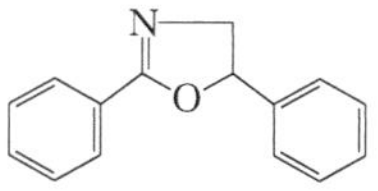

2,5-二苯基噁唑 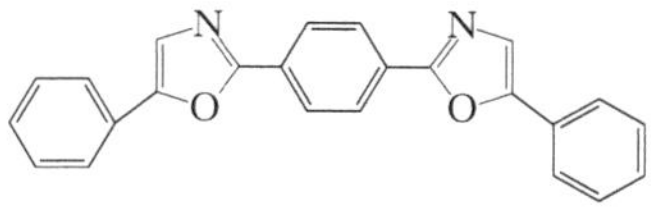　　　　1,4-双（5-苯基-2-噁唑基）苯 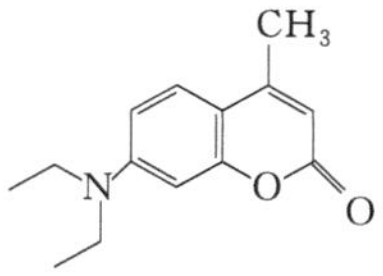　　　7-二乙氨基-4-甲基香豆素

（5）近红外吸收染料　近红外吸收染料最早出现于 20 世纪 80 年代，是一类在近红外区有良好吸收的染料，吸收范围在 700～1400nm。近红外吸收染料有很多潜在的用途，比如：光记录系统、热写显示系统、激光过滤、激光印刷等。真正实现商业化用途的是作为激光打印机的电荷发生材料。

激光光盘的活性介质有无机材料和有机材料两种，目前，使用比较多的还是如碲及其氧化物等无机材料。这类材料的缺点在于它们的化学性质不稳定，在空气中容易劣化，并存在毒性和材料来源问题。与无机材料相比，有机材料的优点在于很少受空气和湿气的破坏，毒性小，热导率低，能容纳较小的记录符号，灵敏度高，制作成本低等。

按化学结构，近红外染料可以分为酞菁类染料、金属络合染料、菁染料、多芳甲烷型染料、醌染料和偶氮染料等。大多数酞菁类染料吸收波长不在近红外区，引入一个苯环成为萘腈后，吸收波长红移到近红外区，此外，该类染料本身比较难溶，一般是引入取代基后再作为染料使用；近红外金属络合染料可分为二硫代双烯型和 N, O-双啮配位体型，与传统金属络合染料的区别在于结构上；菁类染料是最早研究的一类染料，菁染料的分子可修饰性强、消光系数高、吸收波长可调范围大，但是耐光牢度比较差。

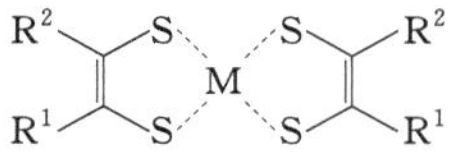

二硫代双烯型染料 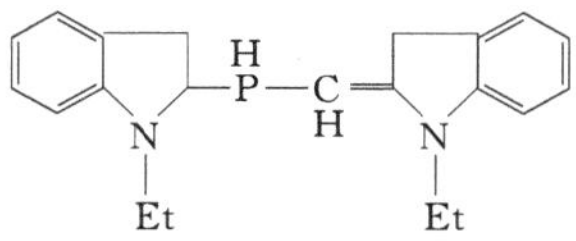　　　　　菁染料 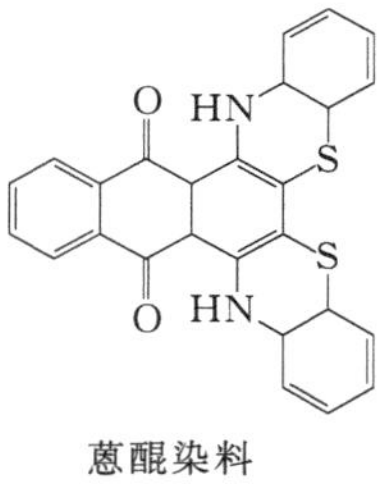　　　　　蒽醌染料

（6）生化和医药用功能染料　功能染料在生物和医药上也起着重要的作用。一些染料对细菌和癌细胞有杀灭作用；此外，还可以通过物理和化学作用将染料分子引入生物大分子之上，从而使得分子着色，可用于荧光探针、荧光分子诊断等方面，准确度比较高。

2.10.2　印染助剂

印染助剂一般配合染料使用，印染助剂按染色的流程可以分为前处理助剂、染色助剂、印花助剂和后整理助剂。这里主要介绍染色助剂和印花助剂。染色助剂分为匀染剂、固色剂等；印花助剂又可以分为增稠剂、黏合剂、交联剂、分散剂和其他印花助剂等。

① 匀染剂。匀染剂大多是水溶性的表面活性剂，按匀染剂对染料扩散与聚集度的影响，可以分为亲纤维性匀染剂和亲染料性匀染剂。亲纤维性匀染剂对染料的聚集度影响很小。但对纤维的亲和力要比染料大，在染色过程中，此类匀染剂会先与纤维结合，随后被染料取代，这类匀染剂只具有缓染的作用；亲染料性匀染剂恰好相反，匀染剂先与染料结合生成某种稳定的聚集体，降低染料的扩散速率和延缓染色时间。改变条件，染料逐渐脱离匀染剂，与纤维结合，但此时匀染剂对染料仍然有一定的亲和力，可将染料上染到染色不均匀处，因此这类匀染剂具有缓染和移染的作用。例如爱拔净 A、黛棉匀 ER 液和分散匀染剂等。

② 固色剂。可以使染料与纤维更牢固地结合，防止染料从纤维上脱落，提高了染色牢度。固色剂中的活性物质可以相互缩合，在纤维表面形成网状结构，把染料封闭，增加了布面的平滑度，减少摩擦系数，防止在湿摩擦过程中发生的染料溶胀、溶解、脱落等现象，提高了湿擦牢度。例如阿可固 T、巴索兰 F 和固色剂 Y 等。

③ 增稠剂。增稠剂大多是亲水性的高分子化合物，可以增加染料的黏稠度，防止生产加工过程中出现流挂现象，而且能赋予染料优异的机械性能和贮存稳定性。对于黏度较低的水性染料来说，是非常重要的一类助剂。例如阿可印 PTF、阿可印 RND 和路得素 HEF 等。

④ 黏合剂。黏合剂是涂料印花浆的主要成分，是一种高分子成膜物质，通过成膜将涂料黏附在织物上，因此要求黏合剂有一定的固化速度、抗老化性、耐温性、防污性和机械性能，成膜清晰透明，印花后不变色、不损伤纤维，有一定弹性，手感好，并且易于清除。例如海立柴林黏合剂 TW、海立柴林黏合剂 FR-UDR200％和海立柴林黏合剂 ET 等。

⑤ 交联剂。交联剂起到连接分子的作用，使得分子之间能够相互交联成网状结构，促进和调节分子间共价键或离子键的形成，从而提高染料的强度和弹性。例如非皱宝 FR-8 等。

⑥ 分散剂。分散剂是染料加工和染料应用中不可缺少的助剂，它可使染料颗粒分散很小，有助于保持染料分散稳定性，降低黏度等。分散剂多为各种类型的表面性剂，包括阴离子型、阳离子型、非离子型和高分子型等。例如山德酸 PB 液、MedesperseDA 和阿可散 AD 等。

除了以上这些染料助剂外，还有增白剂、抗氧化剂、润滑剂、柔软剂等，在此不一一叙述。

思 考 题

1. 何为染料以及构成染料的条件是什么？试述染料与颜料的异同点。

2. 染料的分类？写出各类纺织纤维染色适用的染料（按照应用分类）。

3. 按照应用分类，列表说明各类染料的结构和性质特点、染色对象和方法。

4. 何为硫化染料？试述染料的制备方法。

5. 阳离子染料是如何分类的？染料的主要结构类别有哪些？

6. 活性染料的通式可写成 S-D-B-Re，试述各组成部分对活性染料应用性能的影响；写出 X、K、KN 和 M 型活性染料与纤维素纤维的反应机理，并比较所形成的染料-纤维共价键（D—F 键）的酸碱稳定性。

7. 调研新型功能染料，并给出 5 种以上新型功能染料的分子结构、功能及在实际生活中的应用。

第3章

涂　料

3.1　概述

3.1.1　涂料的概念

涂料是一种涂覆于物体表面，经固化形成连续性涂膜，对被涂物体起到保护、装饰或其他特殊作用的材料。

在工作和日常生活中涂料的应用随处可见，如房间里家具、建筑物的外墙、河道上桥梁使用涂料后不仅可以得到保护，其协调明快的色彩也使人赏心悦目，这些涂料的保护和装饰作用很好理解，所用的涂料品种最为常见，产量也很大。道路上的交通标志线、隐形飞机的吸波隐身涂层则是有着特殊作用的涂料，特殊作用的涂料还包括导电、隔热、防辐射、绝缘、导磁等等多种多样，技术难度大，相对来说产量也不会很大，仅是满足一些特定的需求，在国防、高科技材料和一些工业领域有重要意义。

3.1.2　涂料的组成和分类

3.1.2.1　组成和分类

涂料由成膜物质、助剂、填料和溶剂组成。涂料属性的产品还有很多名称如油性涂料（油漆）、乳胶涂料（乳胶漆）、清漆、腻子等，这些品种涂料组成情况可由表 3-1 给出。

表 3-1　涂料的组成

名称	组成					性状
	成膜物质	助剂	溶剂		填料	
			有机溶剂	水		
油性涂料	·	·	·	×	·	有色液体
清漆	·	·	·	×	×	透明液体
乳胶涂料	·	·	×	·	·	有色液体

名称	组成					性状
	成膜物质	助剂	溶剂		填料	
			有机溶剂	水		
腻子（油性）	•	•	•	×	•	膏状物
腻子（水性）	•	•	×	•	•	膏状物

注：•表示"有"；×表示"无"。

成膜物质：是涂料涂覆后形成涂膜的高分子化合物，是涂料的主要部分，也是决定涂料性质的关键因素。过去人们以天然的桐油做涂层，用在木桶、雨伞等物品上，其是一种天然的成膜物质。现在，成膜物质多数是合成的高分子聚合物，也称树脂。合成的成膜物质品种多，性能好，不同功能的涂料可选择到合适的成膜物质。

助剂：使涂料性能稳定，改善涂料施工性能或成膜性能的添加剂，如固化剂、催干剂、悬浮剂、防霉剂、流平剂等。

溶剂：是溶解或悬浮涂料成分的介质，可以是有机溶剂，如苯、甲苯、酯类、醇类等，也可以是水。

填料：使漆膜具有颜色、遮盖、厚实等性能或其他特殊功能的粉末物质，如钛白粉、氧化锌、炭黑、有机颜料、无机颜料、金属颜料、防锈颜料等。

3.1.2.2 分类和命名

涂料的分类和命名有专门的国家标准 GB/T 2705—2003《涂料产品分类和命名》。按涂料产品用途分为三大主要类别：建筑涂料、工业涂料、通用涂料及辅助材料。

建筑涂料的主要产品有：①墙面涂料，包括合成树脂乳液内墙涂料、合成树脂乳液外墙涂料、溶剂型外墙涂料、其他墙面涂料；②防水涂料，包括溶剂型树脂防水涂料、聚合物乳液防水涂料、其他防水涂料；③地坪涂料，包括水泥基等非木质地面用涂料；④功能性建筑涂料防火涂料，包括防霉（藻）涂料、保温隔热涂料、其他功能性建筑涂料。

工业涂料的主要产品有：①汽车涂料（含摩托车涂料），包括汽车底漆（电泳漆）、汽车中涂漆、汽车面漆、汽车罩光漆、汽车修补漆、其他汽车专用漆；②木器涂料，包括溶剂型木器涂料、水性木器涂料、光固化木器涂料、其他木器涂料；③铁路涂料，包括铁路公路涂料、铁路车辆涂料、道路标志涂料、其他设施用涂料；④轻工涂料，包括自行车涂料、家用电器涂料、仪器仪表涂料、塑料涂料、纸张涂料、其他轻工涂料；⑤船舶涂料，包括船壳及上层建筑漆、船底防锈漆、船底防污漆、水线漆、甲板漆、其他船舶涂料；⑥防腐涂料，包括桥梁涂料、集装箱涂料、埋地管道及设施涂料、耐高温涂料、其他防腐涂料；⑦其他专用涂料，包括卷材涂料、绝缘涂料、机床和农机及工程机械涂料、航空航天涂料、军用器械涂料、电子元件涂料、其他专用涂料。

通用涂料是指那些应用场合不明确的调合漆、清漆、磁漆、底漆、腻子等。辅助材料包括：稀释剂、防潮剂、催干剂、脱漆剂、固化剂、防老化剂等。

在实际中，涂料还有其他分类方法，一般人们将有机溶剂的涂料称为油漆，其中无色的称为清漆（罩面漆）；将水性溶剂的涂料称为乳胶漆，也称为水性漆；将形态稠厚，起填充作用的涂料称为腻子。按施工方法分类有粉刷涂料、喷涂涂料、静电喷涂涂料、电泳漆、烘漆、浸渍漆等。按成膜物质分类，有油基涂料、硝基涂料、醇酸树脂涂料、丙烯酸树脂涂料、环氧树脂涂料等。

涂料的命名原则为：

涂料全称＝颜色或颜料名称＋成膜物质名称＋基本名称

颜色包括红、黄、蓝、白、黑、绿、紫、棕、灰等，需要时在颜色前加深、中、浅（或淡）等词。若颜料起显著作用，则可用颜料名称代替颜色名称，如铁红、锌黄、红丹等。

成膜物质主要有油脂漆类、天然树脂漆类、酚醛树脂漆类、沥青漆类、醇酸树脂漆类、氨基树脂漆类、硝基漆类、过氯乙烯树脂漆类、烯类树脂漆类、丙烯酸酯类树脂漆类、聚酯树脂漆类、环氧树脂漆类、聚氨酯树脂漆类、元素有机漆类、橡胶漆类等以及其他成膜物如无机高分子、聚酰胺树脂、二甲苯树脂等。

基本名称体现涂料的品种、特性和专业用途等基本属性，常见名称于表 3-2。

表 3-2 涂料的基本名称

类别	基本名称
按涂料性能	清油、清漆、厚漆、调合漆、磁漆、底漆、腻子、粉末涂料、大漆、乳胶漆、水性漆、电泳漆、光固化涂料、胶液等
按涂层性能	透明漆、锤纹漆、裂纹漆、皱纹漆、闪光漆、防腐漆、防锈漆、保温隔热漆、耐热涂料、耐酸漆、耐碱漆、可剥涂料、高温涂料、耐油漆等
按涂料产品用途	铅笔漆、罐头漆、木器漆、家电涂料、自行车涂料、玩具涂料、机床涂料、工程机械涂料、农机涂料、锅炉漆、汽车涂料、汽车修补漆、集装箱涂料、铁路车辆涂料、黑板漆、塑料涂料、涂布漆等
船用涂料	船壳漆、甲板漆、甲板防滑漆、船底防锈漆、水线漆、船底防污漆、车间底漆、油舱漆、饮水舱漆、油水舱漆、货舱漆、轮机漆、化学品舱漆等
建筑涂料	内墙涂料、外墙涂料、防水涂料、防火涂料、地坪涂料、防霉涂料、烟囱漆、桥梁漆、道路标志涂料、卷材涂料等
电器涂料	绝缘漆、硅钢片漆、漆包线漆、电容器漆、电阻漆、电位器漆、半导体漆、电缆漆、发电机漆、输配电设备漆等
特种涂料	航空航天用涂料、隐身涂料、吸波涂料、电子屏蔽涂料、纳米涂料等

3.1.3 涂料的基本性能

对使用者来说，涂料的性能优劣是优先考虑的。除了一些特殊要求外，涂料的性能一般考虑附着力，柔韧性，耐冲击性，硬度，光泽，耐候性，耐磨性，保光和保色性，黏度，刷涂性，干燥性，遮盖力，耐水、耐油和耐盐性等。

（1）**附着力**　即涂层与被涂物体表面的黏结能力。除了施工方法、物体的表面处理状况外，从涂料的角度来看，附着力的大小与成膜物质的分子量、极性，以及与被涂物体表面极性的匹配性有密切关系。

（2）**柔韧性**　表示涂膜在弯曲、弯折情况下的开裂和剥落程度。成膜物质的固化交联程度对柔韧性有强烈的影响，交联程度大，涂膜的柔韧性将会下降。

（3）**耐冲击性**　涂膜经受高速度负荷冲击产生快速变形时不出现开裂和剥落的能力，它和成膜物质的柔韧性、涂层的附着力密切相关。

（4）**硬度**　涂膜被硬物体穿入时的阻力大小，是涂层机械强度的重要性能之一。一般涂膜干燥过程中交联度越大，硬度就越高。

（5）**光泽** 涂膜表面反射光线的能力。光泽和涂膜的平整度、密实性及折射率有关。可用光泽仪直接在涂饰物面上进行测试。通常涂膜光泽达到 90% 以上为高光泽；70%～80% 为中光泽；60% 以下为低光泽。

（6）**耐候性** 涂层抵御因受到阳光照射、温度变化、风吹雨淋等外界条件的影响而出现的褪色、变色、开裂、粉化、强度和柔韧性下降等一系列老化现象的能力。大多数的涂料是以有机聚合物为成膜物质主体，长期在较高温度或户外，涂层容易氧化或分解，丧失原有性能而老化。

（7）**耐磨性** 涂料的耐磨性与涂层的硬度、附着力和交联程度等有关，而且受被涂材料表面性质及处理方法影响，是涂料的机械性能之一。

（8）**保光和保色性** 涂层在使用中保持光泽和原色的性能，与成膜物质、颜料的性质有关。

（9）**黏度** 和涂刷性密切相关，一般用涂-4 杯黏度计配合秒表测定。

（10）**刷涂性** 按产品规定的时间在物体表面上刷涂，如在规定的时间内刷涂时不粘刷，易刷匀，则认为合格；反之为不合格。

（11）**干燥性** 涂料的干燥速度是重要的指标，太快、太慢都不是很好。需要在合适的时间内表干和实干。

（12）**遮盖力** 是涂层干燥后覆盖物体痕迹和颜色的能力。一般是检测涂料在一定用量情况下涂层对黑白格玻璃板的遮盖情况。遮盖力主要和填料种类、粒度和分散性有关。

（13）**耐水、耐油和耐盐性** 涂膜在水、油和一定浓度的氯化钠溶液中浸泡对涂膜性能的影响。

3.2 成膜物质

成膜物质就是形成涂膜的高分子聚合物部分，主要有醇酸树脂、酚醛树脂、氨基树脂、环氧树脂、聚氨酯树脂、丙烯酸树脂等。

3.2.1 醇酸树脂

3.2.1.1 原料和基本反应

醇酸树脂是由多元醇、多元酸和脂肪酸缩聚反应得到的聚合物树脂。以甘油、脂肪酸和邻苯二甲酸酐为例说明醇酸树脂的结构。

（1）**脂肪酸和甘油反应生成甘油单脂肪酸酯和甘油双脂肪酸酯**

$$
RCOOH + \begin{matrix} CH_2OH \\ | \\ CHOH \\ | \\ CH_2OH \end{matrix} \longrightarrow \begin{matrix} CH_2OH \\ | \\ CHOCOR \\ | \\ CH_2OH \end{matrix} + \begin{matrix} CH_2OCOR \\ | \\ CHOCOR \\ | \\ CH_2OH \end{matrix}
$$

在实际生产中往往不是以脂肪酸为原料，而是采用油脂和甘油进行酯交换反应得到同样组成的产物，反应为：

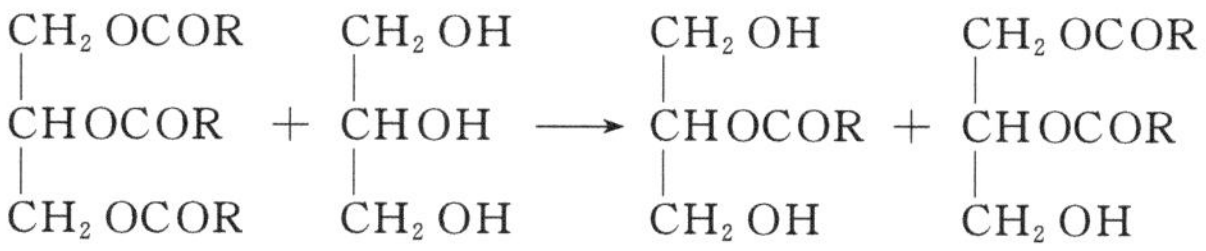

$$\begin{array}{c} \text{CH}_2\text{OCOR} \\ | \\ \text{CHOCOR} \\ | \\ \text{CH}_2\text{OCOR} \end{array} + \begin{array}{c} \text{CH}_2\text{OH} \\ | \\ \text{CHOH} \\ | \\ \text{CH}_2\text{OH} \end{array} \longrightarrow \begin{array}{c} \text{CH}_2\text{OH} \\ | \\ \text{CHOCOR} \\ | \\ \text{CH}_2\text{OH} \end{array} + \begin{array}{c} \text{CH}_2\text{OCOR} \\ | \\ \text{CHOCOR} \\ | \\ \text{CH}_2\text{OH} \end{array}$$

很显然，油脂和甘油的比例决定了产物中单酯和双酯的比例。

（2）多元酸和单、双酯反应

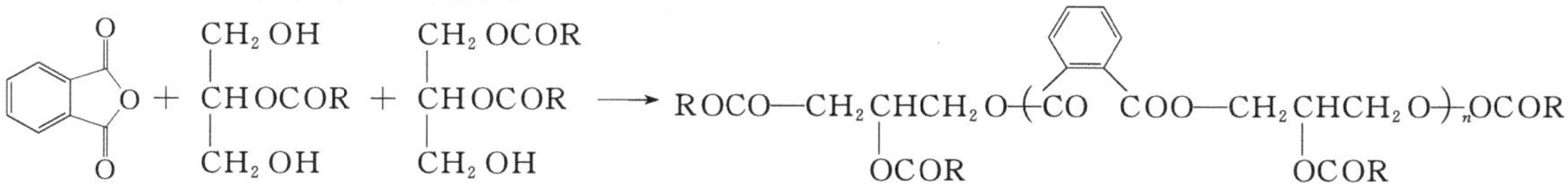

很显然，上述产物中以单酯和二元酸酐的缩聚物形成主链结构。

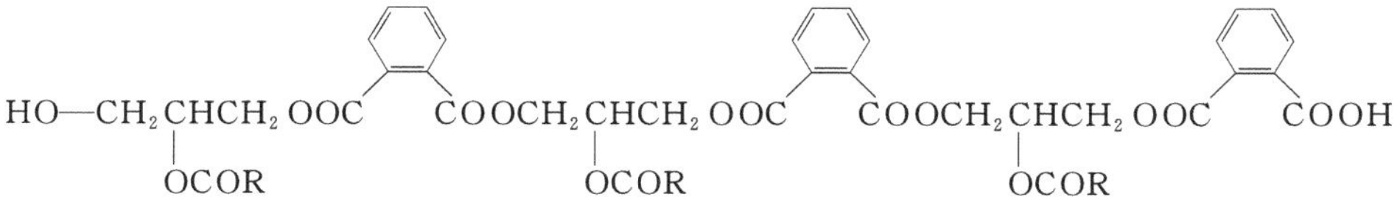

常用油脂有桐油、亚麻油、梓油、豆油、椰子油等。

3.2.1.2　重要影响因素

（1）油脂的种类　不同油脂包含的脂肪酸结构不同，对成膜产生很大影响，常见的脂肪酸有：

油酸　　　$CH_3(CH_2)_7CH=CH(CH_2)_7COOH$

亚油酸　　$CH_3(CH_2)_4CH=CHCH_2CH=CH(CH_2)_7COOH$

亚麻酸　　$CH_3CH_2CH=CHCH_2CH=CHCH_2CH=CH(CH_2)_7COOH$

桐油酸　　$CH_3(CH_2)_3CH=CHCH=CHCH=CH(CH_2)_7COOH$

蓖麻油酸　$CH_3(CH_2)_5\underset{\underset{\text{HO}}{|}}{CH}CH_2CH=CH(CH_2)_7COOH$

这些脂肪酸的主要差别在于双键的含量。双键是不饱和键，在醇酸树脂中对干燥速度起决定性作用。双键在空气中被氧化，进而发生一系列反应使涂层交联固化，形成漆膜。

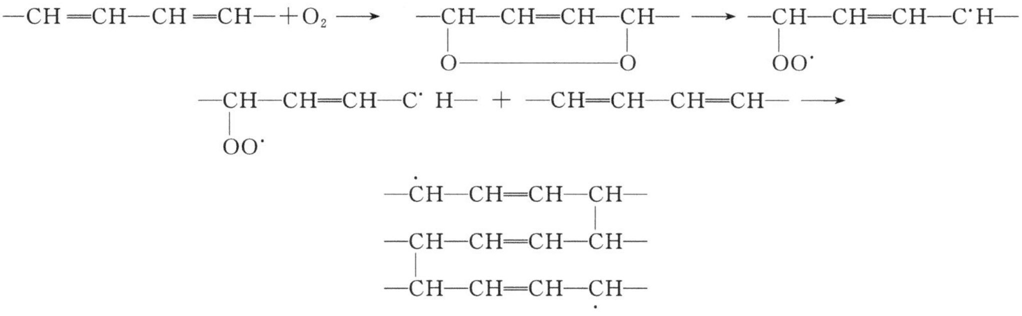

可见，双键的含量越大，交联固化反应越容易进行，漆膜就会越硬，干燥速度就会越快。双键的含量一般用碘值表示。

碘值（iodine value），指100g物质中所能吸收（加成）碘的质量（g）。是有机化合物中不饱和程度的一种指标。碘很容易和双键发生加成反应，所谓吸收是指碘加到含有双键的不饱和油脂中发生加成反应而使碘的颜色褪去。碘值主要用于油脂、脂肪酸、蜡及聚酯类等物质不饱和程度的测定。不饱和程度越大，碘值越高，越容易发生干燥和固化。

根据油脂碘值区分油脂的干燥性能。碘值大于140g/100g为干性油，干燥速度快、光泽度高，但容易变色。碘值介于 125~140g/100g 之间为半干性油，干燥速度适中。碘值小于 125g/100g 为不干性油，不干性油在室温下自身不能固化，需要和其他树脂一起加热发生交联反应才能固化成膜。

（2）油度 油度的定义是醇酸树脂中油脂占树脂的质量分数，用 OL 表示。计算公式为：

$$油度（OL）＝\frac{油脂的质量}{多元醇质量＋多元酸质量＋油脂质量－生成水的质量}×100\%$$

一般地说，油度高，漆膜表现出更多的油性特征，如较柔韧耐久，富自弹性；油度低，则漆膜更多表现出树脂刚性特征，如漆膜较硬而脆，光泽、保色、易打磨，但耐久性会变差。依据油度的高低，醇酸树脂分为短油度、中油度、长油度和超长油度树脂。

油度在 35%~45% 为短油度醇酸树脂，特点是烘干干燥快，可用作烘漆，硬度、光泽、保色性、抗摩擦性能好，用于汽车、玩具、机器部件等做面漆。

油度在 46%~60% 为中油度醇酸树脂，特点是干燥快，有极好的光泽、耐候性、弹性，用于自干或烘干磁漆、底漆、金属装饰漆、建筑用漆、车辆用漆、家具用漆等。

油度在 60%~70% 为长油度醇酸树脂，特点是在非极性溶剂中溶解性好，漆膜富有弹性，有良好的光泽，保光性和耐候性好。但硬度、韧性和耐摩擦性能不够好，这种漆具有良好的刷涂性，用于钢铁结构的涂料和室内外建筑用漆。

此外，油度大于 70% 的为超长油度醇酸树脂，其干燥速度慢，易刷涂，一般用于油墨及调色基料。

3.2.2 丙烯酸树脂

3.2.2.1 组成和特点

丙烯酸树脂一般是丙烯酸酯类、甲基丙烯酸甲酯的聚合物，也可是丙烯酸酯类、甲基丙烯酸甲酯与其他烯烃单体（如苯乙烯）的共聚物（举例如下）。单体的组成和比例依据涂料的性能要求进行调整。

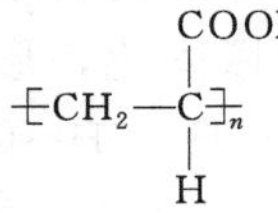

丙烯酸酯聚合物 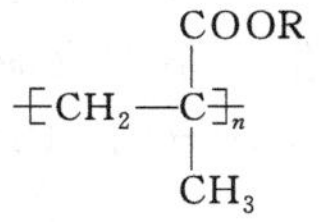　　　甲基丙烯酸酯聚合物 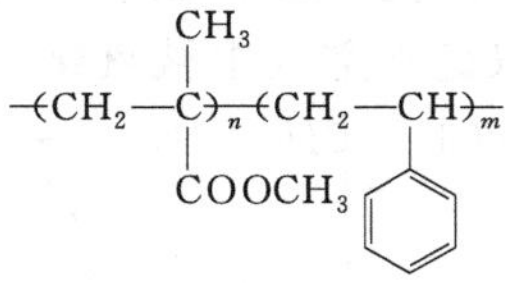　　　甲基丙烯酸甲酯-苯乙烯共聚物

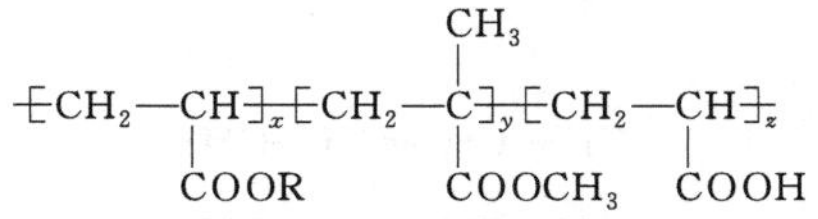

丙烯酸酯-甲基丙烯酸甲酯-丙烯酸共聚物

丙烯酸树脂的基本原料来源于石油深加工，资源丰富，价格低廉。丙烯酸树脂本身透明柔韧。保光、保色性优良，耐候性、耐化学腐蚀、耐温性都很优异。在家电、汽车、建筑、塑料、金属制品等领域都得到广泛应用。

3.2.2.2 丙烯酸树脂的主要品种

（1）热塑性丙烯酸树脂 热塑性丙烯酸树脂主要是分子量较大的线型高分子聚合物，是依靠溶剂挥发干燥成膜，用于制造丙烯酸树脂清漆、磁漆和底漆。该类漆膜可反复受热软化和冷却凝固，具有丙烯酸类涂料的基本优点，但也存在一些缺点：固体分低（固体分高时黏度大，喷涂时易出现拉丝现象），涂膜丰满度差，耐溶剂性不好等，可以通过配方设计或拼用其他树脂克服这些弱点。

配方实例：

甲基丙烯酸甲酯　23.0 份

甲基丙烯酸丁酯　63.2 份

甲基丙烯酸　　　4.3 份

丙烯腈　　　　　9.0 份

过氧化苯甲酰　　0.5 份

溶剂　　　　　　适量

配方中前 4 项为聚合单体，过氧化苯甲酰为聚合引发剂。较长链的丁酯可提高柔韧性，极性较大的丙烯酸可改善涂膜的附着力，而引入丙烯腈目的在于提高涂膜的耐溶剂性。

（2）热固性丙烯酸树脂　热固性丙烯酸树脂是涂膜溶剂挥发后，在一定加热温度下，自身固化成膜，或与交联剂及其他树脂交联固化成膜。前者称自交联固化丙烯酸树脂，后者称交联剂固化丙烯酸树脂。

热固性丙烯酸树脂的分子量比热塑性的一般要小，黏度低，可制成较高的固含量。聚合物侧链有一些活性官能团，如羟基、羧基、环氧基、酰氨基、N-羟甲基酰胺等用来发生交联反应。常用交联剂主要有氨基树脂、环氧树脂、多异氰酸酯、多元酸及多元胺等。交联固化后，漆膜形成立体结构，受热不会再软化。交联剂可在制漆时加入，也可制成双组分包装，施工前加入。使用不同的交联剂，丙烯酸酯树脂成膜性能不同。热固性丙烯酸树脂的性能比热塑性丙烯酸树脂性能优异，装饰性能好，耐化学腐蚀、耐候性、保光保色等性能好，漆膜感官丰满，烘烤后性能稳定，主要用于轿车、电冰箱、高档仪器仪表等，施工方法主要是喷涂或刷涂，然后固化成膜。热固性树脂的常见单体和官能团见表 3-3。

表 3-3　热固性树脂的常见单体和官能团

单体	官能团
丙烯酸、甲基丙烯酸	羧基
丙烯酸羟乙酯、甲基丙烯酸羟乙酯、丙烯酸羟丙酯、甲基丙烯酸羟丙酯	羟基
顺丁烯二酸酐、亚甲基丁二酸酐（衣康酸酐）	酸酐
丙烯酸缩水甘油酯、甲基丙烯酸缩水甘油酯、烷基缩水甘油醚	环氧基
丙烯酸二甲氨基乙酯、甲基丙烯酸二甲氨基乙酯	氨基
丙烯酰胺、甲基丙烯酰胺、顺丁烯二酰亚胺	酰氨基

配方实例：

含羟基丙烯酸酯树脂　56.0 份

三聚氰胺甲醛树脂　　18.0 份

有机溶剂　　　　　　适量

3.2.3　氨基树脂

氨基树脂是指含氨基或酰氨基的化合物（如尿素、三聚氰胺等）与甲醛反应生成的热固性树脂，主要有脲醛树脂、三聚氰胺甲醛树脂。

（1）脲醛树脂　在碱或酸作用下，尿素与甲醛加成，生成羟甲基脲。在酸的作用下羟甲基脲与脂肪醇醚化、缩聚生成聚合物：

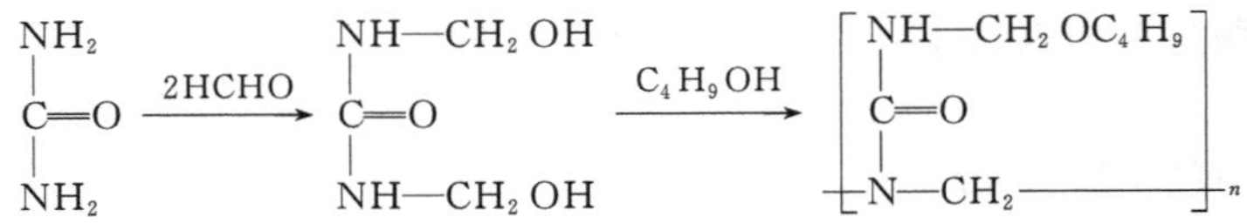

$$\begin{array}{ccc}
\text{NH}_2 & \text{NH}-\text{CH}_2\text{OH} & \left[\text{NH}-\text{CH}_2\text{OC}_4\text{H}_9\right. \\
| & | & | \\
\text{C}=\text{O} \xrightarrow{2\text{HCHO}} & \text{C}=\text{O} \xrightarrow{\text{C}_4\text{H}_9\text{OH}} & \text{C}=\text{O} \\
| & | & | \\
\text{NH}_2 & \text{NH}-\text{CH}_2\text{OH} & \left.\text{N}-\text{CH}_2\right]_n
\end{array}$$

醚化的目的是引入烷基以提高树脂的耐水性。

氨基树脂原材料易得价廉，水性不含有机溶剂，附着力好，但氨基树脂极性大，耐水、耐热、耐温和耐候性较差。

（2）三聚氰胺甲醛树脂 三聚氰胺分子中的三个氨基各含两个活泼氢，理论上都可以和甲醛反应生成羟甲基，然后缩聚。一般来说，引入三个以上羟甲基需要甲醛过量，通常三聚氰胺分子上形成 4~5 个羟甲基，以便缩聚固化。

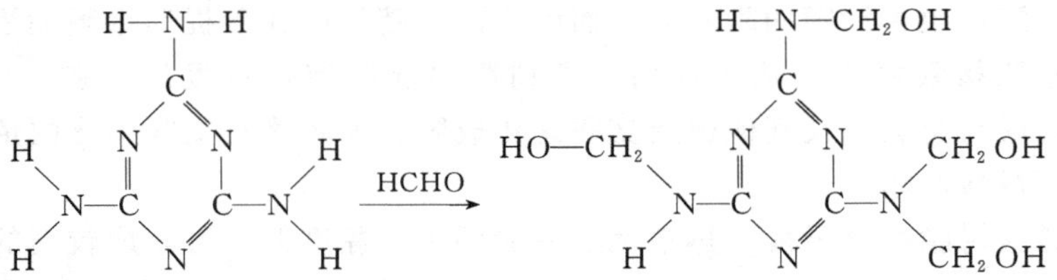

实际反应中形成的羟甲基数和投料比有密切关系。

为了改善树脂的耐水性，通常也采用醚化措施，一般采用丁醇醚化，降低树脂的极性。

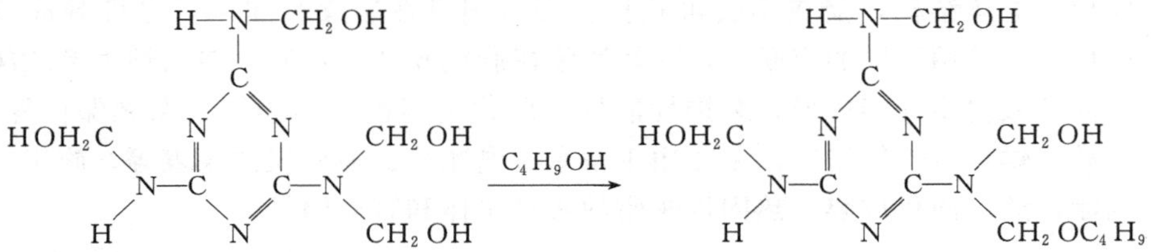

缩聚后形成复杂的立体结构：

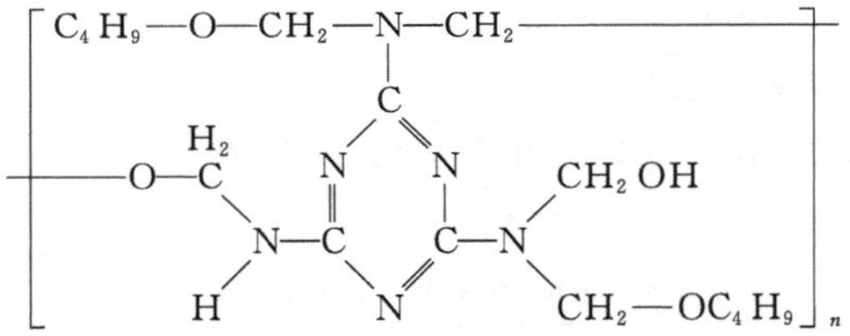

树脂在制备过程中，脱除过量的甲醛是重要的步骤。

三聚氰胺甲醛树脂附着力好，漆膜硬度高、坚韧、机械强度高，漆膜丰满，色泽和耐候性也较好。可以和其他树脂如醇酸树脂等混合使用。

3.2.4 环氧树脂

3.2.4.1 组成和特性

（1）基本组成 环氧树脂是指分子中含有两个或两个以上环氧基团的聚合物，环氧基团的活性使聚合物可与多种类型的固化剂发生交联反应形成漆膜。

目前，产量最大、用途最广的环氧树脂是被称为双酚 A 型环氧树脂，它是通过双酚 A（二酚基丙烷）与环氧氯丙烷反应制得：

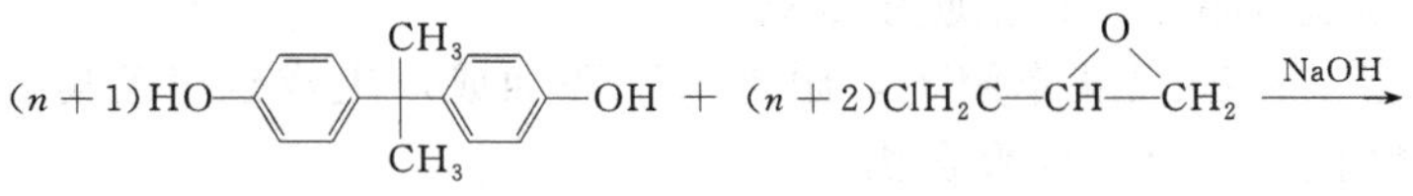

$$(n+1)\text{HO}-\underset{\overset{|}{\text{CH}_3}}{\overset{\overset{\text{CH}_3}{|}}{\text{C}}}-\text{OH} + (n+2)\text{ClH}_2\text{C}-\text{CH}-\text{CH}_2 \xrightarrow{\text{NaOH}}$$

$$H_2C-\overset{O}{\overbrace{CH}}-CH_2-\left(O-\underset{CH_3}{\overset{CH_3}{\underset{|}{\overset{|}{C}}}}-OCH_2-CH-CH_2\right)_n O-\underset{CH_3}{\overset{CH_3}{\underset{|}{\overset{|}{C}}}}-O-CH_2-\overset{O}{\overbrace{CH}}-CH_2$$

聚合度不同可以使环氧树脂在室温下呈现液态或固态。这类环氧树脂除了含有环氧基外，还伴有羟基存在，在固化过程中也起重要的作用。

环氧树脂除了双酚 A 型外，还有缩水甘油醚、缩水甘油胺、缩水甘油酯等，它们是利用甘油脱水形成的环氧键形成环氧树脂聚合物，此外还有脂环族环氧树脂等非缩水甘油类型。

（2）特性 环氧树脂耐化学性优良，尤其是耐碱性好；漆膜附着力强，特别是对金属；具有较好的耐热性和电绝缘性；但是双酚 A 型环氧树脂涂料的耐候性差，漆膜在户外易粉化、失光，又欠丰满，不宜作户外用涂料及高装饰性涂料之用。因此环氧树脂涂料主要用作防腐蚀漆、金属底漆、绝缘漆、水泥地坪等。

环氧树脂有一些特性指标，重要的有以下几项。

① 环氧当量和环氧值。环氧当量指的是含有 1mol 环氧基的环氧树脂质量（g），用 EEW 表示；环氧值指的是 100g 环氧树脂中含有环氧基的物质的量（mol）。两者都是表达环氧树脂中环氧基的含量，两者的关系为：

$$环氧当量 = \frac{100}{环氧值}$$

环氧值的测定可参照标准规定的方法进行。

② 羟值和羟基当量。羟值指的是 100g 环氧树脂中含有羟基的物质的量（mol）；羟基当量指的是含有 1mol 羟基的环氧树脂质量（g）。两者都是表达环氧树脂中羟基的含量，两者的关系为：

$$羟基当量 = \frac{100}{羟值}$$

③ 酯化当量。酯化当量指的是酯化 1mol 单羧酸所需的环氧树脂的质量（g）。由于环氧树脂中羟基和环氧基都可以和羧酸进行酯化，故酯化当量是表达环氧树脂中羟基和环氧基的总量。

$$酯化当量 = \frac{100}{环氧值 \times 2 + 羟值}$$

④ 软化点。软化点表达环氧树脂分子量的大小。低分子量的环氧树脂一般软化点小于 50℃；中等分子量的环氧树脂一般软化点在 50～100℃；高分子量的环氧树脂一般软化点大于 100℃。

⑤ 含氯量。含氯量是指 100g 环氧树脂中含有氯元素的物质的量（mol），包括有机氯和无机氯。无机氯主要是指树脂中的氯离子，有机氯是未发生反应的含氯有机原料。无机氯和有机氯都会影响最终树脂的性能。

⑥ 黏度。黏度表达环氧树脂的黏稠性，是环氧树脂实际应用中的重要指标之一。不同温度下，环氧树脂的黏度不同，其流动性能也就不同。

3.2.4.2 环氧树脂的固化

环氧树脂的固化主要是利用树脂中的环氧键、环氧键开环生成的羟基、树脂中已有的羟基和固化剂发生固化交联反应形成漆膜。

（1）有机胺类固化剂 首先环氧键开环和有机胺固化剂反应，并有羟基生成；生成的羟基继续和环氧键反应使固化反应不断进行。常用伯胺和仲胺作为环氧树脂固化剂。叔胺因为氮原子上没有氢不能单独作为固化剂使用，但叔胺有较强的碱性，促进环氧键的开环固化反应，故常作为固化催化剂使用。

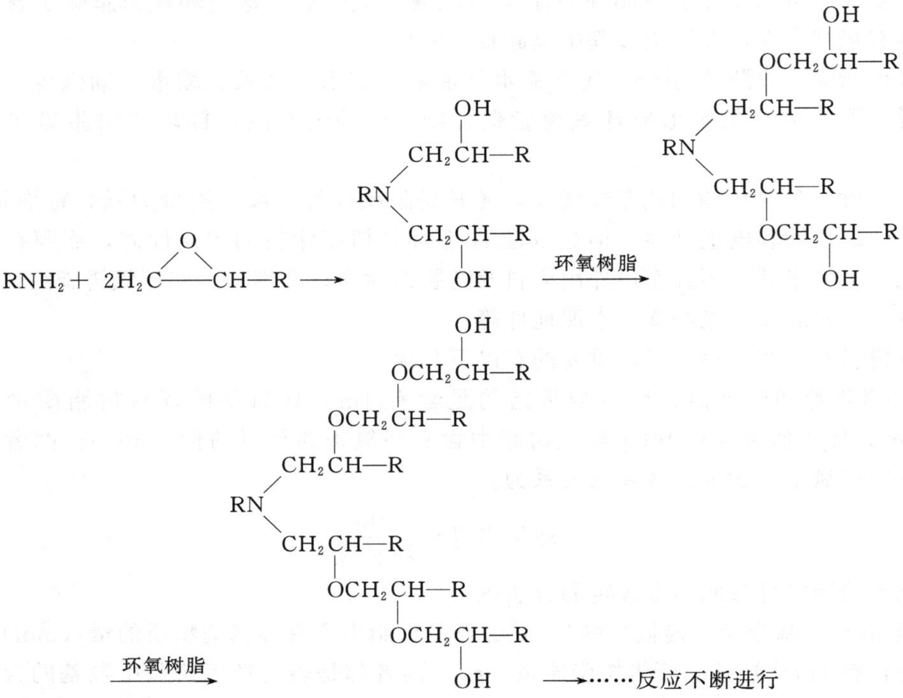

$$RNH_2 + 2H_2C\!-\!CH\!-\!R \longrightarrow \cdots\cdots \xrightarrow{\text{环氧树脂}} \cdots\cdots \xrightarrow{\text{环氧树脂}} \cdots\cdots \longrightarrow \cdots\cdots \text{反应不断进行}$$

（2）**酸酐类固化剂** 常用的酸酐如顺丁烯二酸酐、邻苯二甲酸酐等，一般需要较高的固化温度。酸酐首先与环氧树脂中的羟基反应生成单酯，单酯中的羧基再继续与环氧基加成，进而完成胶黏固化。

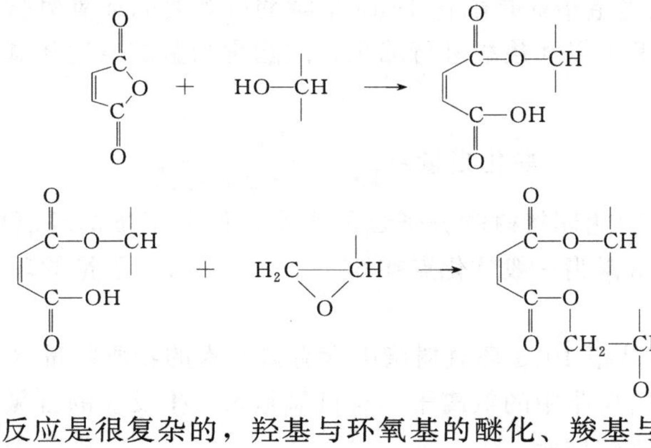

当然，高温下的反应是很复杂的，羟基与环氧基的醚化、羧基与羟基的酯化反应发生，但这都可看做胶黏固化反应的一部分。

（3）**合成树脂固化剂** 利用其他树脂中的氨基或是羟基、酚羟基和环氧树脂发生胶黏反应产生固化。如聚酰胺树脂的氨基、酚醛树脂的羟基和酚羟基、氨基树脂的氨基、醇酸树脂的羟基等都可以和环氧树脂的环氧基反应。

（4）**潜伏性固化剂** 潜伏型固化剂可在室温下与环氧树脂长期稳定混合但不发生固化反应，只有当在特定的温度，或者其他条件如光、湿度等条件下，固化反应才会发生。

双氰胺又称二氰二胺，分子式为：

$$\begin{array}{c} H_2N \qquad NH_2 \\ \diagdown \quad \diagup \\ C \\ \| \\ N\!=\!\!C\!=\!\!N \end{array}$$

很早就被用作环氧树脂的潜伏性固化剂。双氰胺与环氧树脂混合后室温下贮存期可达半年之久。双氰胺除分子中的 4 个氢可参加反应外，氰基也具有一定的反应活性，固化机理较复杂。双氰胺单独用作环氧树脂固化剂时固化温度比较高，一般在 150～170℃，就应用来说很不方便，通过一些助剂的添加可以降低固化温度。

潜伏型固化剂由于包装和使用上的便利，近年来受到广泛关注，除双氰胺类以外，对常规固化剂分子改造以达到潜伏性固化的目的，正不断被研究。

3.2.5 聚氨基甲酸酯类

3.2.5.1 概述

聚氨基甲酸酯类成膜物质是指含有相当数量的氨基甲酸酯单元的高分子材料，通常简单称为聚氨酯。氨基甲酸酯结构单元可表示为：

$$\begin{array}{c} H \quad O \\ | \quad \| \\ -N\!-\!C\!-\!O- \end{array}$$

它是由异氰酸酯和醇反应而得：

$$R\!-\!N\!=\!C\!=\!O + R'\!-\!OH \longrightarrow R\!-\!\overset{\overset{\displaystyle H}{|}}{N}\!-\!\overset{\overset{\displaystyle O}{\|}}{C}\!-\!O\!-\!R'$$

当分子中含有多元异氰酸酯单元，反应的醇又是多元醇时，聚合反应发生，形成聚氨酯。

$$HO\!-\!R'\!-\!OH + O\!=\!C\!=\!N\!-\!R\!-\!N\!=\!C\!=\!O \longrightarrow \dashv O\!-\!R'\!-\!O\!-\!\overset{\overset{\displaystyle O}{\|}}{C}\!-\!\overset{\overset{\displaystyle H}{|}}{N}\!-\!R\!-\!\overset{\overset{\displaystyle H}{|}}{N}\!-\!\overset{\overset{\displaystyle O}{\|}}{C}\vdash_n$$

异氰酸酯是非常活泼的反应基团，除了和醇羟基反应外，还可以和水反应生成氨基，和胺反应生成脲，与羧基反应生成酸酐或酰胺。因此，在聚氨酯分子中往往还含有其他多种官能团。

聚氨酯涂料的性质优异，耐磨性、耐化学品和耐油性优良，附着力强，低温固化性能好，耐温性好。通过配方调整，涂膜可以做成高硬度，也可以制成柔韧性极好的弹性涂膜，适用范围广。广泛用于车辆、仪表、家具、塑料等涂装。

聚氨酯涂料的分类方法很多，可按组分包装形式分类，也可按含羟基组分分类，还有从成膜机理分类。

按包装组成可以分为：双组分聚氨酯涂料和单组分聚氨酯涂料。双组分聚氨酯涂料一般是由异氰酸酯预聚物（也叫低分子氨基甲酸酯聚合物）和含羟基树脂两部分组成，通常称为固化剂组分和主剂组分。

根据含羟基组分的不同可分为：丙烯酸聚氨酯、醇酸聚氨酯、聚酯聚氨酯、聚醚聚氨酯、环氧聚氨酯等品种。

按其组成和成膜机理分类有：聚氨酯改性油涂料、潮气固化聚氨酯涂料、封闭型聚氨酯涂料、催化固化型聚氨酯涂料和羟基固化型聚氨酯涂料等。

3.2.5.2 聚氨酯涂料成膜反应

聚氨酯涂料的成膜一般是多异氰酸酯部分和含有羟基的化合物反应形成，如果通过空气中的水分固化，则只有异氰酸酯部分。成膜反应可表达为：

$$n\,OCN-R-NCO + n\,HO-R^1-OH \longrightarrow \left[CONH-R-NHCO-OR^1-O\right]_n$$

多异氰酸酯　　　　多羟基组分　　　　　　聚氨酯

（1）多异氰酸酯部分

① 基础原料。常用的多异氰酸酯见表3-4。

表3-4　常用的多异氰酸酯

类别	化学名称	代号
芳香基异氰酸酯	甲苯二异氰酸酯	TDI
脂肪基异氰酸酯	二苯基甲烷二异氰酸酯	MDI
	六亚甲基二异氰酸酯	HDI
	异佛尔酮二异氰酸酯	IPDI
	四甲基苯二亚甲基异氰酸酯	TMXDI

甲苯二异氰酸酯（TDI）是最常用的聚氨酯原料，无色透明液体，有刺激性气味，属剧毒化学品。一般为如下两种异构体的混合物。

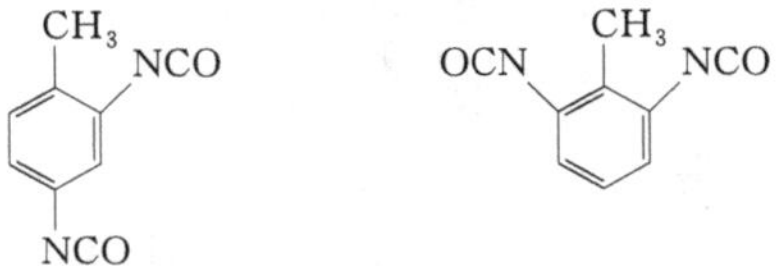

二苯基甲烷二异氰酸酯（MDI），也是聚氨酯生产的重要原料，外观是白色粉状物，有毒性，但蒸气压比 TDI 的低，对呼吸器官刺激性小，依据国标，工作场所中8h平均容许浓度为 $0.05mg/m^3$，短时间平均容许浓度为 $0.10mg/m^3$。分子式为：

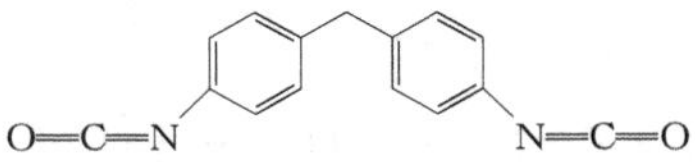

4,4′-MDI

六亚甲基二异氰酸酯（HDI），为脂肪族异氰酸酯，无色或者微黄色的液体，有特殊刺激性气味，分子式为：

$$OCN\,(CH_2)_6\,NCO$$

HDI 不含芳环，做成的树脂有明显的耐黄变的特性，柔顺性也较好，但反应活性较芳香族二异氰酸酯的小。

异佛尔酮二异氰酸酯（IPDI），分子式为：

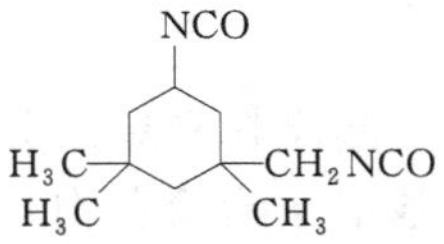

四甲基苯二亚甲基异氰酸酯（TMXDI），分子式为：

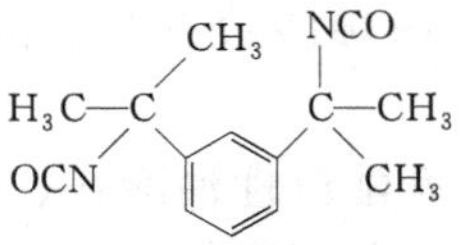

由于苯环和异氰酸酯基远离，不发生共轭，因而受苯环电子云影响较小，和苯环相连碳原子上的氢又被甲基取代，使聚氨酯制品更稳定，具有极好的耐候性、耐水性、保色性和拉伸率。

② 改性多异氰酸酯。多异氰酸酯的基础原料反应活性强、挥发性大，一般不直接使用，而是制备成预聚体。改性多异氰酸酯预聚体一般是指带有 NCO 端基的预聚体，是由聚醚多元醇（或聚酯多元醇等）的低聚物在氮气氛下，控制适当的反应温度和反应速率制得。

如聚醚与甲苯二异氰酸酯反应而得的聚醚预聚物：

$$
\begin{array}{c}
\text{H}_2\text{C}\text{─}[\text{OCH}_2\text{─}\overset{\text{CH}_3}{\text{CH}}]_{n_1}\text{OH} \\[4pt]
\text{HC}\text{─}[\text{OCH}_2\text{─}\overset{\text{CH}_3}{\text{CH}}]_{n_2}\text{OH} \quad +3 \\[4pt]
\text{H}_2\text{C}\text{─}[\text{OCH}_2\text{─}\overset{\text{CH}_3}{\text{CH}}]_{n_3}\text{OH}
\end{array}
\quad
\text{(甲苯二异氰酸酯)}
\quad\longrightarrow\quad
\begin{array}{c}
\text{H}_2\text{C}\text{─}[\text{OCH}_2\text{─}\overset{\text{CH}_3}{\text{CH}}]_{n_1}\text{OCONH}\text{─}\bigcirc\text{─}\overset{\text{CH}_3}{\underset{\text{NCO}}{}} \\[4pt]
\text{HC}\text{─}[\text{OCH}_2\text{─}\overset{\text{CH}_3}{\text{CH}}]_{n_2}\text{OCONH}\text{─}\bigcirc\text{─}\overset{\text{CH}_3}{\underset{\text{NCO}}{}} \\[4pt]
\text{H}_2\text{C}\text{─}[\text{OCH}_2\text{─}\overset{\text{CH}_3}{\text{CH}}]_{n_3}\text{OCONH}\text{─}\bigcirc\text{─}\overset{\text{CH}_3}{\underset{\text{NCO}}{}}
\end{array}
$$

（2）羟基部分　羟基部分用量最多为聚酯或聚醚，此外还有端羟基聚烯烃、环氧树脂、含羟基的丙烯酸酯聚合物、含羟基的天然油脂、含羟基的有机硅树脂等。

① 聚醚多元醇。聚醚多元醇是聚氨酯中用量最大的含羟基化合物，由环氧乙烷、环氧丙烷或四氢呋喃开环聚合而得。如四氢呋喃聚合物：$\text{H}\text{─}[\text{O}(\text{CH}_2)_4]_n\text{OH}$。

② 环氧丙烷聚合物。

$$
\begin{array}{c}
\text{CH}_2\text{O}\text{─}[\text{CH}_2\text{─}\overset{\text{CH}_3}{\text{CH}}\text{─O}]_n\text{H} \\[4pt]
\text{CHO}\text{─}[\text{CH}_2\text{─}\overset{\text{CH}_3}{\text{CH}}\text{─O}]_m\text{H} \\[4pt]
\text{CH}_2\text{O}\text{─}[\text{CH}_2\text{─}\overset{\text{CH}_3}{\text{CH}}\text{─O}]_p\text{H}
\end{array}
$$

③ 聚酯多元醇。聚酯多元醇亦称多羟基聚酯。一般是由二元酸酐和多元醇酯化获得。

聚己二酸乙二醇酯二醇：

$$
\text{HO}\text{─}\text{CH}_2\text{─}\text{CH}_2\text{─}\text{O}\text{─}[\overset{\text{O}}{\overset{\|}{\text{C}}}\text{─}(\text{CH}_2)_4\text{─}\overset{\text{O}}{\overset{\|}{\text{C}}}\text{─}\text{OCH}_2\text{─}\text{CH}_2\text{─}\text{O}]_n\text{H}
$$

聚 ε-己内酯二醇：

$$
\text{H}\text{─}[\text{O}\text{─}(\text{CH}_2)_5\text{─}\overset{\text{O}}{\overset{\|}{\text{C}}}]_m\text{─}\text{O}\text{─}\text{R}\text{─}\text{O}\text{─}[\overset{\text{O}}{\overset{\|}{\text{C}}}\text{─}(\text{CH}_2)_5\text{─}\text{O}]_n\text{H}
$$

3.2.6　树脂乳液

传统的油漆绝大多数是以有机化合物为溶剂的，如二甲苯、醋酸丁酯、香蕉水等都是作为油漆、油性涂料溶剂使用，溶剂挥发后形成漆膜。随着环保意识的加强，人们期望改变有机物作为油漆、涂料溶剂的传统方式，采用水作溶剂不仅大大降低涂料成本，更是环保、健康的选择。

水性成膜物质一般也称为聚合物树脂乳液，是将成膜的单体通过乳液聚合的特殊工艺制备成聚合物乳液，和其他组分配合形成涂料产品。当水分蒸发以后，乳液粒子聚集形成漆膜。聚合物乳液的制备已成为专门的技术和产业。很多涂料企业自己不生产树脂乳液而是购买乳液成品，通过合理配方，制备出各种涂料。合成树脂乳液涂料的耐水性和光亮度不及有机溶剂涂料，一般用于内墙涂料。

常见的聚合物乳液包括醋酸乙烯（乙酸乙烯酯，下同）类、丙烯酸酯类，不同类型单体共聚乳液可赋予涂膜更优良的性质。如醋酸乙烯-丙烯酸酯共聚乳液、苯乙烯-丙烯酸酯乳液、有机硅-丙烯酸酯共聚乳液等都是常见的聚合物乳液。此外，环氧树脂、聚氨酯等都已做成乳液应用。

3.3 颜料

涂料中的颜料是指一些固体粉体，均匀悬浮分散在涂料中，本身不能单独成膜，但可在干燥成膜物涂层中长期稳定存在，起到遮盖，着色，增厚，改善附着力，提高机械强度和耐磨性、耐腐蚀性等作用。颜料大致可分为防锈颜料、着色颜料、体质颜料。颜料的品种很多，针对颜料的不同功能，要求也不一样。

3.3.1 颜料的基本特性

（1）**遮盖力**　指的是涂料覆盖遮挡被涂物表面不露底色的能力，用单位面积物体表面的底色被完全遮盖时所用的颜料质量表示，单位 g/m^2。遮盖力强就可使用少量涂料起到较好的遮盖效果。遮盖力和颜料的吸光度，以及颜料折射率与基质折射率的差异有关，一般吸光度越大、折射率差异越大，遮盖力越好。

（2）**着色力**　指的是颜料在与其他组分混合后显现自身颜色的能力。着色力和颜料颗粒的细度和分散度有很大关系，颜料颗粒越细、分散越好，着色力越强。着色力和遮盖力没有直接联系，透明颜料可以着色力很强，但没有遮盖力。着色力体现颜料对某一波段光波的吸收能力。

（3）**吸油量**　指颜料的颗粒绝对表面被油完全浸湿时所需油料的数量。习惯上常用100份质量的颜料被精制亚麻籽油完全润湿需用质量份数表示。吸油量与颜料颗粒的大小、形貌、比表面、表面性质、分散状态等性质有关。

通常的测定方法是，在 100g 的颜料中，将亚麻油一滴滴加入，并随时用刮刀混合，初加油时，颜料仍保持松散状，可最后使全部颜料黏结在一起成球，若继续再加油，体系即变稀，此时所用的油量为颜料的吸油量，用 OA 表示。

（4）**颜基比**　指的是涂料配方中颜料及填料质量与成膜物质质量的比例。

（5）**颜料的体积浓度**　简称 PVC，是指涂料中着色颜料和体质颜料的真实体积（区别于堆积体积）与配方中所有不挥发分（包括成膜物体积、着色颜料和体质颜料）的总体积之比。

$$颜料的体积浓度（PVC）＝ \frac{粉料真体积}{粉料真体积＋成膜物真体积}$$

PVC 牵涉到涂膜性能，PVC 高，涂膜中刚性成分多，光泽暗，涂膜脆，涂膜透气性好，致密程度低；PVC 低，涂膜中软性的黏结料多，光泽亮，涂膜封闭性好。

在色漆配方中，随着颜料用量的增加，即 PVC 值增大至某一值时，干漆膜性质会出现一个转折点，如由有光、半光到无光；透气性与透水性由低到高。显然此时成膜物在漆膜中已不再呈连续状态，颜料颗粒不能全部被漆料所包覆，因而使涂层的性能开始急剧变坏。将成膜物质恰恰填满颜料颗粒间隙而无多余量时的颜料体积浓度称为临界颜料体积浓度，用CPVC表示。这个数值随成膜物质分散颜料的能力而有所不同。对于醇酸树脂漆而言，有光醇酸树脂磁漆的PVC值为3%～20%，半光漆为40%～55%，无光漆为45%～60%。

3.3.2 防锈颜料

防锈颜料顾名思义是防止金属腐蚀，从而提高涂料对金属表面的保护作用。按作用的原理，防锈颜料可以分为两大类：物理性防锈和化学性防锈，其中化学性防锈颜料又可以分为缓蚀性防锈和电化学作用防锈两种形式。

（1）物理防锈颜料　物理防锈颜料本身都具有较好的化学稳定性，借助细微颗粒的充填，可提高涂膜的致密度，阻挡光线的照射，防止水的浸入，降低金属被氧化的机会。

氧化铁红又称铁红，商品是细微的固体粉末，常用的物理防锈颜料，耐热、耐光性好，对大气、碱类和稀酸的作用非常稳定，遮盖力强，是很好的物理防锈颜料。

云母氧化铁，化学成分是三氧化二铁，本身呈现片状结构，并有良好的化学惰性，在涂层中叠层排列，有效阻碍腐蚀介质的扩散和渗透到基材。

（2）化学防锈颜料　化学防锈颜料依靠化学反应改变金属表面性质，或通过反应生成物的特性来达到防锈目的，如钝化、磷化产生新的表面膜层，钝化膜、磷化膜等使金属表面避免腐蚀。电化学型防锈颜料主要是锌粉。富锌涂料干燥后的涂层含有大量锌粉，锌粉颗粒之间以及底材和锌粉之间保持直接接触。当水分浸入涂层时，就形成了由锌粉和底材钢板组成的电池。电流从锌向铁流动，从而使底材受到阴极保护。另外，锌的腐蚀产物是难溶的锌盐及锌的络合物，附积在锌粉间和钢铁表面上，阻止氧、水和盐类的侵蚀，使涂层的屏蔽作用得到加强。

化学防锈颜料主要有如红丹（Pb_3O_4）、锌铬黄（$4ZnO \cdot 4CrO_3 \cdot K_2O \cdot 3H_2O$）、偏硼酸钡［$Ba(BO_2) \cdot 2H_2O$］、铬酸锶（$SrCrO_4$）、铬酸钙（$CaCrO_4$）、磷酸锌、碳氮化铅（$PbCN_2$）、锌粉、铅粉等。

3.3.3 着色颜料

着色颜料有白色、黑色和一些彩色颜色，通过调配获得一些中间色彩。调色已成为涂料行业专门的技术，现在借助电脑技术调配色彩。

① 白色颜料

a. 钛白粉，化学成分是二氧化钛（TiO_2）；它是一种遮盖力和着色力都好的白色颜料。锐钛矿晶型二氧化钛光活性大，容易使漆膜粉化，一般用于内墙涂料。金红石晶型二氧化钛光活性相对小一些，使用更为广泛。二氧化钛化学性质稳定，没有毒性，使用相当广泛。

b. 立德粉，又称锌钡白，是硫化锌和硫酸钡的混合物（$ZnS \cdot BaSO_4$）。其遮盖力和着色力仅次于钛白粉，但化学性质不稳定，不耐酸，不耐曝晒，不宜用于制户外涂料。

c. 锌白，即氧化锌（ZnO），着色力较好，但因遮盖力小于钛白粉和立德粉，故很少单独使用。氧化锌呈碱性，能与涂料中的酸性物质起作用，而具有使涂料变稠的倾向。氧化锌即便在暗处也有一定的杀菌功能。

② 黑色颜料

a. 炭黑。炭黑为无定形碳，颗粒细，吸油率大，遮盖力强，附着力好，高温稳定性和化学稳定性均优，是理想的黑色颜料。

b. 铁黑。铁黑即四氧化三铁，为三氧化二铁和氧化亚铁的复合物，分子式是 $Fe_2O_3 \cdot FeO$，它的遮盖力和着色力都良好，在环境中稳定，并有一定的防锈作用。

③ 彩色颜料

a. 无机彩色颜料。一些过渡金属的氧化物或络合物呈现绚丽的色彩，虽不及有机颜料鲜艳，但价格低廉，应用广泛。如铬黄，也称颜料黄 34，分子式是 $PbCrO_4$；铁黄，分子式为 $Fe_2O_3 \cdot H_2O$；铁红，分子式为 Fe_2O_3；铁蓝，又名柏林蓝、贡蓝、普鲁士蓝、亚铁氰化铁、中国蓝、密罗里蓝、华蓝，化学成分为 $Fe_4[Fe(CN)_6]_3$；群青，分子式为 $Na_6Al_4Si_6S_4O_{20}$，由硫黄、黏土、石英、碳等混合烧制成，在涂料中广泛使用。

b. 有机彩色颜料。有机颜料色彩鲜艳，色谱齐全，但价格很高，有些品种的耐光、耐热、耐溶剂和耐迁移性往往不如无机颜料。有机颜料的生产在精细化工领域是十分重要的行业，附加值大。如永固紫 RL、酞菁蓝、联苯胺黄 G 等。

④ 金属粉颜料　金属粉颜料使漆膜呈现光亮的金属颜色，如铝粉，俗称银粉，使漆膜呈现银色光亮；铜金粉，俗称金粉，实际上是铜锌合金粉，使漆膜呈现黄金光泽。

3.3.4　体质颜料

体质颜料几乎没有遮盖力和着色力，但可以改变涂料的流动性、漆膜的物理性能，降低涂料的成本，故又称填料。常用的品种如碳酸钙（石灰石粉）、重晶石粉（天然硫酸钡）、沉淀硫酸钡、滑石粉、高岭土等。

3.4　涂料助剂

助剂在涂料生产、储存、施工应用各个阶段都发挥着重要作用。如涂料生产过程中的引发剂、分散剂、消泡剂等，储存过程的防结皮剂、防沉淀剂、防冻稳定剂等，施工应用过程的催干剂、偶联剂、流平剂等。助剂的分类很多，品种也很多，以下只是针对一些对涂料功能发挥重要作用的常用助剂进行介绍。

3.4.1　偶联剂

偶联剂的作用是改善基材与涂层之间的黏结效果。需要用涂料保护或装饰的基材往往是比漆膜本身极性更大的材料，如建筑墙面、木材、玻璃、水泥、钢铁等。这些基材由于极性大其表面往往附着看不见的水分或者富含羟基。这样的表面化学组成和形态，使有机漆膜很难牢固附着。偶联剂的分子结构特征是分子中同时含有能与极性基团（如羟基）结合的反应性基团，和与有机材料（如合成树脂等）结合的反应性基团。通过偶联剂的作用，在涂膜与基材之间建立连接的"桥梁"，大大改善涂膜的附着力。常用的有硅烷偶联剂和钛酸酯偶联剂。

（1）硅烷偶联剂　硅烷偶联剂的通式可表示为：$RSiX_3$，式中 R 代表能与聚合物分子有亲和力或反应能力的活性官能团，如氨基、巯基、乙烯基、环氧基、酰氨基、氨丙基等；X 代表能够水解的活性基团，如卤素、烷氧基、酰氧基等。例如常用的硅烷偶联剂 KH-550，化学名称是 γ-氨丙基三乙氧基硅烷，结构式是：

$$H_2N-CH_2-CH_2-CH_2-\underset{\underset{OC_2H_5}{|}}{\overset{\overset{OC_2H_5}{|}}{Si}}-OC_2H_5$$

分子中氨丙基是和聚合物有亲和力的反应基团，三乙氧基是易水解并和基底反应的活性基团。

在进行偶联反应时，首先 X 基团与基材表面的水作用形成硅醇，然后与基材表面上的羟基缩合成—SiO—B 共价键（B 表示基材表面）。同时，多个偶联剂分子的硅醇又相互缔合低聚形成网状结构的膜覆盖在基材表面，使基材表面被反应性有机大分子改性。其化学反应的简要过程如下。

水解：

$$RSiX_3+3H_2O \longrightarrow RSi(OH)_3+3HX$$

（通常 HX 为醇或酸）

与基材表面反应：

$$R-\underset{\underset{OH}{|}}{\overset{\overset{OH}{|}}{Si}}-OH \ +HOM \Longleftrightarrow R-\underset{\underset{OH}{|}}{\overset{\overset{OH}{|}}{Si}}-OM \ +H_2O$$

缩合（以 3 分子缩合为例）：

$$3R-\underset{\underset{OH}{|}}{\overset{\overset{OH}{|}}{Si}}-OB \longrightarrow HO-\underset{\underset{O}{|}}{\overset{\overset{R}{|}}{Si}}-O-\underset{\underset{O}{|}}{\overset{\overset{R}{|}}{Si}}-O-\underset{\underset{O}{|}}{\overset{\overset{R}{|}}{Si}}-OH$$

基底材料

基底表面形成改性的有机层，通过活性基团 R 和成膜物质结合，提高了附着力。

常用的硅烷偶联剂见表 3-5。

表 3-5　常用硅烷偶联剂

代号	化学名称	分子量	相对密度（25℃）	折射率（25℃）	沸点/℃
KH-550（中国）、A-1100（美国威科）、Z-6011（美国道康宁公司）、KBE-903（日本信越化学工业株式会社）、Dynasylan® AMEO（德国德固萨）	γ-氨丙基三乙氧基硅烷	221.3	0.946	1.419	220
A-171（美国威科）、Z-6300（美国道康宁公司）、KBM-1003（日本信越化学工业株式会社）、Dynasylan® VT-MO（德国德固萨）	乙烯基三甲氧基硅烷	161.5	1.26	1.432	19
A-151（美国威科）、Z-6518（美国道康宁公司）、KBE-1003（日本信越化学工业株式会社）、Dynasylan® VTEO（德国德固萨）	乙烯基三乙氧基硅烷	190.3	0.93	1.395	161
KH-560（中国）、A-187（美国威科）、Z-6040（美国道康宁公司）、KBM-403（日本信越化学工业株式会社）、Dynasylan® GLYMO（德国德固萨）	γ-缩水甘油丙基三甲氧基硅烷	236.1	1.07	1.427	290

代号	化学名称	分子量	相对密度 (25℃)	折射率 (25℃)	沸点 /℃
KH-570(中国)、A-174(美国威科)、Z-6030(美国道康宁公司)、KBM-503(日本信越化学工业株式会社)、Dynasylan® MEMO(德国德固萨)	γ-甲基丙烯酰氧基丙基三甲氧基硅烷	248.1	1.04	1.429	255
SG-Si602(中国)、A-2120(美国威科)、KBM-602(日本信越化学工业株式会社)、Dynasylan® 1411(德国德固萨)	N-(2-氨乙基)-γ-氨丙基甲基二甲氧基硅烷	206.1	0.98	1.445	234
KH-792(中国)、A-1120(美国威科)、Z-6020&Z6094(美国道康宁公司)、KBM-603(日本信越化学工业株式会社)、Dynasylan® DAMO(德国德固萨)	N-(2-氨乙基)-γ-氨丙基三甲氧基硅烷	222.1	1.03	1.445	259
SG-Si121(中国)、A-143(美国威科)、Z-6076(美国道康宁公司)、KBM-703(日本信越化学工业株式会社)	γ-氯丙基三甲氧基硅烷	198.5	1.08	1.418	192
KH-590(中国)、A-189(美国威科)、Z-6062(美国道康宁公司)、KBM-803(日本信越化学工业株式会社)、Dynasylan® MTMO(德国德固萨)	γ-巯丙基三甲氧基硅烷	196.1	1.06	1.439	212

注：除表中所列外，硅烷偶联剂的品种还有很多，可根据具体情况选择应用。

（2）钛酸酯偶联剂 钛酸酯偶联剂通式为：$RO_{(4-n)} Ti(OX—R'Y)_n$，$n=2$，3，其中 RO—是可水解的短链烷氧基，能与无机物表面羟基起反应，从而达到化学偶联的目的；OX—可以是羧基、烷氧基、磺酸基、磷酸基等，这些基团很重要，决定钛酸酯所具有的特殊功能，如磺酸基赋予有机物一定的触变性；焦磷酰氧基有阻燃、防锈、增强粘接的性能；R'一般为长链烃基，可以改善自身与成膜物的相容，并对成膜物的性质产生影响；Y 为和成膜物反应的基团。

① 异丙基二油酸酰氧基（二辛基磷酸酰氧基）钛酸酯。这种偶联剂国内牌号是 NDZ-101，美国肯瑞奇公司 KR-TTS 产品。分子结构为：

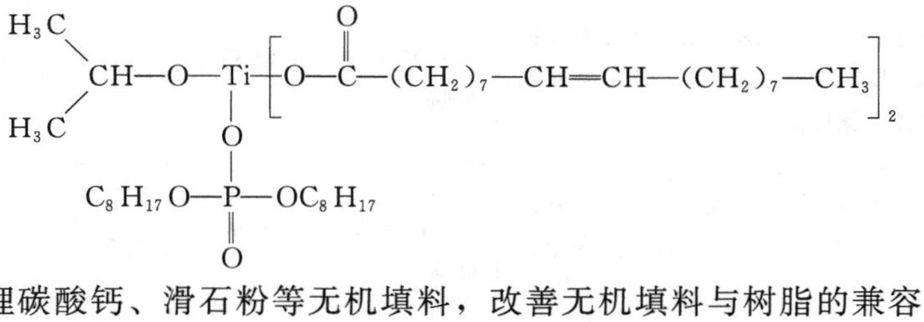

主要用于处理碳酸钙、滑石粉等无机填料，改善无机填料与树脂的兼容性；也可降低涂料体系黏度，提高无机填料填充量。

② 异丙基三油酸酰氧基钛酸酯。这种偶联剂国内牌号是 NDZ-105，类似于美国肯瑞奇公司 KR-TTS 产品，分子结构为：

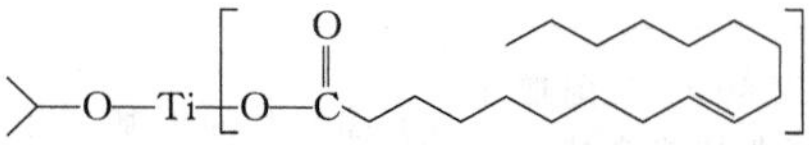

在涂料中可降低体系黏度，提高固体填充量，增加流平性，同时赋予涂层良好的耐磨性和抗腐蚀性。作为无机填料表面处理剂，可处理碳酸钙、滑石粉、高岭土，以增加填料的疏

水性、分散性。

③ 二（乙酰丙酮基）钛酸二异丙酯。这种偶联剂国内代号为 SG-Ti575，对应国外牌号为美国杜邦公司 TyzorAA-75。分子结构式为：

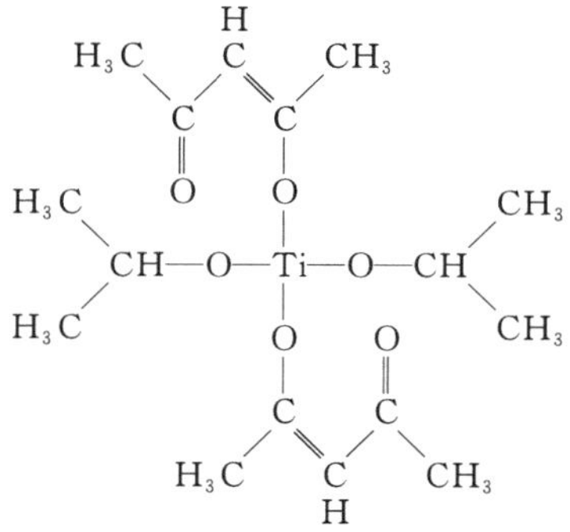

分子中乙酰丙酮钛可与底材及涂料成膜物中活泼基团发生交联反应，形成架桥，使涂料的附着力得到提高。此外，使成膜物分子量增大，从而耐热性、耐化学性、耐水性、干性等诸多性能得到改善。

钛酸酯偶联剂的品种还有很多，除了在涂料中应用外，在粉体改性、塑料、油墨等行业也都得到应用。

3.4.2 流平剂

流平剂是促进涂层平整、光滑、均匀的助剂，对涂层的外观和光泽有重要的影响。

流平剂的作用机理是降低涂料的表面张力，改善涂料的渗透性，从而能使涂覆液很好地铺展，减少刷涂时可能产生斑点和刷痕的可能性，使成膜均匀、流畅、自然。降低涂覆液的黏度也是提高流平性的一种方式。不同种类的涂料所用的流平剂种类也不尽相同，溶剂型的涂料可采用低表面张力的溶剂，水性涂料可采用合适的表面活性剂。采用表面活性剂时要防止产生涂覆液的自憎现象。

流平剂的主要类型有：有机硅类、丙烯酸酯类、有机氟类。

（1）有机硅类流平剂　有机硅是一类性能优越的材料，具有表面张力低、化学性质稳定、耐热性好、无毒害的优点。在溶剂型涂料中可直接使用聚二甲基硅氧烷，即通常所说的二甲基硅油。依据分子量的不同，有不同黏度的硅油可选择。各种聚醚改性有机硅和聚酯改性有机硅，可调整有机硅的极性，和极性涂料，甚至水性涂料相容，达到降低表面张力，提高流平效果。此外，还有烷基改性硅油、乙烯基改性硅油等有机硅品种，都可以用于流平作用。

（2）丙烯酸酯类流平剂　采用适当极性的丙烯酸酯，使其在涂膜中有一定的相容性，但相容性又不能太强。这样，作为流平剂的丙烯酸酯就会积聚至涂膜表面形成一层新的树脂膜层，使涂膜的表面张力趋于平衡，促进涂膜的流动和流平。如德国毕克化学公司的 BYK-352、357、390 都是这类结构的流平剂。

（3）有机氟类流平剂　有机氟化合物通常具有超低表面张力和较好的化学稳定性。有机氟表面活性剂可以是优良的流平剂；有机氟改性丙烯酸树脂也是性能优异的流平剂，如荷兰 EF-KA 公司的 EF-KA3600 就是这类品种。

3.4.3　催干剂

催干剂是涂料中加速涂覆液成膜、干燥的助剂。一般来说，是针对涂料中含有干性、半干性油的涂料。作用机理是促进干燥成膜过程中自由基的生成。常用的是钴、锰、铅、锌、锡、钙等有机酸皂类化合物。常用的有机酸有环烷酸、异辛酸、月桂酸等，一般通过由环烷酸钠水溶液与相应的金属盐水溶液复分解反应制取。

常见品种如环烷酸的钴、锰、铅、锌、锡、钙等的盐，二甲基二月桂酸锡，异辛酸的钴、锰、铅、锌、钙等的盐类。

3.4.4　助成膜剂

助成膜剂的作用是促进涂料涂覆后的成膜性，特别是加速低温时的成膜效果。常用的如醇酯-12，化学名是 2,2,4-三甲基-1,3-戊二醇单异丁酸酯，用于各类乳胶涂料，降低成膜温度，提高附着力和耐擦洗性。乙二醇单丁醚、丙二醇单丁醚、双戊烯等也是常用的助成膜剂。

除以上提到的涂料助剂外，还有很多助剂，如防霉抗菌剂、抗静电剂、消泡剂、增稠剂、阻燃剂、防沉淀剂等，有些在其他章节已有阐述，这里不再赘述。

3.5　溶剂

用于溶剂型涂料的有机溶剂品种很多。溶剂的选择要考虑极性和成膜物质的匹配，以使涂料能有良好的溶解性。此外，还应考虑制成的涂料有合适的黏度，对被涂饰基材有良好的润湿性，涂覆后溶剂自身有适当的挥发度使漆膜容易干燥。当然，安全、环保、成本上能接受也是必须要考虑的因素。

常用的溶剂主要有烃类、醇类、萜烯类、酯类、酮类。

3.5.1　烃类溶剂

烃类溶剂包括脂肪烃和芳香烃。

脂肪烃溶剂主要是 120 号、200 号溶剂油，主要成分是饱和脂肪烃，毒性小。但由于极性也小，对很多成膜物溶解力不强。

芳香烃溶剂主要是苯、甲苯和二甲苯，三者溶解力都很强。但苯的挥发性大，毒性也大，闪点低，安全性也差，很少单独使用。三者当中二甲苯毒性最小，挥发性也小。一般根据挥发性的要求选择甲苯或二甲苯作合成树脂的溶剂。

3.5.2　醇类溶剂

醇类溶剂主要品种有乙醇和丁醇。醇类溶剂的极性大，对有亲核基团成膜物有一定的溶解作用，而对大多数合成树脂溶解性差，一般只看做助溶剂。

乙醇可用于虫胶清漆、硝基漆的混合溶剂；丁醇挥发速率低，用于氨基树脂、聚乙酸乙烯酯、丙烯酸树脂，也用于硝基漆的助溶剂。

3.5.3　酯类溶剂

酯类溶剂的极性适中，溶解力较强，相对于芳香烃来说，酯类溶剂环保安全。常用的有醋酸乙酯、醋酸丁酯、醋酸戊酯，三者随着分子量的增大挥发度减小，也就是说醋酸乙酯挥发性大，醋酸戊酯挥发性小，而醋酸丁酯挥发性比较适中，也常被应用，用于硝基漆、聚氨酯漆等。乙二醇乙醚乙酸酯也是常用的有机溶剂，其挥发慢，溶解力强，用于聚氨酯漆、环氧树脂漆、乙烯基树脂漆、乙基纤维素漆等。

3.5.4　酮类溶剂

酮类溶剂对成膜物的溶解性很强。常用的有丙酮、甲乙酮和环己酮。丙酮和甲乙酮的挥发性大，可作为各种乙烯共聚物和硝化纤维的溶剂，也可适量加入其他混合溶剂中，改善涂料及涂膜性能；甲乙酮溶解力也很强，常与溶解力低的溶剂混合使用，改善成膜性、施工性，用于乙烯基共聚物漆、环氧树脂漆、聚氨酯漆等。

3.5.5　萜烯类溶剂

松节油、松油即属这类溶剂。松油也叫松脂，沸点在 $195\sim220℃$，萜烯含量高，对成膜物溶解力强，但挥发性慢。松节油是经提取得到的挥发性油，沸点在 $140\sim200℃$，作为涂料溶剂挥发性适中，溶解力大于脂肪烃小于芳香烃。萜烯类溶剂含有双键，反应性强，能促进漆膜的干燥。

3.6　涂料配方实例

通过前面的介绍，对涂料的组成和各组分的功能应该有认识，通过几组配方进一步说明。

3.6.1　配方实例一：醇酸树脂涂料（色漆）

（1）配方组成

醇酸树脂（50%）	70.0
钛白粉（金红石型）	12.0
铁蓝	3.2
滑石粉	6.0
环烷酸铅（12%）	2.0
环烷酸钴（3%）	0.6
环烷酸锰（3%）	0.6
环烷酸锌（3%）	1.2
二甲基硅油	0.4

| 二甲苯 | 4.0 |

（2）**配方分析**　这是一款醇酸树脂溶剂型蓝色漆，包含成膜物质、颜料、助剂、溶剂四个部分。

① 成膜物质　醇酸树脂，实际质量分数为：70%×50%＝35%。

② 颜料

a. 着色颜料：铁蓝＋钛白粉配色，质量分数为：12%＋3.2%＝15.2%。

b. 体质颜料：滑石粉，质量分数为：6%。

③ 助剂

a. 催干剂：环烷酸铅、环烷酸钴、环烷酸锰、环烷酸锌。

b. 质量分数为：2.0×12%＋0.6×3%＋0.6×3%＋1.2×3%＝0.312%。

c. 流平剂：二甲基硅油，质量分数为：0.4%。

④ 溶剂　二甲苯：质量分数为：4%。

说明，这是一个简单的醇酸树脂色漆配方，但涂料的基本组成部分都包括。其中单独作为溶剂添加的二甲苯只有4%，这是因为在醇酸树脂的浓度为50%，也就是说，在配方中70%的醇酸树脂溶液中有35%是作为溶剂使用的。此外，催干剂也是溶剂溶解状态添加的，可带入约4%的溶剂。这样容积的总体比例占到43%，保证了涂料的流动性。

3.6.2　配方实例二：聚异氰酸酯环氧磁漆

（1）**配方组成**　配方由 A、B 两部分组成。

组分 A：

环氧树脂 E-30	24%
钛白粉（金红石型）	34%
乙二醇丁醚醋酸酯	10%
二甲苯	10%
环己酮	22%

组分 B：

| TDI 三羟甲基丙烷预聚体 | 75% |
| 乙酸乙酯 | 25% |

（2）**配方分析**　这是一款环氧树脂固化的聚氨酯漆。

① 成膜物质　环氧树脂和 TDI 三羟甲基丙烷预聚体缩合产物。

② 颜料　白色颜料：金红石型钛白粉。

③ 助剂　乙二醇丁醚醋酸酯既起到流平作用，也是混合溶剂的一部分。

④ 溶剂　二甲苯、环己酮、乙酸乙酯。

3.6.3　配方实例三：水性内墙涂料

（1）**配方组成**

聚醋酸乙烯乳液（50%）	42.00%
钛白粉	26.00%
滑石粉	8.00%
醇酯-12	1.00%

乙二醇	2.00%
羟乙基纤维素	0.10%
六偏磷酸钠	0.15%
卡松（防霉剂）	0.30%
水	20.45%

（2）配方分析　这是一水性涂料，配方中，包含了涂料的各基本组成。

① 成膜物质　聚醋酸乙烯，实际质量分数为21%。

② 颜料

a. 着色颜料：钛白粉，占到26%。

b. 体质颜料：滑石粉，占8%。

[颜基比＝（26＋8）/21＝1.619]。

③ 助剂

a. 醇酯-12：成膜助剂，有利于漆膜的形成。

b. 乙二醇：作为防冻剂添加，使冬季保存稳定。

c. 羟乙基纤维素：分散剂，保持粉体的悬浮稳定。

d. 六偏磷酸钠：分散剂，保持粉体的悬浮稳定。

e. 卡松：一种防霉剂的俗称，其化学成分是异噻唑啉酮，是一种安全、高效的广谱杀菌剂。

④ 溶剂：水。

涂料的发展已相当成熟，但人类的追求是无止境的。开发新的成膜物质一向是改善涂料性能的重要内容。此外，新型助剂的开发对涂料的作用发挥也起到至关重要的作用。环保、防水、防油、防污、自洁、耐擦洗等已成为普遍的追求。一些特殊场合应用的功能涂料，随着经济和社会发展也不断需求，如抗菌涂料、防辐射涂料、保温涂料等都赋予涂料崭新的功能。涂料配方的设计既有理论的应用，也有经验的积累，需要有扎实的物理、化学、胶体化学基础，也要有更多的实践经验。打好理论基础，积累实践经验，永远是从事应用科学基本功。

3.7　涂料工业发展趋势

随着竞争的加剧、可持续发展理念的强化，各行业对涂料性能提出更高要求。同时，涂料行业本身的技术进步和同行竞争也促进了产业发展。环保、绿色、高性能主导涂料工业发展趋势。

（1）降低涂料应用中挥发性有机物（VOC）的释放　随着相关法规的建立，涂料应用中释放挥发性有机化合物（VOC）有严格的限制。以水性涂料、高固含等环保型涂料来取代传统的有机溶剂型涂料成为趋势。水性涂料主要以水为溶剂或分散介质，大幅度降低VOC的排放。水性聚氨酯、水性环氧树脂、水性丙烯酸酯等为主的成膜树脂材料应用于水性涂料中得到了空前的发展。建筑物的内外墙涂料大部分已实现水性化，这些水性涂料涂装干燥固化成膜后，耐水性、防污性都很优异。此外，水性木器漆也得到了广泛应用。但在光泽度要求高的如汽车以及一些功能涂料等应用领域，水性涂料还不能满足要求，高性能的水性漆成为开发的重点。

（2）生物基原材料的应用 利用生物基原材料制备涂料符合绿色发展、循环经济的方向，受到国内外业界广泛重视。腰果酚是植物基原料用于涂料中较典型的一例。腰果酚是从天然腰果壳中提取出来的一种间位具备饱和或不饱和十五碳烃基酚混合物，在环氧树脂涂料中腰果酚已得到应用。生物基来源的乳酸、柠檬酸、酒石酸、衣康酸、呋喃二甲酸、木质素、壳聚糖等绿色原料在树脂涂料中的应用也得到广泛关注。

（3）高新技术提升涂料性能 20世纪初兴起的纳米技术经过几十年的发展已在涂料中得到应用，如利用溶胶凝胶法制备硅溶胶与含锆、铝、钛、锰等的溶胶复合涂层，使附着力和防腐性能得到改善。二维纳米片材可以增加涂层的机械性能和受力后的滑动性，产生特殊功能性。自愈合，亦称自修复技术，能够减少涂层的受损程度，延长涂层使用寿命。有机-无机杂化成膜体系的耐磨、韧性等比单纯的物理混合有较大程度的改善。

（4）特种涂料快速发展 特种涂料是在具有常规涂料防护功能的同时，兼具一些特殊特定场合的特殊功能需求。比如蓄能发光涂料，是利用长余辉磷光材料和高分子树脂复合，可把太阳光能储存起来晚上余辉发光，在高速公路、隧道等场合应用，大大提高道路的行驶安全。随着社会发展，功能涂料品种越来越多，满足各种特殊场合的功能需求，如防火、防水、防霉、防静电、防污、导电、耐高温、防海洋生物、黏附、屏蔽电磁波、示温、吸收电磁波、屏蔽射线、抗粘贴、防滑、减震、防碎裂飞溅、防噪声、反射太阳光、自润滑、吸收有害物质、超亲水、超疏水等功能的涂料。

思 考 题

1. 举例说明涂料的概念。

2. 涂料一般有哪些基本组成？分别起到什么作用？

3. 涂料的名称有哪几部分组成？

4. 举例说明常见的成膜物质有哪些？

5. 醇酸树脂的主要原料包括哪些？

6. 脂肪酸不饱和程度高低对涂料产生什么影响？

7. 举例说明环氧树脂的固化剂和固化原理。

8. 举例说明涂料助剂的作用。

9. 什么是特种涂料？举例说明特种涂料的应用。

10. 涂料工业发展趋势有哪些方面？

第4章

胶 黏 剂

4.1 概述

胶黏剂又称黏合剂，简称胶（bonding agent，adhesive），是使物体与另一物体紧密连接为一体的非金属媒介材料，按其来源可分为合成胶黏剂和天然胶黏剂。

胶黏（黏合、粘接、胶结、胶粘）是指同质或异质物体表面用胶黏剂连接在一起的技术，在两个被黏物面之间胶黏剂只占很薄的一层体积，但使用胶黏剂完成胶接施工之后，所得胶接件在机械性能和物理化学性能方面，能满足实际需要的各项要求。胶黏特别适用于不同材质、不同厚度、超薄规格和复杂构件的连接。

胶黏近代发展很快，应用行业极广，并对高新科学技术进步和人民日常生活改善有重大影响。因此，研究、开发和生产各类胶黏剂十分重要。

考古学证据显示黏合剂的应用历史已经超过 6000 多年，我们可以看到在博物馆里展出的许多物体在经过 3000 多年后依然由黏合剂固定在一起。早期的胶黏剂大多是以天然物为原料的，而且大多是水溶性的。进入 20 世纪，人类发明了应用高分子化学和石油化学制造的"合成黏结剂"，其种类繁多，黏结力强，产量也有了飞跃发展。

胶黏剂的应用领域十分广泛，除了日常生活中常见的胶水外，在建筑、工业等多个领域都有应用，举几个工业中常见的领域。

（1）**汽车**　每台车会用到许多胶水，比如发动机、变速器、车桥平面密封用厌氧胶或硅胶，螺栓锁固用的厌氧螺纹胶，底盘刹车管路用的管螺纹密封剂，车体焊接时用的折边胶，挡风玻璃粘接密封用的聚氨酯胶，汽车内饰粘接用的胶带、快干胶等。

（2）**工程机械**　平面密封用的硅胶、螺纹锁固胶、驾驶室玻璃粘接用的聚氨酯胶、焊缝填缝密封用的改性硅烷胶等。

（3）**光伏**　太阳能电池边框粘接密封胶、接线盒粘接密封胶及灌封胶。

（4）**家电**　用于烤箱和微波炉等的耐高温密封胶、管路密封胶，电路板的防水密封胶、覆膜胶等。

（5）**冶金**　橡胶输送带的粘接、修补、溜槽、管道的修补及耐磨涂层用胶。

4.2　胶黏剂的组成

一般来讲，构成胶黏剂的组成并不是单一的，除了使两被粘接物质结合在一起时起主要作用的黏料之外，还包括其他许多辅料。

黏剂由主剂和助剂组成，主剂又称为主料、基料或黏料；助剂有固化剂、稀释剂、增塑剂、填料、偶联剂、引发剂、增稠剂、防老剂、阻聚剂、稳定剂、络合剂、乳化剂等，根据要求与用途还可以包括阻燃剂、发泡剂、消泡剂、着色剂和防霉剂等成分。

4.2.1　基料

基料也称黏剂（料），是构成胶黏剂的主要成分，主导胶黏剂粘接性能，同时也是区别胶黏剂类别的重要标志，一般由一种或两种，甚至三种高聚物构成，要求具有良好的黏附性和润湿性等。常用的基料有天然聚合物、合成聚合物和无机化合物三大类。

对基料的要求如下。

（1）对被粘接物应有良好的黏附性和润湿性。

（2）应具有一定的强度和韧性。

（3）对被粘接物不产生化学腐蚀，而且具有耐使用介质作用。

（4）具有一定耐热性能，能经受住使用温度的变化。

（5）基料本身应具有一定的耐老化性能。

（6）能溶于一定的有机溶剂之中。

可以作为基料（黏剂）的物质如下。

（1）天然高分子　如淀粉、纤维素、单宁、阿拉伯树胶及海藻酸钠等植物类黏剂，以及骨胶、鱼胶、血蛋白胶、酪蛋白和紫胶等动物类黏剂。

（2）合成树脂　分为热固性树脂和热塑性树脂两大类。热固性如环氧、酚醛、不饱和聚酯、聚氨酯、有机硅、聚酰亚胺、双马来酰亚胺、烯丙基树脂、呋喃树脂、氨基树脂、醇酸树脂等；热塑性树脂如聚乙烯、聚丙烯、聚氯乙烯、聚苯乙烯、丙烯酸树脂、尼龙、聚碳酸酯、聚甲醛、热塑性聚酯、聚苯醚、氟树脂、聚苯硫醚、聚砜、聚酮类、聚苯酯、液晶聚合物等，以及其改性树脂或聚合物合金等。合成树脂是用量最大的一类黏剂。

（3）橡胶与弹性体　橡胶主要有氯丁橡胶、丁基腈乙丙橡胶、氟橡胶、聚异丁烯、聚硫橡胶、天然橡胶、氯磺化聚乙烯橡胶等；弹性体主要是热塑件弹性体和聚氨酯弹性体等。

（4）此外，还有无机黏料，如硅酸盐、磷酸盐和磷酸-氧化铜等。

单独使用一种基料常不能满足胶黏剂多样性能的要求，因而常在其中加入其他橡胶或树脂来改善胶黏剂的性能。例如，在热固性树脂中加入橡胶，可以增加胶层的柔韧性，从而使抗冲击、弯曲能力和剥离强度得到提高。

4.2.2　固化剂

固化剂也叫硬化剂，其作用是使低分子聚合物或单体化合物经化学反应生成高分子化合物，或使线型高分子化合物交联成体型高分子化合物，从而使粘接具有一定的机械强度和稳定性。按基料固化反应的特点和需要形成胶膜的要求（如硬度、韧性等）及使用时的情况等来选择固化剂。例如以环氧树脂为基料的胶黏剂可选用胺类及高分子化合物固化剂等。

4.2.3　填料

填料是为了改善胶黏剂的某些性能，如提高弹性模量、冲击韧性和耐热性，增加固化后胶膜吸收振动的能力，增加最高使用温度、耐磨性能和胶结强度，改善胶黏剂耐水、耐介质性能和耐热老化性能等，降低线膨胀系数和固化收缩率，同时又可降低成本的一类固体状态的配合剂。相反，填料的加入也有它不利的一面，即增加胶黏剂的重量，增加了黏度而不利于涂布施工，丧失了透明度，容易造成气孔等。

常用的填料有：金属粉末、金属氧化物、矿物粉末和纤维。例如，要提高胶黏剂的耐热性，可加入石棉（一类矿物粉末）粉末。

4.2.4　增韧剂

增韧剂是能提高胶黏剂的柔韧性，降低脆性，提高胶结接头结构的抗剥离能力，改善胶层抗冲击性、流动性、耐寒性与抗振性的物质，它是一种单官能团或多官能团的物质，能与胶料起反应，成为固化体系的一部分结构，一般是低黏度、高沸点的物质。但它的加入会使胶黏剂的抗剪强度、弹性模量、抗蠕变性能、耐热性能降低。

例如：酚醛树脂胶加入聚乙烯醇缩甲醛，使其进行缩合反应而增加其柔韧性。

4.2.5　稀释剂

稀释剂是一种能降低胶黏剂黏度的易流动的液体，加入它可以使胶黏剂有好的浸透力，改善胶黏剂的工艺性能（针对较黏的物料）。

稀释剂可分为活性与非活性稀释剂两类，前者参与固化反应，后者不参与反应，即最后以气体形式挥发。

例如，酚醛树脂胶可用水或乙醇作稀释剂（注意环境污染）。

4.2.6　其他助剂

除以上主要成分外，胶黏剂中还包括：偶联剂、增塑剂、增稠剂、分散剂、阻燃剂、防老剂等助剂，其目的都是改善或提高胶黏剂的总体性能。

4.3　胶黏剂的黏合理论简介

（1）机械黏合理论　这种理论认为，任何材料的表面实际上都不是很光滑的，由于胶黏剂渗入被粘接物体的表面或填满其凹凸不平的表面，经过固化，产生楔合、钩合、锚合现象，从而把被粘接的材料连接起来。该理论对多孔性材料的粘接现象做出了很好的解释，但对解释其他粘接现象还有一定的局限性。

（2）吸附理论　当胶黏剂分子充分润湿被粘接物体的表面，并且与之良好接触，胶黏剂分子与被黏物表面之间的距离接近分子间作用力的作用半径（0.5nm）时，两种分子之间就要发生相互吸引作用，最终趋于平衡。其界面间的相互作用力主要为范德华力、氢键，即分子间作用力。这种由于吸附力而产生的胶接既有物理吸附也有化学吸附。

（3）**扩散理论**　该理论认为粘接力是由于扩散作用而产生的，即高聚物分子本身或链段相互扩散穿过最初接触面，从而导致界面的消失和过渡区的产生。这样，胶黏剂与被黏物两者的溶解度参数越接近，粘接温度越高，时间越长，其扩散作用也越强，粘接力也就越高。该理论可以圆满地解释聚合物之间的胶接。

（4）**静电理论**　静电理论认为当胶黏剂和被黏物体系是一种电子的接受体-供给体的组合形式时，电子会从供给体（如金属）转移到接受体（如聚合物），在界面区两侧形成了双电层，从而产生了静电引力，该理论可以很好地解释聚合物膜与金属的胶接。在干燥环境中从金属表面快速剥离粘接胶层时，可用仪器或肉眼观察到放电的光、声现象，证实了静电作用的存在。但静电作用仅存在于能够形成双电层的粘接体系，因此不具有普遍性。因此，静电力虽然确实存在于某些特殊的粘接体系，但绝不是起主导作用的因素。

（5）**化学键形成理论**　化学键理论认为胶黏剂与被黏物分子之间除相互作用力外，有时还有化学键产生，例如，硫化橡胶与镀铜金属的胶接界面、偶联剂对胶接的作用、异氰酸酯对金属与橡胶的胶接界面等的研究，均证明有化学键的生成。化学键的强度比范德华作用力高得多；化学键形成不仅可以提高黏附强度，还可以克服脱附使胶接接头破坏的弊病。但化学键的形成并不普遍，要形成化学键必须满足一定的量子化条件，所以不可能做到使胶黏剂与被黏物之间的接触点都形成化学键。况且，单位黏附界面上化学键数目要比分子间作用的数目少得多，因此黏附强度来自分子间的作用力是不可忽视的。

（6）**弱界面层理论**　当液体胶黏剂不能很好浸润被黏物表面时，空气泡留在空隙中而形成弱区。又如，杂质能溶于熔融态胶黏剂，而不溶于固化后的胶黏剂时，会在固体化后的胶黏形成另一相，在被黏物与胶黏剂整体间产生弱界面层（WBL）。产生 WBL 除工艺因素外，在聚合物成网或熔体相互作用的成型过程中，胶黏剂与表面吸附等热力学现象中产生界面层结构的不均匀性。不均匀性界面层就会有 WBL 出现。这种 WBL 的应力松弛和裂纹的发展都会不同，因而极大地影响着材料和制品的整体性能

对胶黏剂的粘接原理还有一些其他的解释理论，如非界面层理论等。总之每种理论都能解释某些现象，同时也存在着不同的缺陷，只有将这些理论进一步发展和完善综合，才能对粘接现象做出更好的解释，并能更好地指导实践工作。

4.3.1　影响胶黏及其强度的因素

上述胶接理论考虑的基本点都与黏料的分子结构和被黏物的表面结构以及它们之间相互作用有关。从胶接体系破坏实验表明，胶接破坏时会出现几种不同情况。

（1）**界面破坏**　胶黏剂层全部与被黏物表面分开（胶黏界面完整脱离）。

（2）**内聚力破坏**　破坏发生在胶黏剂或被黏物本身，而不在胶黏界面间。

（3）**混合破坏**　被黏物和胶黏剂层本身都有部分破坏或这两者中只有其一。

这些破坏说明粘接强度不仅与被黏物与被黏物之间作用力有关，也与聚合物黏料的分子之间的作用力有关。

高聚物分子的化学结构，以及聚集态都强烈地影响胶接强度，研究胶黏剂基料的分子结构，对设计、合成和选用胶黏剂都十分重要。

4.3.2 粘接工艺

由于胶黏剂和被黏物的种类很多，所采用的黏结工艺也不完全一样，概括起来可分为：
① 胶黏剂的配制。
② 被黏物的表面处理。
③ 涂胶。
④ 晾置，使溶剂等低分子物挥发凝胶。
⑤ 叠合加压。
⑥ 清除残留在制品表面的胶黏剂。

4.4 胶黏剂的类型

4.4.1 胶黏剂分类方法

胶黏剂的分类方法很多，目前国内外还没有一个统一的分类标准。我们根据胶黏剂的特点做如下分类。

（1）按来源分 可分为天然胶黏剂和合成胶黏剂。所谓天然胶黏剂，就是其组成的原料主要来自天然，如虫胶、动物胶、淀粉、糊精和天然橡胶等。所谓合成胶黏剂，就是由合成树脂或合成橡胶为主要原料配制而成的胶黏剂，如环氧树脂、酚醛树脂、氯丁橡胶和丁腈橡胶等。

（2）按用途分 有金属、塑料、织物、纸品、医疗、制鞋、木工、建筑、汽车、飞机、电子元件等各种不同用途胶。还有特殊功能胶，如导电胶、导磁胶、耐高温胶、减震胶、半导体胶、牙科用胶、外科用胶等。

（3）按粘接强度分 可分为结构胶黏剂和非结构胶黏剂。结构胶黏剂的特点在于不论用于什么粘接部位，均能承受较大的应力。在静载荷情况下，这类胶黏剂的抗剪强度就到达7MPa，并具有较好的不均匀扯离强度和疲劳强度。非结构胶黏剂不能承受较大的载荷，原则上用于粘接较小的零件或者在装配工作中做临时固定之用。

（4）按胶黏剂固化温度分 可分为室温固化胶黏剂、中温固化胶黏剂和高温固化胶黏剂。所谓室温固化胶黏剂，就是在室温下，通常是在 50℃ 以下能固化的胶黏剂。所谓中温固化胶黏剂，就是在 50～100℃ 能固化的胶黏剂。所谓高温固化胶黏剂，就是在 100℃ 以上能固化的胶黏剂。

（5）按胶黏剂固化以后胶层的特性分 可分为热塑性胶黏剂和热固性胶黏剂。热塑性胶黏剂为线型结构，一般通过溶剂挥发、熔体冷却和乳液凝聚的方式实现固化。其胶层受热软化，遇溶剂可溶，凝聚强度较低，耐热性能较差。热固性胶黏剂为网状体型结构，受热不软化，遇溶剂不溶解，具有较高的凝聚强度，而且耐热、耐介质腐蚀、抗蠕变。其缺点是冲击强度和剥离强度低。

（6）按胶黏剂基料物质分 可分为树脂型胶黏剂、橡胶型胶黏剂、无机胶黏剂和天然胶黏剂等。

（7）按其他特殊性能分 可分为导电胶黏剂、导磁胶黏剂和点焊胶黏剂等。

为了便于胶黏剂对被黏物面的浸润，胶黏剂在粘接之前要制成液态或使之变成液态，粘接后，只有变成固态才具有强度。通过适当方法使胶层由液态变成固态的过程称为胶黏剂的固化。不同的胶黏剂往往采用不同的固化方式。

4.4.1.1 无机胶黏剂

无机胶黏剂是由无机盐、酸类、碱类、金属氧化物及氢氧化物组成的一类胶黏剂。具有耐高温、耐低温、毒性小、不易燃、耐辐射、耐油、耐老化等优点。例如，磷酸锌盐是一种牙科用胶黏剂（$ZnHPO_4 \cdot 3H_2O$），即将氧化锌和磷酸二者加以混合，便引起激烈的放热反应而粘接。

无机胶黏剂的特点与分类

（1）特点 一般来说，无机胶黏剂具有以下特点。

① 耐高温，无机胶黏剂本身可承受 1000℃ 左右或更高的温度。

② 抗老化性好。

③ 收缩率小。

④ 脆性大，其弹性模量比有机胶黏剂高一个数量级，故无机胶黏剂套接强度高，硬度大；而平面对接、搭接、冲击、剥离强度较低。改进的办法有：a. 使其形成无机大分子，如 Si—O—Si，P—O—P 键；b. 在无机胶黏剂中引入有机改性组分。

⑤ 抗水、耐酸碱性差。目前，我国研制成功的陶瓷胶黏剂是具有陶瓷结构的耐热无机胶黏剂，其固化物一般为多晶复合体系。这种胶黏剂的主要特点是耐高温（达 1000～3000℃），同时具有抗氧化、绝缘、耐腐蚀、耐磨损及超硬等特点。

（2）分类 无机胶黏剂一般可分为气干型胶黏剂、水固化型胶黏剂、低熔点玻璃、金属焊料、反应性胶黏剂及牙科用水泥六类。

4.4.1.2 天然胶黏剂

所谓天然胶黏剂，就是其组成的原料主要来自天然，例如，淀粉胶黏剂，原始的是糨糊，即水和淀粉混合升温直接熬制。目前通过改性得到一系列淀粉类胶黏剂。

4.4.1.3 合成胶黏剂

合成胶黏剂指用化学合成的方法得到的胶黏剂，包括合成橡胶型、合成树脂型和复合型三大类。合成橡胶型主要有环氧树脂、酚醛树脂、氯丁橡胶和丁腈橡胶等。

丁腈橡胶由丁二烯与丙烯腈自由基乳液共聚制得，方程式如下。

$$n CH_2 =CH—CN + m CH_2 =CH—CH=CH_2 \longrightarrow \cdots CH_2—CH=CH—CH_2 \cdots_m CH_2—CH \cdots_n$$

氯丁橡胶由氯代丁二烯经自由基乳液聚合而制得，方程式如下。

$$n CH_2 =CH—C—CH_2 \longrightarrow \cdots CH_2—CH—C—CH_2 \cdots_n$$

以下以几种胶黏剂为例重点说明合成胶黏剂的反应原理、生产工艺和应用方法。

4.4.2 胶黏剂固化方式

（1）热熔胶的固化 热塑性高分子物质加热熔融了之后就获得了流动性，许多高分子熔融体可以作为胶黏剂来使用。高分子熔融体在浸润被黏物表面之后通过冷却就能发生固化，这种类型的胶黏剂称为热熔胶。

热熔胶的固化是一种简单的热传递过程，即加热熔化涂胶黏合，冷却即可固化。固化过程受环境温度影响很大，环境温度低，固化快。为了使热熔胶液能充分湿润被黏物，使用时必须严格控制熔融温度和晾置时间，对于黏料具结晶性的热熔胶尤应重视，否则将因冷却过头使黏料结晶不完全而降低粘接强度。

（2）溶液型胶黏剂固化　热塑性的高分子物质可以溶解在适当的溶剂中成为高分子溶液而获得流动性，在高分子溶液浸润被黏物表面之后将溶剂挥发掉就会产生一定的黏附力。许多高分子溶液可以当作胶黏剂来使用，最常遇到的溶液型胶黏剂是修补自行车内胎用的橡胶溶液，许多胶黏剂是溶液型的。

溶液型胶黏剂固化过程的实质是随着溶剂的挥发，溶液浓度不断增大，最后达到一定的强度。溶液胶的固化速度决定于溶剂的挥发速度，还受环境温度、湿度、被黏物的致密程度与含水量、接触面大小等因素的影响。选用的溶剂挥发太慢，固化时间长，效率低，还可能造成胶层中溶剂滞留，对粘接不利。在使用溶液胶时还应严格注意火灾与中毒现象。

（3）乳液型胶黏剂的固化　水乳液型胶黏剂是聚合物胶体在水中的分散体，为一种相对稳定体系。当乳液中的水分逐渐渗透到被黏物中并挥发时，其浓度就会逐渐增大，从而因表面张力的作用使胶粒凝聚而固化。环境温度对乳液的凝聚影响很大，温度足够高时乳液能凝聚成连续的膜，温度太低或低于最低成膜温度（该温度通常比玻璃化温度略低一点）时不能形成连续的膜，此时胶膜呈白色，强度差。不同聚合物乳液的最低成膜温度是不同的，因此在使用该类胶黏剂时一定要使环境温度高于其最低成膜温度，否则粘接效果不好。

（4）增塑糊型胶黏剂的固化　增塑糊是高分子化合物在增塑剂中的一种不稳定分散体系，其固化基本上是高分子化合物溶解在增塑剂中的过程。这种糊在常温下有一定的稳定性。在加热时（一般在 $150\sim209℃$）高分子化合物的增塑剂能迅速互熔而完全凝胶化，提高温度有利于高分子链运动，有利于形成均匀致密的粘接层，但温度过高会引起聚合物分解。

（5）反应性胶黏剂的固化　反应性胶黏剂都存在着活性基团，与固化剂、引发剂在其他物理条件的作用下，黏料发生聚合、交联等化学反应而固化。按固化方式反应性胶黏剂可分为固化剂固化型、催化剂固化型与引发剂固化型等几种类型。光敏固化、辐射固化等胶黏剂的固化机理一般属于以上类型。

环氧树脂、聚氨酯类胶黏剂多是用化学计量的固化剂固化的；第二代丙烯酸酯结构胶、不饱和聚酯胶等常用引发剂引发固化；一些酚醛、脲醛树脂胶可用酸性催化剂催化固化。某些反应性胶黏剂固化时会出现自动加速现象，设计配方或使用胶黏剂时尤应注意，因为凝胶化时的急剧放热会使胶层产生缺陷、破坏被黏材料而使粘接失败。

胶液初步固化后，胶层一般可获得一定的粘接强度，在初步固化以后的较长时间内粘接强度还会不断提高。由于初步固化后分子运动变难，因此这类胶黏剂在初步固化后适当延长固化时间或适当提高固化温度以促进固化的顺利进行对粘接强度是极其有利的。

对于某一特定的胶种来说，设定的固化温度是不能降低的，温度降低的结果是固化不能完全，致使粘接强度下降，这种劣变是难以用延长固化时间来补偿的。对于设定在较高温度固化的胶，最好采用程序升温固化，这样可以避免胶液溢流、不溶组分分离，并能减小胶层的内应力。对于固化过程中有挥发性低分子量物质生成的胶种，固化时常需施加一定的压力，如果固化过程中不产生小分子物质，则仅施以接触压力以防止粘接面错位就行。

用引发剂固化的胶黏剂，在一定范围内增大引发剂用量可以增大固化速度而胶的性能受影响不大。用量不足易使反应过早终止，不能固化完全；用量过大，聚合度降低，均使粘接强度降低。为了避免凝胶化现象对胶黏的不利影响，可以使用复合引发剂，即将活性低与活性高的引发剂配合使用。加入引发剂后再适当加入一些特殊的还原性物质（称为促进剂）可以大大降低反应的活化能、加大反应速度，这就是氧化还原引发体系，由于还原剂在促进引发剂分解的同时降低引发效率，因此在氧化还原引发体系中，引发剂量应加大。催化剂只改变反应速度，催化剂固化胶黏剂在不加催化剂时反应极慢（指常温下），可以长期存放，过量使用催化剂会使胶层性能劣化。当催化剂量较少时，适当提高固化温度也是可行的。

合成化学工作者常喜欢将胶黏剂按黏料的化学成分来分类，胶黏剂按其化学结构分类是一种比较科学的分类方法，它将胶黏剂分为有机胶黏剂和无机胶黏剂。有机胶黏剂又分为合成胶黏剂和天然胶黏剂。合成胶黏剂有树脂型、橡胶型、复合型等；天然胶黏剂有动物、植物、矿物、天然橡胶等胶黏剂。无机胶黏剂按化学组分有磷酸盐、硅酸盐、硫酸盐、硼酸盐等多种。

4.5 酚醛树脂胶黏剂

酚醛树脂是指由酚类和醛类在酸性或碱性条件下缩合得到的产物。酚类包括苯酚、甲基苯酚、二甲酚、间苯二酚等；醛类主要用甲醛，也有用糠醛或乙醛等。

4.5.1 反应原理

以苯酚与甲醛反应为例。

苯酚与甲醛反应时，苯酚中羟基的邻位与对位都能与甲醛反应生成各种羟甲基酚：

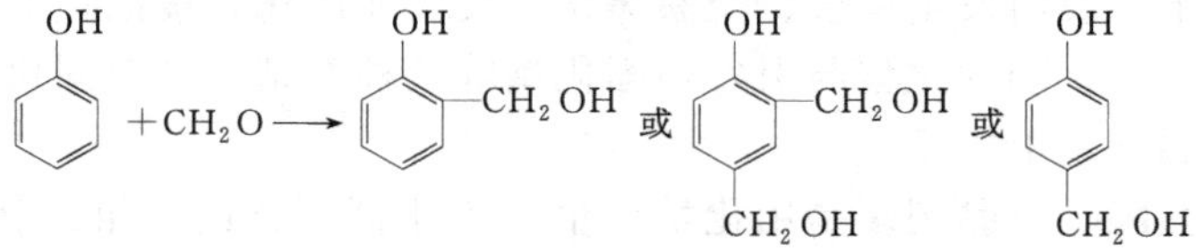

生成的这些一羟基酚或多羟甲基酚可继续与苯酚反应或相互反应，生成一羟树脂：

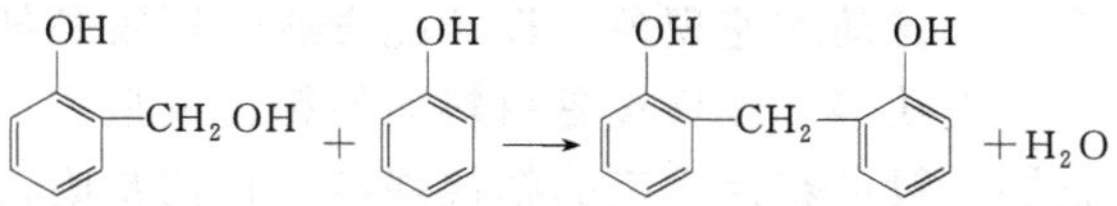

对于羟基的对位或另一个邻位，此反应同样进行，这样反应的不断重复，最终将生成不熔融不溶解的三维网状树脂，简单写为：

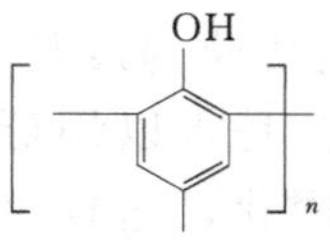

热固性酚醛树脂的合成如下。

首先，由甲醛的水溶液和苯酚在氨或碳酸钠等碱的催化下，加热反应到一定程度后加酸调节略酸性终止反应，再真空脱水制成甲阶顶聚体。在氢氧化钠、碳酸钠、氢氧化钡等催化剂条件下，发生反应：

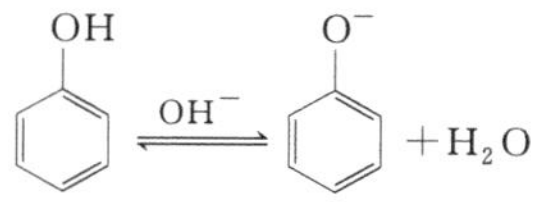

结果芳环上电子云密度增大，加强了苯酚被甲基进攻的能力。反应分为两步进行。

（1）加成反应 苯酚与甲醛起始进行加成反应，生成多羟基酚，产物为单元酚醇与多酚醇的混合物。

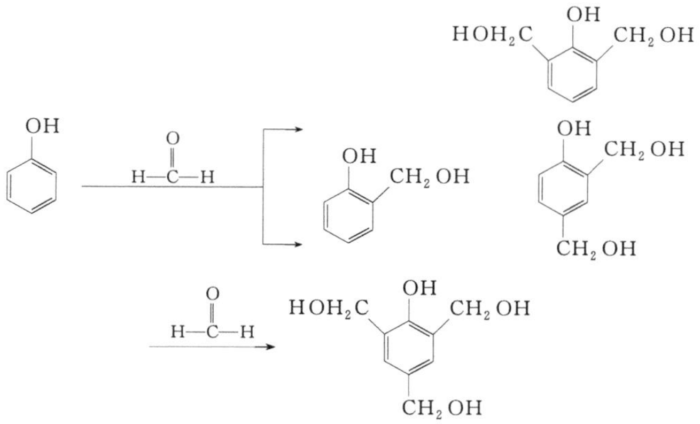

（2）羟甲基的缩合反应

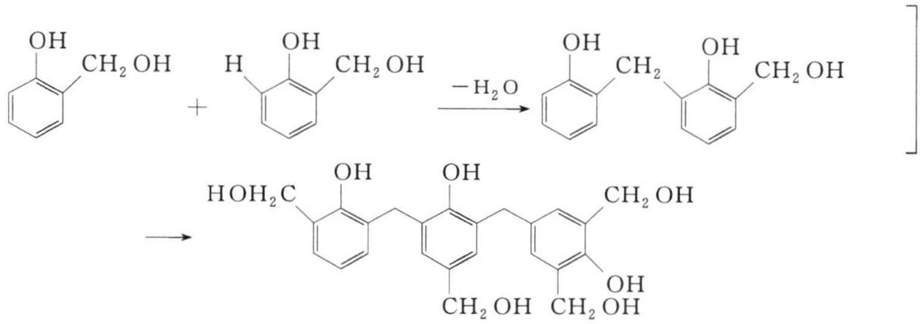

这些酚醇混合物能溶解于乙醇、丙酮或碱水溶液中，称为可溶性酚醛树脂——A阶（段）树脂。

将A阶（段）树脂继续加热，成为固体，在碱液中不溶解，在丙酮中不能溶解而能溶胀，称为半溶酚醛树脂——B阶（段）树脂，其分子结构比可溶性酚醛树脂复杂得多，分子链产生支链，酚已经在充分地发挥其潜在的三个官能团作用，这种树脂的可塑性较可溶性酚醛树脂差。

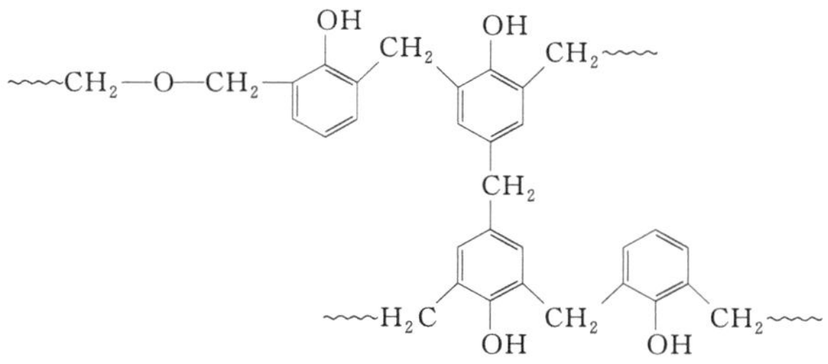

继续加热B阶（段）树脂生成网状结构，此时酚的三个官能团位置已全部发生了作用，完全硬化，失去其热塑性及可溶性。为不溶解、不熔融的固体物质，这种树脂称为不溶性酚醛树脂——C阶（段）树脂。

若是在酸催化下，发生反应：

加强了甲醛向苯酚的进攻能力。

4.5.2　生产工艺流程

图 4-1 为酚醛树脂生产工艺流程图，可生产水溶性酚醛树脂、醇溶性酚醛树脂（注意工业、实验室的区别，图 4-1 为真空上料）。

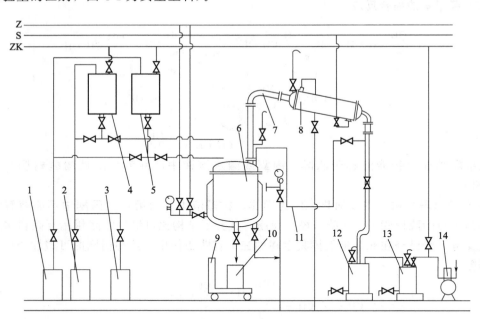

图 4-1　酚醛树脂生产工艺流程图

1—熔酚桶；2—甲醛桶；3—烧碱桶（或酒精桶）；4，5—高位计量罐；
6—反应釜；7—气体通导管；8—冷凝器；9—磅秤；10—树脂桶；11—U 形回流管；
12—贮水罐；13—安全罐；14—真空泵；Z—蒸汽管道；S—水管；ZK—真空管道

4.5.3　应用方法

酚醛树脂胶黏剂大量用于木材加工中，一般采用热压方法，根据需要加入各件助剂后，直接涂于被黏材料表面，在温度 $120\sim145℃$，压力 $0.3\sim2.1MPa$，热压 $8\sim10min$（间苯二酚胶可采用冷压方法）。

它还被广泛地应用于其他很多领域中，效果良好。例如，经过改性的酚醛树脂结构胶黏剂，在金属结构胶中占有很重要的位置，广泛应用于飞机、汽车、船舶等工业部门中。

此外，酚醛树脂除用于胶黏剂外，尚有许多重要用途。如酚醛涂料-混合酚合成胶。

4.6 氨基树脂胶黏剂

氨基树脂系由具有氨基的化合物与甲醛缩聚而成，氨基化合物有尿素 $[CO(NH_2)_2]$、三聚氰胺 $[C_3N_3(NH_2)_3]$、硫脲 $[CS(NH_2)_2]$、苯胺 $[C_6H_5(NH_2)]$ 等。

在氨基树脂胶黏剂中，脲醛树脂胶（UF）制造简单，成本低廉，在合成胶黏剂中产量居首位，应用广泛。

三聚氰胺树脂胶（MF）由于成本较高，在使用上受到一定的限制。这种胶黏剂主要用于装饰板生产和对脲醛树脂等胶黏剂的改性方面。

4.6.1 脲醛树脂胶

脲醛树脂胶是尿素与甲醛在碱性或酸性催化剂作用下，缩聚而成的初期脲醛树脂；再在固化剂或助剂作用下，形成不溶解、不熔融的末期树脂。

脲醛树脂胶具有固化快、成本低等优点，胶接强度比动植物胶高，耐光性好，缺点是耐水性、胶接强度比酚醛树脂胶差。

同时，这种胶黏剂中因含有游离甲醛，胶层易老化，且具有毒性。

（1）脲醛树脂形成的基本原理 脲醛树脂是由甲醛和尿素反应制得，由于其反应机理十分复杂，至今为止对其反应过程尚不十分清楚。一般认为，脲醛树脂的形成可分为两个阶段，脲醛树脂是经过两类化学反应形成的，即尿素与甲醛在酸或碱的催化下，首先进行加成反应，形成初期中间体（羟甲脲）后，缩聚反应开始，并形成树脂。加成反应与缩聚反应之间没有一个严格的界限，不是一个反应开始，另一个反应终止，只能是以反应条件来控制反应方向。

① 加成反应。无论在碱性或酸性条件下，尿素与甲醛在水溶液中，都可以得到一羟甲基脲和二羟甲基脲。虽然在酸性条件下（pH<7），尿素与甲醛也生成羟甲基脲，但是很不稳定，不利于胶黏剂的形成，故实验室小试及工业生产均采用碱性介质下进行加成反应。

尿素与甲醛在中性或弱碱性介质中（即 $7<pH<8$），进行加成反应，生成比较稳定的羟甲基脲（羟甲脲）：

$$O=C{<}^{NH_2}_{NH_2} + HCHO \Longrightarrow O=C{<}^{NH_2}_{NHCH_2OH} \qquad 一羟甲基脲$$

尿素与甲醛在酸性介质中（pH<7），进行加成反应时，生成不稳定的羟甲脲，进而发生缩聚反应，形成亚甲基连接的初期聚合物或亚甲基脲：

$$H_2NCONH_2 + CH_2O \longrightarrow H_2NCONHCH_2OH \nearrow^{H_2N-CO-N=CH_2 + H_2O}_{H_2NCONH-CH_2-NH-CH_2ONHCH_2OH + H_2O}$$

② 缩聚反应。由于生成的羟甲基脲中存在活泼的羟甲基，它们可以相互进行缩聚生成大分子产物。虽然羟甲基脲无论在碱性或酸性条件下均可进行缩聚反应，但在碱性条件下，反应缓慢，所以缩聚反应一般在酸性条件下进行。进行缩聚反应时，主要通过亚甲基键（—CH₂—）将单分子连接起来，进一步缩聚形成以亚甲基脲为主、含有少量醚键的线型或支链型的初期树脂。

初期中间体形成后，加热或在酸性介质中脱水缩聚，形成线型结构的初期脲醛树脂（固化剂的加入可降低胶液的 pH 值）。初期脲醛树脂形成之后，进一步脱水缩聚，形成体型结构的末期脲醛树脂（一般是碱性合成，酸性固化，甲醛要过量）。

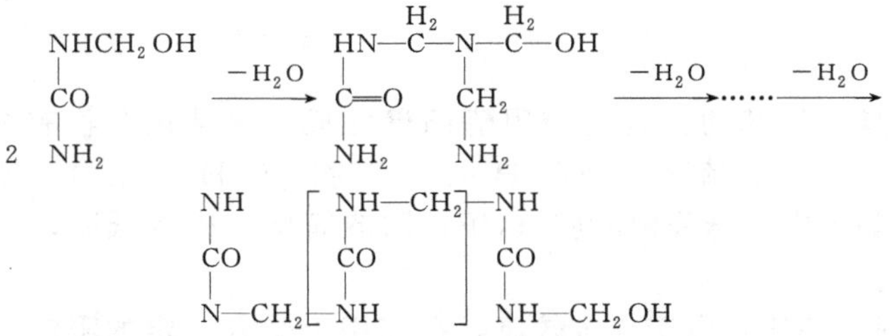

在特殊条件下也产生分子内聚合，生成环状化合物

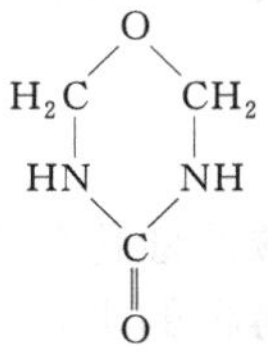

在树脂分子结构的末端或结构中，仍含有极少量游离的氨基或羟甲基（释放甲醛、游离甲醛、甲醛污染）。

（2）影响脲醛树脂胶性能的因素

① 甲醛（F）和尿素（U）摩尔比的影响，一般工业生产脲醛树脂胶 F/U 在 1.2～2.0 之间，现在企业为降低胶黏剂的游离甲醛，技术人员通过大量的研究分析和实验，制订严格的生产工艺，已成功研制出 F/U 在 1.0～1.2 之间的低游离甲醛树脂胶，各方面性能指标均优越，满足行业的需求。

② pH 值及反应温度的影响，在加成反应时，反应液在弱碱性条件下进行，有利于生成稳定的羟甲基脲，若 pH 值过高，会生成亚甲基脲沉淀，反应液浑浊；该阶段反应温度一般在 92℃左右，反应 10～30min 即可完成羟甲基脲的生成。缩聚反应时，通常是在弱酸性条件下进行，若 pH 值过低，则反应太快，不易控制，有形成凝胶的危险。这个阶段 pH 值在 4.8～5.6，温度在（92±4）℃比较适宜。

③ 反应时间的影响，反应时间直接影响到树脂分子量的大小，反应时间过短，树脂反应不完全，分子量就小，固体含量低，黏度小，固化速度慢，胶合强度低；反应时间过长，树脂分子量大，黏度大，水溶性差，贮存期短。针对反应较快的工艺，我们可以加入缓冲剂，延缓反应时间，可以收到理想的效果。

上述各因素是相互影响的，必须综合考虑，合理配置，才能获得高质量的树脂。

（3）脲醛树脂胶的调制和使用　在使用脲醛树脂胶时，通常把加入固化剂或某种助剂以改变脲醛树脂胶性能的过程，称为胶液调制（简称调胶）。

① 固化剂。脲醛树脂在加热或常温下，虽然能够固化并将木材胶合在一起，但固化的时间很长，胶合质量差。为此，在实际应用时加入固化剂，将脲醛树脂胶的 pH 值降低到

4～5之间，使其快速固化，保证胶合质量，提高生产率。

脲醛树脂胶的固化剂应是酸性物质，如草酸、苯磺酸及磷酸等，或是与树脂混合后能放出酸的，如氯化铵、氯化锌、盐酸苯胺、硫酸铵、磷酸铵及硫酸铁铵等酸性盐。最常用的是氯化铵，用量为树脂量的0.1%～2%。

② 助剂。脲醛树脂胶的化学结构决定了它的物理化学性质。调整尿素与甲醛的摩尔比、反应介质的pH值、原料的质量和生产工艺等，固然可以改变脲醛树脂胶的性质和应用范围，但是这种性质的改变是有限的，范围比较小。

为此，应用各种助剂，对脲醛树脂性质的改变有很好的效果。脲醛树脂胶应用的助剂有填充剂（如果壳粉、淀粉、血粉、豆粉）、发泡剂（如血粉）、甲醛结合剂（如三聚氰胺）、防老化剂（如PVA及其缩醛、PVAc乳液、醇类）、耐水剂（如苯酚、间苯二酚、硫脲）、增黏剂（如大豆粉、树皮粉、PVA）、消泡剂及成膜剂等，用量视具体情况而定，一般为1%～20%（扩展应用范围，改善产品性能）。

（4）应用方法　脲醛树脂胶黏剂目前大量用于木材加工中，一般采用热压方法，根据需要加入各件助剂后，直接涂于被黏材料表面，在温度120～145℃，压力0.3～2.1MPa，热压1～2min（热压速度快）。

即脲醛树脂胶黏剂广泛应用于胶合板、层压板、装饰板、木结构家具、碎木板等（最大优势是价格低）。

4.6.2　三聚氰胺树脂胶黏剂

三聚氰胺树脂胶黏剂包括三聚氰胺甲醛树脂胶和三聚氰胺尿素甲醛树脂胶，其耐热性和耐水性高于脲醛树脂胶。

三聚氰胺树脂胶黏剂制成的产品，比脲醛树脂胶黏剂制成的产品具有更大的硬度和耐磨性，而且耐沸水性、耐化学药物性、电绝缘性等也都较好，最大问题是价格高。

固化后的胶层性脆易破裂，一般用改性的三聚氰胺树脂胶黏剂。改性三聚氰胺树脂胶由于价格仍然较高，多用于纸质塑料板的生产。

（1）三聚氰胺树脂形成的基本原理　三聚氰胺又称三聚氰酰胺、蜜胺。纯的三聚氰胺为白色粉末状结晶物、结晶体的结构（针状、棱形，决定于制备方法），三聚氰胺的分子式为：$C_3H_6N_6$，化学式为：

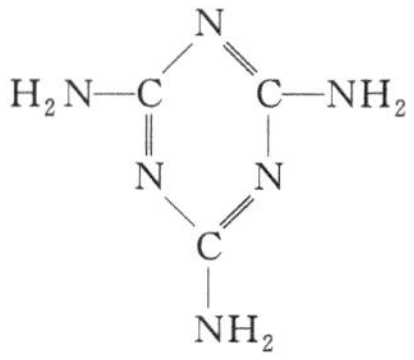

三聚氰胺与甲醛缩聚形成树脂的基本原理和尿素与甲醛间的缩聚形成树脂的基本原理相似，但比尿素与甲醛间的反应更复杂。

1mol三聚氰胺与3mol甲醛作用，反应介质为中性或弱碱性（pH=7～9），反应温度为70～80℃时，可形成三羟甲基三聚氰胺。反应方程如下：

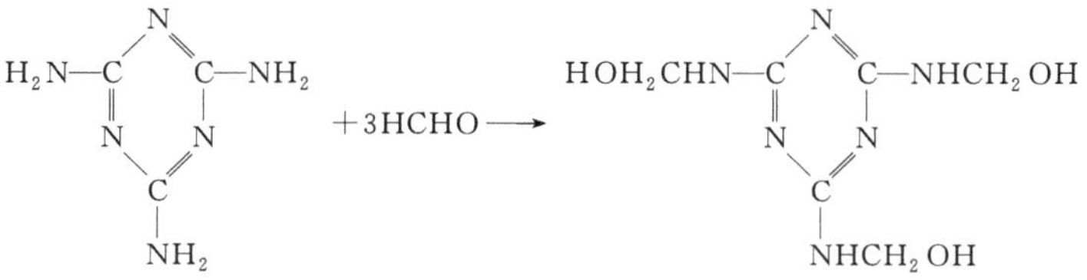

在甲醛过量达到 6～12mol，介质 pH 为中性或弱碱性及温度为 80℃时，能形成六羟甲基三聚氰胺。反应方程如下（可形成网状结构）：

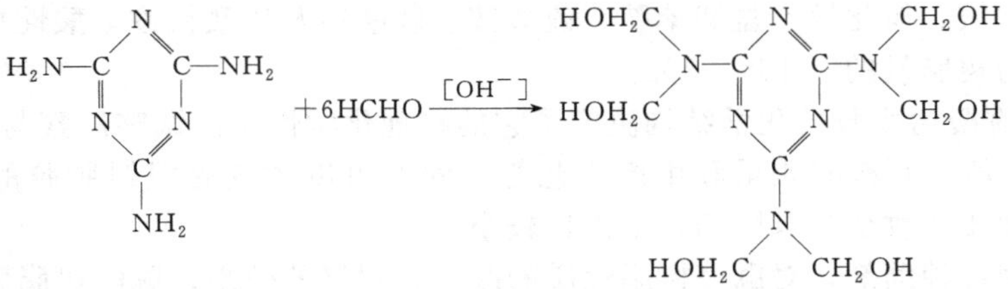

在形成初期聚合物中，三聚氰胺的三氮杂环结构保持独立完整。在加热或加入固化剂 NH_4Cl 后，树脂产生交联，形成坚硬的不溶、不熔的树脂，其结构较为复杂。

在三聚氰胺树脂胶形成过程中，原料组分的摩尔比、反应介质的 pH 值以及反应温度和反应时间等，都是影响树脂质量的重要因素。同时关系到最初产物和最终产物的结构，对树脂的质量和性能起着决定性的作用（可得到系列品牌产品，并可用于改性脲醛树脂胶）。

（2）对甲苯磺酰胺改性三聚氰胺甲醛树脂　这种胶黏剂系三聚氰胺与甲醛在中性或弱碱性介质中进行缩聚，并以对甲苯磺酰胺改性而制成的（改性产品较多）。适用于塑料装饰板的表层纸、装饰纸及覆盖纸的浸渍。

4.7　聚醋酸乙烯及其共聚物胶黏剂

聚醋酸乙烯及其共聚物胶黏剂是热塑性高分子胶黏剂中产量最大的品种，主要包括聚醋酸乙烯（PVAc）乳液，PVAc 与丙烯酸酯、马来酸酯、羟甲基丙烯酰胺、乙烯等不饱和单体的共聚物胶黏剂。

4.7.1　聚醋酸乙烯乳液胶黏剂

聚醋酸乙烯乳液胶黏剂俗称白乳胶，在我国合成胶黏剂中产值和产量均居第二位（低温固化）。

它具有一系列明显的优点：①乳液聚合物的分子量可以很高，因此机械强度很好；②与同浓度溶剂胶黏剂相比，黏度低，使用方便；③以水为分散介质，成本低，无毒，不燃。

聚合原理：聚醋酸乙烯乳液通过自由基引发的加聚反应而形成，遵循自由基加聚反应的一般规律，反应过程包括链引发、链增长、链终止三个阶段。

可用作聚醋酸乙烯乳液聚合反应的自由基引发剂很多，常用的引发剂为过硫酸铵。

反应式及结构示意如下。

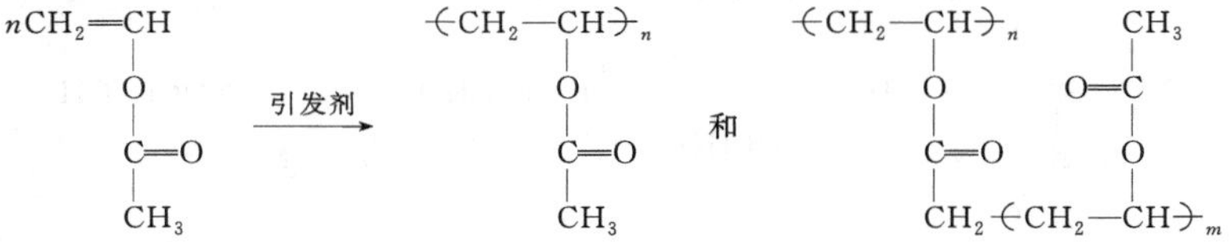

纸质、木材、纤维、陶瓷、皮革加工、塑料薄膜和混凝土等材料的粘接。

4.7.2 醋酸乙烯共聚物胶黏剂

采用内加交联剂的方法，即将醋酸乙烯与一种或一种以上的不饱和单体进行共聚生成接枝或互穿网络共聚物胶黏剂，可从根本上改变普通 PVAc 乳液的性质，开拓新的应用领域。例如，近年来国内研制开发的新型高速卷烟胶黏剂为以醋酸乙烯（PVAc）和丙烯酸丁酯（BA）为主要单体的接枝共聚乳液。

4.8 聚氨酯胶黏剂

在主链上含有氨基甲酸酯基（NHCOO—）的胶黏剂称为聚氨酯胶黏剂。由于结构中含有极性基团—NCO，提高了对各种材料的粘接性，能常温固化，并具有很高的反应性。胶膜坚韧、耐冲击、耐低温、耐磨、耐油，广泛用于粘接金属、木材、塑料、皮革、陶瓷、玻璃等。

（1）生产工艺 一般按如下流程进行生产。

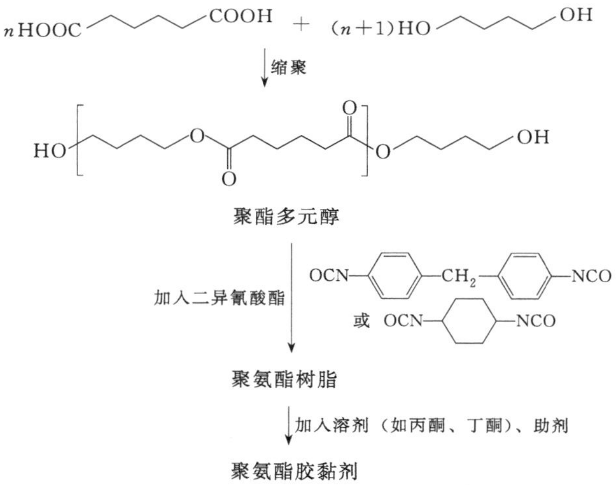

nHOOC
COOH
+
(n+1)HO
OH
缩聚
HO
O
O
O
O
OH
聚酯多元醇
加入二异氰酸酯
OCN
CH2
NCO
或 OCN
NCO
聚氨酯树脂
加入溶剂（如丙酮、丁酮）、助剂
聚氨酯胶黏剂

（2）聚氨酯乳液胶黏剂 水性胶黏剂是以水为基本介质，具有不燃烧、气味小、不污染环境、节能、易操作加工等优点。

合成自乳化聚氨酯乳液胶黏剂的生产工艺流程如下。

2-羟基丙酸
聚醚，TDI(甲苯二异氰酸酯)
预聚反应
引入亲水单体
溶剂
降黏
中和，分散
聚氨酯乳液胶黏剂
水，碱

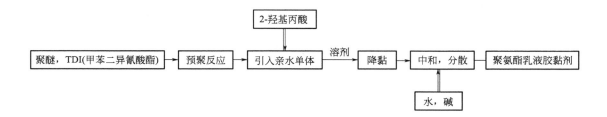

4.9 特种胶黏剂的种类

特种胶黏剂从如下几方面进行分类：按照化学结构可以分为 POSS 胶黏剂、SPU 胶黏剂、硼硅烷胶黏剂、杂化材料胶黏剂、功能粉体胶黏剂等；按照性能可以分为耐极限环境胶黏剂、高低温胶黏剂、光电声热磁胶黏剂、超柔韧胶黏剂、阻尼胶黏剂、低密度胶黏剂、非碳化胶黏剂、耐烧蚀胶黏剂、生物相容性胶黏剂、密封胶黏剂等；按照应用领域可以分为外层空间飞行器胶黏剂、核设施胶黏剂、电子器件胶黏剂、医疗胶黏剂、兵器胶黏剂、文物胶黏剂、微小器件胶黏剂等；按照固化工艺可以分为光固化胶黏剂、辐射固化胶黏剂、湿固化胶黏剂、微波固化胶黏剂等。最为突出的是耐高温胶黏剂、耐低温胶黏剂、密封胶、光学透明胶黏剂和阻尼特性胶黏剂。

4.9.1 耐高温胶黏剂

耐高温胶黏剂是指在 200～500℃ 或更高温度条件下使用时仍保持原有粘接性能的一类胶黏剂。这类胶黏剂主要是含硅（或硼）聚合物胶黏剂、含芳杂环耐高温聚合物胶黏剂及无机胶黏剂等。在高温下，高分子基材料发生软化、强度下降、模量降低、失去结构胶接强度。通过增加交联密度和分子链刚性提高温度，可以高于 500℃，目前采用的方法有杂环、梯形结构、笼形结构、杂化技术等。另外，高温下高分子的分子链发生裂解、环化、氧化、碳化等，失去作用。以碳-碳和杂环为基料的高分子材料长期使用温度低于 300℃。发展方向：改变链结构和有机-无机杂化技术。

耐高温有机胶黏剂不仅在工作温度下要保持良好的物理状态，而且在使用期限内必须保持化学结构的稳定性，不能发生降解。目前研究较多、应用较广的耐高温有机胶黏剂主要有环氧树脂（EP）类、聚酰亚胺（PI）类、酚醛树脂（PF）类和聚氨酯（PU）类等。

4.9.2 耐低温胶黏剂

耐低温胶黏剂是指能在超低温环境中使用并具有足够强度的一种胶黏剂，通常由 PU、EP 改性的 PU 和 EP 及尼龙改性的 EP 等主体材料配制而成。

（1）EP 体系的胶黏剂最适合低温使用，但必须通过多途径改性或开发新型 EP 及胺类固化剂，才能获得综合性能较好的 EP 体系。在 EP 及其固化剂分子中引入自由度较大的柔性链段和活性基团，使之进入结构网络，可降低 EP 固化物的脆性；但这种方法容易导致固化体系的 T_g 下降。采用中高温性能良好的缩水甘油酯类或双酚类 EP，并以芳香胺为固化剂，可形成刚性网络体系；该体系对反复冷热冲击的耐受力较差，剪切强度和断裂韧性较低，表现为对裂纹扩展的敏感性较高。为了改善 EP 的耐低温性能，通常采用液体端羧基丁腈橡胶（CTBN）增韧 EP，从而得到以 EP 为连续相、橡胶颗粒为分散相的特殊结构，其力学性能明显改善；但是 CTBN 中含有不饱和键，故在极低温度下仍呈现脆性。若采用芳香胺高温固化的方法，可以获得低温力学性能较好的增韧体系，但实际操作比较困难。

（2）近几年新兴的丙烯酸酯乳液胶黏剂，由于具有良好的耐候性、耐老化性、断裂伸长率、粘接强度、耐水性和环保性等优势，故在陶瓷、水泥、木材、塑料和金属等材料的粘接密封和固定中得到广泛应用。另外，由于该胶黏剂制备工艺简单、产品类型丰富多样，已成为发展最快的胶种之一。然而，丙烯酸酯乳液胶黏剂仍存在下列不足之处：①低固含量、低黏性、高 MFT（最低成膜温度）和高残余单体含量；②耐水性差、低温变脆和高温变黏等。因此，有关丙烯酸酯乳液胶黏剂的改性研究报道较多，主要分为聚合方法的改进、有机硅改性、EP 改性、有机氟改性和 PU 改性等。

（3）PU 分子中含有极性很强、化学活性很高的异氰酸酯基和氨酯基，具有卓越的耐低温性、较高的粘接强度、优良的柔韧性和耐水耐油等性能，已广泛应用于陶瓷、泡沫塑料和木材等材料的粘接。

4.9.3　密封胶

密封胶是一种密封材料，其主要性能是密封而不是粘接。严格地说，它并不是一种胶黏剂，因此粘接强度通常并不高，使用时往往需要与机械坚固配合，但其填缝性能以及胶黏剂接口处的耐化学药品性能较好。密封胶主要是由合成橡胶、树脂、填料、助剂和溶剂（或不含溶剂）等组成的一种黏稠状液体，将其涂敷于接合面处，可填补凹凸不平的表面，经一定时间干燥后能形成连续的黏弹性薄膜，从而起到耐压和密封等作用。

PU 类密封胶具有较高的断裂伸长率、复原性、耐穿透力、耐久性且收缩率较低等优点，故其应用范围较广。D500PU 密封胶的拉伸强度超过 2.5MPa、断裂伸长率超过 450%，具有极高的弹性、耐水性、耐低温性、耐油性和耐老化性等特点，并且对各种材料均具有较好的胶接密封性能，可用于交通工具（如汽车、船舶和冷藏车等）的焊缝密封、建筑防水密封和汽车地板的胶接等领域。

有机硅密封胶是密封胶的主要品种之一，具有较好的耐候性、耐久性、耐热性、耐寒性和电气性能，已广泛用于建筑、电子和汽车等领域。无论是作为结构密封胶（用来密封玻璃）还是非结构密封胶，其对建筑结构粘接性能良好的先决条件是具有良好的性能和耐用性。尽管有机硅密封胶具有良好的粘接性能，但有时也不能满足使用要求（尤其是基体表面未经处理时）。

4.9.4　光学透明胶黏剂

光学透明胶黏剂主要用于粘接光学透明元件，一般需要符合如下要求：无色透明，在指定的光波波段内透光率大于 90%，并且固化后胶的折射率与被黏光学元件的折射率相近；在使用温度范围内粘接强度良好；胶的模量低，固化后延伸率大同时固化收缩率小，不会引起光学元件表面的变化；吸湿性小；耐冷热冲击、耐震动、耐油、耐溶剂等；耐光老化、耐湿热老化等；操作性能好；在维修时，可用简单的方法分离；对人体无害或低毒性。实际上满足上述所有要求的胶黏剂是很困难的，必须根据具体粘接要求进行选择。

光学透明胶黏剂可分为天然树脂光学胶和合成树脂光学胶两大类。天然树脂光学胶，是采用松科的冷杉亚科属的树脂分泌物的树脂或针叶树种分泌物的树脂，经加工制成。冷杉属的树脂，具有天然的不结晶性，遮光率接近于光学玻璃，透明度高，并能迅速固化，便于拆胶返修等特点。天然树脂光学胶包括加拿大香胶、冷杉树脂胶、中性树胶和中国香胶。

合成树脂光学由于粘接强度高，耐高低温性好，能在震动、辐射等苛刻条件下工作，逐渐成为主要的光学用透明胶黏剂。目前，作为光学元件用的合成树脂透明胶黏剂有不饱和聚酯胶黏剂、环氧胶黏剂、聚氨酯胶、有机硅凝胶、光固化胶等。

4.9.5 阻尼特性胶黏剂

阻尼特性胶黏剂已广泛应用于航空、航天、交通、机械、建筑等领域。在武器系统中，可以减小机械系统和动力装置运转所引起的振动，提高仪器设备工作稳定性和精密度，避免造成武器系统失效。阻尼技术是近四五十年迅速发展起来的一项新技术，有材料阻尼、系统阻尼或者结构阻尼。

目前以高分子为基础的胶黏剂通过设计可以实现胶接和阻尼同时要求。目前阻尼材料研究较多，但是胶黏剂研究较少。

特种胶黏剂在研究开发和生产实践中取得了很大的进展，许多新型材料被引入特种胶黏剂领域，使得特种胶黏剂和特种粘接技术得到很大进步。随着科技的进一步发展，每一种原材料的开发和应用都有可能导致特种胶黏剂的巨大变化，因此胶黏剂的开发人员只有密切关注市场、了解最新科技资讯，才能拓展科研思路，利用现有的化学发展基础，开发出富有时代气息的新型产品。

4.10 胶黏剂的发展前景

随着社会经济的发展和人们生活水平的提高，胶黏剂在人们的日常生活和生产中发挥着越来越重要的作用。由于胶黏剂具有应用范围广、使用简便、经济效益高等特点，因此无论是在高精尖技术中还是在一般的现代化工业中，胶黏剂都发挥着极其重要的作用。然而胶黏剂在生产、使用过程中会产生一些环境污染问题，对人体健康和环境都造成极大的危害；随着人们环保意识的加强，未来胶黏剂的主要发展方向将日益趋向环保化。

节约能源、保护环境，是当今世界研究必须解决的重要课题之一。为了节能、环保，各种设备必须轻质、可回收、高强、呈流线型等。为了提高设备生产、安装和维修的效率，千方百计地将比邻的零件（如汽车发动机罩下的零件）合并成整体。为了达到此目的，势必采用粘接或连接技术。胶黏剂与人们的生产生活更为密切，广泛应用于建筑、包装、轻纺、鞋业等各领域，可以说它与人类的生产生活息息相关。在某些场合胶黏剂更是发挥着不可替代的作用。当然，胶黏剂在某些方面还存在着尚需解决的问题，比如无机高温胶黏剂骨料成本高，传统有机胶黏剂的污染性问题等。相信随着胶黏剂改性工作的进一步深入，胶黏剂的前景会更加广阔。

伴随着生产和生活水平的提高，普通分子结构的胶黏剂已经远不能满足人们在生产生活中的应用，这时高分子材料和纳米材料成为改善各种材料性能的有效途径，高分子类聚合物和纳米聚合物成为胶黏剂重要的研究方向。

我国胶黏剂行业除了产销规模持续快速增长外，胶黏剂的技术水平也不断提高，开发出来大量达到国内外先进水平的产品，并呈现出产品向着改性型、反应型、多功能型、纳米型等方向发展，应用领域向着新能源、节能环保等新兴产业聚焦的发展趋势。

（1）发展无溶剂型胶黏剂　现行的许多胶黏剂都含有大量挥发性很强的溶剂，这些溶剂不仅危害人的身心健康，而且会破坏大气层中的臭氧层，引起了公众和政府的高度重视，这样自然给胶黏剂工业带来了一种新的发展趋势，即向无溶剂的胶黏剂发展。

（2）**发展纳米胶黏剂**　纳米胶黏剂是材料领域的重要组成部分，发展纳米胶黏剂，有可能在席卷全球的"纳米经济"急战中，抢夺一个技术制高点。纳米胶黏剂将成为一颗耀眼的新的科技明星。

（3）**发展多功能胶黏剂**　当一种胶黏剂同时具有多种功能的时候，它的应用价值往往陡增，所以多功能胶黏剂是胶黏剂工业的发展趋势之一。

（4）**发展军事、国防用胶黏剂**　发展军事、国防用胶黏剂是未来战争和防恐、反恐的需要，因此它必定有着长足发展。

胶黏剂工业突飞猛进的发展，为社会提供了许多新胶种，同时也给环境带来了新的污染问题。这是由于胶黏剂中的有害物质，如挥发性有机化合物、有毒的固化剂、增塑剂、稀释剂以及其他助剂、有害的填料等所造成的。

面对市场越来越严格的环保要求，各胶黏剂生产企业都在积极寻找发展之路，环保技术和产品因而变得非常抢手。发展低毒和无毒的环保型胶黏剂已成为国际主流，今后胶黏剂的发展方向应该是环保型的热熔型、水基型和无溶剂型胶黏剂。未来全球合成胶黏剂市场将以低污染的水基胶和热熔胶为主流，环保型胶黏剂将成为市场的抢手货。

4.10.1　发展环保型胶黏剂的目的意义

（1）**使用环境的要求**　由于胶黏剂中广泛使用有机溶剂，因此被广泛应用于日常生活和生产活动的胶黏剂对人体健康有许多有害的影响。随着保护环境、珍惜资源的理念日益深入人心，对胶黏剂的高固含量、无溶剂、水性、光固化等环境友好因素和低温固化、废弃物再生利用等节能技术将会越来越受到重视，并不断加大研究开发力度，加快发展低毒、无毒、水性、以生物降解等环保节能型产品，争取在短时间内实现全行业的生产环保化。

（2）**居住环境的要求**　以防止病态建筑综合征（sick building syndrome）为代表的来自居室环境的要求是当今胶黏剂行业的最大课题。其发病原因虽尚未明确，可能是甲醛、有机溶剂或增塑剂等造成的，因此对含有甲醛的缩合系胶黏剂、含有挥发性有机化合物（VOC）的胶黏剂及含有醋酸乙烯树脂乳液型胶黏剂等采取对策已迫在眉睫。

（3）**地球环境的要求**　臭氧层破坏和地球环境变暖已成为主要的环境问题，1985年签署了国际性规定（维也纳条约），1987年在蒙特利尔议定书中规定了停止使用这类问题物质的计划，就氯氟烯烃类（CFC）、四氯化碳、1,1,1-三氯乙烷、HBFC以及氯甲烷等物质的尽早全面废止和HCFC的逐步削减达成了协议。氯化溶剂作为不可燃溶剂被应用于脲醛树脂等方面，可能导致静电爆炸，现在只允许使用氯甲烷，但因其有毒也被要求削减使用。关于环境荷尔蒙问题，日本环境署将65种物质作为"对环境具有扰乱内分泌作用的化学物质"，与胶黏剂有密切关系的壬基酚聚氧乙烯醚已经被认为对鱼类有影响，邻苯二甲酸酯也被列为居室病被研究的物质，停止使用这类物质或开发新的代替物质已成为胶黏剂产业的课题。

（4）**资源的要求**　2000年6月日本实施了管理环境相关法案的循环型社会基本法，现正以此法为核心修改或制定各种再生利用法。将建筑废料和建筑材料的再生利用列为重点，并强化了胶黏剂建筑材料废弃时的再生利用对策。在牢固黏合的建筑材料作为废弃物处理时，要求被再生利用是能够被剥离分开。

4.10.2 环保型胶黏剂的分类

（1）热熔型胶黏剂（热熔胶） 　热熔胶是一种在室温下固态，加热到一定温度后即熔化为液态流体的热塑性胶黏剂。在熔化时，将其涂敷于物体表面，合拢冷却至室温，即将被黏结物连接在一起，具有一定的胶结强度。它的优点之一是可制成块状、薄膜状、条状或粒状，使包装、储存、使用都极为方便；另外它的粘接速度快，适合工业部门的自动化操作以及高效率的要求。由于使用过程中无溶剂挥发，不会给环境带来污染，利于热熔胶的研究。目前 EVA 类、聚酰胺类、聚酯类、SBS 有一定规模。近年来，国内热熔胶行业已进入快速发展期，热熔胶产量以 25％的速度增长，产品应用范围已从传统的卫生制品、包装、书籍装订等领域扩展到服装胶带、制鞋乃至冰箱、电缆、汽车等行业。热熔胶的发展趋势为两个方面，一方面为了满足性能的需求在基料、组成配方方面进行改性研究，使产品具有水溶性、生物降解性能，解决包装纸回收问题、环境污染问题，另一方面使产品形状加以改变，以满足新的需要。

（2）无溶剂型胶黏剂 　无溶剂型胶黏剂又称反应胶，是将可进行化学反应的两组分分别涂刷在黏合的物料表面，在一定条件下，组分紧密接触进行化学反应，达到交联的目的。两组分必须对各自的黏合物具有较强的黏合性，并且反应的时间、压力、温度等工艺因素适当。据报道我国研制出一种以低分子量聚异丁烯类聚合物为主体，配以各种添加剂制备的新型单组分无溶剂型密封胶。该胶价格低廉，易于施工，具有良好的耐候性和永久粘接性能，能保证在汽车钣金与橡胶密封条之间的密封性。另外一种粘接性能好、低温固化、成本低的无污染的双组分聚氨酯胶黏剂，解决了我国北方地区冬季温度低固化困难的问题。

（3）水基型胶黏剂 　水基型胶黏剂不含有机溶剂，无污染，是环保型胶黏剂。近些年在我国发展迅速，产量由 1997 年的 48.7 万吨发展到 1999 年的 68.1 万吨，年平均增长18.4％。在产量增长的同时，产品质量也在不断提高，品种增多，一些技术含量高、性能好的胶黏剂不断出现，如抗寒耐水性好的乳胶，耐擦洗、耐污染和耐水性好的有机改性丙烯酸建筑用乳液等。目前，除常用的丙烯酸、醋酸乙烯和 VAE 乳液外，聚氨酯乳液的研究开发也取得了进展，并将有很好的发展前景。人们在努力寻找与溶剂型产品性能相近的替换物时，基于对各方面因素的考虑，发现水基体系是最好的替代产品，水基型胶黏剂是以水作分散介质，其优点有：对环境友好，无毒，不可燃，固含量高，可用现有设备生产和设备较易清洗等优点。

（4）氯丁胶乳水基胶 　在氯丁胶乳水基中，聚合物与增黏树脂、氧化锌、稳定剂等一起分散在水中，水是连续相。黏合后的结晶和交联与溶剂型胶黏剂的基本相同，其黏合机理见图 4-2。

氯丁胶乳水基胶是一种常用的水基产品，近年来陆续有新产品上市。DuPont 公司推出的水基产品等，它们具有较高的 pH 值，约为 12～13，固含量 40％～60％，黏度在 45～600mPa·s之间；非离子型胶乳有氯丁 L-100 系列。近年来，DuPont 公司又推出了新产品，如 Aquastik2161氯丁胶乳，它的固含量达 58％，其特点是高温

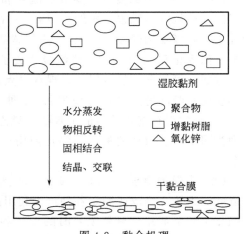

图 4-2　黏合机理

性、后成型性、触黏性和储存稳定性都好，可黏合金属材料。

（5）**水基聚氨酯胶黏剂**　聚氨酯是多用作溶剂型胶黏剂的材料，但在20世纪60年代就出现了水分散型聚氨酯胶黏剂。聚氨酯型水分散体的特点是黏度与分子量无关，具有无毒、无污染、不可燃的性质，足够高的分子量可以使它形成性能优良的黏合膜，对多种材料有良好的黏合性。该体系可应用于涂料和胶黏剂领域以及大量地应用于工业层压市场。H. B. Fuller等开发的产品有WD-4003、WD-4006和WD-4907，它们对各类型的材料黏合交联后其黏合强度很大。Zeneca Resins产品有NeoRezR-563（用于PVC膜压），NeoRezR-550（用于制鞋业和冷接触胶黏剂），NeoRezR-987和NeoRezR-551等。聚氨酯的成本较高，用途不同的聚氨酯分散体产品的聚氨酯含量是不同的。在汽车工业应用方面，聚氨酯含量是25％～30％，而在制鞋业方面的聚氨酯含量高达60％。在配制中加入较低成本的树脂可增加产品的某些特殊用途，加入EVA（乙烯-醋酸乙烯共聚物）或松香脂增加产品的触黏性，加入改性的萜烯酚醛树脂可提高抗蠕变性。根据Zeneca Resins估计，欧洲市场每年需要聚氨酯6000多吨，汽车工业是最大的市场，主要用于塑料部件黏合。德国是聚氨酯分散体的最大消费者，预计在未来，它将保持每年8％～10％的增长率快速增长，这不但是环境保护的需要，聚氨酯分散体本身性能与传统溶剂型体系的性能相当更是一个主要原因。

（6）**丙烯酸型乳液**　这里的水基丙烯酸型胶黏剂是指以水为分散介质、丙烯酸酯为单体的聚合物形成的胶黏剂。它是非均相体系，分子量较高，且黏度与分子量无关，含有表面活性剂、消泡剂、填充剂等。丙烯酸型乳液的成本低，黏性比聚氨酯分散体和溶剂型产品小。过去，丙烯酸型乳液用于层压黏合时，机械性能差。H. B. Fuller制得一种丙烯酸型聚合物PN-3759-Z-X，它具有良好的机械性能，可应用于最大线速度为210～240m/min的层压黏合，当用专用的交联剂交联后，胶黏剂体系具有与聚氨酯分散体相似的耐热性和抗湿性。

（7）**水基环氧分散体系**　水基环氧分散体系是不含有机共溶剂且与传统的环氧树脂一样，可黏合多种类型的基材，适当固化后可提高它的黏合强度和提供多种优良性质。水基环氧分散体系是多官能团环氧树脂，它与双官能团的双酚A环氧树脂不同，多功能团环氧树脂每分子可含有两个环氧基（EPI-REZ5003-W-50）、六个环氧基（RSW-2512）或八个环氧基（RSW-2511），它们比相似的固化的双酚A环氧树脂具有更高的玻璃化温度。由于多官能团的环氧体系提供较高的交联密度，它们的耐热性和耐化学性也会增加。环氧多官能团水基分散体常用可溶于水的和可在水中分散的物质作交联剂，例如双氰胺、取代咪唑和胺等固化剂。能与水共存的三聚氰胺和脲-甲醛树脂可用于固化这些含有羟基的环氧分散体。水基环氧分散体系不但性能优异，而且对环境友好，因此它们常用作层压胶黏剂、涂料、底漆、织物和玻璃胶黏剂、混凝土增黏剂等。总之，随着社会的进步和科技的不断发展，水基胶黏剂在建筑业、汽车业、制鞋业、包装业等方面都将得到很大的发展。例如建筑业用的胶黏剂的需求量越来越大，性能要求也有所提高；汽车作为现代文明的产物，类型和数量越来越多，胶黏剂在这方面具有较大的发展潜力；同样鞋用和包装用的胶黏剂的品种和用量也日益增多。总的来说，水基胶黏剂的发展前景广阔。

4.10.3　环保型胶黏剂的发展趋势

我国胶黏剂行业整体水平不高，国内胶黏剂市场呈现多元化的发展趋势，一些胶黏剂需要进口，大部分现有胶种都存在环境污染问题。因此，在胶黏剂档次参差不齐的情况下，我们应根据市场的需求，积极开发研制高性能、高附加值的胶黏剂。重点开发绿色产品的水性胶、热熔胶，加大对"三醛"胶和不利于环境的传统胶黏剂产品的科技开发力度，对其进行改性，使其向对环境友好方向转化；加大对胶黏剂的投资比重；不断更新胶黏剂的施工工艺和施胶设备，积极发展我国胶黏剂的品牌产品，以便在国内外市场上占有一席之地，利用市场手段实现胶黏剂生产的集约化和规模化，从而降低生产成本，提高产品质量和档次，更有利于能源和资源的合理利用及环境污染的防治，提高在国际市场的竞争力。

思 考 题

1. 热熔胶的成分及其作用是什么？

2. 胶黏剂固化原理和与种类？

3. 胶接接头的结构及其在胶接理论研究中的作用？

4. 吸附理论、静电理论、扩散理论、机械结合理论的要点及其不足？

5. 简述增黏树脂的种类。

6. 热固性酚醛树脂（脲醛树脂）的合成原理？说明热固性酚醛树脂为何脆性大？如何降低其脆性？

7. 新型的环境友好型的胶黏剂的种类？

8. 高科技领域的胶黏剂种类及作用？（举例说明）

第5章

合成材料助剂

5.1 概述

5.1.1 三大合成材料

塑料、合成纤维和合成橡胶被称为 20 世纪"三大合成材料",它们是用人工方法,由低分子化合物合成的高分子化合物,即高聚物,它们的出现大大方便和改善了人们的生活。无论是日常生活,还是其他领域,三大合成材料制品随处可见。

塑料最早出现在 19 世纪末叶。德国化学家拜耳将苯酚跟甲醛反应,得到一种树脂般的物质,可惜,他不知道它能派什么用场。1907 年,美国工业化学家贝克兰再次研究苯酚与甲醛反应,并加入适量的填充剂,结果发现产品有韧性而且绝缘性能良好。于是,在 1910 年建成了史上第一家塑料制品厂。到 20 世纪 50 年代,随着高分子聚合理论和技术的发展,塑料制造业蓬勃发展,今天各类塑料材料不下数百种之多。其中,聚氯乙烯(PVC)、聚乙烯(PE)、聚丙烯(PP)、聚苯乙烯(PS)、聚酯(PET)、ABS 工程塑料(以丙烯腈 A、丁二烯 B 及苯乙烯 S 为基础组分,故称 ABS)等品种最为常见。

合成纤维,最早是在改造天然纤维的基础上发展起来的。1855 年,德国化学家安地玛首先用浓硝酸处理桑树枝得到一种纤维,可惜它易爆燃,未能应用。直到 1935 年,美国化学家卡罗泽斯以己二醇和己二酸首先合成尼龙-66,推出世界上第一个人工合成的纤维。如今,合成纤维产量日增,超过天然纤维的产量。在合成纤维中,涤纶、锦纶、腈纶、丙纶、维纶和氯纶被称为"六大纶",都具有强度高、弹性好、耐磨、耐化学腐蚀、不发霉、不怕虫蛀、不缩水等优点,而且每一种还具有各自独特的性能。它们除了供人类穿着外,在工农业生产和国防等领域也有很多用途。

合成橡胶也是从模仿和改造天然橡胶开始的。1838 年,美国工人古德意用松节油、硫黄、碳酸钙在高温下与生橡胶加热,获得性能优良的橡胶。从此,橡胶名声大噪,广泛地用作车胎、绝缘线等。丁苯橡胶(SBR)、氯丁橡胶(CR)、丁腈橡胶(NBR)、硅橡胶(Q)等合成橡胶品种不断出现,性能也逐步改善,有些品种在耐温、耐压、耐腐蚀方面已超过天然橡胶。

5.1.2　助剂的意义、分类和要求

5.1.2.1　意义

三大合成材料都是以高聚物为材料主体，未加工、没有和一些添加剂混合的高聚物通常称为树脂。树脂在后期产品生产和加工过程中，需要加入一些化学品，以改善生产工艺和产品性能，如改善柔韧性、阻燃性、抗老化、抗静电等性能。合成材料和制品在生产和加工过程中，用以改善生产工艺和提高产品的性能所添加的各种辅助化学品称为合成材料助剂，简称为助剂。大部分的助剂是在合成材料加工成制品过程中添加使用的，因此，助剂也常被称为添加剂。

5.1.2.2　分类

助剂的分类往往按应用对象或发挥的功能划分。

按应用对象可分为塑料助剂、橡胶助剂、合成纤维助剂。按发挥的功能可分为以下几种。

（1）抗老化功能　防止在生产和制成品受光、热、辐射、氧化，甚至微生物作用而老化变质，如抗氧剂、光稳定剂、热稳定剂、防霉剂等。

（2）改善机械性能　提高抗冲击强度、硬度、抗张强度等作用，如硫化促进剂、抗冲击剂、填充剂、偶联剂等。

（3）改善加工性能　改变加工过程树脂流变性，利于制品和模具分离，改变塑性等作用，如润滑剂、脱模剂、软化剂、塑解剂等。

（4）制品柔软化和轻质化功能　防止制品脆，增加柔软度，或增加空隙等作用，如增塑剂、发泡剂等。

（5）改进表面性能和外观　针对一些特定的应用场合，要求制品具备一些特定表面性质，如抗静电、滑爽、疏水、亲水作用，像抗静电剂、防水剂、着色剂等。

（6）提高阻燃性能　合成材料高聚物主体本身都是可燃物，实现合成材料安全防火的普遍要求，通常添加阻燃剂、烟雾抑制剂等。

5.1.2.3　要求

合成材料种类繁多，最终制品的要求也各不相同。在生产和加工过程中，助剂的选择对最终产品的性能十分重要。助剂的选择总体要满足以下几方面要求。

（1）助剂与聚合物的相容性　助剂与聚合物相容性通常也称配伍性，本质上是指聚合物与助剂之间是否能够均匀混合，助剂能否长期稳定存在于聚合物中并发挥其功能。在相容性及在稳定性方面相互影响。如果助剂和聚合物相容性不好，则会产生析出，常表现为渗出、喷霜现象，助剂的功能就不能发挥，制品会出现各种各样问题，如老化开裂、失去弹性、强度减弱等。化学物质间的相似相容原理在助剂选择中无疑也是十分重要且基本的考虑因素，助剂和聚合物的极性相匹配是十分重要的。合成材料中往往需要加入一些无机填充剂。无机物本身极性强，高聚物本身极性弱，要将无机填料均匀、稳定地添加到聚合物中，就需要对无机填充剂进行表面改性，以适应高分子聚合物的极性。除了极性外，酸碱性适应也是重要的因素。

（2）助剂的耐久性　助剂的耐久性是指助剂要在制品中能长期发挥作用，减少助剂数量和功能的损失。在使用和储存过程中有可能由于外界和材料自身的因素，如高温、负压、

挤压、接触的环境等导致助剂挥发、迁移和抽出，而失去作用。

（3）**助剂的加工适应性** 合成材料制品在制造成型加工过程中会遇到比较苛刻的加工条件，如长时间高温、高压、溶剂侵蚀等，在这些环境下助剂能否适应则十分重要。这种苛刻条件下要求助剂自身耐热不分解、不易挥发或升华。此外，助剂本身对模具、加工器械不能有腐蚀作用。

（4）**多种助剂之间的协同性** 合成材料制品生产常常同时使用多种助剂，这些助剂会处在同一个聚合物体系中，相互之间可能会产生作用和影响。助剂间的相互作用和影响应该不影响最终产品的性能，不影响助剂本身作用的发挥。有时助剂同时存在，如果配合得当，会产生相互促进的作用，发挥的效能超过两种助剂单独作用的简单加和，即超加和性。如果配合不当，不同助剂之间也会产生"相抗作用"，使得助剂效能不能很好发挥。

（5）**助剂符合制品最终应用要求** 合成制品最终用途对助剂的选择也甚有影响。如儿童玩具制品就要考虑助剂的毒性，这方面有严格的限制。餐饮用途的塑料器具同样也要考虑毒性安全因素。外观、气味、污染性、电气性能、热性能、耐候性、毒性等不同的应用场合有不同的要求，需要综合考虑。

5.1.3　发展趋势

我国合成材料助剂行业在 20 世纪 90 年代后开始进入快速发展阶段。助剂工业的产品结构、质量、生产规模、合成技术、装备技术等方面都取得巨大的进步。随着我国产业整体技术水平不断提升，助剂产业呈现从发达国家向发展中国家尤其是中国转移的趋势。未来助剂行业呈现以下明显的发展趋势：

环保绿色化：随着工业化以来全球环境污染的加剧，环保意识逐步加强，逐步形成了绿色化发展的共识，也给合成材料助剂行业带来了新要求和新机遇。助剂使用的安全性和绿色化是明显的趋势，如降低热稳定剂有害金属盐的使用、无害阻燃剂的开发、无酚抗氧剂等都是行业的方向。

功能多样化：多功能的合成材料助剂受到越来越多的关注和应用，如兼具阻燃和增塑、阻燃和耐候、光和热稳定于一体的多功能助剂等开发和应用。

新功能助剂：随着合成材料应用性能要求不断提升，新功能助剂也应运而生，如塑料透明剂、高效抗菌抗藻剂、永久型抗静电剂、表面亲疏水改性剂等。

5.2　增塑剂

5.2.1　基本概念

合成材料的主体成分是高分子聚合物，分子量大，分子间作用力强，结晶度高，本身表现出熔体黏度高，难加工，制品质地硬而脆，一般无法直接使用。增塑剂是加入后使高分子材料增加塑性，但同时又不会影响聚合物本质特性的物质。塑性是指在外力作用下，材料能稳定地发生永久变形而不破坏其完整性的能力。

增塑剂的基本作用是削弱聚合物分子间的范德华力，增加聚合物分子链的移动性，降低聚合物分子链的结晶性，其结果就是变形能力加大。增塑剂的加入使聚合物（例如塑料）的伸长率、曲挠性和柔韧性都会提高，而硬度、模量、软化温度和脆化温度都会下降。

增塑剂按其存在方式可分为内增塑剂和外增塑剂。

内增塑剂指的是在增塑剂分子共聚在聚合物链中，或者在聚合物分子链上引入增塑作用的支链（或取代基或接枝的分支），由于引入的增塑剂结构和聚合物本身结构不同，使分子间力和结晶状况改变，从而增加材料的塑性。由于内增塑剂与聚合物链段具有稳定的化合结合，所以稳定，不会渗出或被介质抽出，但从实际效果上讲，内增塑剂的使用温度范围比较窄，而且必须在聚合过程中加入，通常仅用于可挠曲的塑料制品中。

外增塑剂是指在聚合物加工过程中加到聚合体系中的沸点高、较难挥发的液态或低熔点固体物质。从化学结构上讲，外增塑剂绝大多数是酯类化合物，一般不会与聚合物起化学反应，加入聚合物后在体系中均匀混合，但却是置身于聚合物分子链之外的"异物"，增加聚合物分子间距离，降低聚合物分子链结晶度，减少链间的作用力。外增塑剂的性能较全面，品种多，使用便利，应用较内增塑剂更广泛。

5.2.1.1 分子特征和作用原理

增塑剂的分子在结构上一般由极性部分和非极性部分构成。典型的增塑剂邻苯二甲酸二（2-乙基己基）酯（简称 DOP）分子如下所示。

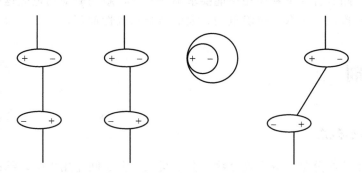

分子中两个 2-乙基己基构成非极性部分，苯二甲酸部分构成极性部分。多数塑料聚合物分子链主体是由非极性部分构成，如聚苯乙烯、聚丙烯、ABS 等，但有的也同时含有具一定极性的基团，如苯环、酯基等。因此，增塑剂的极性特征和聚合物类似但有明显区别，这就使得增塑剂分子可以是在聚合物中稳定存在的"异物"。由于增塑剂的极性程度，以及分子大小、构型都和聚合物链有关，使得聚合物的结晶性和分子间的作用力不能连续传递而发生改变。如图 5-1，有序的聚合物分子间的作用被增塑剂分子破坏。

图 5-1　有序的聚合物分子间的作用被增塑剂分子破坏

很显然，增塑剂既要和聚合物有很大的极性相似性才能满足和聚合物的相容性，但也必须有差异才能很好地发挥作用，使聚合物结晶性和分子间作用力不能连续传递。

聚合物/增塑剂体系中存在的几种相互作用力，包括聚合物与聚合物、聚合物与增塑剂、增塑剂与增塑剂作用力。增塑剂其实就是改变这几种作用力。增塑剂的作用方式有多种解释，主要有润滑理论、凝胶理论和自由体积理论。

（1）润滑理论 增塑剂的加入能促进聚合物大分子间或链段间的运动，起界面润滑剂的作用，甚至当大分子的某些部分缔结成凝胶网状时，增塑剂降低分子间的"摩擦力"，使大分子链能相互滑移，也能起润滑作用，即增塑剂产生了"内部润滑作用"，使聚合物黏度减小，流动性增加，易于成型加工，但聚合物的主体性质不会明显改变。

（2）凝胶理论 聚合物（主要指无定形）的增塑过程是使组成聚合物的大分子力图分开，而大分子之间的吸引力又尽量使其重新聚集在一起的过程，这样构成一种动平衡。在一定温度和浓度下，聚合物大分子间"时开时集"，造成分子间存在若干物理"连接点"，增塑剂的作用是有选择地在这些"连接点"处使聚合物溶剂化，拆散或隔断物理"连接点"，导致大分子间的分开。这一理论更适用于增塑剂用量大的极性聚合物的增塑。而对于非极性聚合物的增塑，由于大分子间的作用力较小，增塑剂的加入，减少了聚合物大分子缠结点的数目。

（3）自由体积理论 增塑剂的加入，使大分子间距离增大，体系的自由体积增加，聚合物的黏度和 T_g 下降，塑性增大。显然增塑的效果与加入增塑剂的体积成正比，但它不能解释许多聚合物在增塑剂量低时所发生的反增塑现象等。

5.2.1.2 反增塑作用

当增塑剂的用量减少到一定程度后反而会引起高分子材料硬度增大、伸长率减小、冲击强度降低的现象。一般认为，反增塑作用的原因在于少量增塑剂使高分子链易于移动，促进了不定形区的定向排列并结晶，反增塑作用示意图见图5-2。

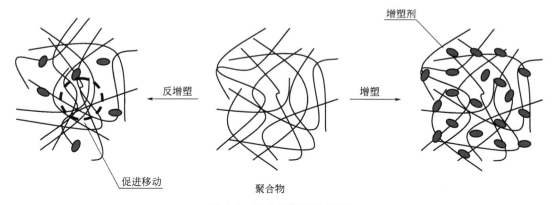

图 5-2　反增塑作用示意图

5.2.2　增塑剂主要品种

增塑剂常见品种类型见表5-1。

表 5-1　增塑剂常见品种类型

结构类别	常见品种
苯二甲酸酯类	邻、对、间苯二甲酸酯
脂肪族二元酸酯类	己二酸酯、壬二酸酯、癸二酸酯
多元醇酯类	乙二醇、丙三醇、季戊四醇等多元醇酯
脂肪酸酯类	油酸丁酯、柠檬酸脂肪醇酯、乙酰柠檬酸脂肪醇酯等

结构类别	常见品种
磷酸酯类	磷酸脂肪醇酯、磷酸酚酯、磷酸混合酯、含氯磷酸酯
聚酯类	二元酸与二元醇的缩聚物
环氧化合物	环氧化油脂
卤代烃及其他	氯化石蜡等
苯多元酸酯	苯三酸酯、均苯四酸酯

（1）苯二甲酸酯类 是最为常见的一类增塑剂（见表 5-2）。增塑性能优越，但近年来随着对环境保护的重视，这类增塑剂的毒性引起关注。邻苯二甲酸酯类塑化剂被归类为疑似环境荷尔蒙，其生物毒性主要属雌激素与抗雄激素活性，会造成内分泌失调，阻害生物体生殖机能，包括生殖率降低、流产、天生缺陷、异常的精子数、睾丸损害，还会引发恶性肿瘤或造成畸形儿。

表 5-2 苯二甲酸酯类增塑剂

品种	缩写	用途	特性
二甲酯	DMP	CA、CAB、CAP、CN、CP	对 CN 有高溶解能力。与纤维素酯相容性好。用于赛璐珞制成的软片。光稳定,高挥发性
二乙酯	DEP	CA、CAB、CAP、CN、CP	性能与 DMP 类似,挥发性稍小
二丁酯	DBP	CN、CAB、CAP、PVC、PVCA	对 CN 有高溶解能力,耐光,耐低温好。在 PVC 增塑糊中引起增稠,较易挥发。PVC 的辅助增塑剂
二(2-乙基己)酯	DOP	CN、CAB、PVC、PVCA 属通用型	与 CN 有良好的相容性。PVC 和 PVCA 的标准增塑剂,挥发性低,耐热,耐低温,耐水
二正辛酯	DnOP	CAB、PVC、PVCA	凝胶化性能比 DOP 稍差。耐低温性好得多,增塑作用好,其他与 DOP 类似

注：CA 为醋酸纤维素；CAB 为醋酸丁酸纤维素；CAP 为醋酸丙酸纤维素；CN 为硝酸纤维素；CP 为丙酸纤维素；PVCA 为聚氯乙烯-醋酸乙烯酯。

邻苯二甲酸二辛酯（dioctyl phthalate，DOP，简称二辛酯）：

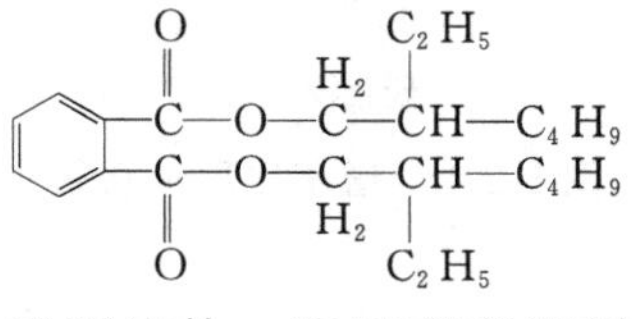

DOP 商品俗称二辛酯。无色透明液体。通用型增塑剂，主要用于聚氯乙烯的加工，还可用于化纤树脂、醇酸树脂、ABS 树脂及橡胶等，见于制造人造革、农用薄膜、包装材料、电缆等产品中。此外还可用作有机溶剂、气相色谱固定液。不可用于食品中！但不法分子曾将 DOP 用于饮料中，使饮料产生不透明胶体云雾状，俗称"起云剂"，成为严重的食品安全事故。

对苯二甲酸二辛酯（DOTP）：

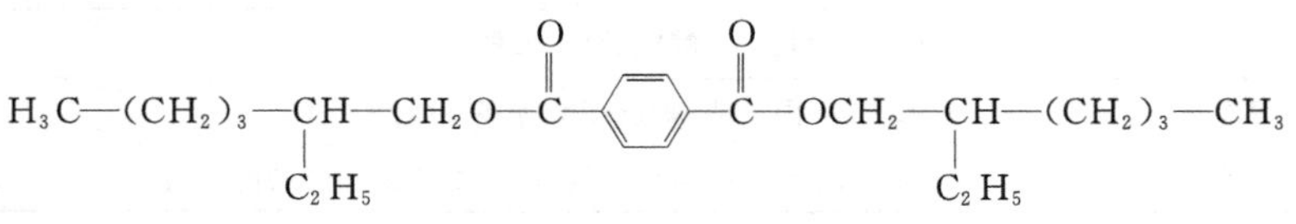

DOTP 外观是无色透明液体，是聚氯乙烯（PVC）塑料用的一种性能优良的主增塑剂。与目前常用的邻苯二甲酸二异辛酯（DOP）相比，它耐热，耐寒，难挥发，抗抽出，柔软性和电绝缘等性能更突出，在制品中显示出优良的持久性、耐肥皂水性及低温柔软性。因挥发性低，使用 DOTP 能完全满足电线电缆耐温等级要求，可广泛应用于耐 70℃ 电缆料（国际电工委员会 IEC 标准）及其他各种 PVC 软质制品中。DOTP 除了大量用于电缆料、PVC 的增塑剂外，也可用于人造革膜的生产。此外，具有优良的相容性，也可用于丙烯腈衍生物、聚乙烯醇缩丁醛、丁腈橡胶、硝酸纤维素、合成橡胶等的增塑剂，还可做涂料添加剂、润滑剂添加剂等。

（2）脂肪族二元酸酯类　脂肪族二元酸酯类增塑剂的常见品种见表 5-3，这类增塑剂的化学结构通式为：

$$R^1—O—\overset{\overset{\displaystyle O}{\|}}{C}—(CH_2)_n—\overset{\overset{\displaystyle O}{\|}}{C}—O—R^2$$

式中，n 一般为 2～11，即由丁二酸至十三烷二酸，R^1 与 R^2 一般为 C_4～C_{11} 烷基或环烷基。

表 5-3　脂肪族二元酸酯类增塑剂

品种	缩写	用途	特性
己二酸二(2-乙基己酯)	DOA	PVC、PVCA 多用作耐寒增塑剂	耐寒性优，对光稳定。增塑作用好，塑化效率高。和 DOP 比，挥发性大，对水较敏感
己二酸二异癸酯（混合己二酸酯）	DIDA	PVC、PVCA 广泛用于食品包装材料	耐寒性和 DOA 相当。在己二酸酯中挥发性最小，耐水性、耐油性较好
壬二酸二(2-乙基己酯)	DOZ	PVC、PVCA	耐低温性较己二酸酯好，挥发性低于 DOA，价格高于己二酸酯
癸二酸二(2-乙基己酯)	DOS	PVC、PVCA	耐低温性超过同类所有其他产品，挥发性较低。价格高，应用受限制
癸二酸二丁酯	DBS	PVC、PVCA 可作耐寒性辅助增塑剂	耐寒、无毒。相容性、耐油性较差

癸二酸二（2-乙基己酯）（DOS）为主要品种，是无色或淡黄色透明油状液体，凝固点为 $-48℃$，沸点为 256℃（0.67kPa），能溶于烃类、醇类、酮类、酯类、氯代烃类等有机溶剂，不溶于二元醇类及水。与 DOP 相比，低温性能突出，显著改善塑料的耐寒性，但与聚氯乙烯塑料 PVC 的相容性差，电绝缘性和耐油性略差。脂肪族二元羧酸酯本身是细菌的营养源，故其耐霉菌性不好。一般作为聚氯乙烯优良的耐寒增塑剂，常与邻苯二甲酸酯类并用，特别适用于耐寒电线和电缆料、人造革、薄膜、板材、片材等制品。由于无毒，可用于食品包装材料。除聚氯乙烯制品外，还可以用作多种合成橡胶的低温用增塑剂以及硝基纤维素、乙基纤维素、聚甲基丙烯酸甲酯、聚苯乙烯、氯乙烯共聚物等树脂的耐寒增塑剂。用作喷气发动机的润滑油。

（3）多元醇酯类　该类增塑剂的常见品种见表 5-4。

表 5-4　多元醇酯类增塑剂

品种	缩写	用途	特性
一缩二乙二醇二苯甲酸酯	DEDB	地板料、床板	耐污染性、内抽出性良好，耐寒性差
一缩二乙二醇 C_7～C_9 酸酯	1279 酯	丁腈橡胶、氯丁橡胶	耐寒性好

品种	缩写	用途	特性
三醋酸甘油酯	TA	纤维素	无毒。缺点:高挥发性,高敏水性,耐药物性差,不适用于乙烯基聚合物
三丙酸甘油酯	GTP	纤维素	无毒。缺点:高挥发性,高敏水性,耐药物性差,不适用于乙烯基聚合物
三丁酸甘油酯	TB	纤维素	无毒。缺点:高挥发性,高敏水性,耐药物性差,不适用于乙烯基聚合物

常见品种有三丁酸甘油酯、一缩二乙二醇二苯甲酸酯。以一缩二乙二醇二苯甲酸酯(DEDB)为例。

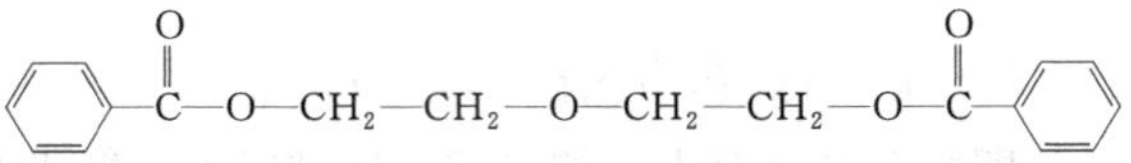

无色油状液体,微有气味,相对密度1.1751,凝固点15.9℃,沸点(0.67kPa)236℃。比DOP毒性小。

DEDB是聚氯乙烯、聚醋酸乙烯酯等多种树脂用增塑剂,具有增塑效率高、毒性小、与聚合物相容性好、挥发性低、渗出性低、填充剂容量大、制品光亮度高等优点,且使用性能与DOP相当。作为主增塑剂的邻苯二甲酸二辛酯(DOP)被美国癌症研究所(NCI)怀疑有致癌作用后,其使用范围受到限制,人们在寻找和研究比DOP更安全、性能更好的代用品。国外有关食品、化妆品、医药等管理部门认为DEDB是一种可以用于接触食品包装材料的安全性较大的增塑剂或其他添加剂。DEDB与DOP使用性能十分相近,可广泛应用于人造革、鞋类、薄膜、地板、软硬管材、电缆料等塑料生产行业。通过多年的实践证明,DEDB对PVC有高速溶解能力,有效地缩短加工时间和塑化时间,加填料后,抗张强度高20%,机械性能优于DOP,制品表面平滑明亮,力学稳定,光泽性好,能改善制品的挠曲性、热扭变性和制品的柔韧性及黏合性,增塑效率高,相容性好,不易氧化和挥发,能抑制对油脂的渗出作用等。

(4)脂肪酸酯类 多是硬脂酸、油酸、柠檬酸的脂肪醇酯,常用作食品包装材料和耐寒辅助增塑剂(见表5-5)。

表5-5 脂肪酸酯类增塑剂

品种	缩写	用途	特性
油酸丁酯	BO	耐寒性辅助增塑剂	耐寒性、耐水性良好,相容性、耐候性、耐油性较差
柠檬酸三丁酯	TBC	用于食品包装材料	无毒增塑剂,且具有防霉性;价格昂贵,耐光、耐寒性良好
乙酰柠檬酸三丁酯	ATBC	食品包装材料,硝酸纤维素软片	无毒,低吸湿性,耐水性良好
乙酰蓖麻酸甲酯	MAR	食品包装材料	无毒,耐寒性良好,相容性较差,辅助增塑剂
硬脂酸丁酯	BS	乙基纤维素,辅助增塑剂、润滑剂	润滑性好,相容性差

脂肪酸酯中柠檬酸酯被认为是较安全的增塑剂，较容易由生物降解，也比较不容易造成生物的生化反应。主要品种有柠檬酸三丁酯（tributyl citrate，TBC）、乙酰柠檬酸三丁酯（acetyl tributyl citrate，ATBC）等。

分子式：

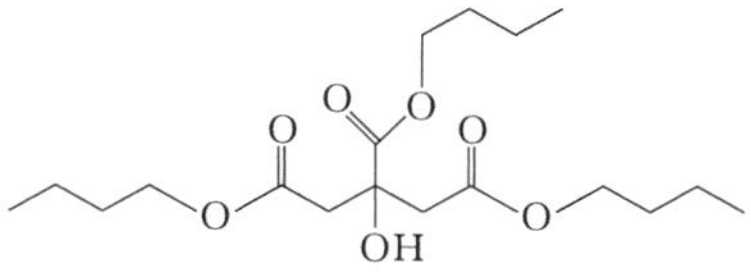

柠檬酸三丁酯（TBC） 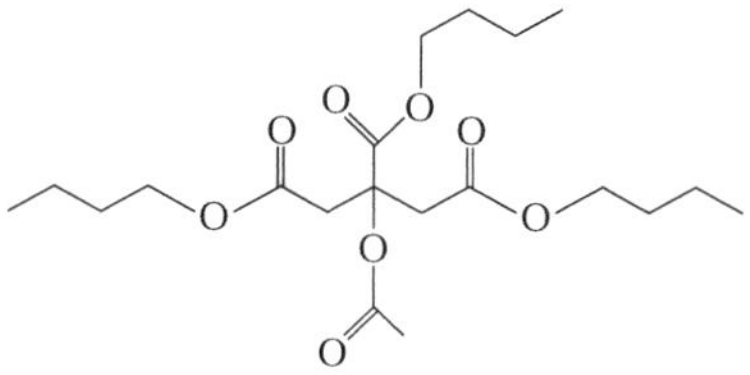　　　　　　　　　乙酰柠檬酸三丁酯（ATBC）

TBC 因具有相容性好，增塑效率高，无毒及抗菌作用，不滋生细菌，还具有阻燃性、不易挥发、耐候性强等特点而广受关注，成为首选替代邻苯二甲酸酯类的绿色环保产品。它在寒冷地区使用仍保持有好的挠曲性，又耐光、耐水、耐热，熔封时热稳定性好且不变色，安全经久耐用，适用于食品、医药物品包装，血浆袋及一次性注射输液管等。还可用作润滑油极压抗摩剂、聚氧乙烯树脂的平滑剂；烟丝中加 TBC 后可使香烟燃烧时生成的 HCN 毒气被 TBC 吸收，从而减少对吸烟者的毒害，TBC 可使烟卷保持韧性而不被折断；作为含蛋白质类液体的泡沫去除剂、鞋袜去臭剂、纸张加香助剂、橡胶工业加工防焦剂。

ATBC 为无毒、无味主增塑剂，ATBC 比 TBC 的毒性更小。ATBC 作为主增塑剂，溶解性强，耐油性、耐光性好，并有很好的抗霉性。它与大多数纤维素、聚氯乙烯、聚醋酸乙烯酯等有良好的相容性，主要用作纤维素树脂和乙烯基树脂的增塑剂。广泛用于儿童玩具、肉制品包装材料，医用制品也有广泛应用，不会引起食品异味，经其增塑的塑料制品透明，印刷性能都很好。

（5）磷酸酯类　磷酸酯类增塑剂的结构通式可表示为：

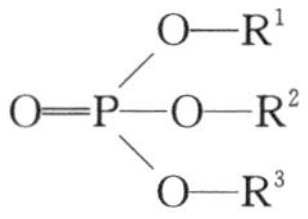

R^1，R^2，R^3 为烷基、卤代烷基或芳基

磷酸酯类增塑剂（见表5-6）最大特点是有良好的阻燃性，被认为是具有阻燃性增塑剂。

表 5-6　磷酸酯类增塑剂

品种	缩写	用途	特性
磷酸三丁酯	TBP	CN、CAB，用于以 CN 为基础的塑料专用料	溶解 CN 极好。可与自身重 6 倍的蓖麻油共混，挥发性异常大
磷酸三(2-乙基己酯)	TOP	CN、PVC、PVCA	使 CN、PVCA、PVC 凝胶化，光稳定并阻燃，耐菌性、耐寒性好，挥发性高于 DOP，使 PVC 糊黏度降低
磷酸二苯异辛酯	DPOP	PC、PVC、PVCA，美国 FDA 批准用于食品包装	PVC 良好的凝胶剂，增塑作用与 DOP 类似，耐候性、相容性好。耐光，阻燃作用好，耐水和石油烃抽出性好
磷酸三苯酯	TPP	CN、CAB、CAP、CA	阻燃性和相容性良好
磷酸三甲苯酯	TCP	CN、CAB、CAP、PVCA	相容性、阻燃性良好
磷酸三(异丙基苯酯)	IPPP	CN、CAB、PVC、PVCA	性能类似 TCP，无臭，低毒，易环境分解，因此发展较快

常见有磷酸三甲苯酯（TCP）和磷酸三丁酯（TBP）。

① 磷酸三甲苯酯（TCP）

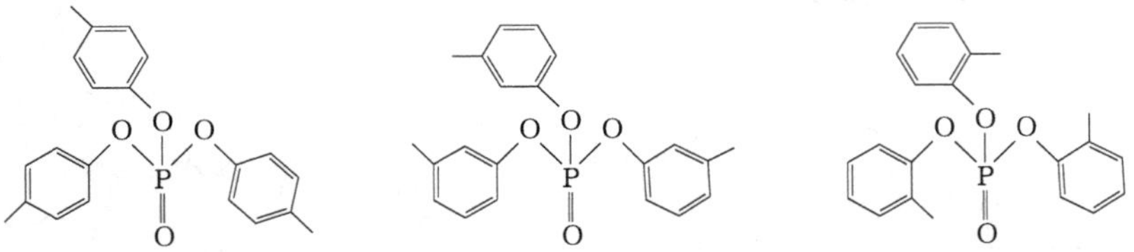

磷酸三甲苯酯（TCP）为无色无味状物质，工业制品为三种异构体的混合物，通常应尽可能除去毒性很大的邻位异构体。为阻燃性增塑剂。与许多纤维素树脂、乙烯基树脂、聚苯乙烯、合成橡胶相容，尤其与聚氯乙烯相容性极好，且可作为相容性差的助剂的媒介，改善与树脂的相容性。还用于油漆，可增加漆膜的柔韧性，用于合成橡胶及黏胶纤维作为增塑剂。用作难燃性增塑剂，用于聚氯乙烯制品如电缆料、人造革、运输带、薄板、地板料等。此外，磷酸三甲苯酯还用作防水剂、润滑剂和硝酸纤维素的耐燃性溶剂。

② 磷酸三丁酯（TBP）

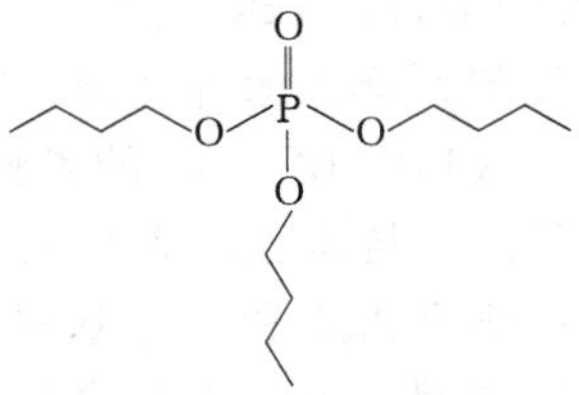

磷酸三丁酯（TBP）为无色至浅黄色透明液体，熔点小于$-80℃$，沸点$289℃$，在沸点温度下分解。是硝酸纤维素、乙酸纤维素、氯化橡胶和聚氯乙烯的主增塑剂，也常用作涂料、黏合剂和油墨的溶剂、消泡剂、消静电剂，稀土元素的萃取剂等。

（6）聚酯类　聚酯类增塑剂（见表5-7）是属于聚合型的增塑剂，一般是由内二元酸和二元醇缩聚而制得，结构通式为：

$$H \texttt{--} \!\! \left(OR^1 OOCR^2 CO \right)_{\!n} \!\! OH$$

式中，R^1代表二元醇的烃基部分；R^2代表二元酸的烃基部分。

二元酸常包括己二酸、壬二酸、戊二酸、癸二酸，以己二酸的品种最多。二元醇常包括丙二醇、乙二醇等，以丙二醇最为常见。

表 5-7　聚酯类增塑剂

品种	缩写	用途	特性
己二酸丙二醇聚酯	PPA	多用于汽车、电线电缆等制品中，属耐久性制品	分子量1000～6000，耐抽出，耐迁移，低挥发性，塑化效率、相容性差
癸二酸丙二醇聚酯	PPS	多用于汽车、电线电缆等制品中，属耐久性制品	分子量1000～6000，耐抽出，耐迁移，低挥发性，塑化效率差
戊二酸丙二醇聚酯	PPG	多用于汽车、电线电缆等制品中，属耐久性制品	为己二酸型和癸二酸型聚酯的有效代用品

（7）环氧化合物类　这类增塑剂主要是利用天然不饱和油脂上的双键被氧化成环氧键而制得（见表5-8）。

表 5-8 环氧化合物类增塑剂

品种	缩写	用途	特性
环氧化大豆油	ESO	PVC	光、热稳定性良好,低挥发性;对于洗涤抽出具有广泛的抵抗力;环氧含量 6% 能改善制品的低温柔性,阻止 PVC 的析出和迁移
环氧化亚麻仁油	ELO	PVC	对改进 PVC 的热稳定性极好,环氧含量达 8%
环氧化油酸丁酯	EBSt	PVC	耐寒性、耐候性良好,光和热稳定性良好;作耐候性、耐寒性辅助增塑剂
环氧化油酸辛酯	EOSt	PVC	改善制品低温柔性,阻止 PVC 的析出和迁移
环氧化四氢邻苯二甲酸二辛酯	EPS	PVC、氯乙烯共聚物	与 DOP 一样,具有较全面的性能;热稳定性比 DOP 好,可防霉;可用于输血袋等制品中

环氧化合物以环氧化大豆油（ESO）为主要品种。

甲酸和双氧水在硫酸存在下,生成过氧化甲酸,再与大豆油发生环氧化反应,生成环氧化大豆油,过氧化甲酸复原为甲酸,反应过程如下。

$$HCOOH + H_2O_2 \rightleftharpoons HCOOOH + H_2O$$
甲酸　　　　双氧水　　　　过氧化甲酸

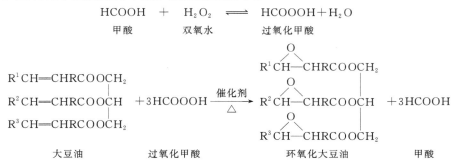

大豆油　　　　过氧化甲酸　　　　环氧化大豆油　　　　甲酸

ESO 用作环氧树脂、PVC、氯丁橡胶、丁腈橡胶等的增塑剂。特点是无毒性,低挥发性,耐抽出和耐迁移,耐候性和耐热性也很好。

但纯环氧化大豆油与环氧树脂互容性一般不好,可通过环氧化大豆油开环聚合,或与马来酸酐反应,过氧化二异丙苯引发双键交联等都能形成低聚物,以改善与环氧树脂的相容性。

（8）含氯类

表 5-9 含氯类增塑剂

品种	缩写	用途	特性
氯化石蜡(含氯 42%)	氯烃-42	PVC	电性能优良,耐燃,相容性、热稳定性差,价廉,为辅助增塑剂
氯化石蜡(含氯 52%)	氯烃-52	PVC	电性能优良,耐燃,价廉,热稳定性较差,塑化效率较低,为辅助增塑剂
正构氯化石蜡(含氯 50%)	氯烃-50	PVC	电绝缘性、耐燃性、耐寒性良好,热稳定性差,为辅助增塑剂
五氯硬脂酸甲酯	MPCS	PVC	电绝缘性、阻燃性、耐油性良好,热稳定性较差,为辅助增塑剂
氯代甲氧基油酸甲酯	CMOMO	PVC	电绝缘性、阻燃性、耐油性良好,热稳定性较差,为辅助增塑剂

含氯类增塑剂（见表 5-9）中的重要品种是氯化石蜡，将计量的液体石蜡加入反应釜中，在搅拌下滴加氯化亚砜，回流 5～7h 后，常压回收过量的氯化亚砜。用水、NaOH 水溶液依次洗涤，减压脱水至含水量小于 2%，出料为成品。氯化石蜡结构式如下。

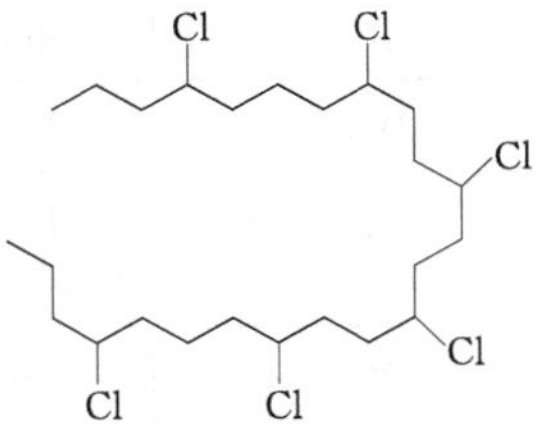

氯化石蜡最大的优点是电绝缘性和阻燃性。但氯化石蜡对光、热、氧的稳定性差，长时间在光和热的作用下易分解产生氯化氢，并伴有氧化、断链和交联反应发生，因而一般作辅助增塑剂，用于电缆料、地板料、软管、人造革、橡胶等制品。

（9）苯多元酸酯类 苯多元酸酯类增塑剂见表 5-10。

表 5-10 苯多元酸酯类增塑剂

品种	缩写	用途	特性
偏苯三酸三(2-乙基己酯)	TOTM	PVC、纤维素树脂和 PMMA	挥发性低，迁移性小，耐抽出，耐热性良好，电绝缘性良好。耐寒性较差。主要用于耐热电线电缆
偏苯三酸三(正辛基正癸酯)	NODTM	PVC、纤维素树脂和 PMMA	挥发性低，迁移性小，耐抽出，耐热性良好，电绝缘性良好。耐寒性较差。主要用于耐热电线电缆
偏苯三酸三异辛酯	TIOTM	PVC、纤维素树脂和 PMMA	挥发性低，迁移性小，耐抽出，耐热性良好，电绝缘性良好。耐寒性较差。主要用于耐热电线电缆
均苯四酸四辛酯	TOPM	PVC、纤维素树脂和 PMMA	挥发性低，迁移性小，耐抽出，耐热性良好，电绝缘性良好。耐寒性较差。主要用于耐热电线电缆

偏苯三酸酐与不同的醇反应可以得到不同型号的增塑剂，其中与辛醇酯化生成的偏苯三酸三辛酯（简称 TOTM）较为常见，结构式如下。

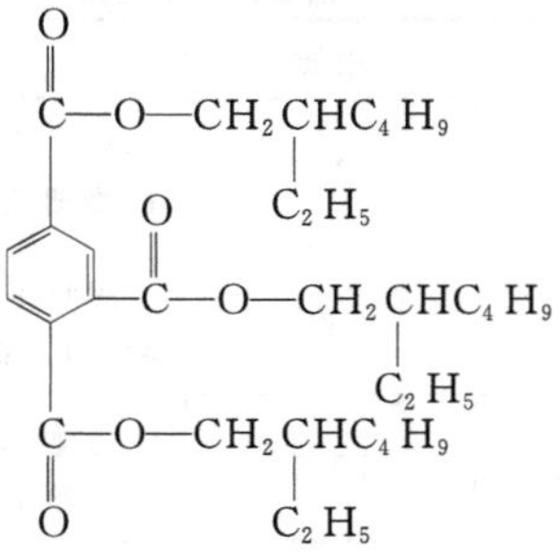

TOTM 具有优良的耐热性、低挥发性、耐油性以及可加工性，广泛用作 PVC 耐热增塑剂，抗溶剂交联氯乙烯树脂的增塑剂，90℃和 105℃级耐热电缆配方的主增塑剂以及用作6000V、10000V 高压电缆所需的配套增塑剂。

（10）其他类型 其他类型增塑剂见表 5-11。

表 5-11　其他类型增塑剂

品种	缩写	用途	特性
二苯甲酸二甘醇酯	DEDB	PVC	增塑作用像 BBP。生产 PVC 的地板料具有高度耐污染的优点。价高
二苯甲酸新戊二醇酯	NPGDB	PVC	特殊用途。与 PVC 良好相容的固体产品,很有发展前途
N-乙基对甲苯磺酰胺	EPTSA	聚酰胺	相容性良好,耐寒性差
烷基磺酸苯酯	T-50 M-50	通用,PVC 的优良增塑剂	在辅助增塑剂中性能较全面。相容性、耐寒性较差
烷基磺酸甲苯酯	TAS	通用,PVC 的优良增塑剂	在辅助增塑剂中性能较全面。相容性、耐寒性较差

二苯甲酸二甘醇酯为聚氯乙烯、聚醋酸乙烯酯等多种树脂用的增塑剂,具有溶解性强,相容性好,挥发低,耐油、耐水、耐光、耐污染性好等特点,适于加工聚氯乙烯地板料、PVC 增塑糊、聚醋酸乙烯酯黏合剂以及合成橡胶等。烷基磺酸苯酯类机械性能好,耐皂化,迁移率低,电性能好,耐候性能好。

5.3　抗老化助剂

5.3.1　合成材料的老化

无论是塑料、橡胶还是合成纤维,老化现象经常可见。破损的塑料薄膜、失去弹性的压力锅橡胶垫、开裂的塑料制品、破旧的化纤袋举不胜举。越是风吹日晒雨淋,老化现象越是严重。老化是合成材料不仅外观发生变化(变色、裂纹、泛霜、粉化、发黏、发脆、翘曲等),物理性能、机械性能和电学性能都会发生改变,如溶胀性、耐候性变化,强度变弱,电阻和绝缘性改变等。

老化的原因主要是氧化,光、热引起的化学反应等。抗老化助剂包括抗氧剂、光稳定剂、热稳定剂等。

5.3.2　抗氧剂

5.3.2.1　概念和作用机理

抗氧剂是一类化学物质,在聚合物体系中加入少量就可延缓或抑制聚合物氧化过程的进行,从而阻止聚合物的老化,并延长其使用寿命。作为合成材料的添加剂,和增塑剂等一样不仅要求其自身性能发挥好,还要求和聚合物相容性好、物理化学性能比较稳定、不易变色、无污染性、无毒或低毒,以及不会影响合成材料的其他性能等。

(1)聚合物的氧化机理　聚合物的氧化实质上是聚合物和氧气接触发生的自动氧化过程,并按自由基反应机理进行,包括链引发、链增长和链终止三个阶段。过程可用图 5-3说明。

聚合物在光、热等引发条件下产生自由基：

$$RH \longrightarrow R\cdot + H\cdot$$

R·自由基能迅速和空气中的氧结合产生过氧自由基 ROO·：

$$R\cdot + O_2 \longrightarrow ROO\cdot$$

而 ROO·又夺取高聚物中的 H，并生产新的 R·自由基和活性很高的氢过氧化物 ROOH：

$$ROO\cdot + RH \longrightarrow R\cdot + ROOH$$

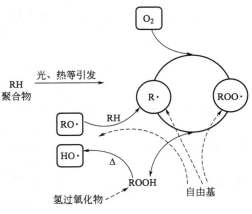

图 5-3　聚合物氧化机理示意图

氢过氧化物 ROOH 分解又产生新的自由基，并继续和高聚物反应，造成链增长。结果是聚合物不断分解而断裂使得分子量大幅降低，导致高聚物的机械性能下降。

$$ROOH \xrightarrow{\text{分解}} RO\cdot + HO\cdot$$
$$RO\cdot + RH \longrightarrow ROH + R\cdot$$
$$HO\cdot + RH \longrightarrow R\cdot + H_2O$$

另外，这些自由基还可以参与交联、环合等反应，形成无控制的网络结构，又使得分子量增大，导致高聚物变硬、弹性下降。

当两个自由基结合成惰性产物时，发生链终止。

$$R\cdot + R\cdot \longrightarrow R\text{—}R$$
$$2RO_2\cdot \longrightarrow ROOR + O_2$$
$$RO_2\cdot + R\cdot \longrightarrow ROOR$$

光、热和某些金属离子如铁、锰、铜等可以加速氢过氧化物的分解。

$$M^{n+} + ROOH \longrightarrow M^{(n+1)+} + RO\cdot + HO\cdot$$
$$M^{(n+1)+} + ROOH \longrightarrow M^{n+} + ROO\cdot + H\cdot$$

所以在聚合过程中残留的一些金属催化剂，或在加工时和金属表面接触而混入的微量铁、锰、铜等，都会加速高分子的老化作用。

（2）抗氧剂抗氧化基本机理　依据抗氧剂的作用方式，可以分为链终止型抗氧剂和预防型抗氧剂两类，前者为主抗氧剂，后者为辅助抗氧剂。

① 链终止型抗氧剂。这类抗氧剂可以与 R·自由基、ROO·自由基反应而使自动氧化链反应中断，从而起稳定作用。

$$R\cdot + AH \xrightarrow{k_1} RH + A\cdot$$

$$RO_2\cdot + AH \xrightarrow{k_2} ROOH + A\cdot$$

式中，AH 为抗氧剂，生成的 A·为不易反应的自由基。

和以上两个反应竞争的是氧化反应：

$$RO_2\cdot + RH \xrightarrow{k_3} ROOH + R\cdot$$

很显然，要是抗氧化作用有效果产生，必须使上述反应速率常数 k_1 和 k_2 大于 k_3，这样链增长反应被阻止。一般认为消除过氧自由基 ROO·可以抑制氢过氧化物的生成，故消除

ROO·自由基是阻止高聚物降解的关键。

② 预防型抗氧剂。预防型抗氧剂的作用是能除去自由基的来源，抑制或延缓引发反应。这类抗氧剂包括一些过氧化物分解剂和金属离子钝化剂。

过氧化物分解剂包括一些酸的金属盐、硫化合物、亚磷酸酯等。它们能与过氧化物反应，并使之转变为稳定的非自由基产物（如羟基化合物），从而完全消除自由基的来源。

$$ROOH + \underset{\text{硫醚}}{R^1SR^2} \longrightarrow ROH + \underset{\text{亚砜}}{R^1SOR^2}$$

$$ROOH + \underset{\text{亚砜}}{R^1SOR^2} \longrightarrow ROH + \underset{\text{砜}}{R^1SO_2R^2}$$

金属离子钝化剂是阻碍聚合物中残留的金属离子对聚合物的氧化催化促进作用。钝化剂可与金属离子形成稳定的螯合物，并且是配位全部饱和，有效避免金属离子参与氧化作用。金属离子钝化剂主要是酰胺和酰肼两类化合物，如1，2-双（羟基）甲酰肼为聚乙烯、聚丙烯等聚合物使用的抗氧剂，其与树脂相容性好，不挥发，污染小。

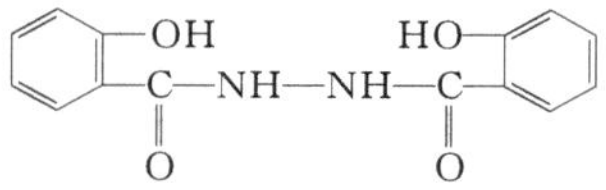

5.3.2.2 抗氧剂的主要种类

① 胺类抗氧剂。胺类抗氧剂广泛使用在橡胶工业中，是一类发展最早、效果最好的抗氧剂，对光照、热辐射、曲挠、金属离子的防护效果显著，工业上常用的抗氧剂有：

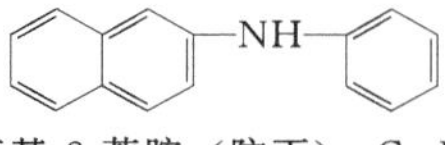

N-苯基-2-萘胺（防丁），$C_{16}H_{13}N$ 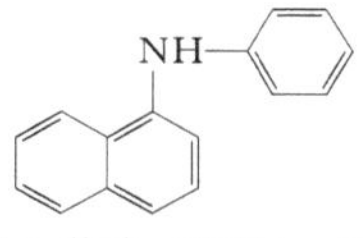　　　　N-苯基-1-萘胺（防甲），$C_{16}H_{13}N$

N-苯基-N'-环己基对苯二胺（4010），$C_{18}H_{22}N_2$

这类抗氧剂品种很多，都有确定的商品牌号。从抗氧机理上属于链终止型抗氧剂：

$$Ar_2NH + RO_2 \cdot \longrightarrow ROOH + Ar_2N \cdot \quad （链转移）$$

$$Ar_2N \cdot + RO_2 \cdot \longrightarrow Ar_2NO_2R \quad （链终止）$$

② 酚类抗氧剂。酚类抗氧剂不仅品种繁多，开发应用也很早，像丁基羟基苯甲醚（BHA）和2,6-二叔丁基-4-甲基苯酚（BHT），20世纪30年代即出现，现在仍在使用，它可用于多种高聚物：

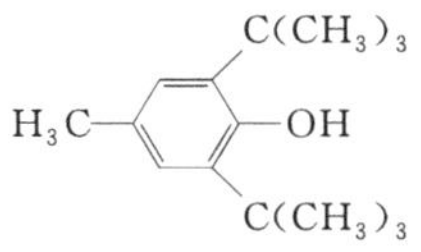

2,6-二叔丁基-4-甲基苯酚（BHT） 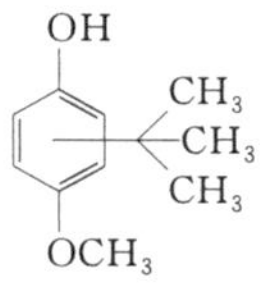　　　　丁基羟基苯甲醚（BHA）

酚类抗氧剂也属于链终止型作用机理。

$$ArOH + RO_2 \cdot \longrightarrow ROOH + ArO \cdot \quad （链转移）$$

$$ArO \cdot + RO_2 \cdot \longrightarrow RO_2ArO$$

例如BHT的抗氧化反应：

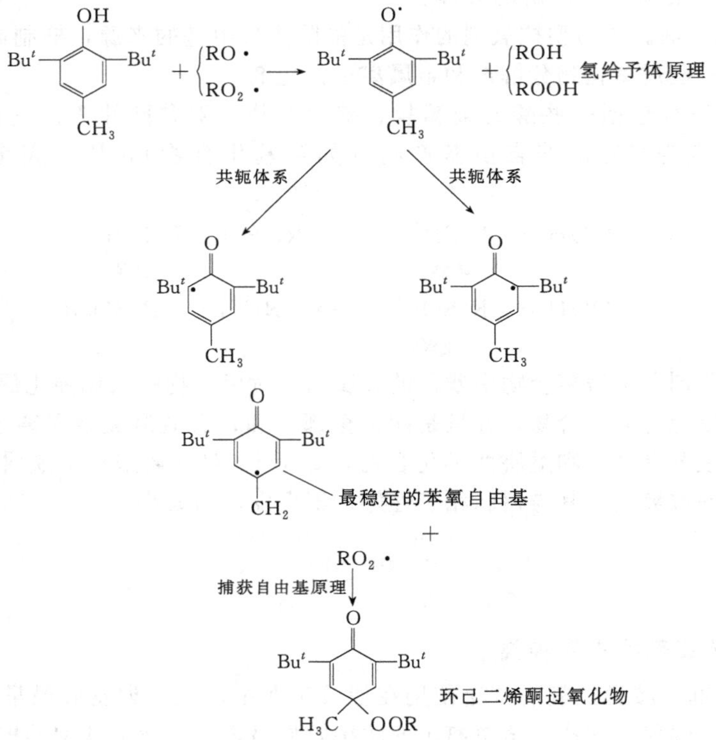

生成的苯氧自由基的单电子可与苯环大 p 键共轭，使该自由基非常稳定。

③ 硫代酯和亚磷酸酯。这两类抗氧剂都属于预防型抗氧剂，分解过氧化物，防止链反应发生。如硫代二丙酸二月桂酯（DLTP）、硫代二丙酸双十八酯（DSTP）、亚磷酸三（壬基苯酯）、抗氧剂 TNP。

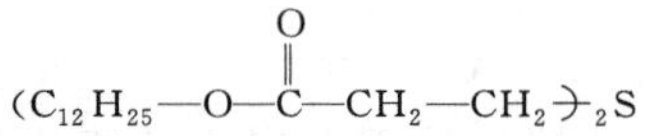

硫代二丙酸二月桂酯
（DLTP），$C_{30}H_{48}O_4S$

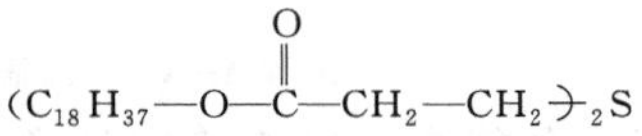

硫代二丙酸双十八酯
（DSTP），$C_{42}H_{82}O_4S$

亚磷酸三（壬基苯酯）（TNPP），$C_{45}H_{69}O_3P$

它们都能分解氢过氧化物产生稳定化合物，从而阻止氧化作用。

④ 金属离子钝化剂。酰肼类钝化剂是目前常用品种，代表性的如 Irganox MD 1024，结构为：

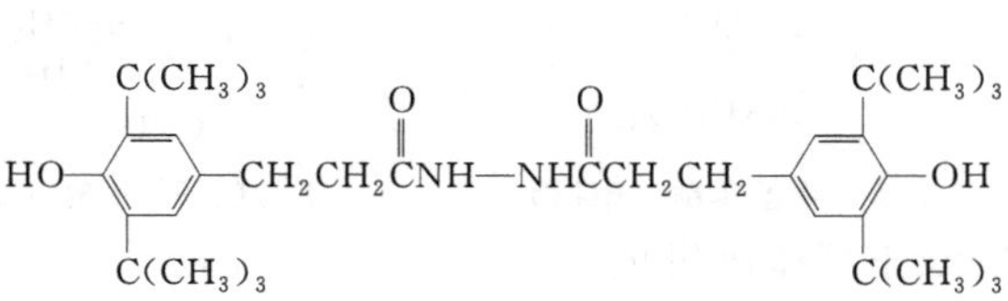

其特点是具有受阻酚和酰肼的双重结构，同时具有抗氧化和金属减活的功能，不会产生色污，可单独使用，亦可与酚类抗氧剂混合使用，亦称"抗铜剂"，广泛用在绝缘电线、电缆中与金属铜接触的聚烯烃材料中，一般用量为 $0.1\%\sim0.5\%$。

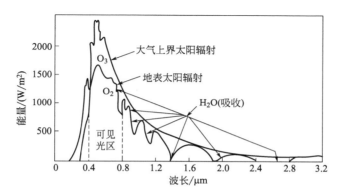

因为在这种情况下，含铜量大，胺类、酚类抗氧剂即便添加量大，效果也很难达到要求。

5.3.3 光稳定剂

5.3.3.1 光辐射和光降解

太阳辐射经大气层的遮挡照射到地表上的波长范围依然很广，人的视觉能感受得到仅仅是可见光区，其能量在不同的波长也是有差异的，如图 5-4 所示，由图中可以看出，可见光区辐射以外，还有部分紫外和红外光区辐射。

图 5-4　太阳光波长与能量示意图

各区域能量见表 5-12。

表 5-12　各波长区域能量

光区	紫外光区	可见光区	红外光区
波长范围/μm	0~0.38	0.38~0.78	≥0.78
占总能量比率/%	7.00	47.23	45.7
辐射能量/(W/m²)	95	640	618

可见光区和红外区域占总能量的 93%。

聚合物材料由于吸收了光辐射并在氧参与下引发自动氧化反应，使聚合物材料发生降解，称为光氧化或光老化。

常见聚合物的老化敏感波长见表 5-13。

表 5-13　常见聚合物的老化敏感波长

聚合物	聚乙烯	聚丙烯	聚苯乙烯	聚醋酸乙烯	氯乙烯-醋酸乙烯共聚物	聚氯乙烯
波长/μm	0.300	0.370	0.318	0.280	0.320~0.360	0.310

聚合物	聚酯	聚甲醛	聚碳酸酯	硝酸纤维素	聚甲基丙烯酸甲酯	醋酸丁酸纤维素
波长/μm	0.325	0.300~0.320	0.295	0.310	0.290~0.315	0.295~0.298

对聚合物引发老化作用的主要是紫外区的辐射，并且不同聚合物的敏感波长也有所不同。

5.3.3.2 光稳定剂种类和作用原理

加入聚合物材料中能抑制或减缓光氧化过程的物质称光稳定剂或紫外光稳定剂。常用的光稳定剂根据其稳定机理的不同可分为光屏蔽剂、紫外线吸收剂、猝灭剂、自由基捕获剂等四种类型。

光屏蔽剂是指能将紫外光吸收，并转换成热能散射出去或将光波反射掉，起屏蔽作用的物质，像一道屏障使光不能透入材料内部，从而起到光稳定作用。通常多为无机物，这些无机物也称为"填料"，常见的有白炭黑、二氧化钛、氧化锌等。

紫外线吸收剂能吸收紫外线，在分子内将其能量转换成热能，使聚合物得以保护。紫外线吸收剂能有效地吸收波长为 $290\sim400nm$ 的紫外线，而很少吸收可见光，它本身具有良好的热稳定性和光稳定性。

猝灭剂指的是这样一类物质，能在瞬间把受到紫外线照射后处于激发态分子的激发能转换成热量、荧光或磷光的形式发散出去，使其回到基态，从而保护聚合物免受紫外线的破坏。猝灭剂是通过分子间能量的转移来消散能量的，故又称为能量转移剂。常用猝灭剂主要是金属配合物，如二价镍配合物等。

自由基捕获剂能有效地捕捉聚合物材料中受紫外线作用而产生的自由基使之惰化，防止连锁链反应的发生，从而也起到抑制或消除光氧化的发生，达到光稳定目的。

以下顺便介绍一下荧光和磷光现象。荧光和磷光的产生如图 5-5 所示。

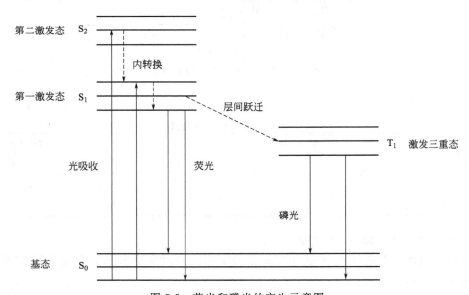

图 5-5 荧光和磷光的产生示意图

当处于基态的分子吸收紫外-可见光后，分子获得能量，其价电子就会发生能级跃迁，从基态跃迁到激发单重态的各个不同振动能级，并很快以振动弛豫的方式放出小部分能量达到同一电子激发态的最低振动能级，然后以辐射形式发射光子跃迁到基态的任一振动能级上，这时发射的光子称为荧光。荧光也可以说成余辉时间 $\leqslant10^{-8}s$，即激发一停，发光立即停止。这种类型的发光基本不受温度影响。

如果受激发分子的电子在激发态发生自旋反转,当它所处单重态的较低振动能级与激发三重态的较高能级重叠时,就会发生系间窜跃,到达激发三重态,经过振动弛豫达到最低振动能级,然后以辐射形式发射光子跃迁到基态的任一振动能级上,这时发射的光子称为磷光。当然,磷光也可以说成余辉时间$\geqslant 10^{-8}$s 光致发光现象,发光持续时间较荧光长,即便激发停止后,发光还要持续一段时间。根据余辉的长短,磷光又可以分为短期磷光(余辉时间$\leqslant 10^{-4}$s)和长期磷光(余辉时间$\geqslant 10^{-4}$s)。磷光的衰减强烈地受温度影响。

5.3.3.3 光稳定剂常见品种

(1)水杨酸酯类 这类稳定剂常见结构可表示为:

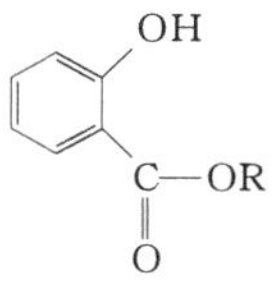

其中,R=C_6H_5, —⟨ ⟩—C_8H_{17} , —CH_2CH_2OH, —⟨ ⟩—$C(CH_3)_3$ 。

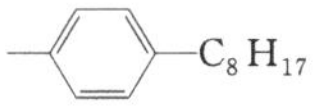

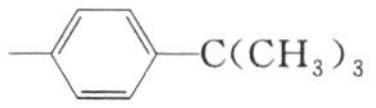

如:

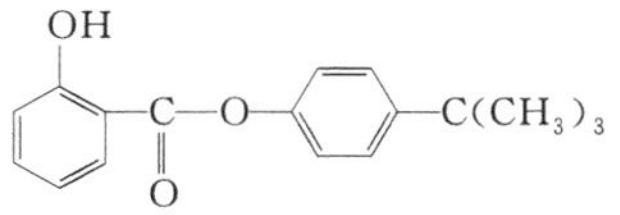

水杨酸对叔丁基苯酯 TBS、水杨酸对辛基苯酯 OPS、4,4-亚异丙基双(苯酚水杨酸酯)BAD 等。这类化合物对紫外线有强烈的吸收,吸收范围约在 320~350nm 之间,对高聚物的相容性好,无味,低毒,在聚合物中的用量一般为 0.1%~2.0%。

(2)邻羟基二苯甲酮类 主要品种有 2,2'-二羟基-4-甲氧基二苯甲酮(UV-24)、2-羟基-4-十二烷氧基二苯甲酮(DOBP)、2-羟基-4-正辛氧基二苯甲酮(UV-531)等,一般用量为 0.2%~1.5%。

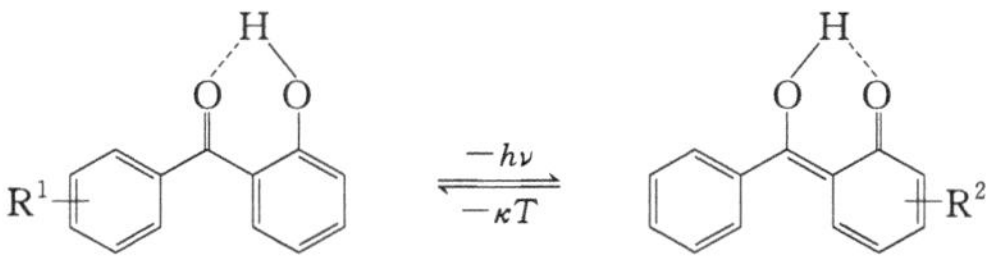

R^1,R^2 为取代基

羰基与邻羟基之间形成氢键螯合环化,具有强烈吸收紫外线的特征,当化合物受光照吸收能量后,就会发生螯合环开环将所吸收的能量以其他无害能量转移(如转化为热能),螯合环又闭环。这样过程不断地交替将紫外能量转化为热能,避免了紫外线对聚合物的伤害。如果形成的氢键越稳定,则开环所吸收的能量越多,传递给高聚物的能量就越少,光稳定效果越好!

(3)苯并三唑类 如 UV-326 化学名称为 2-(2'-羟基-3'-叔丁基-5'-甲基苯基)-5-氯苯并三唑,是苯并三氮唑类紫外线吸收剂中较有代表性的一种,其优点是性能稳定、毒性低、紫外线吸收能力强,可以广泛用于感光材料、高分子聚合物、外防护涂层等许多领域。可有效地吸收波长为 270~380nm 的紫外光线。UV-326 与多种树脂具有较好的相容性,对金属离子不敏感,在碱性条件下不变黄,在高温下受热挥发损失小,此外还有优良的耐溶剂抽提性。许多国家允许用于接触食品的塑料制品,但在食品包装材料中的用量有严格的限制。

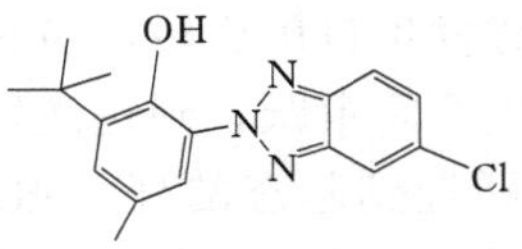

作用机理是羟基和三唑环形成氢键环化，在光照射下，吸收紫外光开环，将能量以热的形式释放。

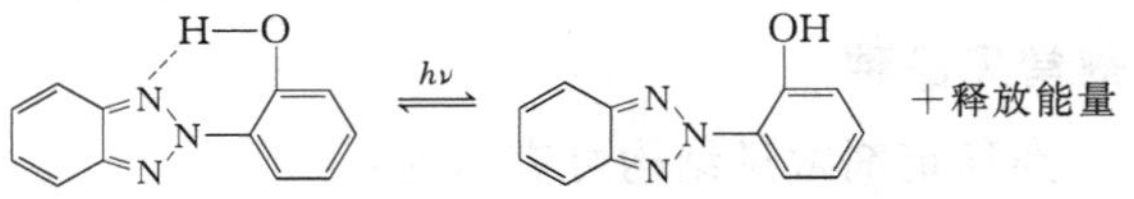

（4）三嗪类　三嗪类光稳定剂是一类高效的紫外吸收型光稳定剂，对 $280 \sim 380nm$ 的紫外光有较高的吸收能力。较苯并三唑类稳定剂吸收能力强。它是 2-羟基苯基三嗪衍生物，其特点是含有邻位羟基，通式：

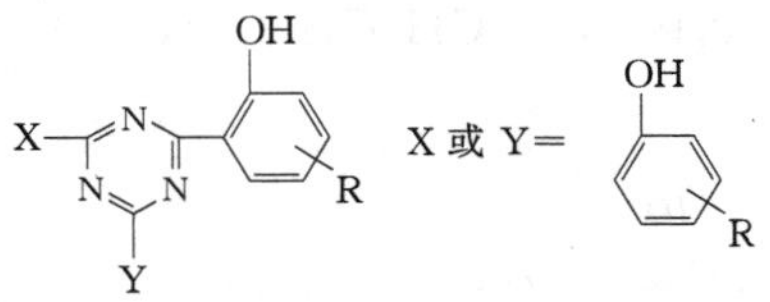

R＝H，烷基，烷氧基等

如 2,4,6-三(2′-羟基-4′-正丁氧基苯基)-1,3,5-三嗪：

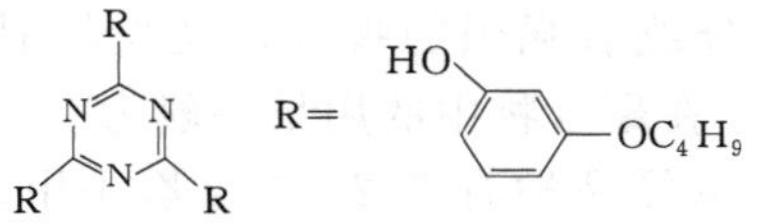

是高效的紫外吸收型光稳定剂，用于聚氯乙烯、聚甲醛和涂料等，添加量 $0.1\% \sim 2.0\%$。

（5）取代丙烯腈类

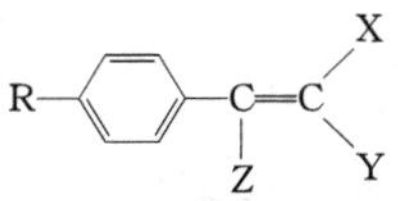

结构式中，R 可为氢、甲氧基；X 和 Y 为羧酸酯或氰基；Z 为氢、烷基、芳基。此类化合物仅能吸收 $310 \sim 320nm$ 范围内的紫外光。取代丙烯腈类光稳定剂不含酚式羟基，具有良好的化学稳定性和与聚合物的相容性。可应用于丙烯酸树脂、环氧树脂、脲醛树脂、蜜胺树脂、聚酰胺、聚酯、聚烯烃、聚氯乙烯、聚氨酯等。

（6）有机镍化合物类　属猝灭型稳定剂。常见品种有：

硫代双酚型

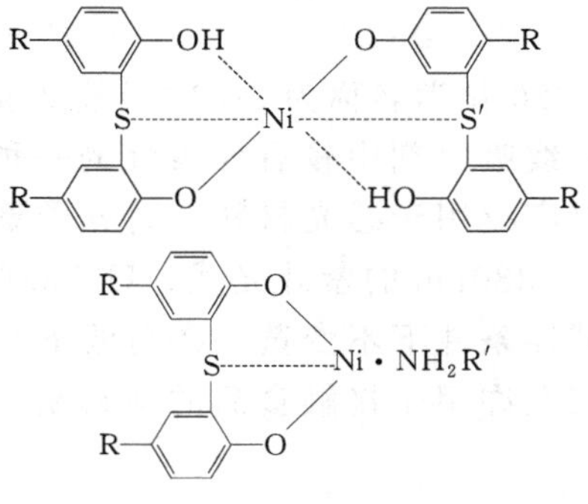

膦酸单酯镍：

$$[HO-\underset{R}{\overset{R}{C_6H_3}}-CH_2P(=O)(OC_2H_5)O]_2Ni$$

这类化合物本身没有紫外吸收能力，其作用在于把聚合物激发态的激发能转移，使聚合物回到基态。作用机理有两种。

① 聚合物激发态分子将能量转移给一个不具反应性的猝灭剂分子，该猝灭剂分子形成激发态分子，并通过其他方式（发射荧光等）将能量消散。

$$A^*（聚合物激发态）+Q（猝灭剂）\longrightarrow A+Q^*$$

② 吸收了紫外线的聚合物激发态分子与猝灭剂结合形成激发态的复合物，该复合物再经过其他光物理过程如发射荧光、内部转变等，将能量消散。

$$A^*（聚合物激发态）+Q（猝灭剂）\longrightarrow A\cdots Q^* \longrightarrow A+Q+释放能量$$

（7）受阻胺（HALS）类等　所谓受阻胺指的是具有空间位阻的胺类，这里主要是哌啶衍生物，是自由基捕获型稳定剂。

如 4-苯甲酸-2,2,6,6-四甲基哌啶

商品名：Sanol LS-744，应用于聚烯烃、ABS、聚氨酯等。

（8）光屏蔽剂　光屏蔽剂发挥的是阻挡作用，主要有炭黑、颜料和氧化锌、二氧化钛等。

① 炭黑。炭黑是一种无定形结构。黑色手感轻的蓬松粉末，表面积大，因制法不同而又很大差异，比表面积范围为 $10\sim3000\text{m}^2/\text{g}$，相对密度在 $1.8\sim2.1$ 之间，是含碳物质（煤、重油、沥青等）在缺氧条件下不完全燃烧或受热分解而得的产物。炭黑是效能最高的光屏蔽剂，除了遮盖外，炭黑结构中含有羟基芳酮结构，能够抑制自由基反应。聚合物中添加炭黑时要考虑相容性，以及和其他稳定剂的协同作用，加入后无疑有很深的颜色。

② 颜料。颜料一般是在水和有机溶剂等介质中不溶解，但可以均匀分散的粉末状物质，并且具有着色和一定的遮盖力，商品牌号较多。对聚合物老化有抑制作用。使用颜料时，要考虑与其他光稳定剂、抗氧剂等助剂的相互影响。

③ 氧化锌。氧化锌本身既有遮盖作用，也有紫外线的吸收作用，是一种著名的白色颜料，俗名叫锌白。可作为一种价廉、耐久、无毒的光稳定剂。应用在聚乙烯、聚丙烯等方面效果显著。同时，氧化锌也是防晒化妆品的主要成分。

④ 二氧化钛。二氧化钛是白色粉末，俗称钛白粉。和氧化锌类似，本身既有遮盖作用，也有紫外线的吸收作用。和氧化锌不同的是，二氧化钛自身也有一定的光催化活性，特别是锐钛矿晶型的二氧化钛光催化活性很高。所以在使用二氧化钛时，一般选用光催化活性不高的金红石型晶体。此外，二氧化钛还要做一定的表面处理，一方面提高和聚合物的相容性，另一方面也可以进一步抑制二氧化钛的光催化活性。

5.3.4　热稳定剂

5.3.4.1　聚合物的热降解

聚合物的热降解一般指其在高温条件下由于热的作用所引起的降解，主要是由于热引起

分子运动加剧而发生降解。研究聚合物的热降解，可揭示高分子材料在高温环境中的变化规律，有助于根据材料的热化学性质制订合理的加工工艺，针对使用的温度条件正确选择合适的聚合物材料，也可为设计和制造新型耐高温聚合物材料提供依据。研究表明，聚合物的热降解有以下三种形式。

（1）侧基的脱除 指的是聚合物受热时和主链连接的基团脱除，而主链并不发生断裂。如聚氯乙烯受热脱 HCl、聚乙酸乙烯酯脱乙酸等，其特点是随加热温度的增高或时间的延长，侧基消除反应加剧、颜色变深，但一般主链开始不会断裂，对性能影响开始不明显。

聚氯乙烯热解：

$$—CH_2—\underset{Cl}{CH}—CH_2—\underset{Cl}{CH}— \longrightarrow —CH_2—\underset{Cl}{CH}—CH=CH— \ +HCl$$

聚乙酸乙烯酯热解：

$$—CH_2—\underset{OCOCH_3}{CH}—CH_2—\underset{OCOCH_3}{CH}—CH_2— \xrightarrow{受热} —CH_2—\underset{OCOCH_3}{CH}—CH=CH— \ +CH_3COOH$$

（2）主链无规降解 是指加热时聚合物从主链相对弱键处断裂成数条聚合度减小、大小不等的分子链，断裂部位无规则。

在侧基脱除后生成的双键更容易成为主链的薄弱部位，使热解进一步加深。即便没有双键的主链也会随机发生主链断裂。

$$—CH_2—CH_2—CH_2—CH_2 \dotplus CH_2—CH_2— \xrightarrow{受热} 分子量不等混合产物$$

（3）解聚 在热作用下聚合物主链断裂成单体分子，这是聚合的逆反应过程。

聚甲基苯乙烯解聚成甲基苯乙烯单体：

$$\left.\begin{array}{c} CH_3 \\ | \\ C—CH_2 \\ | \\ \text{（苯基）} \end{array}\right]_n \xrightarrow{受热解聚} \begin{array}{c} CH_3 \\ | \\ C=CH_2 \\ | \\ \text{（苯基）} \end{array}$$

聚甲基丙烯酸甲酯解聚成甲基丙烯酸甲酯单体：

$$\left.\begin{array}{c} CH_3 \\ | \\ CH_2—C \\ | \\ C—O—CH_3 \\ \| \\ O \end{array}\right]_n \xrightarrow{受热解聚} \begin{array}{c} CH_3 \\ | \\ H_2C=C \\ | \\ C—O—CH_3 \\ \| \\ O \end{array}$$

聚甲基丙烯酸甲酯透明性好，通常称作有机玻璃，也称亚克力材料。

解聚降解对聚合物的回收利用有重要意义。

5.3.4.2 热降解机理和热稳定剂的作用

聚合物热降解机理的研究一直是热点，但目前还不成熟。实际上，聚合物的热解是一个复杂的过程，在不同条件下热解的机理肯定不同。以聚氯乙烯（PVC）为例，比较流行的是自由基机理，该机理认为，在热的作用下 PVC 中的 C—Cl 键产生均裂，PVC 聚合时的残留微量催化剂更加促进了均裂的发生产生自由基，自由基攻击—CH$_2$ 夺取一个 H 原子，形成双键和 HCl。

$$-CH_2-CH-CH_2-CH- \longrightarrow -CH_2-CH-CH_2-\overset{\centerdot}{C}H- \ +Cl\centerdot$$
$$\quad\ \ |\qquad\quad |\qquad\qquad\qquad\quad |$$
$$\quad\ \ Cl\qquad\ Cl\qquad\qquad\qquad\quad Cl$$

$$Cl\centerdot+-CH_2-CH-CH_2-CH-CH_2-CH- \longrightarrow -CH_2-\overset{\centerdot}{C}H-CH-CH_2-CH-$$
$$\qquad\qquad\quad |\qquad\quad |\qquad\quad |\qquad\qquad\qquad\qquad |\qquad\quad |\qquad\quad |$$
$$\qquad\qquad\quad Cl\qquad\ Cl\qquad\ Cl\qquad\qquad\qquad\qquad Cl\qquad Cl\qquad Cl$$

$$-CH_2-CH-\overset{\centerdot}{C}H-CH_2-CH- \xrightarrow{\ -Cl\ } -CH_2-CH-CH=CH-CH_2-CH- \ +Cl\centerdot$$
$$\qquad\quad |\qquad\quad\qquad\quad |\qquad\qquad\qquad\qquad\qquad\ |\qquad\qquad\qquad\qquad\ |$$
$$\qquad\quad Cl\qquad\qquad\quad Cl\qquad\qquad\qquad\qquad\qquad Cl\qquad\qquad\qquad\qquad Cl$$

这样的过程反复进行，氯不断脱除，双键和氯化氢不断生成，降解不断进行。

PVC 在氮气条件下被认为是按离子机理进行。离子机理认为，PVC 中的氯是电负性很强的原子，电子云密度大，由于诱导效应，使得相邻原子发生极化，一方面使叔碳原子带有正电荷，同时也使相邻近的亚甲基上的氢原子带有诱导正电荷，带负电的 Cl 和带正电的 H 吸引，脱除 HCl 并在 PVC 分子链上产生了双键。

$$-\overset{-}{C}H-\overset{+}{C}H-CH_2-CH- \longrightarrow -CH=CH-CH_2-CH- \ +HCl$$
$$\quad\ |\quad\ \ |\qquad\qquad\ |\qquad\qquad\qquad\qquad\qquad\qquad\ |$$
$$\quad\ [H\ \ Cl]\qquad\quad Cl\qquad\qquad\qquad\qquad\qquad\qquad Cl$$
$$\qquad\ \ {}_{+}$$

此外，还有从理论上导出的单分子机理，这里不再赘述。

聚合物的结构本身对热解的难易有明显影响，一般来说弱键、不饱和键，特别是具有共轭效应的双键更容易被降解；聚合物中杂质离子的存在会促进热降解作用；聚合度高的聚合物更难热解；在有氧存在时，热解温度上限可大大降低；分解产物 HCl 等也会加速热解的进行。

5.3.4.3　主要品种

主要有无机盐类、有机金属化合物、复合稳定剂等。

无机盐类主要是碱式铅盐，如碱式碳酸铅 $2PbCO_3\cdot Pb(OH)_2$、三碱式硫酸铅 $3PbO\cdot PbSO_4$ 等。无机盐类热稳定剂主要是捕获热分解产生的氯化氢生成氯化铅抑制分解的进一步发生。

有机金属化合物主要有金属皂类 $(RCOO)_nM$，如镉、锡、铅、钡、锌、钙、锂等的脂肪酸皂。金属皂的热稳定性有两方面，一是通过捕获氯化氢生成氯化盐抑制分解；二是羧酸根置换聚合物中的氯原子稳定聚合物。其他还有马来酸盐、含硫的有机锡化合物。

复合稳定剂是两种以上金属化合物稳定剂再加上其他辅助剂混合达到热稳定效果，可根据聚合物材料的技术要求综合设计组成。

5.4　抗静电剂

5.4.1　静电的产生和危害

任何物体通常具有等量的正、负电荷，也就是说是电中性的。两个不同物体经过摩擦、接触等作用，电荷就会通过接触界面从一个物体移动到另一个物体，结果在一个物体上造成正电荷过剩，而另一个物体上则负电荷过剩，并在界面上形成双电荷层并有电压存在，而两物体之外的空间并不呈现静电现象。但当有外在作用使两个物体分离，则在两个物体上分别产生静电，并在外部形成静电场。

高分子合成材料是通过稳定的共价键结合，自身一般不会电离，而且主链结构上极性基团很少或没有（如 PE、PP），因此分子链间存在很大的禁带空间而使载流子无法运动。因此，大多数高分子合成材料具有非常高的表面电阻率和体积电阻率（例如 PE 表面电阻率达 $10^{16}\Omega$ 以上，PP 表面电阻率达到 $10^{18}\Omega$ 以上），都是优异的绝缘体，同时具有很高的击穿电压。在一些特殊场合的使用中高分子合成材料常出现静电危害。高聚物静电的产生原理，一般有两种说法。

（1）Helmholtz 认为： 任何两种化学组成不同或组成相同但聚集态不同的材料，其内部结构中的电荷载流子能量分布是不同的，当这两种材料相接触、摩擦时，就会在它们的表面上发生电荷的再分配，也就是说在材料的表面上产生了电荷的转移，形成（＋）（－）双电层。当材料相互分离时，使正、负电荷分离而产生静电，同时随着距离的拉大，电容减小产生高电压，如图 5-6 所示。

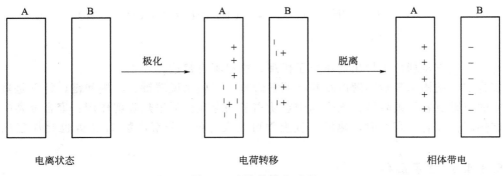

图 5-6　高聚物带电过程

（2）Coehn，Frenkel 和 Wilcke 认为： 当介电常数不同的两聚合物材料相互摩擦时，电荷就会重新分配而产生静电，通常介电常数大的带正电，而小的带负电。

在聚合物的生产、加工和使用过程中静电现象是普遍存在的。一般高聚物的体积电阻率在 $10^{10}\sim10^{20}\Omega\cdot cm$ 之间，一旦带上静电，便很难消除，电荷的积聚可能会造成很大的危害，会导致吸尘、电子器件击穿、放电火花，甚至引发燃烧、爆炸等严重事故。某大型化工企业曾经发生一起重大火灾，后经分析是由于静电导致的泄漏气体爆炸所致。

因此高分子合成材料在使用中静电荷是容易产生的，这就需要采取抗静电处理避免静电可能带来的危害。

5.4.2　抗静电剂的分类与特征

高分子合成材料抗静电处理最基本的是提高材料的电导率，如对高分子材料进行结构改性引入极性化或离子化基团、抗静电剂添加到高分子制品中或涂覆于表面、高分子材料中添加导电性填料，例如炭黑、金属粉末等，其中以添加抗静电剂的方法比较简便有效，因此被广泛采用。

抗静电剂种类繁多，按化学结构可分为表面活性剂类和高分子类，但通常多按使用方法分为涂覆型和内混型。

（1）**涂覆型**　外部涂覆法即将有效的抗静电剂组分配制成水、醇等适当溶剂的溶液，通过浸渍、喷涂或涂布等方法处理塑料制品表面，随后干燥脱除溶剂得到具有抗静电剂包覆膜表面的聚合物制品，其抗静电性主要取决于抗静电剂在表面的电导率和吸湿性。

涂覆型抗静电剂多系离子型表面活性剂，尤以阳离子型效果最佳，其次分别为两性型、阴离子型和非离子型。表面活性剂是由疏水基和亲水基构成（见图 5-7）。表面活性剂疏水基一般由碳氢链构成，与非极性的聚合物亲和维持附着力，而亲水基的极性有吸湿作用，从而增加表面的润湿和导电性（见图 5-8）。

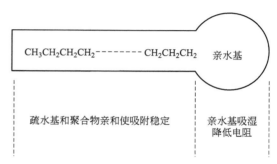

图 5-7　抗静电剂的结构和功能

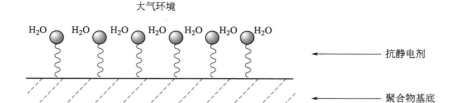

图 5-8　抗静电剂在聚合物表面吸附吸潮示意图

当亲水基是阳离子，即是阳离子表面活性剂时，一方面阳离子本身可以中和一部分聚合物可能携带的负电（聚合物介电常数小，带负电）；另一方面阳离子吸附性更强，不易脱落，吸湿增加导电性的抗静电效果会更持久。

涂覆型抗静电的突出特点是操作简单、用量较少，并且不影响制品的成型加工，见效快，应用面广，适用对象几乎不受树脂类型、制品特性的局限。然而，该类抗静电剂亦有其致命缺陷，即使用寿命较短，耐久性差，当遇到水洗或摩擦，抗静电涂层容易脱落，甚至消失，因此是一种即效型和暂时性的抗静电处理方法。

近年来采用高分子型表面活性剂作为抗静电涂层，即所谓的分子涂覆技术体系。理想的外部抗静电剂应具有以下基本条件：可溶或可分散在某种溶剂中；可牢固结合在树脂表面，不因摩擦、洗涤而丧失或逸散；抗静电效果好，在低温、低湿环境中也有效；不污染制品，毒性低，价廉。

（2）内混型　内混型抗静电剂以非离子表面活性剂为主，阴离子、阳离子型表面活性剂也有时可添加使用。内混型抗静电剂是将抗静电剂与树脂经机械混合后再加工成型，均匀分布在整个聚合物内。由于抗静电剂都有较强的极性甚至离子性，与聚合物的相容不稳定，加工后经过一段时间，抗静电剂分子由高分子材料内部向表面迁移，并在表面形成均匀的具有取向特征的抗静电剂分子层，其中亲水基伸向空气一侧，亲油基植于树脂内部，从而赋予聚合物较小的表面电阻，如图 5-9。由于蓄积在树脂内部的抗静电剂分子随时都有向外部迁移和取向的倾向，因而即使有因摩擦、洗涤等原因导致表面抗静电剂分子层部分脱落，内部抗静电分子还可以移向表面，从而恢复其抗静电性能，因此又称为永久性抗静电剂。

高分子内混型抗静电剂也有应用，一般为极性水性聚合物。当高分子内混型抗静电剂与聚合物基体共混后，一方面其分子链在聚合物中由于极性差异而运动能力较强，分子间便于电荷移动释放产生的静电荷；另一方面，内混型高分子抗静电剂在聚合物中呈现特殊的分散

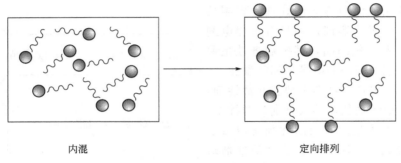

内混   定向排列

图 5-9   内混型抗静电剂表面迁移

形态，形成一定通路有利于电荷释放，降低材料体积电阻率达到抗静电效果。由于不完全依赖表面吸水而增加电导率，所以受环境的湿度影响比较小。

与涂覆型抗静电剂比较，内混型抗静电剂添加量少，应用方便，效果长久，但对树脂的加工和制品性能等条件较为敏感。良好的内混型抗静电剂应该是抗静电性能好而持久，耐热性好，耐加工性好，不易挥发，与树脂相容性适宜且不影响树脂的物理性能，与其他助剂并用不相抗，毒性小，成本低。

5.4.3 抗静电剂的性能评定

静电剂抗静电性能的测定，从原理来区分有最大静电荷及其衰减期（半衰期）的测定或表面电阻率的测定两种。这两种定量测试方法是互相联系的。

5.4.3.1 静电荷的测试

（1）吸烟灰实验 可用吸烟灰实验作为一个定性的测试方法。片状塑料试样经与毛织物摩擦而带电，并置于香烟灰细粉上，这时烟灰即可被吸附到试样的表面。吸附烟灰的多寡取决于试样所带的电荷的数量，即吸附烟灰到样品的距离可以表征制品的抗静电性能。通常情况下，在 25℃、50%RH 或 25℃、60%RH 环境中，6～7cm 对应 $10^{14}\sim10^{11}\Omega$ 的表面电阻率，2～3cm 对应 $10^{11}\sim10^{13}\Omega$ 表面电阻率，大约 1cm 为 $10^{10}\Omega$，0cm 为 $10^{9}\Omega$ 以下。

（2）炭黑室实验 置塑料试样于载有炭黑粒子的喷射空气流中，然后测定其污染的程度。通过电位势和电场强度两种测定方法来确定试样表面的电荷数量。

5.4.3.2 表面电阻率和体积电阻率的测试

塑料制品的表面电阻率和体积电阻率是确定抗静电剂有效性的重要依据。对于抗静电材料来说，表面电阻率显得尤为重要。一般地，塑料制品表面电阻率的测量可依据 ASTM D257 标准或 DIN 53482 标准方法指定的弹簧或环形电极来进行。表面电阻率与静电衰落速率（10%切断时间）之间有对应关系，在 50% 相对湿度下，$10^{9}\Omega$ 的表面电阻率相当于 0.01s 的静电衰落速率，$10^{10}\Omega$ 对应于 0.1s，$10^{11}\Omega$ 约为 0.2～0.5s，$10^{12}\Omega$ 约为 1.0s，超过 $10^{13}\Omega$ 则认为静电衰落很慢。确定试样体积电阻率的方法不能用来测定作用于表面的一般抗静电涂层。即使表面电阻率降低几个数量级，体积电阻率仍可保持不变；只有当聚合物中带有炭黑时，体积电阻率才会有所降低。

5.4.3.3 静电半衰期测试

静电半衰期是描述静电衰落的特征参数，系指充电电压在充电终止后电压衰减到最初电压一半时所需时间，静电半衰期越短，抗静电效果越好，实用中常常采用 Honestmeter 测试仪进行测试，其结果平行于静电衰落速率的测试结果。静电半衰期与表面电阻率之间的对应关系可由式（5-1）近似表示：

$$\tau \approx 0.7RC \tag{5-1}$$

式中，τ 为静电半衰期，s；R 为表面电阻率，Ω；C 为电容，F。

表 5-14　塑料制品的表面电阻率、静电半衰期及抗静电效果对应关系

表面电阻率/Ω	静电半衰期 τ/s	静电效果	表面电阻率/Ω	静电半衰期 τ/s	静电效果
$<10^9$	0(无电荷)	极好	$10^{11} \sim 10^{12}$	$10 \sim 60$	适度
$10^{10} \sim 10^{11}$	$2 \sim 10$	良好～好	$>10^{12}$	>60	差

由表 5-14 可见，当表面电阻率$<10^9 \, \Omega$ 时，塑料就不会积累静电荷，有极好的抗静电效果；在表面电阻率为 $10^9 \sim 10^{11} \, \Omega$ 时，具有好的抗静电效果；$10^{11} \sim 10^{12} \, \Omega$ 具有适度的抗静电效果；而表面电阻率大于 $10^{12} \, \Omega$ 时，抗静电效果差。

5.4.4　影响抗静电剂抗静电效果的因素

（1）抗静电剂与塑料的相容性　抗静电剂与塑料要有适度的相容性。影响相容性的因素有以下几个。

① 极性。抗静电剂与塑料两者的极性之间应保持适当的平衡。两者极性相近，即相容性较好，互相渗透也容易；极性差别大，则混合困难。如果两者相容性不好，容易在表面分布不均匀，发黏或影响在表面上的印刷，在搬运中甚至留下指纹，从而影响塑料的表面质量及加工性。

② 高聚物的分子结构参数。在与分子结构有关的参数中，首先考虑的是玻璃化温度（T_g）。塑料的玻璃化温度取决于高分子链内和链间的原子和分子的结构形态和它们之间的作用力。在此温度下，高聚物分子呈冻结状态。在此温度以上，分子呈微布朗运动，加入其中的抗静电剂，借助于分子链段运动向表面迁移。玻璃化温度高的聚合物，抗静电剂很难向表面迁移而发挥作用。所以在此情况下，应选极性差稍大的抗静电剂，适当增加用量，有时为了加快迁移还要加热处理，以尽快显示抗静电性。

③ 结晶状态。PE、PP 等结晶性塑料，当添加抗静电剂时，存在于高聚物的非结晶部分，则与抗静电剂进行掺混，借助于分子的链段运动向表面迁移。掺混分散状态常随塑料的结晶度大小和结晶定向状态的不同而不同，抗静电剂的迁移速率也不一样。一般结晶度增加，抗静电剂在其中的迁移速度减少。如结晶度高的 HDEP 同结晶度低的 LDPE 使用同一种抗静电剂时，后者的抗静电效果要出现得早一些。

（2）抗静电剂的表面浓度　抗静电剂在塑料制品中的表面分布，必须达到一定浓度才能显示抗静电效果，该浓度称为临界浓度。各种抗静电剂的临界浓度依其本身组成和使用环境情况而异。

（3）与其他添加剂之间的关系和表面处理　复配得当与否是抗静电效果发挥的关键。抗静电剂与抗静电剂或抗静电剂与其他添加剂复配后，可能呈现最佳协同效应。加入增塑剂会导致塑料制品抗静电效果改变，当稳定剂是金属皂类阴离子，抗静电剂是阳离子时，两者可能相互抵消。无机填料对抗静电剂的吸附性，尤其是阻燃剂与抗静电剂复合，可能出现反协同作用等，在进行助剂复配时均应考虑。另外，对塑料表面进行适当处理，如使表面部分氧化，可产生某种极性基团，它与抗静电剂相互作用往往有叠加效果，使抗静电效果得到充分发挥。

（4）**环境湿度** 抗静电剂主要是表面活性剂，其抗静电性能与环境中空气湿度密切相关。湿度大，则抗静电性能好，吸湿后抗静电剂能产生离子结构，塑料表面的导电性可大大增加。所以抗静电剂与具有吸湿性的、能在水中电离的无机盐、有机盐、醇类等合用，往往能促进抗静电效应的发挥。

（5）**其他** 抗静电制品的加工方法不同时，抗静电剂的分散状态与迁移速度不同，效果也不同。

5.4.5　抗静电剂常见品种

5.4.5.1　表面活性剂类

几乎所有类型的表面活性剂都有抗静电功能，但不同类型的表面活性剂各有其特点。

（1）阳离子型

① 季铵盐型。季铵盐是阳离子型抗静电剂中最常用的一类，抗静电效果好，附着力强，在浓度很低时，也能充分地发挥效果。缺点是耐热性不够好，容易发生热分解。

如抗静电剂 SN。化学名称为十八烷基二甲基羟乙基季铵硝酸盐。结构式为：

$$[C_{18}H_{37}-\overset{\overset{\displaystyle CH_3}{|}}{\underset{\underset{\displaystyle CH_3}{|}}{N}}-CH_2-CH_2OH]^+ \cdot NO_3^-$$

浅黄色至棕红色黏稠油状物或膏状物。易溶于水、丙酮、乙醇、氯仿、甲苯等有机溶剂，50℃时可溶于二氯乙烷、苯乙烯等。对 5% 的酸、碱稳定。180℃以上则分解。可与阳离子、非离子表面活性剂混用，但不宜与阴离子表面活性剂同浴使用。适用于涤纶、锦纶、氯纶、真丝等的静电消除，具有优良的抗静电效果。也用于聚氯乙烯、聚乙烯薄膜等塑料制品的静电消除剂；用作丁腈橡胶制作纺丝皮辊的静电消除剂。

抗静电剂 TM。化学名称：三羟乙基甲基季铵硫酸甲酯盐。

$$\left[CH_3-\overset{\overset{\displaystyle CH_2CH_2OH}{|}}{\underset{\underset{\displaystyle CH_2CH_2OH}{|}}{N}}-CH_2CH_2OH\right]^+ \cdot CH_3SO_4^-$$

可与阳离子型、非离子型表面活性剂混合使用，是聚酯、聚丙烯腈、聚酰胺等合成纤维的优良静电消除剂。

烷基咪唑啉季铵盐：该类抗静电剂是带有一个长链烷基的咪唑啉化合物，抗静电效果好，适用于作塑料、纤维和橡胶的抗静电剂。商品多为琥珀色黏稠液体或胶状物，烷基链越长，熔点越高，温度低时也会是固体状，易溶于水，有吸湿性，一般烷基链在 $C_{11}\sim C_{17}$。不仅抗静电效果好，而且洗涤性好，温和无刺激，是很重要的一类精细化学品。

$$\begin{array}{c} N-CH_2 \\ R-C \\ \overset{+}{N} \\ H_3C \quad CH_2CH_2OH \end{array} \cdot Cl^-$$

② 脂肪胺和胺盐及其衍生物。这类表面活性剂常用于合成纤维油剂的静电清除剂。大多数化学纤维的回潮率较低、介电常数较小，而摩擦系数较高，使用油剂可减少因摩擦所产生的静电荷积聚，从而降低纤维表面电阻，增加导电作用，还赋予纤维以柔软、润滑等性能。如 Soromine A（索罗明 A）：

$$C_{17}H_{35}COOCH_2CH_2-N\begin{matrix} CH_2CH_2OH \\ \\ CH_2CH_2OH \end{matrix}$$

（2）阴离子型 阴离子型表面活性剂中的磺酸盐、硫酸酯盐类作为乳化剂、洗涤剂较多，在纺织油剂中一方面作为乳化剂，同时也有吸湿抗静电作用。阴离子表面活性剂中专门用来作为抗静电剂的是磷酸酯盐。如：十二醇聚氧乙烯醚磷酸酯（$n=3$）、十二醇聚氧乙烯醚磷酸酯（$n=9$）、烷基酚聚氧乙烯醚磷酸酯（$n=4$）、异构十二醇聚氧乙烯醚磷酸酯（$n=6$）、异辛醇聚氧乙烯醚磷酸酯（$n=6$）、乙二醇单丁醚磷酸酯等，结构通式为：

$$R-(CH_2CH_2O)_n-\overset{\overset{\displaystyle O}{\|}}{P}\overset{\displaystyle OK}{\underset{\displaystyle OK}{}}\qquad R可以是长链烷基，也可以是烷基芳基；$$

$$n=0\sim9$$

磷酸酯盐表面活性剂可有两个负电荷，聚氧乙烯醚部分也提供了吸潮性，使抗静电的效果显著提高。

（3）两性型 两性型抗静电剂耐热性良好，由于可显示双重离子特征，它们既能与阴离子型抗静电剂配合使用，也能与阳离子型抗静电剂配合使用。可用作塑料、纤维抗电剂使用。如十二烷基甜菜碱，商品名 BS-12，结构式如下。

$$C_{12}H_{25}-\overset{\overset{\displaystyle CH_3}{|}}{\underset{\underset{\displaystyle CH_3}{|}}{N^+}}-CH_2COO^-$$

这是一种性能优良的表面活性剂，不仅抗静电性强，洗涤效果也很好，温和低刺激。

咪唑啉两性表面活性剂也是常用的抗静电剂。如 1-羟乙基-2-十七烷基-3-咪唑啉甜菜碱。

$$C_{17}H_{35}-C\begin{matrix} & CH_2COO^- \\ & | \\ N^+-CH_2 \\ \| \quad\quad | \\ \quad\quad\quad CH_2 \\ N-CH_2 \\ | \\ CH_2CH_2OH \end{matrix}$$

（4）非离子型 非离子型表面活性剂用作抗静电剂的优点是热稳定性好。它们也常作为乳化剂，在作为乳化剂的同时，其吸湿性也具有抗静电效果，主要有聚氧乙烯醚类和多元醇型。

聚氧乙烯醚类包括脂肪醇聚氧乙烯醚、脂肪酸聚氧乙烯醚和脂肪胺聚氧乙烯醚等，其化学通式为：

$$RO(CH_2CH_2O)_nH \qquad\qquad 脂肪醇聚氧乙烯醚$$
$$RCOO(CH_2CH_2O)_nH \qquad\qquad 脂肪酸聚氧乙烯醚$$
$$RN\begin{matrix} (CH_2CH_2O)_nH \\ \\ (CH_2CH_2O)_nH \end{matrix} \qquad\qquad 脂肪胺聚氧乙烯醚$$

其中，脂肪胺聚氧乙烯醚不仅有非离子表面活性剂的性质，也具有胺盐型阳离子表面活性剂的性质，抗静电效果更好。

多元醇型抗静电剂主要是甘油、季戊四醇、失水山梨醇等多羟基化合物与长链脂肪酸生成的酯类物质，脂肪酸的烷基长链部分提高了整个分子与聚合物的相容性，如：

$$
\begin{array}{cc}
\begin{array}{c}
CH_2OH \\
| \\
CHOH \\
| \\
CH_2COOR
\end{array}
&
\begin{array}{c}
CH_2OH \\
| \\
RCOOCH_2\!-\!C\!-\!CH_2OH \\
| \\
CH_2OH
\end{array}
\end{array}
$$

甘油单脂肪酸酯　　　　　季戊四醇单脂肪酸酯

失水山梨醇脂肪酸酯

这些多元醇酯具有一定的吸温性，都有较好的抗静电效果。

5.4.5.2　高分子型抗静电剂

高分子型抗静电剂一般是亲水性聚合物，是一类新型抗静电剂。当其和高分子基体共混后，可形成导电网络，导电性不完全依赖表面吸水，所以受环境的湿度影响比较小。如聚对苯二甲酸乙二醇酯和聚醚的嵌段共聚物，结构为：

$$
H\!\!-\!\!\!\left[\!OCH_2CH_2\!\right]_m\!\!\left[\!O\!-\!\!C\!-\!\!\!\left\langle\!\bigcirc\!\right\rangle\!\!-\!\!C\!-\!OCH_2CH_2\!\right]_n\!\!OH
$$

5.5　阻燃剂

5.5.1　合成材料的燃烧性和阻燃要求

5.5.1.1　合成材料的燃烧

合成材料是有机高分子聚合物，其本身是可燃的，如制成某些形态制品如纤维、泡沫或膨松棉状物，不加处理的话则更易燃烧。可燃物、氧和温度是燃烧的三要素，缺一不可。实际上，燃烧是一复杂的氧化反应过程。当热量聚集，温度持续升高，聚合物受热后游离态的小分子首先挥发，进而裂解和解聚，不断产生气态挥发性低分子可燃物质，达到燃烧浓度和温度后燃烧发生。燃烧放热并不断聚集，加速裂解和解聚，若氧气和温度条件得到保证，则进一步加速氧化和燃烧。

聚合物 → [裂解、解聚 可燃物挥发] →（氧气、温度 可燃物浓度）→ [燃烧] → 烟雾、二氧化碳、水汽等燃烧产物　（放热加速燃烧）

从化学反应机理上讲，燃烧的氧化反应属于自由基链反应过程。热解产生活性自由基，活性自由基与另一分子作用产生新的自由基，新的自由基又迅速参与反应，如此连续过程形成一些链反应，使燃烧加剧进行。

5.5.1.2　氧指数

衡量材料燃烧难易程度一般采用氧指数表征。氧指数（oxygen index，OI）是指在规定的条件下，材料在氧氮混合气流中进行有焰燃烧所需的最低氧浓度。以氧所占的体积分数的数值来表示。

$$OI = \frac{[O_2]}{[N_2] + [O_2]} \times 100\%$$ (5-2)

式中，$[N_2]$ 和 $[O_2]$ 代表两种气体的流量。

氧指数高表示材料不易燃烧，氧指数低表示材料容易燃烧。一般认为 OI<22 为易燃性材料，OI 在 22～27 为自熄性材料，而 OI>27 时为难燃材料。常见材料的氧指数见表 5-15，很多聚合物材料氧指数都不能达到 27 以上，因此必须进行阻燃处理以达到防火要求。

表 5-15　常见材料的氧指数

材料名称	OI	材料名称	OI
聚环氧乙烷	15.0	聚氨酯泡沫	16.5
蜡烛	16.0	聚乙烯	17.4
聚丙烯	17.4	聚苯乙烯	17.6～18.3
环氧树脂	19.8	聚乙烯醇	22.5
尼龙-6	25～26	硅橡胶	30.0
皮革	34.8	醇酸树脂	41
聚偏氯乙烯	60.0	聚四氟乙烯	95.0

5.5.2　阻燃剂及阻燃机理

5.5.2.1　阻燃剂的意义和分类

阻燃剂是指降低聚合物的可燃性，赋予聚合物难燃性的一类添加剂。按使用方法阻燃剂可分为添加型和反应型。按化学成分可分为有机阻燃剂和无机阻燃剂，卤系阻燃剂（有机氯化物和有机溴化物）和非卤阻燃剂。分类情况见表 5-16。

表 5-16　阻燃剂分类

添加型	无机型		主要有金属水合物、红磷、硼化合物、锑化合物等。一般热稳定性好，不挥发，效果持久，价格便宜，对环境不会造成危害，得到广泛的应用。以细微颗粒分散状态与聚合物充分混合
	有机型	卤系	包含氯系化合物和溴系化合物。一般和聚合物相容性和加工性好，阻燃效果好，也具有良好的耐候性、化学稳定性和电学性质，耐热稳定性高，但对抗紫外光性能差，在对聚合物阻燃的同时，放出有毒的烟、气体，对环境和人类健康有害，使用已受到限制
		非卤系	主要以磷系化合物为主，硅系、氮系、石墨等新型无卤阻燃剂也被开发。发挥阻燃作用不产生有害气体，对环境不产生公害
反应型			主要是含有羟基、酚羟基、酸酐、双键、碳卤键等具有反应活性基团的有机溴、氯、磷化合物。在聚合物制备时作为原料加入，进入聚合物分子链中，赋予产品长期阻燃效果

5.5.2.2　阻燃剂作用机理

一般认为，阻燃剂的阻燃机理包括吸热作用、覆盖作用、抑制链反应、不燃气体的窒息作用等。很多阻燃剂不只是发挥其中一种作用，而是可同时通过若干机理共同作用达到阻燃目的。

（1）吸热作用　热量持续积累，温度升高是燃烧发生和持续的重要条件。如果能将燃烧释放的热量及时移去或吸收，那么火焰温度就会降低，热量的辐射和传递就会减少，燃烧持续过程就会得到一定程度的抑制。在高温燃烧情况下，一些阻燃剂会发生强烈的吸热反应，吸收燃烧放出的一部分热量，降低可燃物表面的温度，有效地抑制可燃性气体的生成，阻止燃烧的继续和蔓延。氢氧化铝 $Al(OH)_3$ 就属于这一类阻燃剂，高温时可吸收大量的热量，充分发挥其分解、生成水汽化吸热特性。当氢氧化铝掺入到聚合物内部时，通过吸收热量提高材料的热容，从而提高材料阻燃性能。

（2）覆盖作用　这类阻燃剂在高温下能形成玻璃状或稳定泡沫覆盖层，封闭燃烧物，使燃烧物隔绝氧气，阻止可燃气体向外逸出，同时也具有一定的隔热作用，从而达到阻燃目的。比如有机磷类阻燃剂就属于这一类型，受热时能产生结构更加稳定的固体状交联物或炭化层，一方面能阻止聚合物进一步热解，另一方面能阻止热分解产物渗出、挥发参与燃烧。

（3）抑制链反应　依据燃烧的链反应机理，燃烧持续需要不断产生新的自由基，阻燃剂捕捉燃烧反应中的自由基，就可以终止燃烧的链反应传递，使燃烧不能持续进行下去。如卤系阻燃剂就属于这一类型。当温度升高，合成材料聚合物受热分解时，阻燃剂也同时挥发出来，卤素便能够捕捉燃烧反应中的自由基，但不会产生新的自由基，从而阻止燃烧的继续，降低燃烧区的火焰密度，最终使燃烧反应速度逐步下降直至终止。

（4）不燃气体窒息作用　阻燃剂受热时分解出不燃气体，可将合成材料聚合物分解出来的可燃气体的浓度稀释到燃烧下限以下。同时对燃烧区内的氧浓度也具有稀释的作用，阻止燃烧的继续进行，达到阻燃的作用。卤素系阻燃剂就具有这样的作用，它们不仅捕获自由基，也产生 HX 气体，其属难燃气体，密度比空气大，覆盖在燃烧物表面起到窒息作用。

实际上，很多阻燃剂发挥作用的机理不是单单局限在上述一种，往往是多种机理并行产生效果。

5.6　硫化剂

5.6.1　硫化剂的作用

硫化剂是橡胶合成材料之一。从原料来源可分为天然橡胶和合成橡胶。20 世纪初，化学家 C. D. Harris（哈里斯）测定了天然橡胶的结构是异戊二烯的高聚物，这就为人工合成橡胶开辟了途径。现在，合成橡胶的产量已大大超过天然橡胶，如由丁二烯和苯乙烯共聚制得的丁苯橡胶、由丁二烯和丙烯腈共聚制得的丁腈橡胶、丁二烯经溶液聚合制得的顺丁橡胶、由氯丁二烯为主要原料的氯丁橡胶等等，其中产量最大的是丁苯橡胶。橡胶制备过程中除了基本的聚合原料外，还要很多助剂，其中硫化剂是最重要的。橡胶制备过程中，硫化工艺前的胶料行业内称为生胶，属于线型或轻度支链聚合物，虽具有高弹性，但缺乏良好的机械性能。橡胶硫化剂就是使生胶内形成空间立体结构的添加剂，硫化后橡胶具有较高的弹性、耐热性、拉伸强度和在有机溶剂中的不溶解性等性能，如图 5-10 所示。

橡胶制品绝大部分是硫化橡胶。最早人们发现天然橡胶和硫黄共热后，性能得到很大改变，更加坚实和具有弹性，故这一过程得名硫化，采用的助剂称为硫化剂。但现在采用的可使生胶发生交联形成立体结构的助剂不止是硫黄，但硫化剂的名称依旧使用，因此现在的硫化剂不一定含硫。常见硫化剂主要分为硫黄、硫给予体、有机过氧化物、金属氧化物、有机醌、树脂类硫化剂、胺类硫化剂等七类。

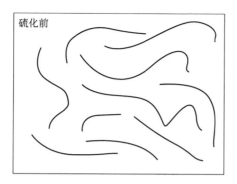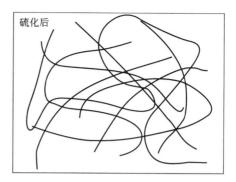

图 5-10 橡胶硫化作用示意图

　　硫化反应是复杂的化学过程，一般包含诱导阶段、交联反应阶段、网络形成阶段。随着硫化的进行各方面的性能都在改变，如天然橡胶硫化时间和性能变化图 5-11 所示。各方面的性能都达到最佳并不在同一时刻，因此，要根据使用性能需要，选择最佳硫化时间。

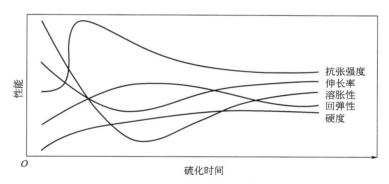

图 5-11 天然橡胶硫化时间和性能变化示意图

　　除物理性能发生变化外，橡胶的化学性能也在变化。硫化过程中，交联反应使橡胶大分子结构中的活性官能团或双键逐渐减小，从而使反应活性降低，化学稳定性增加。另外，网状结构的形成，使橡胶大分子链段的运动减弱，低分子扩散运动受阻，也使稳定性增加。

5.6.2 常见硫化剂

5.6.2.1 硫黄

硫黄的分子构型为：

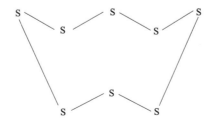

　　硫黄的硫化过程简单地说是，首先硫黄受热产生双自由基，自由基和橡胶生成硫醇，硫醇进一步和橡胶反应形成网状结构：

$$S_8 \longrightarrow \cdot S_x + \cdot S_{8-x}$$

硫黄硫化后的结构为：

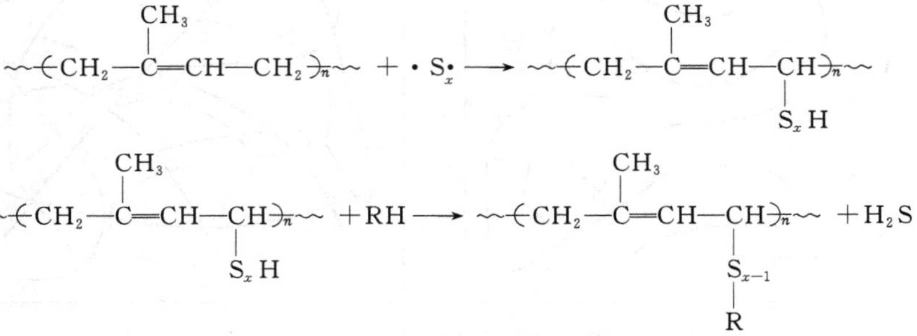

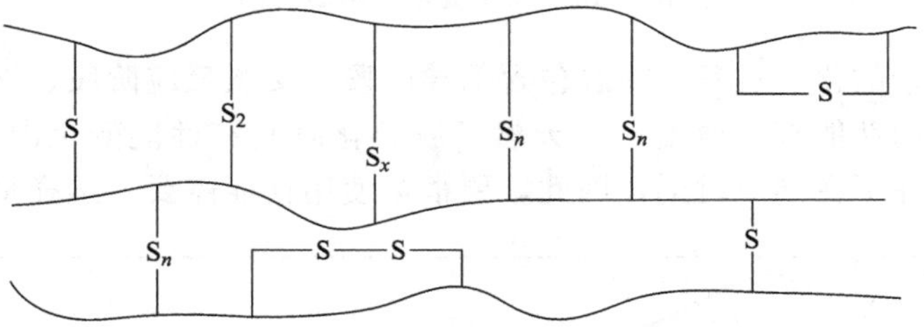

5.6.2.2 有机过氧化物

有机过氧化物硫化主要是通过自由基反应使线型分子交联。热引发或辐射引发，过氧化物产生自由基：

$$ROOR \longrightarrow 2RO\cdot$$

常见如二叔丁基过氧化物、过氧化二异丙苯、过氧化苯甲酰、过苯甲酰叔丁酯等。

对乙丙橡胶的硫化：

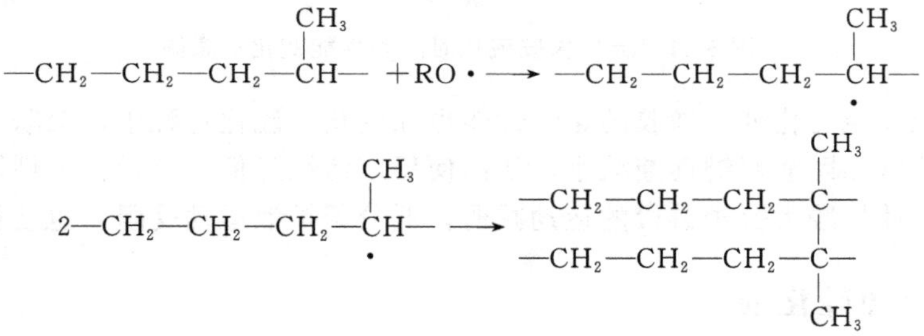

对硅橡胶的硫化：

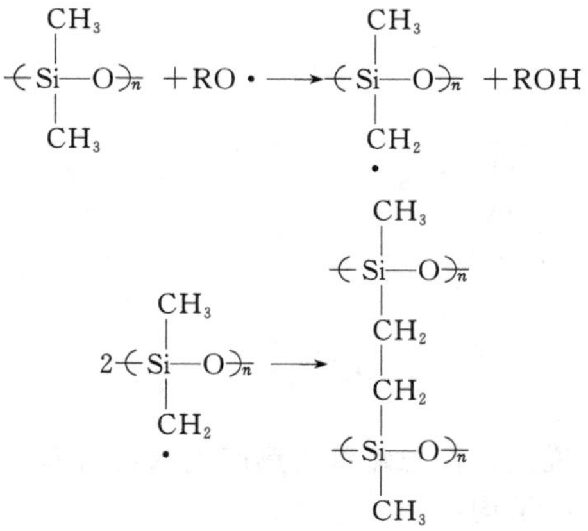

5.6.2.3　金属氧化物

有硫化作用的主要是 ZnO、MgO、PbO，其他金属如钙、钛、铁的氧化物无硫化作用。金属氧化物硫化对氯丁橡胶常会采用。

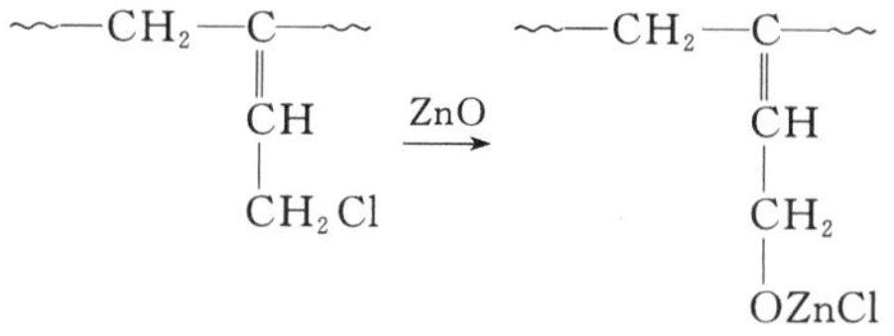

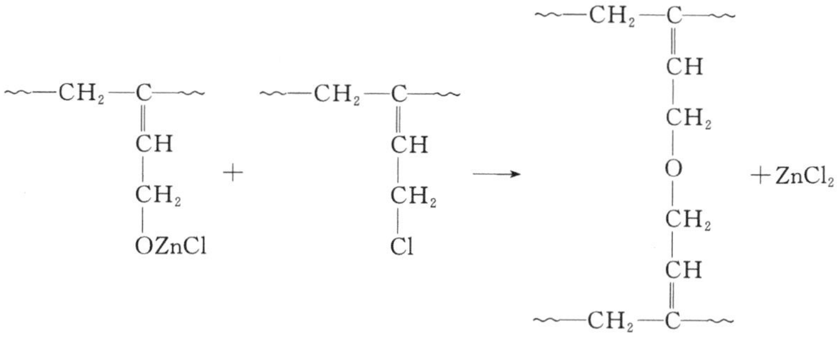

单独使用 ZnO 有时硫化速度过快，容易产生焦化，可和其他硫化剂配合使用以控制硫化进程。

5.6.2.4　其他硫化剂和硫化助剂

其他类型硫化剂还有很多，树脂硫化剂主要是增加橡胶的耐热性和曲挠性，如烷基酚醛树脂等；胺类硫化剂是专门针对氟橡胶的硫化剂；醌类衍生物硫化剂可使二烯烃类橡胶硫化；马来酰亚胺衍生物硫化剂是一种多功能橡胶助剂，在橡胶加工过程中既可作硫化剂，也可用作过氧化物体系的助硫化剂，还可作为防焦剂和增黏剂，适应性较强。

此外，在橡胶硫化的配方中，除了硫化剂外，一般还需加入其他助剂。

促进剂：主要作用是降低硫化温度，缩短硫化时间，减少硫化剂用量，提高硫化橡胶的物理性能。广泛使用噻唑类和次磺酰胺类，新品种也在不断在开发。

防焦剂：延长硫化过程中的焦烧时间，使橡胶物料具有较好的加工性和模内流动性，对硫化效果不应有明显影响。橡胶在加工或胶料停放过程中，硫化工序还没有进行时，可能出现早期硫化现象，即胶料塑性下降、弹性增加、无法进行加工的现象，称为焦烧。

橡胶硫化是复杂的反应体系，需要根据性能要求配制合理的配方，形成完整的硫化体系，还要有明确严格的工艺条件和操作流程。

思　考　题

1. 举例说明合成材料助剂的概念和作用。
2. 增塑剂分子结构上有什么特征？
3. 增塑作用和反增塑作用分别是什么原理？
4. 合成材料有哪些老化现象？老化原因是什么？
5. 抗氧剂有哪些主要种类？作用机理是什么？

6. 光稳定剂有哪些类型？举例说明。

7. 聚合物静电如何产生的？按使用方法，抗静电剂有几种类型？

8. 什么叫氧指数？

9. 阻燃剂有哪些类型？简述阻燃机理。

10. 硫化剂一定含硫吗？举例说明常见硫化剂。

第6章

表面活性剂

表面活性剂有"工业味精"之称。通过多组分、多相复合形成的功能化学品越来越广泛，涉及界面化学科学研究和工业应用也日渐增多，在众多领域和终端功能化学品中表面活性剂的身影经常可见。掌握表面活性剂的概念、结构特征和性质，以及主要作用十分重要。

6.1 表面活性剂概念、分子结构特点和类型

表面活性剂是指在液体中添加少量就能显著降低液体表面张力、改变界面状态的物质。表面活性剂分子的结构特征是分子中同时含有亲水基团和疏水基团，一般分别位于分子的两端，形成双亲性结构（图 6-1）。

图 6-1 乳化剂的双亲性

亲水基团可以是电离的离子型结构，一般是各类有机酸盐类，通过静电作用和水分子亲和；也可以是聚醚或多元醇结构，通过氢键和水亲和。疏水基团通常是碳氢长链或含有苯环、酰胺、酯等结构的碳氢长链，特殊类型疏水基团有硅氧烷、氟化碳氢链，以及聚环氧丙烷等。

表面活性剂品种很多，从化学结构上讲都是亲水基团和疏水基团的组合。表 6-1 给出了常见表面活性剂的疏水基团和亲水基团种类。

表 6-1 表面活性剂的主要疏水基团和亲水基团

疏水基团名称	结构	亲水基团名称	结构
长链烷基	R—	羧酸盐基	—COOM
烷基苯基	R—⬡—	羟基（多元醇）	—OH

疏水基团名称	结构	亲水基团名称	结构
烷基酚基	$R-\langle\bigcirc\rangle-O-$	磺酸盐基	$-SO_3M$
脂肪酸酯基	R^1-COOR^2-	硫酸酯盐基	$-OSO_3M$
脂肪酰氨基	$R-CONH-$	磷酸酯盐基	$-O-\overset{O}{\underset{OM}{P}}-OM$ ，$\overset{-O}{\underset{-O}{P}}\overset{O}{-OM}$
聚氧丙烯基	$-O-(CHCH_2O)_n-$ ，CH_3	胺盐	$-\overset{+}{NH_2}$ ，$\overset{+}{NH}$ ，$-\overset{+}{N}$
聚硅氧烷	$-(\overset{CH_3}{\underset{CH_3}{Si}}-O)_n-$	季铵盐	$-N^+-(CH_3)_3$
氟碳类（全氟或部分氟化）	$CF_3(CF_2)_n-$	聚氧乙烯基	$-(CH_2CH_2O)_n-$

6.2 表面活性剂的分类

表面活性剂按离子类型分类是最常见的分类方法，如图 6-2 所示。表面活性剂溶于水时，凡能电离生成离子的叫做离子型表面活性剂；凡不能电离的叫做非离子型表面活性剂。离子型表面活性剂按生成的离子性质可以再分成阴离子、阳离子和两性表面活性剂。

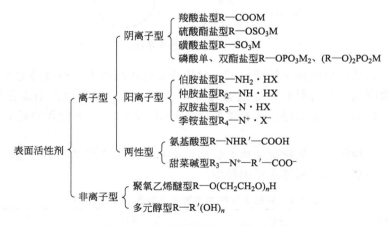

图 6-2　表面活性剂按离子类型分类

此外，还有按分子量分类，如高分子表面活性剂，以及按用途分类如柔软剂、乳化剂、渗透剂等。

6.3 各类表面活性剂简介

6.3.1 阴离子表面活性剂

（1）羧酸盐类（R—COOM） 含有 $8\sim18$ 个碳的脂肪酸钠是最常见的羧酸盐表面活性剂，也是肥皂的主要成分，原料来源于动植物油脂，天然绿色环保。但这类表面活性剂在硬水中会形成钙皂，在酸性环境下会游离出脂肪酸，是这类表面活性剂的不足之处。目前，氨基酸型表面活性剂克服了传统皂类羧酸盐的不足，近年来更广泛地被应用于日化产品中，其性能温和，安全，对皮肤适应性好，泡沫丰富，耐硬水性好。如 N-月桂酰基-L-谷氨酸钠：

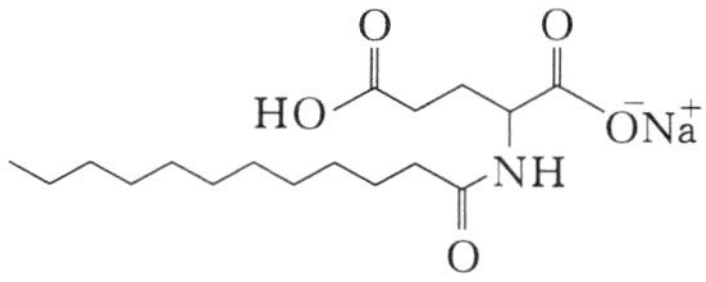

（2）硫酸酯盐类（ROSO$_3$M） 这类表面活性剂有很好的洗涤和发泡性能，更适合在偏碱性环境使用，但在强碱和强酸性条件下会水解出醇。常见的如十二烷基硫酸钠 $C_{12}H_{25}OSO_3Na$，是最常见的发泡剂。

（3）磺酸盐类（R—SO$_3$M） 这类表面活性剂洗涤、去污、耐酸碱性好，性能较为稳定。常见的有十二烷基苯磺酸钠、N-甲基油酰氨基乙基磺酸钠。

$$C_{12}H_{25}\text{—}\bigcirc\text{—}SO_3Na$$

十二烷基苯磺酸钠

$$C_{17}H_{33}\text{—}\overset{O}{\underset{}{C}}\text{—}\overset{CH_3}{\underset{}{N}}\text{—}CH_2CH_2SO_3Na$$

N-甲基油酰氨基乙基磺酸钠

（4）磷酸酯盐类〔ROPO(OM)$_2$、(RO)$_2$PO$_2$M〕 磷酸酯表面活性剂有单酯盐和双酯盐两种，单酯盐易溶于水，双酯盐难溶于水，在水中呈乳浊状。磷酸酯表面活性剂有良好的洗涤、乳化、渗透功能，但由于含磷，很少单独用作洗涤用途，更多用作抗静电剂、乳化剂使用。

6.3.2 阳离子表面活性剂

阳离子表面活性剂有两个显著特点：

① 容易吸附在一般固体表面，因为在水介质内，固液界面常带有负电荷，通过静电作用阳离子表面活性剂强烈地吸附在固体界面上。

② 其水溶液有很强的杀菌能力，因此常用作消毒、杀菌剂。

胺盐类阳离子表面活性剂一般将伯胺、仲胺或叔胺用酸生成盐，故这类阳离子只能在酸性条件下使用，在碱性条件下则游离出不溶的脂肪胺。

$$R\text{—}NH_2 \underset{NaOH}{\overset{HX}{\rightleftharpoons}} R\text{—}\overset{+}{N}H_3 + X^-$$

季铵盐类表面活性剂通过叔胺和季铵化剂反应获得。常见的季铵盐表面活性剂如十二烷基二甲基苄基氯化铵，也称洁尔灭，是一种杀菌剂。还有双烷基季铵盐等

$$C_{12}H_{25}-\overset{\overset{\displaystyle CH_3}{|}}{\underset{\underset{\displaystyle CH_3}{|}}{N^+}}-CH_2-\boxed{}\quad Cl^-$$

$$\left[C_{18}H_{37}-\overset{\overset{\displaystyle CH_3}{|}}{\underset{\underset{\displaystyle CH_3}{|}}{N^+}}-C_{18}H_{37}\right]Cl^-$$

季铵盐表面活性剂在碱性条件下生成季铵碱，也有较好的溶解性。

$$[R-\overset{\overset{\displaystyle R^1}{|}}{\underset{\underset{\displaystyle R^3}{|}}{N}}-R^2]^+Z^- \xrightleftharpoons{OH^-} [R-\overset{\overset{\displaystyle R^1}{|}}{\underset{\underset{\displaystyle R^3}{|}}{N}}-R^2]^+OH^- + Z^-$$

6.3.3 两性表面活性剂

两性表面活性剂有氨基酸型和甜菜碱型两类。例如：

$$C_{12}H_{25}NHCH_2CH_2COONa$$

$$C_{12}H_{25}\overset{\overset{\displaystyle CH_3}{|}}{\underset{\underset{\displaystyle CH_3}{|}}{N^+H}}-CH_2COO^-$$

十二烷基氨基丙酸钠盐（胺盐型）　　　　　　　季铵盐型

和其他两性化合物一样，两性表面活性剂也存在等电点（isoelectric point），也就是在水溶液中两性化合物所带电荷随溶液的 pH 值改变而改变，在某一个 pH 值两性化合物所带正、负电荷数值相等时，溶液的 pH 值就是该化合物的等电点。等电点不一定为 7，取决于阴、阳离子性的相对强弱。

6.3.4 非离子表面活性剂

非离子表面活性剂是含有多羟基（—OH）和聚氧乙烯醚键（—CH$_2$CH$_2$O—），并以它们作为亲水基的一种表面活性剂。

（1）聚氧乙烯类非离子表面活性剂　这类表面活性剂是以含活泼氢的疏水原料 RXH，如高碳醇、脂肪胺、脂肪酸、烷基酚等与环氧乙烷反应生成 RXH(CH$_2$CH$_2$O)$_n$ 结构，如月桂醇聚氧乙烯醚 AEO-9，C$_{12}$H$_{25}$OH(CH$_2$CH$_2$O)$_9$。

分子中聚氧乙烯醚（CH$_2$CH$_2$O）$_n$ 发挥亲水功能。在水中，该结构形成氧原子突出在外、亚甲基蜷缩在内的状态，氧和水分子中的氢形成氢键，整体体现亲水性特征。

锯齿形（无水状态）

曲折型（水溶液中）

此外，氧化乙烯与氧化丙烯共聚是一类重要的非离子表面活性剂。因为聚氧丙烯存在甲基支链，在水中不能形成氧原子突出亲水状态，始终呈现疏水性特征。氧化乙烯与氧化丙烯嵌段共聚时，聚氧乙烯为亲水基、聚氧丙烯为疏水基。

$$HO \leftarrow CH_2CH_2O \xrightarrow{}_a CH_2 \underset{\underset{CH_3}{|}}{CH}O \xrightarrow{}_b CH_2CH_2O \xrightarrow{}_c H$$

     亲水基   疏水基   亲水基

  这是一类非离子表面活性剂，亲油和亲水性的大小可通过调节聚氧丙烯和聚氧乙烯的比例加以控制，依据分子量和原料比例的不同，可以是液态、浆状和片状产品。这类聚醚表面活性剂有很多品种，在低浓度时就有很好降低表面张力的能力，常称为普罗如尼克多元醇（Pluronic Polyols）。

  （2）多元醇类非离子表面活性剂 含有 6 个羟基的山梨醇在适当条件下，能从分子内失水成为失水山梨醇。

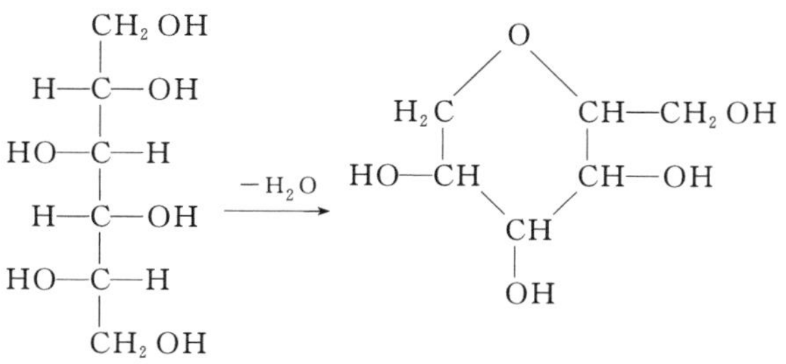

（山梨醇）   （失水山梨醇）

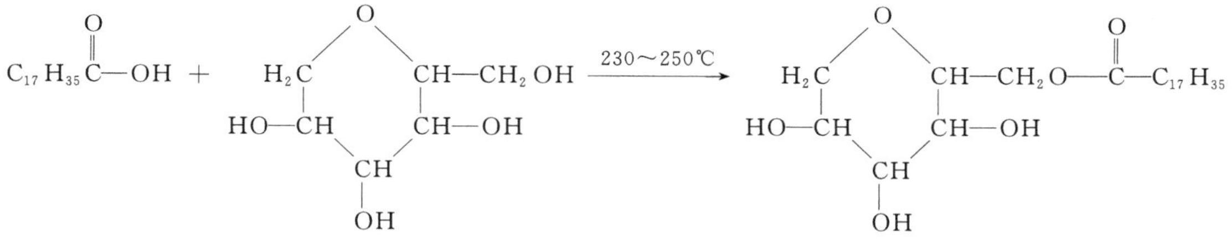

（硬脂酸） （失水山梨醇）   Span 60

  常用的斯盘（Span）类表面活性剂是由高碳脂肪酸和失水山梨醇酯化生成，不同脂肪酸、失水山梨醇多个羟基不同酯化程度，可得到不同类型的斯盘型表面活性剂，这些表面活性剂已有固定的代号：

饱和脂肪酸酯：   不饱和脂肪酸酯：

Span20 R＝$C_{11}H_{23}$ 单酯   Span65 R＝$C_{17}H_{35}$ 三酯

Span40 R＝$C_{15}H_{31}$ 单酯   Span80 R＝$C_{17}H_{33}$ 单酯

Span60 R＝$C_{17}H_{35}$ 单酯   Span85 R＝$C_{17}H_{33}$ 三酯

  斯盘类表面活性剂的亲水基只有少量羟基，亲水性很弱。若把斯盘类表面活性剂再与环氧乙烯作用，得到相应的吐温（Tween）类非离子表面活性剂。聚氧乙烯链的引入，可以大大提高其水溶性，吐温的代号也直接从斯盘对应延续过来。

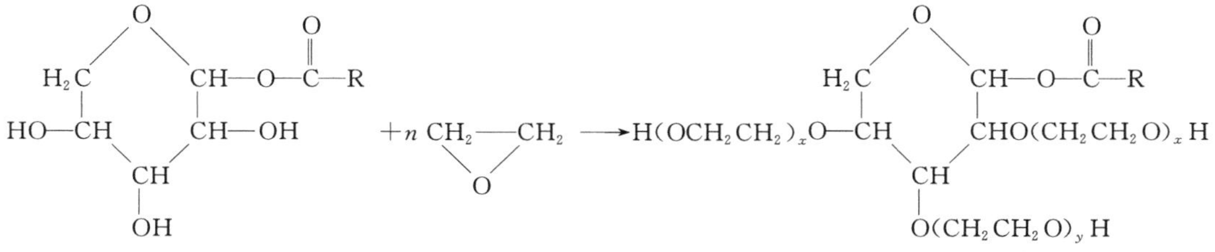

斯盘   吐温

Tween20 为 Span20＋EO   Tween65 为 Span65＋EO

Tween40 为 Span40＋EO   Tween80 为 Span80＋EO

Tween60 为 Span60＋EO   Tween85 为 Span85＋EO

6.3.5 特殊类型表面活性剂

（1）高分子表面活性剂　高分子表面活性剂指的是分子量在数千以上，结构中含有亲水和疏水结构的高分子化合物，如下聚合物分子。

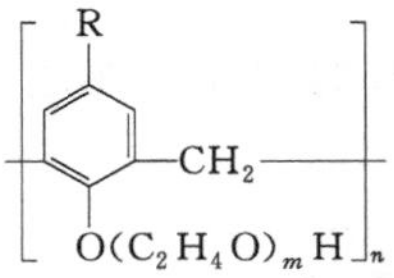

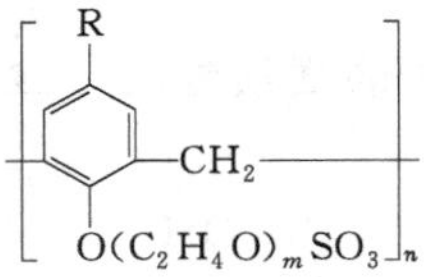

高分子表面活性剂降低水溶液表面张力的能力远远小于通常的表面活性剂，特别在高浓度下高分子链相互缠绕会导致表面活性减弱，但溶液的黏性加大。高分子表面活性剂一般不作为降低表面张力功能使用，更多用于乳化、稳泡、消泡、分散、絮凝、增稠、抗静电等方面。

（2）氟表面活性剂　在普通表面活性剂疏水碳氢链中，氢原子全部或部分被氟原子取代，这类表面活性剂称为氟表面活性剂，有各种离子类型，如阴离子氟表面活性剂全氟辛基磺酸钠：

$$C_8F_{17}SO_3Na$$

氟表面活性剂的特点是降低水溶液表面张力能力强，可低至 20mN/m 以下，耐高温、强酸、强碱和强氧化剂。全氟表面活性剂由于全氟链疏水性很强，碳原子数一般不超过 10，在碳数为 7～10 时显示最显著的表面活性。

（3）有机硅表面活性剂　有机硅表面活性剂一般指聚二甲基硅氧烷为其疏水链，在链中间位或端位连接一个或多个极性亲水基团而构成的一类表面活性剂，同样可有阴离子型、阳离子型、非离子型和两性型等分类，例如如下有机硅非离子表面活性剂。

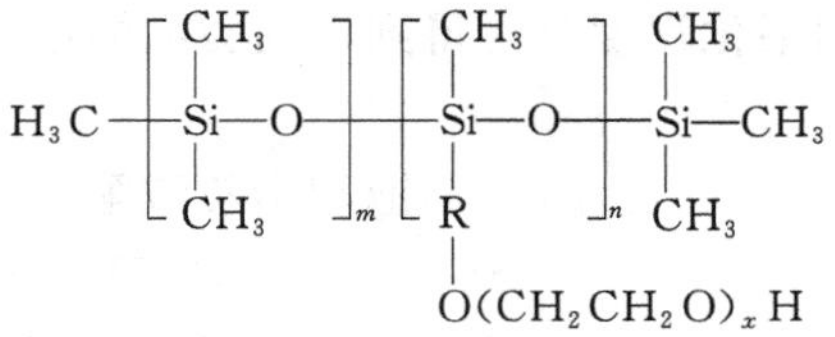

有机硅表面活性剂和普通碳氢表面活性剂相比降低水溶液表面张力能力强，可低至 20mN/m 以下，耐高温，化学稳定性好。

6.4 表面活性剂溶液性质

6.4.1 表面活性剂的表面吸附和胶束形成

表面活性剂分子双亲性不对称结构决定了其在水中很难以单分子形式存在。疏水基的疏水性、亲水基的亲水性都能得到满足的合适环境是界面。表面活性剂加入水中后，倾向于吸附于水溶液界面，疏水基逃离水，成为亲水基留在水中的吸附状态。当界面形成饱和吸附后，再增加浓度，表面活性剂分子将采取在水中最稳定的胶束形式存在。胶束中疏水基相互靠近避开了水，亲水基一致朝向水的方向而稳定。见图 6-3。

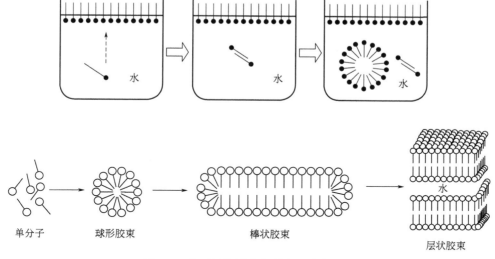

图 6-3　表面活性剂胶束形成和胶束形状

胶束的形状随分子结构和浓度的不同可呈现多种形式。胶束的大小用胶束聚集数和胶束量来衡量。胶束聚集数指形成单个胶束的表面活性剂分子个数；胶束量指形成单个胶束表面活性剂分子的分子量总和。

6.4.2　临界胶束浓度及测量

表面活性剂分子形成胶束的最低浓度称为临界胶束浓度（critical micelle concentration，CMC）。

胶束在水中的行为区别于单分子形式存在时的行为，比如在电场下的移动将是表面活性剂分子集体的胶束而不是单分子，这就使得电导率和单分子溶液不同。在理论处理上，也有把胶束看成新的物相产生。实际上，很多物理性质在 CMC 附近都会发生变化，可以利用这些变化表征临界胶束浓度。但是，各物理性质的响应不会在完全一致的浓度点上，不同物理量表征 CMC 会略有差异，如图 6-4。因此，通常 CMC 被认为是在一个狭窄的浓度范围内。

6.4.3　表面活性剂的溶解性

（1）离子型表面活性剂的溶解性　离子型表面活性剂在低温下以结晶态存在。在水中，随着温度的上升，分子运动加剧脱离晶体溶解到水中。在溶解度与温度的曲线上可以观察到有一明显的转折点。曲线在转折点以上温度出现溶解度急剧上升的现象，此时也是胶束形成的开始。表面活性剂随温度升高溶解度急剧上升时的温度称为克拉夫特点（Krafft point），用 T_K 表示，离子型表面活性剂的 T_K 在 0℃ 以上。只有当温度在克拉夫特点以上时，才有足够的表面活性剂分子形成胶束。在 T_K，表面活性剂以分子溶液、胶束溶液及晶体三种形式共存，如图 6-5 所示。所以，离子型表面活性剂要在 T_K 以上的温度使用才能体现表面活性剂的胶束性质。

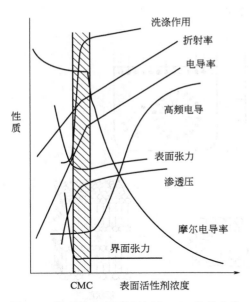

图 6-4 物理量在表面活性剂 CMC 处的变化

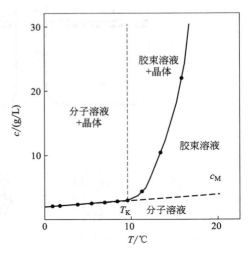

图 6-5 十二烷基硫酸钠的溶解度-温度关系

（2）非离子型表面活性剂的溶解性　非离子型表面活性剂是靠氢键实现亲水性的。温度升高，分子运动加剧，一方面有利于非离子型表面活性剂扩散，另一方面将破坏醚键或羟基与水形成的氢键。从溶解于水的机理看，低温有利于非离子型表面活性剂溶解，非离子型表面活性剂的 T_K 一般在 0℃ 以下，在实际应用中一般不考虑 T_K 因素。随温度不断升高，非离子型表面活性剂与水形成的氢键会减弱，当温度上升到一定值时，溶液出现混浊，这时氢键被破坏，非离子型表面活性剂失去亲水性出现析出水的现象。非离子型表面活性剂在水溶液中的溶解度随温度上升而降低，在升至一定温度值时出现混浊，这个温度被称为该非离子表面活性剂的浊点（cloud point）。当温度由高于浊点冷却到低于浊点时，混浊的溶液会再变为均相透明溶液。很显然，疏水基相同时，聚氧乙烯型非离子表面活性剂的浊点随着加成环氧乙烷（EO）数的增加而升高，多元醇型非离子表面活性剂的浊点随着羟基数量的增加而升高。

6.5　表面活性剂结构和性能的关系

6.5.1　表面活性剂的亲疏平衡值（HLB）

（1）HLB 值的定义和物理意义　表面活性剂分子由亲油和亲水两部分基团构成。亲油基团亲油性的强弱和亲水基团亲水性的强弱，决定着整个分子的亲水性和亲油性的程度。

对于亲水基团相同的同系表面活性剂分子，我们很好判断其亲疏水性的差异。如 $C_{12}H_{25}OSO_3Na$ 和 $C_{14}H_{29}OSO_3Na$，这两种表面活性剂亲水基相同，显然 $C_{14}H_{29}$—的疏水性要比 $C_{12}H_{25}$—强，故整个分子来说 $C_{12}H_{25}OSO_3Na$ 亲水性要大于 $C_{14}H_{29}OSO_3Na$。但对于疏水基团不同亲水基团也不同的表面活性剂，直观上我们就很难判断其亲疏水性的差异，如 $C_{12}H_{25}OSO_3Na$、$C_{12}H_{25}O(CH_2CH_2O)_9H$、$C_{11}H_{23}COONa$ 等。为了解决这样的问题，人们建立了比较双亲性分子的相对标准，并给出了亲水亲油平衡值——HLB值的概念。

HLB值的概念由W. C. Griffin在1949年提出，定义是："表面活性剂分子中亲油和亲水两个性质相反基团的大小和力量的平衡程度"。实质意义是，表面活性剂的亲水和疏水性的相对强弱决定了其在油/水界面的状态。亲水性强，整个分子进入水相部分较多；反之，则进入油相更多，如图6-6。

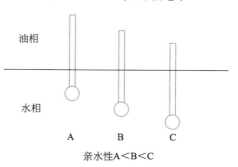

图6-6　HLB值不同，在界面的位置不同

表面活性剂亲水亲油平衡的性质是客观的，而用数值表达HLB值，则是人为规定的标准。石蜡完全不溶于水，则规定其HLB＝0。对于离子型表面活性剂，规定了油酸的HLB＝1，油酸钾的HLB＝20，十二烷基硫酸酯钠盐的HLB＝40，以此作为标准，则阴、阳离子表面活性剂的HLB在1～40之间。聚氧乙烯型非离子表面活性剂则以没有疏水基、最大程度亲水的聚氧乙烯醚的HLB值20，这样非离子表面活性剂的HLB值都小于20。虽然离子型和非离子型表面活性剂有分别的HLB值标准，但它们的HLB是相对可比的。

（2）　HLB值计算方法和估算

① 聚氧乙烯醚型非离子表面活性剂HLB值的计算　这种计算方法称为Griffin法，专门针对聚氧乙烯醚型非离子表面活性剂。计算公式为：

$$HLB 值 = \frac{亲水基团部分的分子量}{整个表面活性剂的分子量} \times 20$$

亲水基团部分的分子量即聚氧乙烯醚部分的分子量，整个表面活性剂的分子量也就是亲水基团分子量和疏水基团分子量的加和。由于石蜡完全没有亲水基团，计算式中分子部分为零，则HLB＝0；而单纯的聚乙二醇没有疏水基团，亲水基团部分的分子量与整个表面活性剂的分子量相同，比值为1，故HLB＝20。可见，聚氧乙烯醚型非离子表面活性剂的HLB值介于0～20之间，和规定的标准完全符合。

例：$C_{12}H_{25}O(CH_2CH_2O)_9H$ 的HLB值。

$$HLB 值 = \frac{亲水基团部分的分子量}{整个表面活性剂的分子量} \times 20 = \frac{44 \times 9}{44 \times 9 + 186} \times 20 = 13.6$$

② 多元醇脂肪酸酯非离子表面活性剂的HLB值

$$HLB = 20\left(1 - \frac{S}{A}\right)$$

式中，S为该多元醇脂肪酸酯表面活性剂的皂化值（soap value）；A为原料脂肪酸的酸值（acidity value）。皂化值S代表整个分子大小，酸值A代表疏水基团大小。S/A表达了疏水基团占分子的质量分数，$(1-S/A)$便是亲水基团占分子的质量分数。

例：甘油硬脂酸单酯的皂化值$S=161mg\ KOH/g$，硬脂酸的酸值$A=198mg\ KOH/g$，则

$$HLB = 20 \times \left(1 - \frac{161}{198}\right) = 3.73$$

③ 戴维斯（Davies）法计算HLB值　Davies于1963年将HLB值作为结构因子的总和来处理，把表面活性剂结构分解为一些基团，每一基团对HLB值均有确定的贡献。由试验确定了一些常见基团的HBL基数值，将基团的HLB基数值代入下式，即可计算出表面活

性剂的 HLB 值。

$$HLB = 7 + \sum(亲水的基团数) + \sum(亲油的基团数)$$

一些常见基团 HLB 基数列于表 6-2 中，其中亲水基为正值，亲油基为负值。

表 6-2　一些常见基团 HLB 基数

亲水的基团数		亲油的基团数	
—COOK	21.1	$\left.\begin{array}{l}—CH—\\—CH_2—\\—CH_3\\=CH—\end{array}\right\}$	−0.475
—COONa	19.1		
—SO_3Na	11		
—N(叔胺)	9.4		
酯(失水山梨醇环)	6.8	—(C_3H_6O)—	−0.15
酯(游离)	2.4		
—COOH	2.1	$\left.\begin{array}{l}—CF_2—\\—CF_3\end{array}\right\}$	−0.87
—OH(游离)	1.9		
—O—	1.3		
—OH(失水山梨醇环)	0.5		
—(CH_2CH_2O)—	0.33		

例：太古油 HLB 值的计算，分子式为：

$$H_3C(H_2C)_5—CHCH_2CH=CH(CH_2)_7COOH$$
$$|$$
$$OSO_3H$$

HLB 值 $= 7 + (11 + 1.3 + 2.1) + [17 \times (-0.475)] = 13.3$

④ 估算法　表面活性剂 HLB 值不仅和基团的种类和大小有关，还和分子的构型有很大关系。对于复杂结构的表面活性剂，HLB 计算很难准确，可通过表面活性剂在水中溶解状态大致判断 HLB 值的范围。表 6-3 给出了表面活性剂 HLB 值的范围和在水中的状态。

表 6-3　表面活性剂 HLB 值的范围和在水中的状态

HLB 值的范围	加入水后的性质
1~3	不分散
3~6	分散得不好
6~8	剧烈振荡后成乳色分散体
8~10	稳定乳色分散体
10~13	半透明至透明分散体
>13	透明溶液

⑤ 混合表面活性剂 HLB 值的计算　一般认为，可采用加权平均法计算混合表面活性剂的 HLB 值，即依据各组分的比例权重和 HLB 值的大小，计算混合物的 HLB 值。混合表面活性剂的 HLB 计算如下式。

$$HLB 值 = \frac{W_A \cdot HLB_A + W_B \cdot HLB_B}{W_A + W_B}$$

式中，W_A 和 W_B 为混合表面活性剂中 A 和 B 的质量；HLB_A 和 HLB_B 为 A 和 B 表面活性剂自身的 HLB 值。调节 W_A 和 W_B，可得到一个介于 HLB_A 和 HLB_B 之间的混合 HLB 值，如某混合表面活性剂组成如表 6-4 所示。

表 6-4　某混合表面活性剂组成

组分	HLB 值	用量/g
AEO-9	13.6	10
十二烷基硫酸钠	40	4
Span80	4.3	6

则混合表面活性剂的 HLB 值可计算为：

$$HLB_{混合} = \frac{13.6 \times 10 + 40 \times 4 + 4.3 \times 6}{10 + 4 + 6} = 16.09$$

⑥ 其他 HLB 值计算方法　HLB 值的计算还有有机概念图法、水数法等，可以根据需要采用。

6.5.2　表面活性剂降低表面张力的能力和效率

表面活性剂降低表面张力能到什么程度，也就是降低到的最低值有多小，称为表面活性剂的能力。表面活性剂浓度增加，对应的溶液表面张力降低速度，也即表面活性剂低浓度时与表面张力线性关系的斜率，称为表面活性剂的效率。

表面活性剂的能力，主要取决于疏水基的化学组成。比如疏水基为碳氢链同系物的，只是结构上变化不会带来降低表面张力能力大幅度变化。一般来说，碳氢链疏水基表面活性剂降低水的表面张力一般能达到 30N/m 左右，而氟碳疏水基和有机硅疏水基表面活性剂可降低水的表面张力到 20N/m 以下，特别是氟碳疏水基表面活性剂甚至能降低到 10 N/m 以下。

表面活性剂的效率取决于化学成分和结构因素。氟碳和有机硅表面活性剂不仅能力强，效率也高。对碳氢链疏水基表面活性剂，一般来说不利于胶束形成的结构因素将有利于降低表面张力即效率的提高，比如疏水基的支链化不利于胶束的形成，更有利于表面活性剂加入水中后快速到达表面发挥降低表面张力的作用。

6.6　乳化作用

6.6.1　乳液的一般概念

不混溶的两相液体（如油和水），一相以液滴形式分散在另一相液体中形成的分散状态称为乳状液，简称乳液。乳化后分散相表面积有明显增加，体系能量增加，不稳定性增加，通常需要加入表面活性剂使体系稳定。

如果分散相是油，连续相为水，则称为水包油型乳液，用油/水或 O/W 表示；如果分散相是水，连续相为油，则称为油包水型乳液，用水/油或 W/O 表示。分散相的液滴中也可以包裹另外一相液体，形成复合型乳液，如水包油包水型 W/O/W 或油包水包油型 O/W/O。乳液的各种类型见图 6-7。

乳液的外观主要取决于乳液分散相的粒径大小，和内、外相折射率的差异也有关系。如果内、外相的折射率相同，则乳液是透明的。一般来说，内、外相的折射率是不同的，乳液

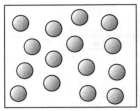 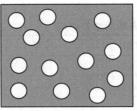 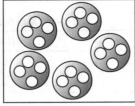 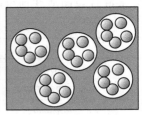

水包油型(O/W)　　　油包水型(W/O)　　　水包油包水型(W/O/W)　　　油包水包油型(O/W/O)

图 6-7　乳液的各种类型

注：阴影部分为油相

可以是乳白色，也可以是蓝白色，也可以是灰白色甚至半透明状态，这和分散相粒径有关。粒径非常小的透明或半透明乳液一般称为微乳液。乳液分散相粒径大小与乳液外观的关系如表 6-5。

表 6-5　乳液分散相粒径大小与乳液外观的关系

分散相粒径/μm	乳液外观
肉眼可分辨大滴	可以分辨两相
＞1	乳白色乳状液
0.1～1	蓝白色乳状液
0.05～0.1	灰色半透明体
0～0.05	透明液

6.6.2　表面活性剂对乳液的稳定作用

当表面活性剂加到油水两相混合物时，表面活性剂亲油端在油相，亲水端在水相，整个分子处于两相的界面。如图 6-8 所示：当油相被分散为液滴，表面活性剂就自发聚集在液滴油/水界面。

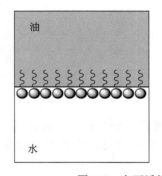 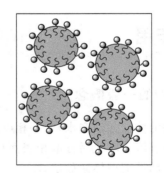

图 6-8　表面活性剂在油/水界面聚集

表面活性剂这样自发聚集在油/水界面，对乳液起到降低界面张力、形成界面膜、形成界面电荷等作用。

（1）降低界面张力　分子间范德华吸引力使液体有"内聚"作用。要将一相液体打散以液滴状分散在另一相液体中，就要克服液体的内聚功，体系能量增加。表面活性剂具有界面活性，会在油/水界面定向排列成一个比较紧密的界面膜，降低两相的界面张力，使油/水界面相容性增加，分散相不易凝聚，形成的乳状液也就会比较稳定。

（2）**形成界面膜**　表面活性剂分子在界面的吸附排列，实际上形成了连续的吸附膜，阻碍了分散液滴的合并。界面膜的黏度越大、膜强度越大，对乳液的稳定性就越好。往往采用不同表面活性剂的组合，强化界面膜的强度。

（3）**形成界面电荷**　采用离子型表面活性剂时，表面活性剂定向吸附后，表面活性剂电荷集中在液滴界面，使液滴形成带同种电荷的微粒。当液滴靠近时，静电作用使相互排斥，阻止液滴间合并，有利于乳液的稳定，如图6-9。

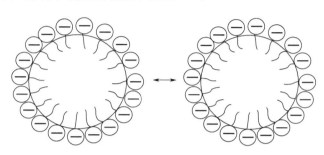

图6-9　乳液液滴带相同电荷相互排斥

6.6.3　乳化剂的选择

6.6.3.1　基本原则

乳化特定的油、水两相，需要的乳化剂一般并非唯一的配方组成。采用不同的乳化剂都可能达到乳化的目的。因此，对乳化剂需要进行选择。一般来说，要考虑的因素包括：乳液的类型、油水比例、乳液储存的温度、乳化剂离子类型要求、乳化的方法、乳化剂的用量等。乳化剂选择一般原则包括以下几个方面。

① 水包油型乳液选择较高 HLB 值的乳化剂；油包水型乳液选择较低 HLB 值的乳化剂。

② 乳液储存温度高，非离子乳化剂 HLB 值适当提高；储存温度低，非离子乳化剂 HLB 值适当降低。

③ 复合乳化剂比单一组分乳化剂一般乳化效果好。

④ 乳化剂的疏水基结构和被乳化油相结构相似的一般乳化效果好。

⑤ 在保证乳液稳定的前提下乳化剂用量尽可能得少以更好发挥乳液功能。

6.6.3.2　乳化剂的选择方法

（1）**根据 HLB 值选择乳化剂**　以往的研究者已将很多种油相乳化成不同类型的乳液所需乳化剂的 HLB 值做了充分研究，相关结果在文献和手册中都可查到。常见的油相形成不同类型的乳液所需乳化剂的 HLB 见表6-6。

表6-6　乳化各种油相所需的 HLB 值

油相	O/W 乳液 HLB 值	油相	O/W 乳液 HLB 值
月桂酸	16	芳烃矿物油	12
亚油酸	16	羊毛脂(无水)	12
蓖麻醇酸	16	烷烃矿物油	10

油相	O/W 乳液 HLB 值	油相	O/W 乳液 HLB 值
油酸	17	矿脂	7～8
硬脂酸	17	松油	16
十六醇	15	蜂蜡	9
癸醇	14	石蜡	10
十二醇	14	棉籽油	7.5
蓖麻油	14	硅油	10.5

可根据表中的 HLB 值，采用不通过组合的复合乳化剂筛选最佳配方。

如果油相也是多组分的，则也可以采用加权平均的办法计算所需的 HLB 值。现举例说明。

被乳化剂的油相由三种物质组成，见表 6-7 列出。

表 6-7　被乳化油相配比和需求的 HLB 值

名称	比例	单组分要求的 HLB 值
硅油	4	10.5
蜂蜡	16	9
十二醇	5	14

则要求的 HLB 值：

$$HLB_{要求} = \frac{10.5 \times 4 + 9 \times 16 + 14 \times 5}{4 + 16 + 5} = 10.24$$

由乳化剂单体的不同组合形成需求的 HLB 值。表 6-8 列举了三种组合，都可形成 HLB 值为 10.24 左右的复合乳化剂，实际上可选择的组合远不止这三种。

表 6-8　同样 HLB 值的三种复合乳化剂

序号	单体名称	单体 HLB 值	比例	复合 HLB 值
1	Tween 60	14.9	0.43	10.23
	Span 40	6.7	0.57	
2	AEO-9	13.6	0.33	10.23
	十二烷基硫酸钠	40	0.08	
	Span 80	4.3	0.59	
3	乳化剂 EL	13.3	0.66	10.24
	Span 80	4.3	0.34	

三种组合都可以实现 HLB 值 10.24 左右，但乳液的稳定性、乳化剂用量、乳液黏度、乳液胶粒电性质等各不相同，可以通过实验选择乳液稳定、用量较少、应用效果等综合性能最好的复合乳化剂。

（2）PIT 法选择乳化剂　非离子表面活性剂（乳化剂）的亲水性随温度的变化十分明显。一般来说，温度升高，亲水性下降，HLB 值降低，温度在浊点时，达到极端，亲水性消失。如果乳化剂储存温度变化很大，如冬季环境温度可能低至 0℃，而夏季可达 30℃ 以上，非离子表面活性剂的亲水性就会发生很大变化，HLB 也会改变。非离子表面活性剂在较低温度时能制成 O/W 型乳化液，当温度升高时很有可能会转变为 W/O 型乳液，反之也是。

考虑温度对非离子表面活性剂影响，絛田耕三于 1968 年提出 PIT 法，PIT 是"相转变"英文"Phase Inversion Temperature"的缩写，因此 PIT 法选择乳化剂也称相转变温度法。利用 PIT 作为选择乳化剂的方法称为 PIT 法。

乳化剂 PIT 测定的过程如图 6-10 所示。对于要乳化的油相，选用一些非离子型表面活性剂。分别采用 3%~5% 某一乳化剂乳化等体积的油相和水相。然后将乳液搅拌升温，并用电导仪跟踪乳液电导率的变化，观察乳液是否转相（电导率大，乳液为 O/W 型；电导率低，乳液为 W/O 型）。升温至电导率突变时乳液发生转相，此时的温度就称为这种乳化剂针对这种乳液的转相温度，即 PIT。同一乳化剂针对不同油相会有不同的 PIT；同样，同一种油相，不同的非离子表面活性剂 PIT 也不同。

图 6-10　乳化剂的 PIT 测定

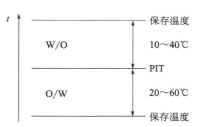

图 6-11　依据 PIT 选择乳化剂

测定出针对这种油相各种乳化剂的 PIT 后，就可以根据要求选择乳化剂了。如果期望得到的乳液是 O/W 型，则选择具有比乳状液保存温度高 20~60℃ PIT 值的乳化剂；对于 W/O 型乳化剂，则应该选择具有低于乳状液保存温度 10~40℃ PIT 值的乳化剂。依据 PIT 选择乳化剂如图 6-11。

一般来说，计算出的 HLB 值高的乳化剂 PIT 较高，HLB 值低的乳化剂 PIT 较低。

6.6.4　乳液的制备

乳化工艺中，物料的添加顺序对乳液的稳定有重大影响，常见的加料顺序有：

（1）油相和乳化剂混合　这是最常见的一种乳化方法。先将油相和乳化剂混合并充分搅拌均匀，然后缓慢向混合物中加水，边加水边快速搅拌，逐渐形成均一的乳液。如果乳化剂选择合适，在加水的过程中混合物开始会出现黏度上升，随着水量的加大，黏度又逐渐降低，最终形成乳液。这种乳化方式过程简单，容易操作，较适合油相黏度大的乳化。如果油相黏度特别大，可以升温使黏度下降再开始乳化。

（2）交替加料乳化　乳化剂首先添加到乳化釜中，搅拌下将油相缓慢加入，油相加入后再慢慢把计量的水加入，最后形成稳定的乳液。这种乳化方式的优点是乳化剂逐渐包裹油相，乳化剂的效率高；缺点是乳化剂相对于整个料液来说数量很少，开始乳化剂单独加入乳化釜后不容易被搅拌到，要采用较专门的乳化设备，搅拌桨要接近底部，乳化过程才能顺利进行。

（3）自然乳化法　工业上的乳化油、农药乳油的乳化都属这一类型。这种方法是将水直接加到乳油中，或将乳油直接加到水中，简单搅拌即形成稳定的乳液，在工业应用或田间农乳配制十分方便。乳化油或农药乳油外观和普通的油基本一样，实际是在油相中已经加入合适的乳化剂，乳油和水混合后自然扩散并形成稳定的乳液，这类乳油一般乳化剂含量比较高才能达到自然乳化的效果。

此外，合适的乳化装置是制备乳液的必要条件，常见的乳化装置有高剪切乳化机、乳化分散机、胶体磨、均质机、乳化泵等。

6.7 增溶作用

当表面活性剂的浓度超过 CMC 时，能使不溶或微溶于水的有机化合物溶解度显著提高的现象称为表面活性剂的增溶作用。

6.7.1 胶束结构和极性环境

表面活性剂在水中形成胶束，由胶束的中心到胶束的表面可分为四个区域，即胶束的内核、胶束的栅栏区、胶束的表面和非离子表面活性剂胶束的聚氧乙烯链间的水化区域。胶束的内核是由疏水链末端的几个碳原子构成，是一种完全非极性的环境。胶束的栅栏区由疏水基连接内核与极性基间的亚甲基链栅栏状结构排列的区域，该区域极性大于内核小于胶束表面。胶束的表面由亲水基及和亲水基相连的几个亚甲基构成，极性大。非离子表面活性剂胶束的聚氧乙烯链间的水化区域则提供了类似聚乙二醇-水溶液的极性环境。

胶束由内核到表面或水化区，提供了极性由小到大的逐渐变化的环境，这就给不同极性的有机不溶物提供了"相似相溶"的对应环境，如图 6-12。

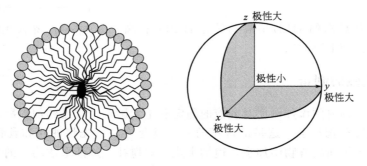

图 6-12　胶束由内到外极性由弱到强

6.7.2 增溶作用机理

非极性有机物，如饱和脂肪烃、环烷烃以及其他不易极化的非极性有机物被增溶在胶束的非极性的内核。弱极性的长链分子，像脂肪醇、脂肪胺、烷基苯等有一定链长的弱极性分子往往增溶于胶束的栅栏层。极性小分子如邻苯二甲酸二甲酯（不溶于水，也不溶于非极性烃）以及一些分散染料分子，被增溶于胶束与溶剂交界的胶束表面区域。非离子表面活性剂的聚氧乙烯链水化层也会增溶一些极性小分子和非离子染料，如图 6-13。

不同极性的有机物增溶由于区域不同，相互间不会形成竞争关系，相反，由于一个区域的增溶使胶束的体积变大，有利于其他区域增溶量的增加。增溶量不仅和被增溶物分子大小、极性和结构相关，还受到表面活性剂结构、电解质、温度等影响。

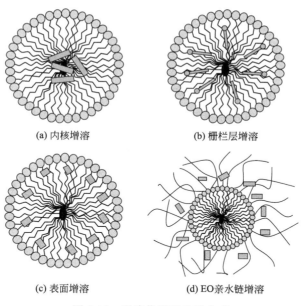

(a) 内核增溶　　　　　　　　(b) 栅栏层增溶

(c) 表面增溶　　　　　　　　(d) EO亲水链增溶

图 6-13　增溶作用的几种方式

6.8　发泡和消泡作用

6.8.1　泡沫的形成

通常所说的泡沫是以气体为分散相、水为分散介质的分散状态。泡沫的形成一般有三种方式：搅动将气体混入液体中，溶解气体减压在液体中释放（啤酒泡沫）或化学反应产生的气体（灭火器泡沫）。由于泡沫与液体的密度一般相差很大，在液体中形成的泡沫会上升到液面，形成以一定厚度的泡沫层，如图 6-14。

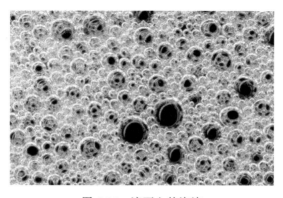

图 6-14　液面上的泡沫

在实际领域，有时要利用泡沫，如灭火、泡沫分离等，有时泡沫会带来诸多不便，如化学反应过程反应器内形成的泡沫。在纯净的水中很难形成泡沫，即使形成也会立即破裂消失。要使泡沫容易生成并能稳定存在，就必须在纯水中加入添加物，通常称为起泡剂，它起到发泡和稳泡作用。

6.8.2 表面活性剂在泡沫液膜界面的吸附和稳定作用

6.8.2.1 表面活性剂在气泡液膜界面的吸附

表面活性剂水溶液形成的气泡是液膜包裹气体的状态。在液膜界面，表面活性剂呈现界面吸附状态，亲水基朝向液体内部，疏水基朝外，液体内部的气泡只有单侧吸附层，如图6-15。

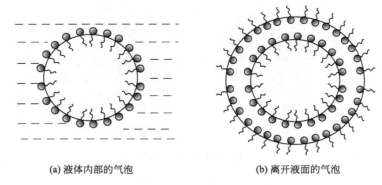

(a) 液体内部的气泡   (b) 离开液面的气泡

图6-15　表面活性剂在气泡液膜界面的吸附

6.8.2.2 表面活性剂对气泡的稳定作用

（1）降低界面张力　泡沫形成的同时产生大量气液界面，界面能增加，是一种热力学不稳定体系。当表面活性剂在气液界面吸附后，界面张力会明显下降，体系表面能增加就会相对减少，对泡沫的稳定起到促进作用。因此，单纯水是不会形成稳定泡沫的，但在水中溶有低表面能的有机物特别是表面活性剂时泡沫才有稳定下来的可能。降低表面张力只是泡沫稳定的一个因素，不是唯一和决定因素。例如，丁醇类水溶液的表面张力比十二烷基硫酸钠水溶液的表面张力低，但后者的起泡性却比丁醇溶液好。一些蛋白质水溶液的表面张力比表面活性剂水溶液的高，但却具有较好的泡沫稳定性。

（2）表面张力作用下的液膜自修复作用　表面张力不仅对泡沫的形成具有影响作用，而且在泡沫的液膜受到冲击而局部变薄时，有使液膜厚度复原、使液膜强度恢复的作用。这种作用称为表面张力作用下的液膜自修复作用，也称为马拉高尼效应（Marangoni effect），如图6-16所示：

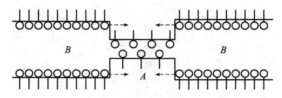

图6-16　表面张力作用下的液膜自修复作用

当液膜受到冲击时，局部变薄，图中 A 处液膜比 B 处薄，变薄处的液膜表面积增大，表面吸附表面活性剂分子的密度相对减小，导致局部表面张力增加，未受到冲击变薄的区域表面张力基本不变。此时 $\gamma_A > \gamma_B$，即 A 处的收缩力大，产生液膜回复的趋势，于是 B 处液膜连同表面活性剂分子就向 A 处迁移，结果使 A 处变薄的液膜又变厚，和周边建立平衡。这就是表面张力作用下的液膜自修复作用，有利于泡沫的稳定。

（3）**影响液膜黏度** 液膜黏度包括表面黏度和体相黏度。表面黏度及表面极薄界面层的黏度也可以看成吸附膜的黏度。液膜表面黏度越大，则越有利于泡沫稳定。体相黏度大也会有利于泡沫稳定，但对于界面极大的泡沫来说，表面黏度影响更大。很多表面活性剂可以有效增加表面黏度、提高泡沫的稳定性，如氨基醇酰胺类表面活性剂、长链烷基氧化胺型表面活性剂等是常见的稳泡剂。

（4）**形成界面电荷** 有离子型表面活性剂参与的泡沫液膜，表面活性剂离子将富集于气液界面，形成带电荷的表面层；反离子则分散于液膜溶液内部中，形成液膜双电层，如图 6-17。

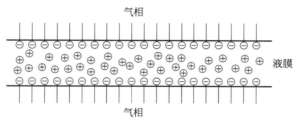

图 6-17　液膜双电层

当液膜变薄至一定程度时，两侧表面层的同性静电斥作用开始显现，防止液膜进一步变薄，对泡沫有稳定作用。

6.8.3　消泡作用

6.8.3.1　泡沫的破裂

泡沫是气体分散在液体中的粗分散体系，本质是热力学上的不稳定体系，排液和排气是泡沫破裂重要影响因素。

（1）**重力排液** 存在于气泡间的液膜，由于液相密度大大地大于气相的密度，因此在地心引力作用下就会产生向下的流动排液现象，使液膜减薄，重力排液仅在液膜较厚时起主要作用。

（2）**气泡间界面的排液** 由于泡沫是由多面体气泡的堆积而成。无论是两个气泡，还是三个泡沫形成的 Plateau 边界（也称为 Gibbs 三角），气泡间液膜交界处都有压力不均导致的液体流动排液，使液膜变薄，最终导致液膜破裂，如图 6-18。

（3）**大小气泡间气体扩散（排气）** 因为形成泡沫的气泡的大小不一样，根据 Young-Laplace 公式附加压力 Δp 与曲率半径成反比，小气泡内的压力大于大气泡内的压力，因此大小气泡间的液膜会由于压力差而破裂，小气泡向大气泡里排气与大气泡合并。我们在手洗衣服时会看到气泡会自动变大致破裂就是这个道理，最后留下的气泡大小均匀。

6.8.3.2　表面活性剂参与的消泡剂

消泡剂是在短暂时间内迅速将泡沫消除，或抑制体系泡沫产生的添加剂。性质优异的消泡剂具有破泡和抑泡两方面功能。一般认为，消泡剂的作用机理是，消泡剂加入后一方面在泡沫液膜表面迅速铺展，同时带走一些液体和表面活性物质，使膜变薄；另一方面，消泡剂

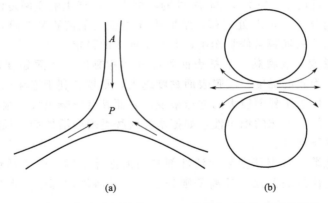

图 6-18　三气泡交界处的 Plateau 边界和两气泡交界的排液

的组分可进入液膜，破坏在液膜界面表面活性物质吸附层的连续性，从而发挥消抑泡效果。如图 6-19 所示：

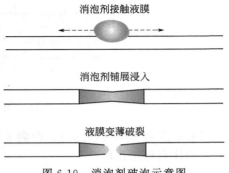

图 6-19　消泡剂破泡示意图

因此，消泡剂往往具有比发泡液更低的表面张力才能使其在表面迅速铺展，但仅有较低的表面张力往往不能很好地抑泡。像丙醇、异丁醇、磷酸三丁酯等都具有比一般发泡液更低的表面张力，都具有一定的消泡功能，但抑泡作用差，这些物质和发泡液混合后会参与到泡沫液膜的吸附层，失去消泡作用。市售消泡剂往往是通过配方实现消泡剂同时具有的消泡和抑泡作用。如有机硅乳液型消泡剂，通过表面活性剂将含有一定疏水性二氧化硅粒子的硅油乳化，加入发泡液后，乳液液滴在乳化剂和较低表面张力硅油的共同作用下迅速铺展在液膜表面使液膜变薄破泡，疏水颗粒浸入液膜破坏液膜的连续性产生持久的抑泡作用。还有消泡剂是通过与起泡剂发生化学反应而使起泡剂失去起泡能力，例如用脂肪酸皂作为起泡剂的水溶液，可以加入酸类，使其成为脂肪酸而消泡，也可以加入钙、镁、铝盐等形成不溶性脂肪酸盐使泡沫破坏。

以上是简单说明消泡的一般原理。在清洗、发酵、造纸等行业的实际体系中，消泡剂是常用添加剂，不同发泡液往往需要针对性地开发专门消泡剂，添加量少，但配方的技术性很强。

6.9　调节润湿性作用

在许多实际场合，液体对固体表面的润湿程度需要特别地控制。如农药的喷洒，需要药液在植物叶面有很好的铺展才能使农药的杀虫杀菌作用很好地发挥，但植物的叶面往往并非完全亲水，水性浓乳不能很好地铺展开来，如图 6-20(a)。这种需要较好润湿的场合还见于洗涤、涂装等；而对于墙面的防水，则需要完全不润湿。

根据润湿基本方程式——杨氏方程图 6-20(b)，接触角与固体表面张力 γ_{SG}、液体表面

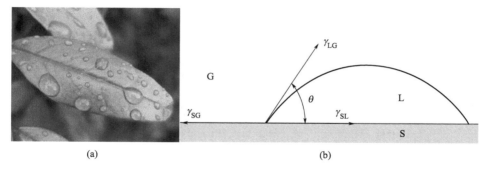

图 6-20　(a) 叶面不润湿现象；(b) 杨氏方程的接触角

张力 γ_{LG} 和固液界面张力 γ_{SL} 有：

$$\cos\theta = \frac{\gamma_{SG} - \gamma_{SL}}{\gamma_{LG}}$$

表面活性剂添加到液体中对润湿作用的调节实质上是改变 γ_{SL} 和 γ_{LG} 从而改变接触角，影响润湿的程度。当我们要润湿程度大时，也就是液体与固体界面接触角较小，则需要降低液体表面张力和固液界面张力；而当我们希望润湿程度小，防水防污处理时，更多情况是通过降低固体表面张力。在农药乳液中，通常加入具有超低表面张力的有机硅表面活性剂，改善在叶面的铺展性和渗透性。

6.10　洗涤作用

6.10.1　洗涤作用基本过程

洗涤剂的主要成分是表面活性剂。污渍去除的过程大致有如下几个步骤，如图 6-21。

（1）**表面活性剂的界面吸附**　洗涤剂中表面活性剂分子或离子在污渍及被洗物界面上发生定向吸附，亲水基朝向水，疏水基朝向油性污渍一侧。

（2）**洗涤液的润湿与渗透**　由于表面活性剂分子或离子的定向吸附，降低了界面张力，洗涤液渗透到污垢和被洗物之间，使污渍和被洗物润湿，从而减弱了污渍在被洗物上的附着力。

（3）**污垢的脱落**　污渍的附着力降低，再施以机械作用就促使污垢从被洗物表面脱落。

（4）**脱落污渍的分散与稳定**　污渍脱落后，在表面活性剂的作用下在洗涤液中被乳化、分散或在胶束中被增溶，形成稳定的分散状态，防止脱落的污渍再污染被洗物表面。

（5）**漂洗**　结合脱水操作，用清水将含有污渍的洗涤液去除干净，达到清洁被洗物的目的。

由上述的洗涤过程可见，表面活性剂的界面吸附、铺展、渗透、乳化、分散等作用都得以利用。

液体污渍可以形变，它们的去除主要通过界面张力的降低实现。洗涤剂中的表面活性剂降低了水/油界面张力 γ_{WO} 和水/被洗物（固体）的界面张力 γ_{WS}，使得液体污渍自动"卷

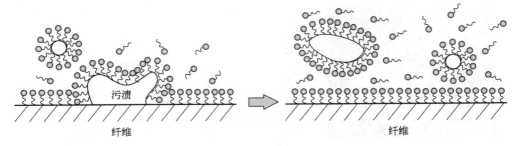

图 6-21　洗涤过程

"缩"，在外界水冲力的辅助作用下液体污渍离开被洗物表面，如图 6-22 所示。

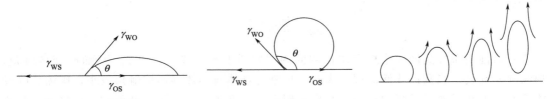

图 6-22　液体污渍的去除

固体污渍在被洗物表面上的粘附不像液体污渍那样铺展成片，往往仅在较少的一些点通过范德华力的作用与固体表面接触、黏附。洗涤剂中的阴离子表面活性剂在固/液界面上吸附，使固体污渍微粒和固体表面都呈负电性，产生静电排斥，导致固体污渍脱落，如图 6-23。值得一提的是，大多数固体污渍为矿物质，通常情况下它们在水溶液中带有负电荷，若在洗涤液中采用阳离子表面活性剂，则发生静电吸引而吸附，污渍微粒的静电势减少甚至被中和，不利于固体污渍的去除。因此常规洗涤剂中一般采用阴离子表面活性剂，没特定要求不会采用阳离子表面活性剂。

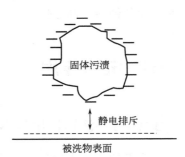

图 6-23　固体污渍的去除

6.10.2　洗涤剂的组成

洗涤剂的种类很多，大类上分为工业洗涤剂和民用洗涤剂，进一步可按性状、用途、功能进行细分。一般洗涤剂由表面活性剂、助洗剂和添加剂构成。

（1）表面活性剂　表面活性剂是洗涤剂的主要活性成分，通常采用阴离子表面活性剂、非离子表面活性剂、两性表面活性剂或它们的组合，起到降低界面张力、界面吸附、增加界面电荷、增溶、乳化、分散等作用。阴离子表面活性剂如直链烷基苯磺酸钠（LAS）、脂肪醇聚氧乙烯醚硫酸盐（AES）、仲烷烃磺酸盐（SAS）、α-烯烃磺酸盐（AOS）、脂肪酸甲酯磺酸盐（MES）、脂肪醇聚氧乙烯醚羧酸盐（AEC）、脂肪酰基氨基酸盐等在洗涤剂中较为常见。非离子表面活性剂像脂肪醇聚氧乙烯醚（AEO）、脂肪酸烷醇酰胺、烷基糖苷（APG）、脂肪酸甲酯聚氧乙烯醚（MEE）等用于洗涤剂中较为常见。两性表面活性剂如咪唑啉两性表面活性剂、脂肪酰胺甜菜碱、十二烷基甜菜碱等用于洗涤剂中较为常见。

（2）助洗剂　助洗剂包括无机助洗剂和有机助洗剂两大类，在洗涤剂中起到强化表面活性剂洗涤功能作用。通常包括以下一些品种。

无机助洗剂常见有：

① 磷酸盐：常用的磷酸盐有磷酸三钠（Na_3PO_4）、三聚磷酸钠（$Na_5P_3O_{10}$）、焦磷酸四钾（$K_4P_2O_7$）等。主要作用是螯合多价金属离子起到软化硬水作用，对微细的无机粒子或油脂微滴有一定的分散、乳化、胶溶作用，同时起到维持水溶液为弱碱性。在洗衣粉添加防止吸潮结块。含磷洗涤剂使用后排放水容易引起环境富营养化，这是不利因素。

② 硫酸钠：俗称芒硝（Na_2SO_4），廉价易得，主要用作洗衣粉的填充剂，作为电解质有降低表面活性剂的临界胶束浓度作用。

③ 硅酸钠：通常使用含结晶水产品，也称水玻璃或泡花碱（$Na_2O \cdot nSiO_2 \cdot xH_2O$），主要作用是能防止洗去的污垢再沉积到被洗物上，维持洗涤液的碱性，增加洗衣粉颗粒的强度，防止结块，自身对硬质表面有一定的清洗作用。

④ 碳酸钠：常称纯碱或苏打（Na_2CO_3），提供洗涤液碱性，有利油性污渍的去除。

⑤ 沸石：作用是通过离子交换吸附钙、镁离子起到软水作用，常看成磷酸盐的替代品。

有机助洗剂常见有：

① 螯合剂：螯合钙、镁离子，起软水作用。常用的有甲基甘氨酸二乙酸（MGDA）、谷氨酸二乙酸四钠（GLDA）、乙二胺四乙酸（EDTA）、氨三乙酸（NTA）等，前两种为绿色螯合剂，逐渐成为主流。

② 羧甲基纤维素钠：代号 CMC，主要发挥增稠、分散、助乳化、悬浮等作用，以防止洗脱的污渍再污染被洗物。

③ 酶：洗涤剂里使用的主要有蛋白酶、淀粉酶、脂肪酶、纤维素酶，分别促进蛋白、淀粉、脂肪和纤维素的分解。

（3）添加剂 添加剂不发挥去污作用，在洗涤剂中添加可赋予产品特定的商品化特征，如颜色、香气、杀菌、泡沫程度调控等。

① 漂白剂：主要有次氯酸盐和过氧酸盐两大类，如次氯酸钠、过硼酸钠、过碳酸钠等，起漂白作用，也有助污渍的化学分解。

② 荧光增白剂：品种很多，如荧光增白剂 VBL，作用在于能够吸收紫外线发出可见光，补偿黄变吸收的蓝光，因此可增加亮度，对有色的被洗物有增艳视觉效果。

③ 泡沫调节剂：虽然泡沫高低对洗涤效果几乎没有影响，但不同用途、不同洗涤方式对泡沫有一定的要求。高泡洗涤剂可加稳泡剂如椰油酰二乙醇胺、氧化胺等。低泡洗涤剂可加消抑泡剂，如有机硅消泡剂、聚醚消泡剂等。

④ 助溶剂：用于液体洗涤剂中，促进配方中各组分溶解成均一状态，如乙醇、尿素、聚乙二醇、甲苯磺酸钠等。

⑤ 香精：按香型选取添加，要与洗涤剂组分有良好配伍性，赋予洗涤剂怡人的香气。

⑥ 色素：一般用于液体洗涤剂，让洗涤剂商品给人以悦目的效果。

洗涤剂根据使用对象、现场要求、技术标准等配制，并非都要含有上述所有成分。

6.11 表面活性剂的发展方向

表面活性剂全球当今产量已有每年两千多万吨，产值四百多亿美元，在水处理、玻纤材料、涂料、建材、日化、油墨、电子化学品、农用化学品、纺织、印染、化纤、皮革、电镀、高端材料等诸多领域有广泛的应用，有"工业味精"之称，未来有以下发展趋势。

（1）**绿色化发展**　表面活性剂的绿色化发展体现在最大限度采用天然基原料替代石油基原料，提高表面活性剂性能安全性，减少生产过程及使用后对环境的危害。随着我国2030年碳达峰和2060年碳中和目标的确立，相信更多绿色化表面活性剂将被开发和采用。

（2）**功能强化结构特征**　针对特定的应用场合，从分子结构上设计出表面活性剂在降低表面张力、渗透、润湿、乳化、增溶等方面更加突出的功能，提高表面活性剂的使用效率。

（3）**配方技术进步**　单独使用某种表面活性剂的产品越来越少，配方型产品越来越多，通过配方提升功能或增加新的功能。如消泡剂、乳化剂、减水剂、渗透剂等等，都是有表面活性剂参与的多组分产品，这类产品性能的优劣，稳定性如何，基本都体现在配方技术上，需要大量精细实验和长期的经验积累才能实现高品质产品。

（4）**应用范围拓展**　近些年来，以多相界面和分散体系为目标的研究和应用方兴未艾、生机勃勃，并和实际体系紧密相连，涉及新材料开发、医药、高性能催化剂、石油开采、高端涂料、污染防治等领域，带动了表面活性剂在相关领域新的应用扩展，也带动表面活性剂新产品开发和价值提升。

（5）**生产企业的专业化、规模化**　随着环境保护和安全生产管理的逐步规范及强化，小规模生产表面活性剂的企业难以继续维系生存，专业化装备和规模化生产已成趋势，这将有助于产品质量稳定和生产技术提升。

思 考 题

1. 表面活性剂的概念是什么？表面活性剂分子结构上有什么特征？
2. 表面活性剂如何分类？
3. 如何理解表面活性剂临界胶束浓度？
4. 如何理解表面活性剂 HLB 值？
5. 表面活性剂对乳液稳定起到哪些作用？
6. 什么叫增溶作用？
7. 举例说明表面活性剂的润湿铺展作用。
8. 表面活性剂对污渍的去除包含哪几步过程？

第7章

造纸化学品

7.1 概述

　　造纸术是我国的四大发明之一，由我国传遍世界，促进了文化的交流和教育的普及，深刻地影响了世界文明的发展进程，是中华民族对世界科学文化的一项重大贡献。公元105年，蔡伦改进造纸术。他用树皮、麻头、破布和旧渔网做造纸原料，扩大了原料来源，降低了造纸的成本，同时又提高了纸的产量和质量。从此，纸逐步取代竹木简和帛。为纪念蔡伦的功绩，人们把这种纸叫作"蔡侯纸"。

　　纸是由纤维（包括植物纤维和非植物纤维）和非纤维添加物交织而成的多孔性网状结构薄型材料。据研究，一张普通的 A4 打印纸，由 2500 万根左右的植物纤维构成。造纸工业已是国民经济的一个重要组成部分，纸和纸板的消费水平已成为衡量一个国家现代化水平的重要标志。造纸过程通常分为制浆、抄纸、涂布加工三道工序。造纸工业是以纤维为原料的化学加工工业。新纸的使用，不仅在工业领域，而且随着社会结构和生活环境的改变在急剧增加，如与电子、信息事业发展配用的各种记录用纸——热敏记录纸、力感型记录纸、光敏记录纸、无碳复写纸、静电记录纸，以及荧光夜航地图纸、特种工业滤纸、真空镀铝包装纸、防锈纸；各种保护性包装纸和装饰用纸等等，新型纸制品正在不断地进入人们的日常生活与生产。

　　造纸原料主要是木材和草类纤维原料，但并非所有的高等植物都适合造纸。对其原料的要求：①其纤维素含量不得低于总量的五分之二，否则纸浆的收获率太低；②原料丰富，运输方便；③原料的采购价格不能太高。造纸工业中目前常用的原料有木材、芦苇、竹子、蔗渣、稻麦秆、高粱秆、玉米秆、龙须草、荻荻草、小叶樟、芒秆等。此外，还按需要使用一部分棉、旧麻、破布、树枝皮、回收的废纸、切纸边等。

　　造纸化学品是指各工艺过程中所需用的化学药品，统称为制浆造纸化学品，也称为制浆造纸助剂。造纸化学品（助剂）主要可以分为：制浆用化学品（制浆助剂）、造纸过程和功能性化学品（造纸助剂）、涂布加工纸化学品（涂布助剂）、水处理化学品（水处理助剂）等（图 7-1）。不包括常用的酸、碱、盐等无机药品，滑石粉，白土等无机填料等基本化工原料。而造纸助剂是用来提高效率、减少消耗的化学品，具有用量少、附加值大、专项作用和辅助作用明显等特点，符合精细化学品的特点。

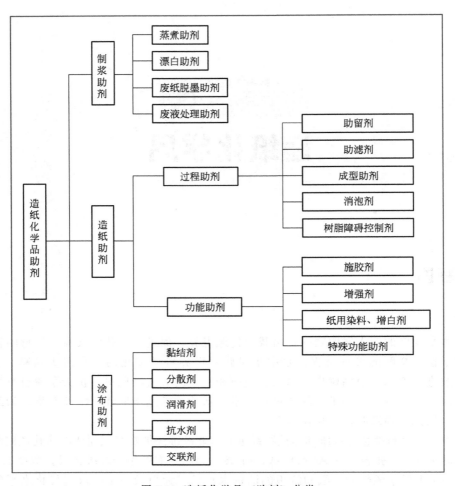

图 7-1 造纸化学品（助剂）分类

7.2 制浆过程常用化学品

制浆过程是将含纤维的原料分离出纤维的过程。主要工艺可分为化学法制浆、机械/化学法制浆以及废纸制浆，其中以目前主要应用于市场的化学法制浆为例，其工艺过程可分为三步，分别为

（1）蒸煮 是以化学方法使含纤维原料分离处纤维的过程，主要分为碱法（以硫酸盐法为主，具有强度高、投资成本低、原料易得、碱回收率高等优点）和亚硫酸盐法（目前由于原料困难、污染巨大、浆强度低、投资成本高昂已经面临淘汰风险）两类。

（2）洗涤 将蒸煮后的浆液除了纤维外的其他成分洗涤除去，如木素、糖料、残余化学品等。

（3）漂白 将浆液中残留的有色物经漂白剂处理，进一步消除有色物质。

制浆用助剂：在制浆过程中，纤维原料都要经过化学药剂的处理，在处理过程中用于提高纸浆生产效率、减少原料消耗、提高纸浆质量、控制与缓和制浆过程中可能发生障碍时所用的辅助化学药品。主要包括：蒸煮助剂、漂白助剂、消泡剂、脱墨剂、絮凝剂等。

7.2.1 蒸煮助剂

蒸煮助剂用以加速蒸煮液对纤维原料的渗透或加速脱木质素作用，从而缩短蒸煮时间或降低蒸煮温度、减少蒸煮药剂的用量、提高纸浆强度或得率的化学品。其作用原理为可适当地将原料中的木质素除去使纤维分离，同时使纤维和半纤维受到不同程度降解，改善蒸煮条件。蒸解过程使用的化学品包括有苛性钠、亚硫酸氢钠、多硫化钠、蒽醌及衍生物、连二亚硫酸钠、绿氧等，实际使用中蒽醌用得较多，一般和渗透剂配合使用，渗透剂 $0.1kg/t$ 浆，蒽醌 $0.3kg/t$ 浆左右。

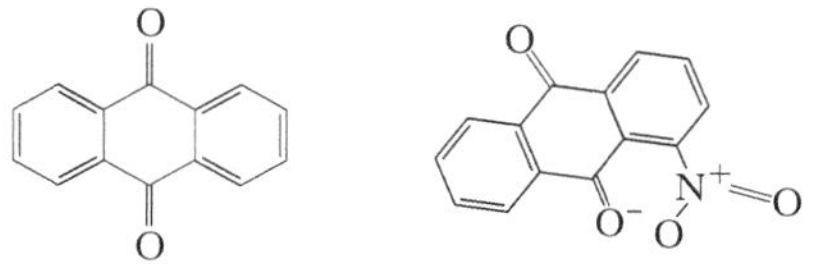

蒽醌及蒽醌衍生物 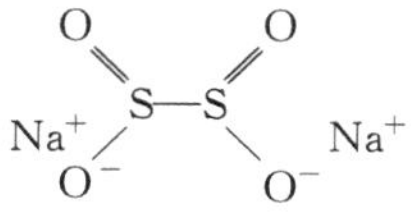   连二亚硫酸钠

7.2.2 漂白助剂

制浆过程中分离出的纤维素或多或少都含有一定量木质素、有色物质及其他杂质，使纸浆具有一定颜色，会影响纸张的印刷和使用，因此，需加入漂白助剂以提高纸浆的白度和性能。

漂白助剂指在漂白过程中，用于提高漂白剂稳定性、减少无效分解或减少纤维素降解、保持漂白后浆强度的化学药品。漂白助剂的作用原理为加速漂白剂与发色基团的作用、提高各种漂白剂的利用率、改善各类漂白过程的条件。主要的漂白剂：过氧化氢、次氯酸钠、臭氧，过氧乙酸等；漂白助剂有烧碱、磷酸盐、螯合剂水玻璃、氨基磺酸、DTPA（二乙基三胺五乙酸）、EDTA（乙二胺四乙酸）、防止纸浆返黄的羟甲基苯基次磷酸（$C_7H_9O_3P$）等。

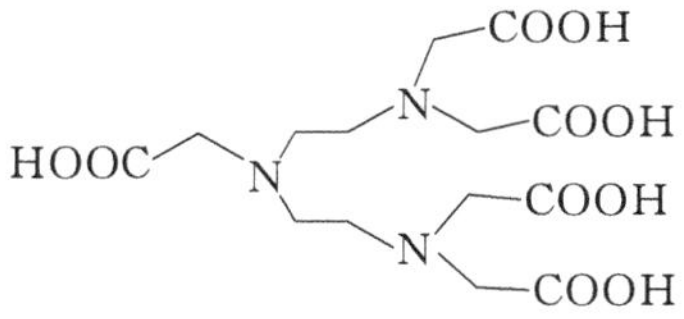

DTPA

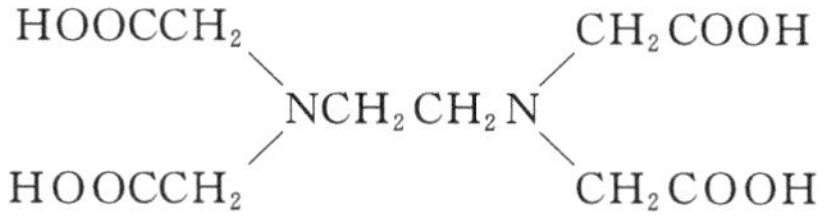

EDTA

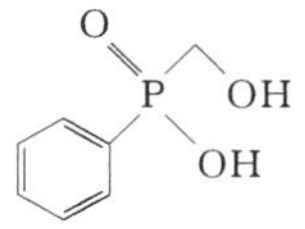

羟甲基苯基次磷酸

7.2.3 废纸回收用助剂

废纸在 20 世纪初开始作为造纸工业的再生资源，亦称"二次纤维"。20 世纪 90 年代以来，对环境改善、森林保护、节约能源及原材料、降低造纸成本的呼声日益高涨。废纸回收

用助剂主要包括解离促进剂、脱墨剂及黏着物处理剂等。利用废纸制浆的关键工序是脱墨，脱墨是一种通过化学药品、机械力和加热等的综合作用将印刷油墨与纤维分离并从纸浆中分离出去的工艺过程。

脱墨剂是使黏附在纸张上的油墨、颜料颗粒及胶黏物脱落所用的化学药品。其脱墨机理为先疏解分离纤维，通过物理化学方法使纤维润胀和油墨分离，然后通过化学药品的作用，使油墨皂化、乳化，分散于浆料中，最后通过洗涤或者浮选的方法除去油墨。

废纸中油墨的主要成分是分散相的颜料和连续相的黏结料，后者主要起黏合和成膜作用，颜料粒子是由成千上万个分子聚集起来的颗粒，一般由瓷土、炭黑等无机物组成，目前亦有用有机颜料的；黏结料一般是由干性植物油、各种树脂配制成的黏稠状的液态物质。油墨化学品则是为了改善油墨性能，调节油墨的印刷适应性而加入的催干剂、黏度调节剂、增色剂等，一般用量少。废纸脱墨要除去的油墨粒子是连接料黏结颜料（特别是炭黑）而形成的微小粒子，所有油墨中的树脂对废纸脱墨的影响最大，也即连接料对废纸脱墨的影响最大。树脂连接料的种类及制备方法如表 7-1 所示。

表 7-1　树脂连接料的种类及制备方法

连接料种类		制备方法	特点
油性连接料		将干性植物油加热到某一温度保温，使之聚合成二、三聚体。如亚麻仁油、桐油、蓖麻油等	通过空气中氧的作用发生交联，固化成膜。具有良好的附着力和一定的抗水性，膜的光泽好，固化速度慢，干燥时间长
树脂连接料	松香改性酚醛树脂	苯酚和甲醛缩合得到的二醇酚化合物，用松香改性、甘油酯化得到的	抗水性好，熔点高，不泛黄，结膜光泽性好，能溶于植物油、矿物油及石油溶剂中，用于快固着亮光油墨
	醇酸树脂	先用亚麻仁油与甘油醇解，再加入邻苯二酸酐合成	良好的润湿性，附着力强，结膜光亮，而且耐磨
	聚酰胺树脂	由多元醇和多元胺缩聚而成	多用于柔性版油墨配制
	石油沥青	多种聚合物的混合物	对颜料有溶胶作用，是配制黑色轮转印报油墨的主要树脂原料
	水溶性树脂	高分子的乳液或水溶胶	干燥速度快，需添加醇类溶剂，光泽性稍差，无污染
	其他树脂	—	—

（1）脱墨剂分类　根据脱墨方法不同可分为浮选法脱墨剂和洗涤法脱墨剂。浮选法分离油墨的过程是运用不同颗粒具有不同的表面性能的机理来达到分离的目的。因为只有憎水性表面的油墨颗粒才可以浮选，而具有亲水性表面的纤维则会留在水中。该方法是将空气鼓入稀释的纤维-水悬浮液中，油墨由于受到水的排斥而附聚到空气泡上，然后一起浮至液体表面，含有油墨的泡沫由机械逆流或真空抽吸被除去。洗涤法是把从废纸上脱离下来的与纸浆悬浮液共存的油墨等污物用脱水处理的方法进行污水-清水轮流置换洗涤，使油墨污物和纸浆纤维分离。

（2）脱墨剂原料选择　脱墨剂是由表面活性剂和无机药品组成，或是多种表面活性剂的复配物。脱墨剂主要包括碱剂、表面活性剂、螯合剂、漂白剂、捕集剂、抗再沉淀剂等。

① 碱剂　碱剂又称皂化剂，主要用来调节水力碎浆机内浆料的 pH 值在碱性范围，以使纤维产生润胀，使油墨粒子易于从纤维上分离下来，使油墨中的树脂产生皂化或水解，破坏油墨粒子的结构和油墨与纤维间的黏结作用，使纤维最终与油墨脱离黏结状态。使用的碱

剂主要有氢氧化钠、硅酸钠、碳酸钠。氢氧化钠的碱性太强，易引起纸页返黄或发黑，尤其是对含有机械浆的废旧报纸等更易出现。碳酸钠的碱性太弱，有时达不到要求的值。因此，上述两种碱剂已很少单独使用。（常用的）其组分实际上是不同聚合度的聚硅酸盐阴离子的混合物。它既是水力碎浆机中碱的来源之一，又有与重金属离子形成胶体结构、稳定作用环境的功能，同时还有助于油墨颗粒的分散，并防止油墨颗粒重新沉淀到纤维表面上，目前已被广泛采用。现在更为流行的是硅酸钠和氢氧化钠一起使用。

② 漂白剂　其作用是在碱性条件下对有色物质进行脱色。主要有过氧化物（过氧化氢、过氧化钠、过氧酸）、次氯酸盐和连二亚硫酸钠（保险粉）等。目前普遍采用的为过氧化氢，过氧酸由于其优异的性能也被越来越多地使用。

③ 螯合剂　常用的螯合剂有 EDTA 和 DPTA 两种。DPTA 的性能优于 EDTA，用得较多。其作用是与重金属离子形成水溶性的螯合物，从而防止金属离子过氧化氢的分解作用。其加入点与过氧化氢相同，也可以比过氧化氢早一步加入，如在碎浆池等。螯合剂的用量直接由水力碎浆机中重金属离子含量决定。

④ 表面活性剂　表面活性剂是两亲类物质，在浮选脱墨生产中主要起凝聚和吸附作用。其作用机理是当表面活性剂加到水力碎浆机或浮选前的废纸浆内时，疏水基与油墨、油脂或脏物结合在一起产生吸附作用，同时亲水基一端仍滞留在水中。按亲水基来分表面活性剂有离子型、非离子型和混合型三类。浮选法废纸脱墨剂配方中常用的有非离子型和阴离子型两种，一般采用二者配合使用效果较好。阳离子表面活性剂在水溶液中通常呈弱酸性或中性，用作杀菌剂、柔软剂、抗静电剂、助染剂等，但洗涤性能较差，价格也很贵，故一般不使用阳离子表面活性剂脱墨。需要注意的是，非离子表面活性剂的成分不能过高，否则会影响油墨凝聚。要考虑表面活性剂的起泡性，要求泡沫适中以利于生产操作，不产生粘毛、粘缸或脱缸等问题。另外，脱墨剂中加入少量无机盐可增加表面活性剂的活性及降低成本。脱墨用主要表面活性剂的性能见表 7-2。

表 7-2　脱墨用主要表面活性剂的性能

表面活性剂	洗涤力	分散力	起泡力	捕集力	脱墨方式	
					洗涤	浮选
烷基苯磺酸盐	良	良	优	差	良	差
硫酸烷基酯	优	优	优	差	优	良
α-烷基磺酸盐	优	优	优	差	优	良
肥皂	差	差	差	优	差	优
烷基酚聚氧乙烯醚	优	优	优	良	优	优
脂肪醇聚氧乙烯醚	优	优	优	良	优	优
聚氧乙烯聚氧丙烯嵌段聚合物	良	良	差	良	优	优
脂肪酸聚氧乙烯酯	良	良	良	良	良	良

⑤ 捕集剂　捕集剂的作用是将油墨颗粒聚集在一起而形成较大的聚团（粒径范围为 $10\sim150\,\mu m$）并给予这些聚团以憎水性的表面，然后附集在空气泡上被除去。为了满足上述要求，捕集剂必须是不溶于水的物质，并且具有形成憎水性表面的能力，即携带油墨颗粒的空气泡具有适当的张力强度，使之从浮选器内上升到液面的过程中不会破裂，当达到溢流堰时，空气泡又要迅速破裂。这样既能提高油墨去除的效率，又能防止废水中捕集剂浓度的积

累。实际生产中，捕集剂被分为三类，即脂肪酸类、半合成类和合成类。其中脂肪酸类能作为水溶性钠皂加入水力碎浆机中，具有良好的洗涤效果，浮选之前通过加钙，以氢氧化钙和氯化钙形式（即水的硬度提高），使脂肪酸皂产生沉淀。脂肪酸组分对浮选阶段的功能发挥具有十分重要的作用。泡沫量、油墨选择性、排渣量以及化学品的用量受脂肪酸组分变化的直接影响。硬脂酸含量高的脂肪酸排渣量较少，泡沫呈黑色，并且油墨选择性好，因此，当化学品用量低时，宜采用硬脂酸含量高的脂肪酸品种；但硬脂酸含量太高，则排渣量太少，会对浆料白度带来负面影响。另外，由于泡沫量还受分子链长的影响，较短的链产生的泡沫较多，因此，以选用链长较短的为宜。同时还要根据废纸原料情况，如是否有填料或涂布颜料、印刷油墨等因素综合考虑脂肪酸的组分。

合成捕集剂一般是 HLB 值较低的表面活性剂。在制浆阶段对油墨有分散作用，而浮选阶段又有捕集作用的双重功能。不同品种的合成捕集剂的工作机理有所不同，但其共同点是低 HLB 值下能提供给油墨颗粒一个亲水性表面。合成捕集剂在常温下呈液态，使用非常容易；用量要比脂肪酸类少，因此带入纸机的化学品量也低；水的硬度对其无影响，不需要加入额外的钙。

为了将前两者的优点结合在一起而研制开发了半合成捕集剂。其加入点通常在水力碎浆机中，因为该化学品需要一定的停留时间以使其在浮选时发挥最佳功能。

⑥ 防再沉淀剂　主要作用是使油墨分散且不再沉积于纤维上。多为含有羧基的聚合物，如马来酸酐丙烯酸共聚物、羧甲基纤维素钠等。

除此之外，新闻纸凸版印刷的油墨配方和胶版印刷的有所不同。凸版印刷的油墨是通过矿物油分散渗透，树脂黏合剂的含量较低，相对来说容易脱墨。胶版印刷是加热使树脂漆和炭黑混合在一起，并通过黏合和成膜作用，在纤维表层形成油墨硬膜。凸版印刷可用碱和工业皂对树脂、矿物油进行皂化和乳化分散，进行脱墨。胶版印刷则应先破坏与纤维结合的油墨硬膜，再皂化和乳化分散树脂和油墨。

7.2.4　消泡剂

泡沫是制浆、造纸及废液处理中一个较为严重的问题。对泡沫缺乏足够的认识和控制，能导致减产或降低产品质量，还能造成环境污染。纸料中泡沫产生的原因：浆料洗涤不好、纸浆中树脂含量高、浆料或白水与空气的撞击、表面活性剂、填料的分解。纸料中气泡产生的危害：夹杂在流浆箱浆料中的气泡可造成纸病（孔洞、透明点）；降低网上滤水速度；使流送系统不稳定。

消泡剂是用于消除各工艺过程中出现泡沫的化学品。作用原理主要是消泡剂进入泡沫的双分子定向膜中，破坏定向膜的力学平衡而降低液体的表面张力，即消泡剂能在泡沫的液体表面铺展，并置换膜层上的液体，使液膜层厚度变薄至机械失稳点而达到消泡目的。其主要作用机理可分为以下几种。

① 化学反应法。消泡剂与发泡剂发生反应，如发泡剂为肥皂时，可加入酸使其变为硬脂酸，也可加入钙、镁等金属离子，使其形成不溶于水的硬脂酸盐，从而导致泡沫破裂消失。

② 降低膜强度法。消泡剂为非极性溶剂，如煤油、柴油、汽油等。这些有机烃类可以迅速在液体表面铺展，带走部分发泡剂，使液膜变薄而强度降低引起破裂。这种消泡剂必须经乳化后才能在造纸中应用，否则煤油等会对纤维造成污染。大多数消泡剂使用小分子醇

类，如乙醇、辛醇等，它们可以进入泡沫双分子定向膜中，使膜强度降低，并通过这些极性分子的扩散使部分发泡分子带入水中，导致泡沫破裂。

③ 造成局部张力差异。能够显著降低表面张力的表面活性剂和固体疏水颗粒，如含氟表面活性剂、硅油、聚醚、高碳醇、胶体二氧化硅、二硬脂酰乙二胺（EBS）能够进入泡沫双分子膜中，导致膜中表面张力局部降低，而膜的其余部分则仍保持着较大的表面张力，这种张力差异使较强张力牵引着张力较弱部分，从而导致泡沫的破裂。

碱性制浆过程中，会产生大量的泡沫，用于碱法纸浆洗涤、漂白和黑液浓缩的消泡剂，要求耐碱、耐高温，大多由烯烃类溶剂和亲油性表面活性剂组成，添加的消泡剂主要为聚醚类、脂肪酸酯类。对制浆部分的泡沫一般选用亚乙基双硬脂酰胺和疏水有机硅，湿部加工过程中添加的消泡剂一般为乳液型，系表面活性剂与烃类复配，以双硬脂酸酰胺、硬脂酸聚氧乙烯酯等消泡效果为佳。

（1）烃类消泡剂　烃类一般不单独使用，而是和乳化剂及蜡类配比成 W/O 型乳液作为消泡剂。其扩散能力强，消泡速度快，但消泡效果较差，多用于制浆工序，与疏水颗粒如胶体二氧化硅配合消泡效果好。烃类消泡剂的主要成分是：

① 疏水颗粒　经表面处理的胶体二氧化硅和二硬脂酰乙二胺（$C_{38}H_{76}N_2O_2$，EBS）。EBS 可直接代替二氧化硅，用量为二氧化硅的一半。疏水颗粒的添加量约为 1%。

② 油溶性表面活性剂　其作用是降低消泡剂悬浮液和被处理液体之间的界面张力，使消泡剂能以薄膜形式铺展于液体表面。常用各种脂肪酸衍生物作为油溶性表面活性剂。其用量约为 1%～2%。

③ 烃溶剂　一般是石蜡烃类如煤油、汽油、柴油等，在烃类消泡剂中占 40% 左右，在烃类消泡剂中添加少量有机硅油有着显著增效作用。如 OTD、MPO 等。

$$C_{17}H_{35}COO \quad O \quad OH \qquad C_{17}H_{35}CONH \qquad NHCOC_{17}H_{35}$$
$$CH_2CH_2 \quad CH_2CH_2 \qquad\qquad\qquad CH_2CH_2$$
$$OTD \qquad\qquad\qquad\qquad\qquad EBS$$

$$RO(CH_2CHO)_n(CH_2CH_2O)_m$$
$$CH_3$$
$$MPO$$

（2）有机硅消泡剂　一般有机化合物，如烃类、醚类及磷酸酯类铺展系数大，因此破坏作用很强（消泡）而抑泡能力差。包括硅油与乳化剂两个组分。有机硅铺展系数很小，单纯的有机硅如二甲基硅氧烷无消泡作用，但将其乳化后，表面张力迅速降低，使用很少量就能达到很强的破泡和抑制泡沫的作用。硅氧烷系消泡剂公认的最重要的通用型的消泡剂，具有低表面张力与低挥发性，且在一般情况下是化学惰性的，不溶于水与多种有机溶剂，稳定性好，无毒或低毒。影响硅氧烷类消泡剂消泡能力的因素为胶乳颗粒的大小、所采用的表面活性剂的性能、所使用的活化硅胶以及所采用的乳化方法等。硅氧烷类消泡剂的稳定性与其抗泡能力是紧密相关的两个因素。要选择适当的表面活性剂与恰当的乳化设备，以便能将颗粒粒度控制在 2～50μm 范围内。通常，采用一种低亲水亲油比与一种高亲水亲油比表面活性剂的混合物，如常用的甘油单硬脂酸酯与聚乙二醇单硬脂酸酯的混合物。此外，所用的表面活性剂本身还必须是低发泡的，且不能使得硅氧烷类消泡剂过度乳化，否则将导致低劣的消泡效果。

（3）聚醚型消泡剂　嵌段聚醚是常用的消泡剂，效果极其显著。常常将这些表面活性剂与硅油及矿物油配合使用，以降低成本，并达到抑泡和消泡的综合作用。主要活性成分是环氧乙烷环氧丙烷嵌段共聚物，分子量一般大于 3000，主要应用于涂布纸加工过程中，具有很强消泡、抑泡作用，同时具有上光、润滑等多种功能，但造价昂贵、成本偏高。

任何一种表面活性剂能够起到除气消泡作用，在于它的应用的方式，如脂肪酸在酸性条件下是起消泡作用，而在碱性的条件下起发泡作用；又如脂肪酸酯在低温下对消泡有功效，而在高温下可能就无效。单一消泡剂的效果不如复配消泡剂好，在实际生产的过程中，通常都采用两种消泡剂配合使用，而且在流程中相距较远的两个位置添加，比单独使用一种消泡剂更经济有效。

对消泡剂的研究主要集中在有机硅化合物与表面活性剂的复配、聚醚与有机硅的复配、水溶性或油溶性聚醚与含硅聚醚的复配等复配型消泡剂上，复配是消泡剂的发展趋势之一。就目前消泡剂而言，聚醚类与有机硅类消泡剂的性能最为优良，对这两类消泡剂的改性与新品种的开发研究也比较活跃。

消泡剂种类及性能见表 7-3。

表 7-3　消泡剂种类及性能

种类	名称	性能
烃类	煤油、汽油、柴油等	多用于制浆工序，常制成乳液加入，与疏水颗粒如胶体二氧化硅配合消泡效果更好
醇类	丁醇、辛醇、十八醇、异丙醇等	小分子醇类可直接使用，高碳醇则需乳化后使用，一般是和其他组分复合以提高消泡能力
聚醚	聚乙二醇、聚环氧乙烷、聚环氧乙烷-环氧丙烷	可用于制浆、抄纸、涂布工序，具有乳化、分散、渗透等多种功能，适应 pH 值宽（4～10）
有机硅高分子	二甲基硅油、羟基硅油	可用于造纸各工序消泡，常以乳液形式使用，用量少而消泡能力强，并可使纸张柔软
其他	磷酸三丁酯、硫酸化蓖麻油、羟乙基蓖麻油等	磷酸三丁酯消泡能力很强，但价格昂贵。硫酸化蓖麻油等消泡效果一般，有时会有发泡性

7.2.5　絮凝剂

絮凝剂是指能使溶胶变成絮状沉淀的凝结剂。絮凝原理为造纸废液中杂质的粒径分布 $10^{-1} \sim 10^{-7}$ cm，其中在 $10^{-4} \sim 10^{-7}$ cm 范围细而轻的粒子是造成浑浊和颜色的主要原因。它们在水中不易沉淀，需加入药物改变物质的界面特性，使胶体聚合，形成易于沉淀或上浮分离的大颗粒。

废水溶液中，胶体粒子大多带负电荷，它们吸引水中的阳离子而排斥阴离子，使胶体粒子得以稳定。因此胶体粒子表面附近阳离子浓度高于阴离子，使胶体粒子表面形成 Zeta 电位。絮凝剂多为电解质，加入水中电解出带相反电荷的部分与胶体粒子的电荷中和，粒子间斥力消失，便可形成大颗粒沉淀，水即澄清。

絮凝剂主要可分为无机絮凝剂和有机絮凝剂。常用的无机絮凝剂有硫酸铝、氯化铝等；常用的有机絮凝剂有聚丙烯酰胺 $(C_3H_5NO)_n$、聚丙烯酸钠 $(C_3H_3NaO_2)_n$ 等。

聚丙烯酰胺　　　　　　　　　　聚丙烯酸钠

7.2.6　纸浆防腐剂

制浆造纸厂中，在浆料流经的器壁上，常着生一类黏液状的附着物，质地柔软而黏滑，习惯称之为"腐浆"；腐浆中除含有细小纤维和填料颗粒之外，还含有大量的各类微生物。现代造纸是以植物纤维为主要原料，添加大量化学品的生产过程，其中包括淀粉、施胶剂以及涂料等，这些原料中大多含有丰富的营养物质，加上抄纸过程提供较合适微生物生长繁殖的物理化学环境，微生物介入后便能快速生长繁殖，严重时产生腐浆。近年来，随着各种废纸（二次纤维）的大量使用，以及纸机采用白水封闭循环系统，造成了生产车间各种设备和管道中沉积物的积累，使得微生物快速生长，引起腐浆障碍，尤其夏天，问题更严重，必须在系统中加入少量合适的杀菌剂，才能有效地抑制或消灭微生物。

杀菌剂抑制细菌生长的机理主要是使养料物质的蛋白质变质、干扰细菌的细胞膜、干扰细菌的遗传机理、干扰细菌细胞内部酶的活力。

防腐剂的类型：①氧化型杀菌剂。主要有次氯酸盐、双氧水、氯气、溴二氧化氯以及氯胺等；其效果好，对微生物都起作用，缺点是非选择性的，不仅能杀死微生物，也能与非活性的物质如金属管道、容器、纤维、添加剂等反应，从而影响生产。②非氧化型杀菌剂。主要是有机防腐剂，大多含有溴基、氰基、巯基以及苯并咪唑、苯并噻唑等基团，一般有异噻唑啉酮及其衍生物、有机溴类化合物、酚类化合物、阳离子表面活性剂类等。其选择性好，对浮游微生物和生物膜作用非常好，它不仅能限制生物膜的形成和消除现存的生物膜，而且还能渗透到生物膜内部与存留在生物膜内部的厌氧微生物起反应。

苯并咪唑　　　　　　　　苯并噻唑

（1）表面活性剂类　阳离子和两性表面活性剂在这方面作用比较显著。对于其作用机理尚未认识清楚，一般认为表面活性剂的阳离子基吸附于微生物的细胞壁破坏细胞壁内的某种酶，与蛋白质发生某种反应并影响微生物的正常代谢过程，最终导致微生物死亡。

阳离子表面活性剂特别是分子结构中带苄基的季铵盐具有较强的杀菌性，但在存在其他蛋白质或重金属离子的场合，某些两性表面活性剂的杀菌能力超过阳离子表面活性剂，特别是在与阴离子表面活性剂复配的场合，更显示出两性表面活性剂的优越性。

（2）有机杀菌剂　有机汞、氯气、氯代酚等由于毒性大而易污染水源，如五氯酚钠已基本淘汰。目前主要用有机硫、有机溴和含氮硫杂环（如均三嗪）化合物，典型产品有异噻唑啉酮类、亚甲基双硫氰酸酯和2,2-二溴氰基丙酰胺等，代表性产品是亚甲基双硫氰酸酯，简称MBT。MBT具有很强的杀菌作用，且灭菌谱较广，对细菌、真菌、藻类均具有明显的杀菌作用。苯并异噻唑-3-酮，对人和动物的毒害都小，用量 150×10^{-6} 左右。可用于浆料和涂料防腐。有机溴防腐剂有2,2-二溴氰基乙酰胺（DBCA）和3-溴-3-硝基戊烷-2,4-二醇，过氧乙酸和羟基苯甲酸酯。

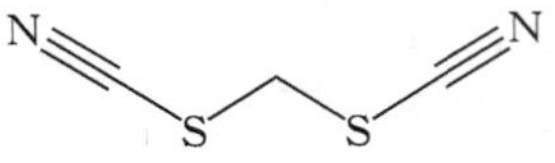

MBT

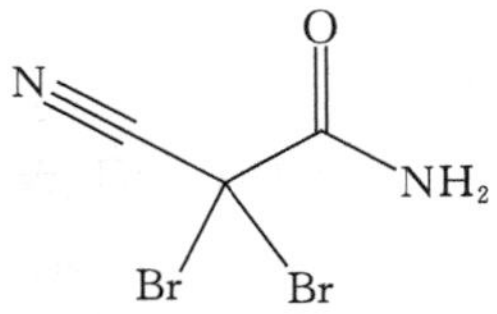

DBCA

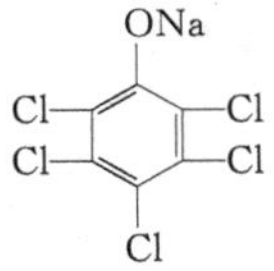

五氯酚钠

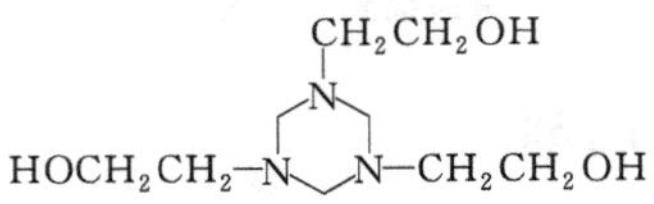

均三嗪

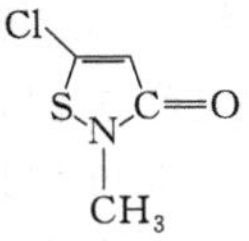

5-氯-2-甲基-4-异噻唑啉-3-酮

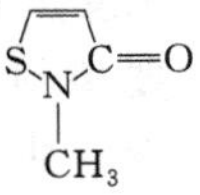

2-甲基-4-异噻唑啉-3-酮

异噻唑啉酮制备：将 3,3-二硫代-N,N'-二甲基二丙酰胺加入甲苯溶剂中，量取所需质量比的氯化硫酰在 0～5℃滴加，30～40min 滴完。此段时间内不需要加热。将温度控制在所需的温度下，从滴加液体氯化硫酰算加热所需的时间。反应完毕后，在无水的情况下抽滤，将滤液回收，产品为淡黄色固体粉末，即为 2-甲基-4-异噻唑啉-3-酮和 5-氯-2-甲基-4-异噻唑啉-3-酮盐酸盐的混合物。

对杀菌剂要求：高效，有较高的杀菌能力和较低的抑菌浓度，一般抑菌浓度为（15～30）×10^{-6}，杀菌浓度为（50～100）×10^{-6}。低毒，易分解，排放后经一段时间或在某一特定的 pH 值范围内会自行分解。有一定的水溶性，最好使液体，能直接稀释使用。与其他造纸添加剂较好的兼容性和较低的毒性，对食品用纸，应考虑其毒性和允许用量；同时注意 pH 值对杀菌的影响，一般细菌嗜碱（pH6.5～7.5），要选用酸性防腐剂；真菌嗜酸（pH5.5～6.5），要选用碱性防腐剂。如长期使用，应更换防腐剂品种，避免微生物产生耐药性。具体要求如表 7-4 可知。

表 7-4　现代消泡剂的应用要求

具体要求	指标
特性	①广谱（适用于细菌、霉菌、酵母菌和藻类） ②在广泛的 pH 范围内适用（4.0～9.5） ③在广泛的温度范围内适用（20～60℃） ④具有经济性 ⑤快速反应 ⑥与其他造纸物料兼容性好
物性	①不含有机溶剂 ②无味 ③液态
毒性	①较高的 LC_{50} 值 ②无刺激性 ③不影响生物污水处理设施 ④无毒性代谢物
政策	符合相关规定（通过 ISO 14000 环境认证或 ISO 18000 职业卫生认证或化学危险品认证，美国公司或对美贸易公司应通过 FDA 认证）

7.3 抄纸化学品

抄纸是将制浆工序制备的浆料生成原纸的过程。抄纸化学品包括功能化学品和过程化学品。功能化学品提高抄纸质量和功能；过程化学品提高纸机效率、减少纤维和填料损失。常用抄纸化学品：施胶剂、增强剂、助留剂和助滤剂。

7.3.1 助留剂

助留剂是用以提高造纸过程中纤细物和填料留着率的化学品。由于打浆作用形成细小的纤维、加入填料和其他化学品均会在浆料和白水系统中生成纤细物，纤细物在造纸机和湿部系统中起重要作用，如不稳定控制，将会使纤维、填料等大量流失，增加原料消耗，且使成纸质量下降或波动。一般是通过胶体吸附和机械截留来实现。

助留机理可分为凝结和凝聚两种作用，两者都是使细小纤维和填料留着，但还是有些差异。

① 凝结　凝结剂中和填料、纤维表面所带的电荷，形成小聚集体，产生助留作用。但这种聚集体不耐机械外力，不能承受抄纸过程中湍流所造成的剪切力。所以凝结剂只有和凝聚剂共同作用时，才能达到理想的助留效果。

② 凝聚　凝聚剂的结构特点是具有足够大的分子量，因而分子链上有足够多的反应点或活性点，可与纤维或填料通过：a. 中和相反电荷；b. 部分链段呈镶嵌状地吸附在粒子表面；c. 交联或架桥；d. 聚合物链形成缠绕网络，将粒子捕获等结合形式，形成"硬聚集体"。这种"硬聚集体"内部作用点多，作用力大，不易被破坏，能够承受抄纸过程中湍流所造成的剪切力，有更显著的助留效果。阳离子助留剂可直接和带负电荷的纤维结合；阴离子助留剂可通过浆中 Al^{3+} 和细小纤维或带电荷的填料结合；两性离子助留剂则兼具上述两种作用；非离子助留剂是通过氢键或范德华力与细小纤维及填料产生吸附作用。可以归结为：电中和、异凝聚、电荷补丁、桥联絮聚和复合絮聚。

常用的无机助留剂：明矾、聚合氯化铝、$CaCl_2$；天然有机聚合物助留剂：阳离子淀粉、阳离子瓜豆胶和壳聚糖等；合成有机聚合物助留剂：聚丙烯酰胺 $[(C_3H_5NO)_n，PAM]$、聚环氧乙烷（PEO）、聚酰胺环氧氯丙烷（PAE）、聚乙烯亚胺（PEI）、聚胺（PA）等。近年来，助留剂使用的大多为阳电荷的高分子聚合物，如聚丙烯酰胺、聚乙烯亚胺、聚酰胺、聚氨酯等。它们的长分子链可在纤维、细小纤维、填料等空隙间架桥，并与纤维表面阴电荷逐步中和以形成絮凝，从而提高保留率并增大滤水性，如阳离子淀粉、聚丙烯酰胺、聚乙烯亚胺（PEI）、阴离子淀粉及多元助留体系。

$$H\left[O\!\!\!\diagup\!\!\!\right]_n OH \quad PEO$$

$$\triangleright N\!-\!\left[CH_2CH_2NH\right]_n H \quad PEI$$

聚丙烯酰胺一般为水溶液，粉末在高剪切力作用下可稀释到 $1\% \sim 2\%$ 且易降解。

阳离子聚丙烯酰胺（CPAM）效果要好于阴离子型（APAM）。为了在高速纸机上取得理想的助留助滤效果，必须采用抗剪切的高效的超高分子量的高聚物。

其他如二甲胺和环氧氯丙烷合成的聚胺（PA）、环氧乙烷聚合形成的聚环氧乙烷（PEO）、聚酰胺环氧氯丙烷（PAE）、二甲胺和乙烯基氯甲烷合成的聚二烯丙基二甲基氯化铵等都可以用于造纸系统的助留剂。一般说来，阳离子聚合物平均分子量为 $2 \times 10^4 \sim 5 \times 10^5$，阴离子聚合物平均分子量为 $5 \times 10^6 \sim 10 \times 10^6$。系统中 PAE 添加量为 0.07%，而 APAM 添加量为 0.12%。

（1）双元聚合物助留系统 在提高助留效率的研究中发现，组合使用两种不同的聚电解质，可以生成强度较高的硬韧型絮团，并且先加入阳离子聚电解质后加入阴离子聚电解质，助留效果最佳，这种助留剂的作用过程称为双元聚合物助留系统。

① 离子型双元聚合物助留系统 其作用机理为加入低分子量、高阳离子电荷密度的聚电解质（如 PAE 等）后，在颗粒表面形成局部阳离子化的聚电解质补丁，在高分子量、低电荷密度的阴离子聚电解质（如 APAM 等）结合在阳离子补丁上，但由于受到颗粒表面负电荷的排斥力，阴离子聚合物的其他部分则延伸在周围的水溶液中，这就使得阴离子聚合物很容易再与颗粒表面的阳离子化的聚电解质补丁结合在一起，这种连接好像架桥形式，使得两个颗粒的表面相近。这种絮团属于硬韧型，并且助留效果好。改变两种聚合物的添加顺序，则絮聚体的大小和絮聚度都骤减。

② 非离子型双元聚合物助留系统 这种助留系统使用较为成功的有酚醛树脂（PR）-聚环氧乙烷（PEO）。可用于阳离子化合物干扰的情况，该系统已成功应用于配有含许多原生有机物（抽提物）的机械浆，特别是新闻纸的抄造。剪切力低时，单独使用 PR 或 PEO 都有助留作用，但在剪切力高时，则必须将两者作为双元组分加入，才能取得满意的留着率。用量比 PR : PEO=1 : 7 时，留着率最佳。另外在高剪切力时，先加 PR 后加 PEO 效果才明显。

其作用机理大概为：PR-PEO 组成三维网络结构，并且包络了纤维素；吸附的 PR 和 PEO 形成氢键，使纤维成为网络的组成；PR 中和抽提物使 PEO 在纤维间更有效地起桥联作用。

（2）海德罗科尔（Hydrocol）系统 海德罗科尔系统和一般单一助留系统的区别在于：单一助留剂形成的絮聚体不耐剪切，为了达到最佳助留效果，一般应尽量添加在剪切力小的位置。有时为了达到较好的效果，常加入过量的高分子量的聚合物，这不但增加了成本，而且会带来其他问题。而海德罗科尔系统是通过微粒絮凝作用达到理想的助留效果。其作用机理的关键是：添加高分子量的聚合物后形成的凝聚体被混合浆泵和筛浆机剪断，然后再添加海德罗科尔颜料，使浆料再凝固，从而形成独特的絮聚体结构。

此系统聚合物多为阳离子型聚合物，如 CPAM 等。颜料为具有细小粒径和高溶胀力的改性膨润土，不但能大幅改善淀粉的留着性，而且允许使用价格低廉、质量较差的阳离子淀粉。

（3）胶体硅-淀粉（康波季尔）系统 该系统是由阳离子淀粉和阴离子高比表面积的二氧化硅组成。与桥联聚合物不同，该系统产生的是可逆絮聚，即一旦剪切力消失，絮聚会回复原状，由于产生了更小的絮聚体，因而对纸页匀度有益；由于二氧化硅易于到达带电荷的表面，使阳离子淀粉留着率提高，纸张强度相应得到改善。与常规助留剂相比，该系统主要优点是留着率的提高并未引起纸页匀度变劣。为取得最佳留着率，应严格控制两组分的添加比例。具体应用时先加阳离子淀粉，添加量一般为每吨纸 5~10kg，这种淀粉含支链淀粉约 80%、直链淀粉约 20%，后加 1~3kg 二氧化硅/t 纸。

（4）其他微粒-聚合物系统
① 皂土-聚合物系统：在纸页最后受高剪切之前、后分别添加聚合物和皂土。该系统的

作用方式为首先是聚合物发生桥联作用，使纸料产生絮聚，絮聚体经过最后剪切作用后，分裂成阳离子微絮聚体，最后加入的皂土为微絮聚体上吸附的聚合物之间提供桥联作用媒介，使系统重聚。这种絮聚作用提高了留着率，同时改善了滤水性，由于絮聚更加均一，也改善了纸页的匀度。聚合物为具有中等电性的 CPAM，每吨用量 0.4～1kg，而高度膨润的皂土，每吨用量 2～4kg。

② 氢氧化铝-阳离子淀粉系统：尚未用于工业上。加入阳离子淀粉后，在 pH 约 8 时加入硫酸铝，硫酸铝形成的氢氧化铝胶体将与表面因吸附阳离子淀粉而呈阳离子性的纤维的细小粒子交错连接，从而达到提高系统留着率的目的。

7.3.2　助滤剂

助滤机理可以从不同角度加以解释：带正电荷的助滤剂能够降低纤维、填料的表面电荷，使极性有所降低，水分子难以在纤维、填料表面浸湿及定向排列；助滤剂（同时也起助留作用的那种助滤剂）能够促织纤维和填料的凝聚，其结果导致纤维或填料的比表面降低，形成大的聚集体，加速脱水速度。助滤剂往往也是高分子表面活性剂，使纤维、填料表面吸附或结合后，能够降低其表面张力，减小接触角，使水分子难以铺展和浸湿，受应力作用后易脱离抄纸网部。

早期多以聚乙烯亚胺（PEI）为助滤剂，目前以聚丙烯酰胺和改性淀粉为主。PAM 作为助滤剂使用时，应选择中等分子量、中等电荷密度的 CPAM。它能够吸附于纤维或填料表面，中和其电性，降低 Zeta 电位，破坏其中定向排列的大分子结构，从而产生好的助滤效果。CPAM 及其与改性皂土的混合物广泛用于改善浆料的滤水性能，适用于化学浆和机械浆，但对于这两种浆的作用机理是不同的。CPAM 的最佳用量与聚合物的电荷密度及浆的 pH 有很大的关系。在低用量时，可降低浆料的保水值；而在用量增加时，可增加机械浆的保水值。当 CPAM 在淀粉之前加入时，还会减少浆料对阳离子淀粉的吸附。主要助滤剂种类见表 7-5。

表 7-5　主要助滤剂种类

种类	主要产品
阳离子型	聚乙烯胺、阳离子淀粉、聚乙烯亚胺、PAE、聚丙烯酰胺接枝阳离子淀粉、丙烯酰胺-二甲基丙基丙烯酰胺共聚物等
非离子型	聚丙烯酰胺、聚甘露醇半乳糖、聚氧化乙烯等
两性型	两性淀粉、两性聚丙烯酰胺（C-APAM）等
阴离子型	水解聚丙烯酰胺、羧甲基纤维素（CMC）、羧甲基淀粉（CMS）等

聚乙烯亚胺及聚酰胺助滤剂主要是用低分子量、高电荷密度的阳离子聚合物作为助滤剂。聚乙烯亚胺（PEI）一般是和 APAM 构成典型的二元聚合物系统，但还有其他的形式组合，但用于提高滤水性，已经证明有两个系统是特别有效的：PEI-CPAM 和 PEI-CPAM/膨润土。这两个系统目前主要用在新闻纸和包装纸上。另外单独使用 PEI 有提高滤水性的作用，但二元系统效果更好。

PAE 是一种自交联型聚合物，改变环氧氯丙烷的加入量，可控制分子链上季铵基的相对含量，从而得到具有不同正电荷和不同链结构的聚合物，如将反应程度控制在凝胶点以下，则可得到线型和支链型的产品，而应用时如为碱性条件，则通过关环得到的环氧基可和纤维上的羟基反映，故主要用做湿强剂。作为助滤剂常和阴离子聚合物配合使用，才能得到满意的效果。

聚环氧乙烷（PEO）作为助滤剂使用时，只有分子量非常高时才起作用。它主要用于含机械木浆的纸料中，尤其适用于新闻纸和某些含磨木浆的特种纸。

7.3.3 施胶剂

施胶剂为用以延迟纸和纸板被水或水溶液渗透的化学品。分为浆内施胶剂和表面施胶剂两类。用于处理纸面的胶料称为表面施胶剂，通常在造纸机的施胶压榨或压光辊中进行。常用的表面施胶剂为变性淀粉、聚乙烯醇、动物胶、藻酸钠等，可提高纸面强度、挺度和印刷性能等。某些特殊表面施胶剂，例如苯乙烯-顺丁烯二酸酐共聚物、硬脂酸氯化铬，可明显增加纸的抗水性，甲基化三聚氰胺树脂可改善纸的形态稳定性，使在较大湿度变化下变形小。我国常用的浆内施胶剂有松香胶、石蜡松香胶、硬脂酸石蜡胶、改性淀粉、干酪素和合成树脂等。其中以松香胶和石蜡松香胶应用量广。目前国内大多数纸厂仍使用普通的皂化松香胶（游离松香含量在40%以下），烷基烯酮二聚体（AKD）由于其价格较贵，主要用于一些高档纸中，用量的比例大大低于松香系施胶剂。

根据应用的 pH 值可分为酸性和中碱性。

① 酸性抄纸用：白色松香胶、强化松香胶、阴离子乳液松香胶。优点：可靠性及价格便宜；缺点：纸耐老化性能差。

② 近中性抄纸用：阳离子乳液松香胶。优点是可在接近中性的 pH 值情况下施胶，能容忍一定量的碳酸钙填料，降低纤维原料成本，并可减少设备腐蚀和排放废水污染等。

③ 中性抄纸用：烷基烯酮二聚体（AKD）、烯基琥珀酸酐（ASA）、松香系中性施胶剂、树脂型中性施胶剂。优点：中性施胶剂施胶的纸耐久性好，可用碱性碳酸钙为填料，以提高不透明度、白度、手感和印刷性能等；缺点：价格较贵。

（1）松香胶系列 松香是一种复杂的混合物，其中酸性物占90%左右（主要成分是树脂酸的同分异构体，还有少量脂肪酸），中性物约占 5%～10%。树脂酸是松香的主要组成部分，有许多同分异构体，其共同的分子式为 $C_{19}H_{29}COOH$，化学结构分为树脂酸型和海松酸型。

松香施胶机理：游离松香酸离子吸附 Al^{3+} 后，带上正电，或本身就带正电，通过静电引力吸附于带负电的纤维上并均匀分布，进入纸机干燥部后，由于其烧结温度较低，带有铝离子的游离松香酸粒子很快软化并定位形成疏水基朝外的低能表面，同时，游离松香酸与吸附在其表面的铝离子发生反应，生成松香酸铝，进而使亲水基与纤维牢固地结合。

① 皂化松香胶 皂化松香胶是第一代松香胶。是将松香与计量的碱反应成的，根据碱的用量或松香皂化程度可分为白色松香胶和褐色松香胶。白色松香胶的皂化程度约75%，外观呈现浑浊而不透明的白色液体；褐色松香胶皂化程度接近100%，外观呈现比较透明的褐色或黄褐色膏体。两者在使用时都需稀释成白色液体后加入纸浆中。改善的皂化松香胶是采用有机碱做皂化剂，外观完全透明，易分散于水中，放置的稳定性得到了提高。

② 强化松香胶 用马来酸（酐）或富马酸与松香反应，对松香进行改性，制成强化松香，再将其皂化制成的松香胶。使用时替代部分皂化松香胶效果比较好。

③ 乳液松香胶 乳液松香胶即所谓高分散松香胶（阴离子松香胶），又称为第三代松香胶，呈白色乳液。一般含有90%以上游离松香酸，pH 在 7.0 以下，固含量为50%左右。胶

乳颗粒细小，能在室温下贮存较长时间，施胶效果优异，白度、耐候性、耐碱性等方面均优于松香胶施胶剂，但同样需要矾土来沉淀。乳液松香胶又称为高分散胶，制备方法有三种：溶剂法、熔融法、逆转法。

a. 溶剂法　用有机溶剂将松香溶解，加入少量有机碱和乳化剂，再加水制成不稳定的水包油型乳液，再通过高压均化器或胶体磨处理，使其匀质化，并减压除去全部有机溶剂，得到松香胶乳。

b. 熔融法　将松香熔融，并将有表面活性剂的水溶液预热到 $80\sim90℃$，将两者混合并通过高压匀质器使之乳化，迅速冷却到 $40℃$ 以下，制得稳定松香胶乳。

c. 逆转法　将松香在高温（$120\sim200℃$）下熔化，加入油溶性表面活性剂和水溶性表面活性剂，搅拌均匀后加入少量 $80\sim90℃$ 的水，形成油包水型乳液。然后在高速搅拌下，快速加入大量热水，使乳液由油包水型变成水包油型，迅速冷却到 $40℃$ 以下，得到稳定的松香胶乳。

④ 阳离子松香胶　是一种带有阳电荷的高分散松香胶，其中含有大量松香酸分子，具有中等荷密度（Zeta 电位约为 20mV）。与传统松香胶的主要区别在于阳离子松香胶呈阳离子性。阳离子松香胶中羧基含量有所降低，这是由于松香分子中的羧基与阳离子化试剂反应所致。阳离子松香胶的优点还有：胶乳黏度低，稳定性好；施胶时可少加硫酸铝；可加入碳酸钙等填料；可自行留在带有负电荷的纤维表面；施胶的 pH 值为 4.0～6.5，可在接近中性的系统中应用等等。阳离子松香胶可分为两种：阳离子分散型和自身阳离子型。

a. 阳离子分散型松香胶　通过阳离子表面活性剂将松香乳化和分散；

b. 自身阳离子型松香胶　在松香分子上引入阳离子基，利用羧基的反应或将松香与不饱和阳离子单体共聚使其阳离子化，实际上是形成阳离子松香表面活性剂来对松香进行乳化和分散。阳离子松香胶在更高 pH（6.5）时，其施胶效果会有所下降，原因是此时大量松香酸会变成松香皂，松香皂在高 pH 时是没有施胶效果的。另外，pH 高时，松香胶中的正电荷量会降低，减少纤维对松香的留着。

（2）松香胶的留着剂

① 聚合氯化铝（PAC）　在中性或者碱性介质中也能保持较高的正电荷密度，能够和阴离子的纤维及体系中的带有负电荷的各种填料结合，有利于吸附细小纤维和填料，加快滤水速度，它同时也是抄造系统一种优异的助留助滤剂。

② 阳离子淀粉、两性淀粉及其接枝物　阳离子淀粉及其接枝物具有对带负电荷的纤维的电化学亲和力，使淀粉衍生物的不可逆吸附几乎达到 100%，阳离子淀粉在纤维与矿物质填料及施胶剂之间起着离子桥的作用。两性淀粉及其接枝物具有阳离子淀粉的优点，同时还可和铝化合物离子结合，有效提高铝化合物离子的留着率。

③ 阳离子 PAM 及两性 PAM　阳离子 PAM 及两性 PAM 的作用机理和淀粉相似。

④ 阳离子聚酰胺环氧氯丙烷（PAE）　往皂化松香胶中混入阳离子聚酰胺树脂，其施胶的质量在酸性范围内会有所改善，但随着 pH 值的提高，施胶度也随之下降。使用高分散松香胶时，在一定的 pH 范围内，可保持一定的施胶度，但随着 pH 的继续提高，施胶的质量会剧烈下降，即不用阳离子聚酰胺树脂或使用皂化松香胶，施胶度是随着 pH 的增加而有所降低的。在高分散松香胶中加入阳离子聚酰胺树脂（中性松香胶），不仅在常规的施胶 pH 范围内施胶质量有明显的改善，而且随着 pH 的提高，施胶度得到相应的改善，最好的施胶度是在接近中性条件下获得的。

（3）反应中性施胶剂

① 烷基烯酮二聚体（AKD）　AKD 的反应性和施胶效果受到许多造纸变量的影响，增

加干燥温度会加快内酯环与纤维素羟基的反应，在较高 pH 下则会加快上述反应，加入矾土则会阻碍 AKD 与纤维素的反应。

② 烯基琥珀酸酐（ASA） ASA 水解速度快，不稳定，需要现配现用。ASA 应用时要着重解决乳化及乳化后的水解问题。ASA 易水解发生粘压榨辊、结垢等问题；现场乳化需要复杂乳化计量设备；要求高施胶度和高填料时易产生结垢问题等。

与 AKD 相比，ASA 与纤维素反应速度快，可在很短时间内提高施胶度，一般在纸机干燥温度下即可达到 90％的施胶度，而 AKD 却需要 24h 以上；与硫酸铝具有很好的相容性；使用 pH 范围广；以液体存在的 ASA 乳化方便；成本较 AKD 低等。

中性松香胶、AKD 和 ASA 施胶性能的比较见表 7-6。

表 7-6　中性松香胶、AKD 和 ASA 施胶性能的比较

比较项目	中性松香胶	AKD	ASA
外观	白色乳液	白色乳液	100％油液
乳液稳定性	稳定	数个月内水解	数天内水解
使用方法	与少量硫酸铝并用	与阳离子淀粉并用	现场配制
施胶速度	快	慢	慢
施胶度控制	容易	困难	困难
表面施胶	吸液量恒定,易控制	吸液量多,难控制	吸液量恒定,易控制
纸的摩擦阻抗	与常用施胶纸相同	小	与常用施胶纸相同
作业性	与松香胶酸性施胶相同	用量多时污染造纸系统	用量多时污染造纸系统
对浆的要求	无特殊要求可用范围广	有特殊要求使用范围窄	
留着	需少量硫酸铝	需要阳离子淀粉	
施胶范围	pH＝6～7	pH＝7～9	pH＝5～9

（4）其他施胶剂 还有一些用于特殊用途的施胶剂，如用于酸性施胶的脂肪酸胶料、马来酸酐改性石油树脂等；用于中性施胶的阳离子聚氨酯松香、双脂肪酰胺多胺环氧氯丙烷、双硬脂酰胺、苯乙烯-丙烯酸酯或马来酰亚胺衍生物共聚物、聚酰胺环氧氯丙烷（PAE）、有机硅中性施胶剂等。

7.4　功能性化学品

7.4.1　纤维分散剂

造纸过程中，纤维、填料和一些化学品等都是水不溶性的，它们有在水溶液中自行聚集的趋势，而且不同物料之间往往因不相容而尽量远离，这样就难以得到性能均匀、强度理想的纸张。加入分散剂可以使固体粒子表面形成双分子层结构，外层分散剂极性端与水有较强亲和力，增加了粒子被水润湿的程度。固体颗粒之间因静电斥力而远离，从而达到良好的分散效果。

纤维分散剂分为：

（1）部分水解聚丙烯酰胺 在分子量为 300 万左右时，能提高浆液黏度，有利于纤维悬

浮，是一种长纤维的高效分散剂。

（2）**聚氧化乙烯**　是目前国内外应用最多的纤维分散剂。

（3）**树胶**　刺梧桐胶、槐树豆胶等对纤维素纤维有极佳的分散效果。这些树胶等是纤维的保护体，其阴电荷在纤维上均匀分布，能阻止纤维集合，同时提高悬浮介质的黏度，防止纤维凝聚。

（4）**海藻酸钠**　海藻酸钠是水溶性高分子，对纤维有显著的分散能力，且黏度稳定，分子链在高剪切力下不易发生降解，其分散纤维的能力特别优异，但价格昂贵。

（5）**其他**　甲基纤维素、羧甲基纤维素、羟乙基纤维素等都可作为纤维分散剂。

7.4.2　纸张增强剂

纸张增强剂是用于提高纸张内部和表面强度的化学品，它分干增强剂和湿增强剂两大类。干增强剂是用于提供纸张的抗张强度、耐破度和耐折度及挺度，其主要作用是增强纤维面的内结合力。用于纸张内部干增强剂的化学品主要有聚丙烯酰胺、阳离子淀粉等，用于提高纸张表面强度的化学品主要有聚乙烯醇、羧甲基纤维素及淀粉等。干增强剂以改性淀粉和PAM为主。在通常情况下，在不添加助剂时，纸张被润湿的强度仅为干燥强度的5%～10%，湿增强剂的加入可大大改善纸张润湿情况下的强度。纸张湿增强剂分永久型和暂时型两类。永久型多用于瓦楞纸箱板中，用于包装新鲜蔬菜以及冷冻产品的包装材料，常用的树脂有脲醛树脂（UF）、改性三聚氰胺甲醛树脂（MF）、聚酰胺环氧氯丙烷树脂（PAE）以及丙烯酰胺类聚合物等。暂时型多为那些短时、用后即废弃的纸制品种，如婴儿纸尿布、手帕纸等，常用的树脂有PAE、乙二醛改性丙烯酰胺-二烷基二甲基氯化铵反应产物等。

我国最早用作湿增强剂的产品有脲醛树脂、三聚氰胺—甲醛树脂，而后又开发了改性脲醛树脂和改性三聚氰胺-甲醛树脂，20世纪80年代国内相继开发成功PAE及聚胺类湿增强剂，PAE湿增强剂增强效果好，可配合中性施胶，无游离甲醛，在国内已大为推广。

（1）**干增强剂**　纸张以二维取向为主，层间主要靠分子间力和氢键，层内纤维素分子链靠氢键结合形成纤维束，通过打浆作用，纤维束可以分离、分散甚至断裂成短纤维，使得纤维-纤维间结合点增加。加入填料后，填料颗粒表面极性较大，和纤维有较强的范德华力，所以适当加入填料可以起到增强的作用，但过量则使纤维-纤维间结合降低。增强机理可归纳如下：纤维间氢键结合和静电吸附是纸张具有干强度的原因，特别是氢键结合点多，结合力强，是干强度产生的主要原因。加入干增强剂后，这些高分子含有各种活性基，可以和纤维上的羟基产生强的分子间相互作用及氢键结合。一些含有阴离子的干增强剂可以通过Al^{3+}等和纤维形成配位。纤维经特殊处理后含有羧基，也可能存在离子键合。干增强剂往往也是纤维的高效分散剂，能使浆中纤维分布更均匀，导致纤维间及纤维与高分子间结合点增加，从而提高干强度。主要干增强剂种类见表7-7。

表 7-7　主要干增强剂种类

种类	主要产品
阳离子型	阳离子淀粉、阳离子聚丙烯酰胺、接枝阳离子淀粉
阴离子型	阴离子聚丙烯酰胺、羧甲基纤维素、羧甲基淀粉
非离子型	聚丙烯酰胺、羟乙基皂荚豆胶、淀粉、改性淀粉
两性型	两性淀粉、两性聚丙烯酰胺

① 阳离子聚丙烯酰胺　PAM有阳离子型、阴离子型、两性型和非离子型，用做干增强剂的一般要求分子量在300000～500000，应用最多的是阳离子聚丙烯酰胺。

阳离子聚丙烯酰胺呈弱阳离子性，分子链中含有多种活性基，可与纤维上的羟基产生分子间相互作用（以静电力为主）和氢键结合。用量为0.5%时，成纸抗张强度和撕裂度可提高15%～25%，切耐折度、白度、匀度、平滑度等也有不同程度的提高。

② 阳离子淀粉　用作干增强剂的改性淀粉，要求具有中等分子量和可与纤维作用的基团，主要是阳离子淀粉。季铵阳离子淀粉好于叔胺阳离子淀粉。其优点有：溶解性好，糊化温度低；凝沉性、胶黏性、成膜性好；不易变质；能明显提高纸张的物理性能，特别是耐折度和撕裂度；提高浆料的滤水性，提高纸机车速；提高填料和细小纤维的留着；可做中性施胶剂的分散剂和乳化剂，提高施胶效果；能明显改善纸张印刷适应性，保证印刷质量。阳离子淀粉使用方法及注意事项：

糊化：转速60～100r/min，糊化浓度3%，60℃以前要缓慢升温，以后可快速升温，升温至90～95℃后，保温20min。保温时间不宜过长，保温温度不宜过高，以免在长时间高温度下阳离子淀粉发生降解。

使用：使用时要稀释使用，浓度应降低至1%或者以下，目的是防止局部过浓，点荷密度过大使纸浆产生絮聚团，影响匀度。贮存时应在63～66℃保温，否则淀粉老化，出现分层现象，影响应用效果。糊化好的淀粉不能持久搅拌，以防剪切破坏。

各种取代度（DS）使用范围：高取代度的一般作为助留、助滤剂，其取代度大于0.35%；中取代度（≥0.02%）的一般作为增强剂，同时也有助留、助滤的作用；低取代度（0.01%左右）的一般用作各类纸张的表面施胶剂。

③ 乳液型丙烯酸树脂改性阳离子淀粉干增强剂　阳离子淀粉即时阳离子化和氧化后，加入丙烯酸及丙烯酸酯单体进行接枝共聚，得到乳液型丙烯酸树脂改性阳离子淀粉干增强剂，能够明显增加纸的干强度和耐折度，并具有良好的成膜性和耐热性。其增强机理：接枝链中羧基通过Al^{3+}等和纤维形成配位结合，同时由于其呈弱阳离子性，分子链中含有的多种活性基可与纤维上的羟基产生分子间相互作用和氢键结合，长链高分子可同时贯穿若干个纤维和颗粒，物理缠结和吸附也能起到某种补强作用。

（2）湿增强剂　湿增强剂在纤维界面上能够形成交联网络，这种交联网络组成十分复杂，既有加入的聚合物分子间的交联（热固性树脂），又有加入的聚合物分子与纤维的交联。后一种交联又称为共交联作用。其中又有很多种情况：一是共价键合（湿增强剂与纤维素、半纤维素、木素残留物中羟基发生化学键合）；二是配位（加入的高分子中极性基与纤维通过金属离子如Al^{3+}等形成配位）；三是氢键及分子间相互作用加强。在上述作用中，共价键交联网络的形成对增加湿强度最为关键。因为只有共价键交联网络才具有不溶不熔的性质。轻度交联的纤维网络只能发生溶胀作用，即吸收一定量的水分而使分子链扩张，但纤维-纤维的分离（强度破坏）则不易发生。根据作用机理湿增强剂可分为几类（表7-8）。

表7-8　主要湿增强剂种类

作用机理	主要产品
与纤维共价键合为主	双醛淀粉
自交联聚合物	热固性脲醛树脂、酚醛树脂、三聚氰胺缩甲醛树脂、聚酰胺多胺环氧氯丙烷、热固性丙烯酸树脂（水溶性和水乳性）
外交联聚合物	聚丙烯酰胺＋乙二醛、干酪素＋甲醛、热塑性酚醛树脂＋六亚甲基四胺（乌洛托品）
纤维静电结合为主	聚乙烯亚胺、阳离子淀粉、阳离子聚丙烯酰胺、聚丙烯酰胺接枝阳离子淀粉、聚酰胺

① 氨基树脂　氨基树脂是目前应用较多的一类湿增强剂。其在对湿强度有特殊要求的纸种如海图纸、钞票纸、广告招贴纸等加工中必须使用，其固化是在酸性条件下形成三维交联网络结构而达到湿增强的效果，可使纸的湿强度达到原来干强度的 20%～40%，但氨基树脂贮存稳定性差，一般在放置过程中会发生絮凝或凝胶使之失效，故多需厂家自行制备后立即使用。氨基树脂的制备主要分为两步：第一步是加成，在碱性条件下甲醛（F）与三聚氰胺（M）或尿素、双氰胺的羟甲基化。第二步是醚化，即预聚体羟甲基之间缩合，进行醚化扩链，反应在酸性催化条件下加速。

脲醛树脂及双氰胺树脂湿增强能力有限，在 pH 低于 6.0 时都会快速聚合。作为湿增强剂及涂布抗水剂使用的主要是三聚氰胺甲醛树脂（MF），通常以干粉或水溶液形式应用。干粉是将预聚体喷雾干燥制成。使用前必须在稀酸中溶解并在特殊条件下固化；水溶液在碱性条件下贮存，在酸性条件下 MF 会很快固化。

氨基树脂的改性可分为化学改性和物理改性。为了提高稳定性，必须进行化学改性。a. 亚硫酸化：加入碱金属亚硫酸盐、亚硫酸氢盐或羟基碱金属磺酸盐，可形成磺化氨基树脂，呈阴离子性，主要用于皮革鞣制，也可用于纸加工，但必须加铝盐固定，亚硫酸化必须在高 pH 条件下完成。且磺化程度较大时，稳定性明显提高。b. 尿素（双氰胺）改性：将尿素或双氰胺与三聚氰胺混合，加入甲醛进行共聚，可提高树脂的贮存稳定性和水溶性。尿素加入作为增浓剂或稳定剂，使体系中的游离甲醛含量降低，增加树脂的稳定性。c. 聚乙烯醇改性：聚乙烯醇羟基与氨基树脂预聚体的端羟基发生醚化，使之活性降低。

MF 树脂应尽可能靠近网前箱加入（浓度 1%左右），要保证有足够的时间使其均匀和吸附，并应避免经磨浆机处理。在经过纸机正常干燥之后应具有适当的湿强度，然而纸机的 pH 值在 5～6 时，也可能会出现不完全固化（可通过将纸样放在 120℃下加热 10min，检验其湿强度的改善，如果改善显著，说明未完全固化），就应在纸贮存前进行固化处理。正确使用 MF 时，其他添加剂如施胶、硫酸铝、淀粉不会干扰 MF，但使用不当，则会造成 MF 与松香或淀粉反应导致纸机出现沉淀和纸页不匀。极少量的硫酸根存在对 MF 树脂固化有利，但硫酸根在浆中含量高时（$>2\times10^{-4}$）将影响 MF 的效率。新的未完全固化的经 MF 处理的纸张可以直接制浆，如果 MF 已经完全固化，一般要采用高温（75～90℃）、低 pH 值（2%～3%的硫酸铝）处理。

② 聚脲改性聚酰胺多胺环氧氯丙烷　由于三聚氰胺甲醛树脂（MF）含有甲醛，在国外涂布纸中被禁用，且极不稳定，易凝胶，需在酸性条件下使用等，目前已逐渐被聚酰胺多胺环氧氯丙烷取代。但聚酰胺多胺环氧氯丙烷作为抗水剂时由于固含量低，需要在碱性条件下熟化等而受到限制，所以需对其进行改性处理，目前多用聚脲对其进行改性。聚脲改性聚酰胺多胺环氧氯丙烷能使纸的干拉力和耐折度明显改善，平均裂断长度略有增加，而湿强度与三聚氰胺甲醛树脂相比略有降低，但可在近中性条件下进行交联。聚脲改性聚酰胺多胺环氧氯丙烷能有效改善成纸的湿黏附温度、湿耐磨强度、防起泡及油墨吸收性；提供优良的遮盖性能和纸面光泽度；印刷表面强度明显提高；和涂料中淀粉、胶乳具有极好的交联和相容性，不增稠、絮凝和起泡；不释放有害气体甲醛；稳定性好，存放过程中能保持良好的水溶性，树脂黏度不变，贮存时间长等。

7.4.3　树脂控制剂

树脂障碍：木浆所含的树脂在漂白过程中析出，如不及时分离，会形成黏性淤积物，黏附于设备，传送带，纸机的网、毯、辊、烘缸上。淤积物受到撞击或因生产过程中 pH、温度、生产系统中的物流量突然变化而脱落，混入浆料，造成生产障碍或质量障碍。阔叶浆最容易出现这种情况，针叶浆也时而出现。

树脂控制剂由聚丙烯酸钠、亚甲基双萘磺酸钠等有机分散剂和聚氧乙烯烷代酚醚等非离子表面活性剂组成，可使树脂颗粒分散，黏附性降低，从而避免因凝集成团造成的障碍。树脂控制的方法：添加滑石粉、硫酸铝、表面活性剂、助留剂、螯合剂等，使树脂附着在纤维表面或稳定地分散在纸浆系统中，从而避免树脂在制浆造纸设备上的沉积，最终达到消除树脂障碍的目的。

树脂脱除剂主要组分：

（1）表面活性剂 最常用的是非离子表面活性剂和阴离子表面活性剂量，其中非离子表面活性剂脱除树脂的效果又明显高于阴离子表面活性剂。二者复配则效果更好。聚氧乙烯型非离子表面活性剂脱除树脂的效果主要取决于其环氧乙烷含量和添加量。用于树脂脱除剂的阴离子表面活性剂有十二烷基苯磺酸钠、四聚丙烯苯磺酸钠、脂肪醇硫酸盐、二甲苯磺酸钠、缩合萘碘酸钠、烷基酚聚氧乙烯醚硫酸酯钠等。用于树脂脱除剂的非离子表面活性剂有烷基酚聚氧乙烯醚、脂肪醇聚氧乙烯醚、脂肪酸聚氧乙烯酯、聚醚等。以非离子表面活性剂脱除树脂时，使用醚类环氧乙烷加成物比酯类环氧乙烷加成有效，以壬基酚聚氧乙烯（8～10）醚最为有效。在热碱处理时，木浆中的树脂首先遇碱反应，生成树脂皂，添加表面活性剂后加温搅拌，可使非苛化物乳化、分散而后除去。

在纸浆中加入适量的润湿剂及乳化剂等，将树脂粒子溶解或乳化。可加入阴离子表面活性剂或非离子表面活性剂，如二丁基萘磺酸钠、木质素磺酸钠、OP-10 等，使树脂被乳化而易分散在水中，不发生凝聚。

（2）皂化剂 胺是有机碱，能与油脂形成皂，使之溶解于水中。常采用的是低分子的胺，如三甲胺、二甲胺、乙二胺等。随着其用量的增大，消除树脂障碍的作用就越明显。

（3）其他化学品 常用的还有三聚磷酸钠、活性白土、Na_2SO_4 或 Na_2SiO_3、CMC、硫酸铝等。它们或起配位作用或起分散作用，使树脂或结合在纤维上或分散于水中，减少树脂障碍。

7.4.4 柔软剂

柔软剂作用机理：纤维分子链中含有多个羟基，且为直链型大分子，链间有很强的分子间力及氢键缔合，具有较高的结晶度，属于刚性链。通过打浆等机械作用可以使纤维分子分散、降解和降低结晶度，能够起到一定的助软作用，但还是达不到对纸的柔软要求。要使纸张柔软，应使其中的纤维分子间的相互作用力降低，使链段和分子链都能够运动，而柔软剂的作用则是在纤维之间形成非极性隔离膜，这样分子链易在应力下发生相互滑移和运动。纸张柔软剂大多数是含有 C_{16} 以上的疏水基团的表面活性剂。在适宜的工艺条件下，附着在纤维的表面上，可形成包裹纤维的疏水膜，从而使纤维构成的纸页柔软性得到改善。不同类型的柔软剂使用于不同类型的纤维表面。纸纤维表面带负电荷，用阳离子或两性表面活性剂的效果要好得多。柔软剂、平滑剂的配方中除了表面活性剂外，一般要加入有机硅高分子或羊毛脂这样的脂类，以充分降低纤维表面能。

主要有咪唑啉类、甜菜碱等；经常用于卫生纸和面巾纸生产上，以提高它们的柔软度、松厚度和吸收性。表面活性剂能在纤维表面形成疏水基向外的反向吸附，降低纤维物质的动、静摩擦因数，从而获得平滑柔软的手感。通常总是将表面活性剂与油剂一起混合使用，表面活性剂可有效降低纤维物质的静摩擦因数，油剂则可以降低纤维物质的动摩擦因数。柔软润滑的效果可以用静摩擦因数和动摩擦因数的差值来表示，差值越小，柔软润滑性越强。有机硅高分子的柔软机理是以极性的硅氧链与纤维形成氢键，而疏水基朝外排列形成低能薄膜，大大减少纤维间的分子间力，故有机硅高分子是效果最好的一类纸张柔软剂。聚乙烯蜡、氧化聚乙烯蜡、石蜡及硬脂酸酯、硬脂酸双酰胺、羊毛脂等，主要是渗透到纤维间，起到隔离和润滑作用，使纤维分子易于运动。

其表面活性剂种类及主要品种有：

（1）阳离子表面活性剂 有脂肪酸双酰胺环氧氯丙烷，主要用于对纸张柔软性要求较高的场所。

（2）两性表面活性剂 有 1-(β-氨乙基)-2-十七烷基咪唑啉羧酸衍生物。

（3）有机硅表面活性剂 作为柔软剂使用的主要是阳离子有机硅季铵盐型，有羟基硅油乳液和氨基硅油乳液两类。

（4）其他柔软剂 有硬脂酸聚氧乙烯酯（柔软剂 SME-4）、氧化聚乙烯、羊毛脂、乳化蜡等。

7.4.5　阻燃剂

阻燃机理：植物纤维纸张的主要成分是纤维素，还含有半纤维素和木质素等。纸张染好时的反应属于剧烈的自由基反应，是热解反应与氧化反应的结合。阻燃性是指材料在接触火源时燃烧速度很慢，离开火源时能很快停止燃烧并自行熄灭。阻燃剂一般通过吸热、降低自由基的浓度和切断氧的来源、覆盖隔离和稀释效应来达到阻燃的目的。阻燃纸主要有两大类：一类是以石棉、矿棉、玻璃纤维等无机纤维为主要成分的纸；另一类是在植物纤维纸浆中添加各种阻燃剂或经过浸渍、涂布制成的具有阻燃效果的纸制品。用无机纤维制成的纸具有很好的阻燃性能，但由于石棉致癌性，而且成型页的性能也差，在环保日益受到重视的今天，石棉阻燃纸的应用受到极大的限制，目前发展最快的阻燃纸是添加阻燃剂的植物纤维纸。

（1）无机阻燃剂 无机阻燃剂主要靠吸热效应起阻燃作用，优点是安全性高，兼有协效阻燃、抑烟和降低有毒气体功能。主要有金属氢氧化物、金属氧化物和硼酸盐、钼化合物等。

① 氢氧化物　它们用量最大，兼具阻燃、抑烟及填充功能，但阻燃效果差，需要大量添加，因此对制品物理性能及机械加工性能有所影响。经表面技术处理和微细化后可得到改善。主要品种有 $Al(OH)_3$ 和 $Mg(OH)_2$。

② 金属氧化物　一般不单独使用，而是作为阻燃协效剂与卤、磷阻燃剂等配合使用。氧化锑与卤系阻燃剂配合具有很宽的使用范围。胶体 Sb_2O_5 比 Sb_2O_3 和非胶体 Sb_2O_5 的功能阻燃性能更高，且热稳定性好，发烟量低，易添加，易分散且价格低廉等。

③ 锡化合物　阻燃作用和氧化锑类似，与卤系有协同效应，且对碳粒和 CO 的氧化有催化作用，因而可达到抑烟和降低 CO 浓度的效果。

④ 钼化合物　主要是三氧化二钼和钼酸盐（八钼酸铵等）作为抑烟剂。它可以抑制 PVC 热分解中芳香族化合物的生成；与含卤树脂发生氧化还原反应生成多价钼氯化合物，促进烷基上的偶联、交联反应，增加成焦量而达到抑烟目的。近年钼系抑烟剂很受重视，特别是其复合体系，如 Mo-B、Mo-Sb、Mo-Al-Sb-B 体系等，可在材料的阻燃性和抑烟性之间求得最佳平衡。

⑤ 硼化合物　主要硼酸锌、硼酸铵、偏硼酸钡等。硼酸锌作为 Sb_2O_3 的代用品，价格较低，与卤系有协同效应。

⑥ 磷化合物　代表性产品有聚磷酸铵。可用作纸张、胶合板、丙烯酸乳液涂料的阻燃剂。

⑦ 其他无机阻燃剂　坡缕石是一种稀有的无机纤维非金属黏土矿，具有极好的阻燃性、吸附性、吸水性、成浆性、脱色性和化学稳定性。对绒毛浆加入 5%～10% 的坡缕石，可提高吸水率 150%～267%。

（2）有机阻燃剂　有机阻燃剂主要分氮系、磷系、卤系阻燃剂。

① 氮系阻燃剂　目前使用最广泛的是三嗪系阻燃剂，如三聚氰胺可作为膨胀型涂料或阻燃组分或原料，常与磷酸酯并用，因为含氮阻燃剂与磷酸酯具有协同效应。氮组分能促进磷的炭化作用。其他三嗪系阻燃剂有三氰聚胺氰尿酸盐（MCA）、三聚氰胺磷酸盐、三聚氰胺无机酸盐、卤代三嗪等。双氰胺与氨基磺酸胍、羟甲基三聚氰胺等配合作为阻燃剂和热稳定剂等。

② 磷系阻燃剂　含卤磷酸酯的分子中同时含有卤、磷阻燃元素，由于自协同效应，阻燃效果优良，代表品种有磷酸三（β-氯乙酯）、磷酸三（β-溴乙酯）、磷酸三（2,3-二氯丙酯）和磷酸三（2,3-二溴丙酯）等。含溴磷酸酯由于对其致癌性的怀疑目前已很少使用。

③ 卤系阻燃剂　卤系阻燃剂主要是氯和溴的化合物。溴系阻燃剂效果好，一般添加量小，对聚合物物理机械性能影响较小，但对紫外光的稳定性较差。脂肪族、脂环族溴化合物热稳定性较差，而芳香族溴化合物热稳定性好，应用范围广。

溴系阻燃剂品种繁多，如溴代二苯醚类、溴代苯酚类、溴代邻苯二甲酸酐类、溴代双酚A类、溴代多元醇类、溴代聚合物等。溴代聚合物有五溴甲苯、溴环十二烷、三（2,3-二溴丙基）异三聚氰酸酯（TBC）等。其中溴代二苯醚类均为添加型阻燃剂，溴代多元醇类均为反应型阻燃剂，而其他类型则包含添加型和反应型两类。

氯系阻燃剂品种比溴系少得多，主要有氯化石蜡（CP，有氯含量 42%、50%、70% 三种）、四氯双酚A（TCBPA）、四氯邻苯二甲酸酐（TCPA）、全氯五环癸烷、六氯环戊二烯、双（六氯环戊二烯）、环辛烷、氯化聚乙烯（CPE）等。

有机卤阻燃剂热加工稳定性好，用于纸张、纸板、纸制品、棉麻、竹、木等制品的阻燃。在使用过程中可采用浸渍、喷涂等方法，物品经干燥后即可获得阻燃性。阻燃性能可根据阻燃剂的浓度及浸渍时间、用量来调节。主要用作纸张、胶合板、丙烯酸乳液涂料的阻燃剂。

7.4.6　防水剂

有机硅防水剂为有机硅、丙烯酸酯共聚物，是防水剂中效果最好的有机硅型防水剂。有机硅高分子主链由—Si—O—键连接而成，侧基则为有机基，故兼具无机物和有机物的性质。用作防水剂时，有机硅聚合物虽然价格昂贵，但因性能好且用量小而仍受到欢迎。有机硅高分子可溶于甲苯、酮及其他有机溶剂中，并且和纤维素衍生物、酚醛树脂等合成高分子具有良好的相容性。在纸表面形成的薄膜能允许空气透过，具有良好的卫生性能，同时因其形成的表面能远低于水的涂层，使水不能铺展而达到防水的目的。有机硅高分子具有极佳的柔软性，经多次挠曲而防护层不被破坏，这一点较之石蜡或硬脂酸类防水剂则远胜一筹。作为纸张防水剂，多使用溶剂型有机硅橡胶产品，因为乳化剂中含有的亲水基会导致乳液型防水剂效果有所降低。

其他防水剂包括有壳聚糖稀酸溶液，纸张用3%壳聚糖中等黏度的醋酸溶液处理，用壳聚糖醋酸溶液浸渍，然后用乙酐处理，使壳聚糖转化为甲壳素，得到的纸张具有高度抗水性。壳聚糖处理后的纸张，用戊二醛交联，用以抄造特种防水纸。

蜡乳液是较好的防水剂，一般用于表面处理。常用的蜡是石蜡、微晶蜡及其他蜡等。植物蜡和动物蜡中含有酯基及其他亲水性基团，乳化时易和乳化剂形成稳定乳液，而石蜡、聚乙烯蜡等非极性蜡则难乳化，必须加入合适的乳化分散剂及助乳化剂，如干酪素等。

7.4.7 防油剂

在特种纸加工方面，含氟有机化合物由于氟表面活性剂既耐水又耐油，近年被大量使用在纸张处理上，使纸具有耐水、耐油、耐污染等的性能。特别是用于食品包装纸、快餐包装盒、油容器包装纸方面，用硅表面活性剂处理的纸只能防水不能防油，而氟表面活性剂是较理想的纸张防油整理剂。目前国外已禁止使用氟表面活性剂的铬、锆配合物作为食品包装纸防油处理剂。用作防油剂的含氟化合物有全氟烷基（Rf）丙烯酸酯聚合物、全氟代聚氨酯、全氟辛酸铬配合物等。一般来说，加入乳化剂后要降低含氟化合物的防水防油性，溶剂型产品效果要明显得多，但同时价格要高得多。

7.5 涂布加工纸化学品

7.5.1 颜料分散剂

颜料分散剂可用离子型分散剂（如聚丙烯酸钠）在颜料表面形成双电层结构，使它们相互之间产生相斥性。也可以是非离子型高分子分散剂（如聚乙烯醇、淀粉、聚乙二醇等），吸附于固体表面形成水合膜，起到保护胶体的作用，并对颜料有良好的悬浮性，使其不至于很快沉降。颜料稳定两大作用力：静电斥力、空间位阻力。颜料分散剂主要有六偏磷酸钠、聚丙烯酸钠（DC）、丙烯酸与丙烯酰胺共聚物（DA）。使用高固含量涂料时，用氟表面活性剂做分散剂是较理想的选择。主要分散剂见表7-9。

表 7-9　各种分散剂及其适用对象

分散剂	适用颜料	分散剂	适用颜料
非离子表面活性剂	缎白、滑石粉、一般无机颜料	羧甲基纤维素	碳酸钙
聚丙烯酸钠	白土、缎白、一般无机颜料	羧甲基淀粉	缎白
木素磺酸钠	碳酸钙	氧化淀粉	缎白
萘磺酸甲醛缩合物	白土	氢氧化钠	瓷土、白土
聚磷酸盐	碳酸钙、钛白、合成颜料	磷酸钠	瓷土、白土
干酪素、大豆蛋白	碳酸钙、缎白、合成颜料	阿拉伯树胶	缎白

7.5.2 润滑剂

润滑剂可以改进纸张涂层的流平性和润滑性，并增进黏合性，赋予纸张涂层以平滑和光泽，增加可塑性，防止龟裂，改善涂布纸的印刷适应性。此外还可以在超级压光时防止黏辊，在切纸和印刷时防止掉粉。掉粉情况以淀粉系涂布纸最为敏感。

（1）金属皂类润滑剂 目前使用最为广泛的润滑剂是以硬脂酸钙为代表的水不溶性金属皂类表面活性剂。将其制成 $40\%\sim50\%$ 的水悬浮分散液，以颜料绝干量的 $0.5\%\sim1.5\%$ 加到涂料中。硬脂酸钠类水溶性润滑剂作用也很明显，并可防止结块，但它容易使涂料黏度提高或引起胶凝。此外石蜡族烃类也可赋予湿涂层优良的脱模性，并赋予涂层以可塑性。使用时需要乳化剂将其制成乳状液。脂肪酸胺也可做润滑剂。

（2）氟表面活性润滑剂 在热感记录纸、传真纸涂布过程中加入氟表面活性剂做润滑剂，可提高运行适应性，减轻过程中的糊头现象。在特种纸方面，由于氟表面活性剂既耐水又憎油，近年来被大量用于食品包装纸、快餐包装纸盒、耐油容器包装方面，也适于非包装纸的生产如标签、无碳复写纸等。用硅表面活性剂处理的纸，只防水不防油。而氟表面活性剂是较理想的纸张防油整理剂。对纸张进行防油处理的方式有四种：①表面施胶用；②浆内施胶用；③加在涂料中一起使用；④和聚合物淋膜技术一起应用。在环保方面，由于其易降解，不含氯、溴等，具有很大的应用潜力。

（3）其他润滑剂

① 硫酸化和磺化油类 这类润滑剂包括硫酸化油类，由不饱和脂肪酸或脂类与硫酸反应而成，如土耳其红油（硫酸化蓖麻油）、硫酸化红油（硫酸化油酸）、硫酸鲸蜡油等。它们仅仅是中等效力涂布润滑剂，且和水溶性皂类一样，在干燥状态下保持分散在整个涂料中并有迁移入原纸的倾向。其主要作用是增塑和均涂作用。有时在某些蛋白质黏合涂料和全胶乳涂料中也用来降低黏度。这类物质都是强的润湿剂，因此在许多需要耐湿摩擦的涂布场合，使用受到限制。

② 脂肪酸酯类 用于涂料中的脂肪酸酯的主要类型由脂肪酸或脂肪酸甘油酯与聚乙烯乙二醇（聚乙二醇）或氧化乙烯（环氧乙烷）反应而成。这些产品通常称为 PEG（聚乙二醇）酯类，其熔点和水溶性随聚乙二醇用量的增加而提高。通常具有低熔点（94.4℃）且亲水性强，用之得到的黏度效应和溶解性皂类相似。由于是非离子型的，在酸性和碱性涂料中很稳定。其主要功能是起增塑和改进耐折性作用，但也能略微起润滑作用。

③ 蜡乳液 对于淀粉类表面施胶和其他成膜材料，蜡乳液能改善平滑度，提高耐摩擦性、表面润滑性和耐折性。用于制造水性分散液的蜡材料的熔点范围从液态烃油到高熔点（>140℃）聚氧化乙烯。

④ 脂肪胺类和酰胺类 这些产品是胺类如亚乙基二胺、二亚乙基三胺、三亚乙基四胺等与脂肪酸反应而成的。其熔点范围视所用的胺和脂肪酸而定。

7.5.3 交联剂

涂布剂基本都是热塑性的，成膜后不具有抗溶剂性，特别是淀粉、聚乙烯醇、蛋白质类黏合剂等的耐水性很差，必须加入交联剂（有时也称为硬化剂）来形成交联网络以提高纸张的动态和静态防水性以及耐湿摩擦的能力。交联剂主要有甲醛、乙二醛、氨基树脂、金属盐类等。环氧氯丙烷也可作为交联剂。

（1）甲醛 主要用于蛋白质、淀粉的交联，因蛋白质黏合剂的使用日益减少，而甲醛又对人体有害，目前已很少使用，逐渐被其他交联剂所取代。

（2）乙二醛 主要用作淀粉（特别是阳离子淀粉）、纤维素、聚乙烯醇的交联剂。在碱性条件下易生成乙醇酸，故应用在中性偏酸性条件下。

（3）**氨基树脂**　用做交联剂的主要是脲醛树脂和三聚氰胺甲醛树脂。两者都是在酸性介质中发生交联作用，在碱性条件下比较稳定。各种氨基树脂是蛋白质、淀粉、聚乙烯醇等成膜剂的交联剂。

（4）**金属盐类**　主要指硫酸锆酰胺 $[(NH_4)_2ZrO(SO_4)_2]$（AZC）。这是一种生产涂布纸时使用的黏合剂的交联剂。此交联剂会在水中分解成水合二氧化锆和硫酸盐的稳定胶体，氯化铵可作为酸性催化剂而加速分解。加入涂料后，在干燥过程中是 NH_3 而导致 pH 降低，并能和带有羧基、羟基、氨基的各种成膜剂进行交联。AZC 对于氧化淀粉的交联效果是最显著的。

思 考 题

1. 制浆造纸化学品主要可以分为几大类？
2. 简述蒸煮助剂的作用原理。
3. 简述漂白助剂的作用原理。
4. 简述废纸脱墨过程。使用的脱墨剂类型有哪些？举例说明。
5. 用消泡剂的目的是什么？简述烃类、聚醚类与有机硅类消泡剂各自优缺点。
6. 简述无机和有机防腐剂各自作用机理。常用防腐剂各举 3～5 例。
7. 杀菌剂引起的危害有什么？
8. 简述助留、助滤剂作用机理、分类和作用。
9. 施胶性能和 pH 之间的关系是什么？
10. 简述干、湿增强剂作用机理，各自优缺点。
11. 纸的强度由什么因素决定？
12. 简述树脂障碍的特点。

第8章

工业水处理剂

8.1 概述

水是地球上宝贵的资源，是人类赖以生存的物质。静置沉淀、明矾净水等这些简单的处理水的方法可能还存在于一些人的记忆里。随着人口的增加、经济的发展，水资源的匮乏日趋严重，水污染的压力也不断加剧，污染水的深度处理和水的循环使用已成为维系经济和社会健康发展的必然要求。

水处理的方法大致可分为物理处理、化学处理和生化处理。物理方法一般是通过过滤、沉淀、吸附等手段分离污染物。化学方法一般是通过化学药剂将污染物富集、降解，或者对水的输送管道阻垢、缓蚀等处理。生化处理主要是利用微生物的代谢作用，使废水中呈溶解和胶体状态的有机污染物转化为无害物质，以实现净化的方法。

从处理的目标上分，水处理可分为饮用水处理、污水排放处理、工业循环水处理。

饮用水的水源一般都经过严格的选择和保护，污染状况相对来说不会很严重，处理方法一般采取混凝、过滤、消毒等工艺以去除水中的悬浮物降低浊度。要达到直饮水的标准还需要经过水的深度处理，最大可能地去除水中的微量有机污染物、消毒副产物等，采用的方法如活性炭吸附、臭氧氧化和各种膜分离技术等。

污水排放处理是针对生产和生活过程中产生的污水进行处理以达到排放标准。采用的方法一般是化学和生化法结合。

工业循环水在电力、冶金、化工等许多领域有着极其重要的作用。一个中型炼油厂的冷却用水量每小时可达数千吨，如果不循环使用，不仅会造成极大的水资源浪费，在经济上也会产生巨大的成本。冷却水在循环系统中不断循环使用，由于水温升高、流速变化、蒸发、各种无机离子和有机物质的浓缩，冷却塔和冷却水池在室外受到阳光照射、风吹雨淋，灰尘杂物的进入，以及设备的结构和材料等多种因素的综合作用，会产生如水垢附着、设备腐蚀、微生物滋生等很多问题。循环冷却水浓缩到一定倍数必须排出一定的浓水，并补充新水。循环水处理的作用和意义在于彻底解决水垢附着、设备腐蚀以及微生物的滋生与黏泥问题，减少循环水系统排污水量和补充水量，提高浓缩倍数，实现"趋零"排污或少排污，节约水资源，降低循环水系统运行费用，提高整体管理水平。循环水处理是通过加入化学药剂完成的。

水处理剂指为了除去水中的大部分有害物质（如腐蚀物、金属离子、污垢及微生物等），得到符合要求的民用或工业用水而在水处理过程中添加的化学试剂。绿色化趋势在水处理行业同样引领发展方向，植物基或生物基原料制备水处理剂，无磷或低磷化阻垢缓蚀药剂受到更多关注。本章主要介绍这些药剂的结构、功能和作用机理。其中有些药剂在饮用水处理和污水处理过程中也会用到。

8.2 絮凝剂

在水处理过程中，凡是能使水溶液的溶质、胶体或悬浮物颗粒产生絮状沉淀的物质都叫絮凝剂或统称为混凝剂。

8.2.1 絮凝剂的作用和原理

（1）絮凝剂的作用 促使水中悬浮物聚集形成沉淀，达到降低浊度、净化水质的目的。颗粒在液体中的沉降速度可用斯托克斯沉降公式表达。

$$v = \frac{2(\rho - \rho_0)r^2 g}{9\eta} \tag{8-1}$$

式中，v 为粒子的沉降速度；ρ 和 ρ_0 分别为球形粒子与介质的密度；r 为粒子的半径；η 为介质的黏度；g 为重力加速度。公式表明，颗粒的直径越大，沉降速度越大。絮凝剂的作用就是使小颗粒团聚成大颗粒，增加直径，提高沉降速度，促使悬浮颗粒沉降分离。

（2）絮凝剂的作用原理 了解絮凝剂的作用原理，需先说明水中悬浮颗粒为什么会悬浮。颗粒悬浮主要有两个因素，即颗粒表面电荷和布朗运动。

由于颗粒在水中带相同的电荷，相互之间排斥作用导致细小颗粒难以聚集成大颗粒而快速沉降，颗粒的表面电荷越多，越容易悬浮。胶体化学研究表明，通常情况下固体颗粒在水中往往带负电荷。这是因为自然界作为正电荷的离子往往是 K^+、Na^+、H^+、Ca^{2+}、Mg^{2+}、Al^{3+} 等离子，而带负电荷的往往是 SO_4^{2-}、SiO_3^{2-} 等，很明显，带正电荷的离子相对体积更小，更易离解到水中即溶剂化，使得负电荷留在固体表面，整个颗粒带负电状态（见图 8-1）。

但悬浮颗粒表面电荷状态也会随周边环境的变化而改变。例如，在水中加入足够量的高价正离子如 Fe^{3+}，负电的颗粒就会吸附正离子，不仅可以中和表面电荷，而且可以使颗粒表面改变成带正电荷（见图 8-2）。

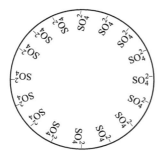

图 8-1 颗粒表面带负电荷

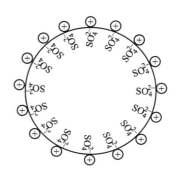

图 8-2 颗粒表面吸附反离子改变电性质

布朗运动是悬浮的微粒足够小时，由于受到溶剂分子的热运动碰撞而产生的运动。每个液体分子对小颗粒撞击时给颗粒一定的瞬时冲力，由于分子运动的无规则性，每一瞬间，每个分子撞击时对小颗粒的冲力大小、方向都不相同，合力大小、方向随时改变，因而布朗运动是无规则的。颗粒越小，颗粒的表面积越小，同一瞬间，撞击颗粒的液体分子数越少，据统计规律，少量分子同时作用于小颗粒时，它们的合力是不可能平衡的，而且同一瞬间撞击的分子数越少，其合力越不平衡；颗粒越小，其质量越小，因而颗粒的加速度越大，运动状态越容易改变，故颗粒越小，布朗运动越明显。此外，布朗运动还受到温度的明显影响，温度越高，液体分子的运动越剧烈，分子撞击颗粒时对颗粒的撞击力越大，因而同一瞬间来自各个不同方向的液体分子对颗粒撞击力越大，小颗粒的运动状态改变越快，故温度越高，布朗运动越明显。胶体颗粒的布朗运动见图 8-3。

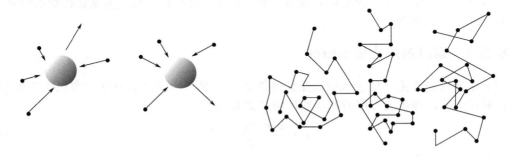

(a) 胶体受介质分子冲击示意图   (b) 超显微镜下胶粒的布朗运动

图 8-3   胶体颗粒的布朗运动

布朗运动的平均自由程可由式（8-2）表示：

$$\overline{x} = \sqrt{\frac{RTt}{3\pi L \eta r}} \tag{8-2}$$

式中，$\overline{x}$ 为 t 时间内的平均自由程；T 为温度；t 为时间；L 为阿伏伽德罗常数；η 为液体黏度；r 为颗粒半径。

可见颗粒越小，运动距离越大。当布朗运动距离大于沉降距离时，颗粒将维持悬浮状态。

要使悬浮颗粒快速沉降，就要降低颗粒的界面电荷，以减少颗粒间的排斥力；另外还需要使小颗粒尽可能聚集成大颗粒以消除布朗运动的影响。絮凝剂一般是带有颗粒表面相反离子的聚合物。相反离子可以中和颗粒表面的电荷，聚合物的大分子在颗粒间产生桥联作用使小颗粒聚集成大颗粒加快沉降，分子絮凝剂对微粒的吸附桥联模式见图 8-4。

从图 8-5 的显微照片可以看出，经 PAC 絮凝后，底泥絮体有所增大，但用肉眼很难辨别，再加入有机絮凝剂后，絮体粒径达到 $50 \sim 60 \mu m$，此时可明显观察到絮团。

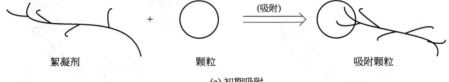

絮凝剂   颗粒   吸附颗粒

(a) 初期吸附

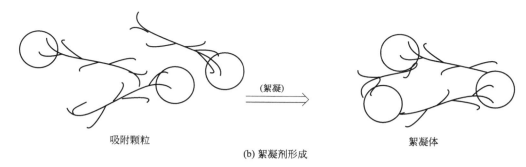

吸附颗粒 （b）絮凝剂形成 絮凝体

图 8-4　分子絮凝剂对微粒的吸附桥联模式

（a）底泥原颗粒　　　　　（b）加入PAC后的絮凝颗粒　　　（c）加复配絮凝剂的絮凝颗粒

图 8-5　底泥颗粒絮凝前后的显微照片

8.2.2　絮凝剂的分类

絮凝剂的分类由表 8-1 给出。

表 8-1　絮凝剂的分类

无机絮凝剂	低分子型	明矾（KA）、硫酸铝（AS）、硫酸铁（FS）、三氯化铁（FC）、活化硅酸（AS）
	高分子型	单一型：聚合氯化铝（PAC）、聚合硫酸铝（PAS）、聚合磷酸铝（PAP）、聚合硫酸铁（PFS）、聚合氯化铁（PFC）、聚合磷酸铁（PEP）、聚合硅酸（PS）
		复合型：聚合氯化铝铁（PAFC）、聚合硫酸铝铁（PAFS）、聚合硅氯化铝、聚合硅酸硫酸铁（PFSS）、聚合硅酸硫酸铝（PASSi）、聚合硅酸氯化铝（PACS）
有机絮凝剂	天然型	淀粉衍生物、木质素类、甲壳素、动物胶、腐殖酸类
	合成型	阴离子型：聚丙烯酰胺（PAM）和聚丙烯酸（PAA）及其共聚衍生物 阳离子型：聚二甲基二烯丙基氯化铵（PDMDAAC）及二甲基二烯丙基氯化铵-丙烯酰胺共聚物（PDMDAAC-AM）等 两性型：二甲基二烯丙基氯化铵（DMDAAC）与丙烯酰胺、丙烯腈或丙烯酸三元共聚物
微生物絮凝剂		酱油曲霉（*Aspergillus souae*）AJ7002 产生的絮凝剂、青霉素（*Paecilomyces* sp.l-1）微生物产生的絮凝剂 PF101、红平红球菌（*Rhodococcuserythropolis*）产生的絮凝剂 NOC-1 等

　　无机絮凝剂主要是高价态的铝盐、铁盐及其碱式盐的聚合物。无机絮凝剂是利用 Al^{3+}、Fe^{3+} 的高价态改变颗粒的表面电荷状态，降低颗粒间的静电排斥力，促使颗粒团聚沉降。无机絮凝剂单独使用较少，往往和有机絮凝剂配合使用。

　　有机絮凝剂一般是水溶性高分子聚合物，以聚丙烯酰胺 PAM、聚丙烯酸 PAA 及其共聚物用量最大。有机絮凝剂往往和无机絮凝剂配合使用，后者调节颗粒的界面电性质以使有机絮凝剂更好发挥作用。

微生物絮凝剂是一类生物代谢产物，它是利用微生物技术，通过细菌、真菌等微生物发酵、提取、精制而得的，一般看做高效、无毒、易降解的水处理剂。微生物絮凝剂可以克服合成的无机或有机絮凝剂本身固有的缺陷，最终实现无污染排放，其开发研究正成为生化领域的重要课题。

8.2.3 有机絮凝剂

8.2.3.1 聚丙烯酰胺（PAM）

聚丙烯酰胺是由丙烯酰胺（AM）单体经自由基引发聚合而成的水溶性线型高分子聚合物，分子式为：

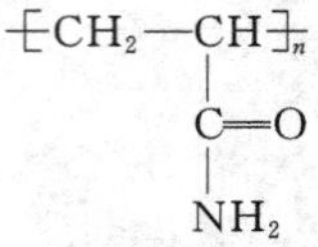

$$\text{─}[CH_2\text{─}CH]_n\text{─}$$
$$|$$
$$C=O$$
$$|$$
$$NH_2$$

聚丙烯酰胺

PAM 分子量一般在 150 万～180 万之间。溶于水，但在水中不会电离，为非离子型絮凝剂，在水中对胶粒有较强的吸附结合力，能适当伸展线型结构，很好地发挥吸附架桥作用，促进絮凝发生。

8.2.3.2 阴离子聚丙烯酰胺

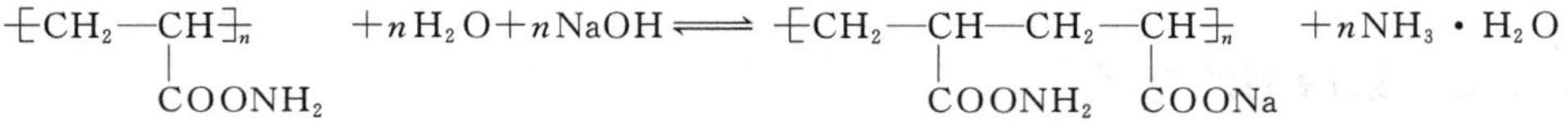

$$\text{─}[CH_2\text{─}CH]_n\text{─} + nH_2O + nNaOH \rightleftharpoons \text{─}[CH_2\text{─}CH\text{─}CH_2\text{─}CH]_n\text{─} + nNH_3 \cdot H_2O$$
$$\qquad\ COONH_2 \qquad\qquad\qquad\qquad\qquad\qquad COONH_2\ \ COONa$$

一般由 PAM 加碱部分水解生成。部分—$CONH_2$ 基团水解为—$COONa$，在水中电离为—COO^- 阴离子而带负电，负电基团之间相互排斥，使线型高分子结构充分舒展而更有利于吸附架桥絮凝作用发生。一般水解的酰氨基团在 30％～40％之间絮凝效果最好。

8.2.3.3 阳离子型

阳离子化 PAM 絮凝剂反应式如下。

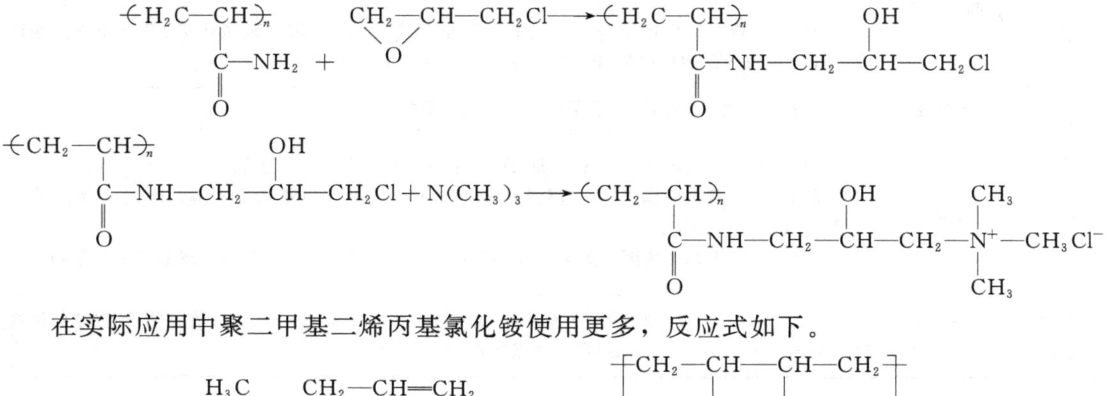

在实际应用中聚二甲基二烯丙基氯化铵使用更多，反应式如下。

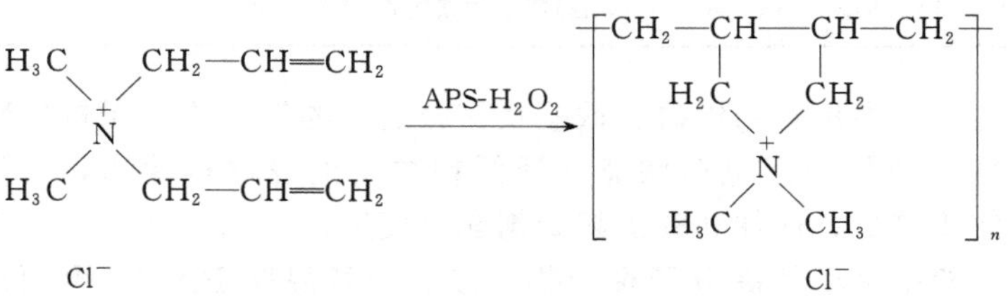

由于水中颗粒一般带负电性，如果直接使用阳离子型絮凝剂，不仅有吸附架桥作用，还能对胶粒起电中和脱稳作用，絮凝效果往往比非离子型与阴离子型更好。

通常把高分子絮凝剂与无机絮凝剂复配使用，如以铝盐或铁盐为主的混凝剂可迅速中和颗粒负电性，在高分子混凝剂强烈的吸附架桥作用下颗粒变得粗大而密实，有利于重力沉降。

8.2.3.4 两性型有机絮凝剂

在同一聚合物链上同时含有正电荷和负电荷两种官能团改性 PAM 聚合物。此类絮凝剂在强酸、强碱溶液中都具有很好的水溶性，但在等电点时，分子链发生收缩，溶解性变差。它不仅能起到吸附架桥、电性中和作用，而且有分子间的"缠绕"包裹作用，絮凝性能好，目前此类絮凝剂的开发趋于活跃。二甲基二烯丙基氯化铵与丙烯酰胺共聚再部分水解物是典型的两性絮凝剂。

8.2.4 无机絮凝剂

8.2.4.1 聚合氯化铝

聚合氯化铝（PAC）可表示为 $[Al_2(OH)_n C_{6-n} \cdot x H_2O]_m$（$m \leqslant 10$，$n = 1 \sim 5$），其中，$m$ 代表聚合度。

在水中，Al^{3+} 首先是以水的配位形式存在的：$[Al(H_2O)_6]^{3+}$，由于核心离子 Al^{3+} 有较强的正电性，进而发生水解，释放 H^+，水解过程随环境的 pH 值增大而逐步加深：

$$[Al(H_2O)_6]^{3+} \Longrightarrow [Al(OH)(H_2O)_5]^{2+} + H^+$$

$$[Al(OH)(H_2O)_5]^{2+} \Longrightarrow [Al(OH)_2(H_2O)_4]^+ + H^+$$

$$[Al(OH)_2(H_2O)_4]^+ \Longrightarrow [Al(OH)_3(H_2O)_3] \downarrow + H^+$$

碱性增加

水解结果是氢氧根 OH^- 部分取代了水分子形成碱式氯化铝盐。氢氧根 OH^- 部分取代有着重要的意义，它提供了聚合桥联单元，通过氢氧根 OH^- 缔合桥联形成聚合状态，但同时也降低了聚合物的正电性。如存在以下缔合产物：

缔合状态与环境的 pH 值有密切关系。

由此可见，聚合氯化铝实质就是碱式氯化铝。聚合氯化铝中氢氧根 OH^- 的数量和聚合度及聚合物的阳离子性有密切关系，对应用也产生重要的影响。在聚合氯化铝生产中，氢氧根 OH^- 部分取代程度的控制，是聚合氯化铝的重要指标，一般用盐基度表示。

盐基度（basicity，B）的定义是：聚氯化铝分子中 OH 与 Al 的摩尔百分比 $[(OH)/(Al) \times 100\%]$。可见 pH 值高碱性大，则盐基度高，分子量大，正电性小；pH 值小，碱性小，则盐基度小，分子量小，正电性大。

市场上销售的聚合氯化铝比较杂，因为每一个厂家的生产工艺和原材料不同，生产出来的颜色也有些差别，一般有白色、黄色、黄褐色这三种颜色的聚合氯化铝。白色聚合氯化铝被称为高纯无铁白色聚合氯化铝或食品级白色聚合氯化铝，与其他聚合氯化铝相比是品质最高产品，主要的原材料是优质的氢氧化铝粉、盐酸，采用的生产工艺是国内最先进的喷雾干燥法。白色聚合氯化铝用于造纸施胶剂，制糖脱色澄清剂，鞣革、医药、化妆品和精密铸造及饮用水处理等多个领域。

黄色、黄褐色聚合氯化铝的原材料是铝酸钙粉、盐酸、铝矾土等，主要用污水处理，一般采用滚筒干燥或喷雾塔干燥生产而成，有片状、粉状两种固态形式。铁粉含量越多，颜色越深，铁粉如果超过一定的量，在某些时候也被称为聚合氯化铝铁，在污水处理方面有着卓越的效果。

8.2.4.2 聚合硫酸铁

聚合硫酸铁（PFS）可表示为：$[Fe_2(OH)_n(SO_4)_{3-n/2}]_m$ $[n<2, m=f(n)]$，式中，m 代表聚合度。和聚合氯化铝一样，聚合硫酸铁也是碱式硫酸铁，其中的氢氧根提供了聚合单元，控制盐基比可得到分子量和电荷量不同的产物。

聚合硫酸铁的制备一般以亚硫酸铁为原料，经氧化、水解聚合而成。主要有直接氧化法和催化氧化法。大多数 PFS 的制备采用直接氧化法，此法工艺路线较简单，用于工业生产可以减少设备投资和生产环节，降低设备成本，但这种生产工艺必须依赖于 H_2O_2、$KClO_3$、HNO_3 等无机氧化剂。催化氧化法一般是选用一种催化剂，利用氧气或空气氧化制备聚合硫酸铁。

例如将硫酸亚铁在 200℃ 下加热 3h，脱水、氧化生成碱式硫酸铁块状固体。将碱式硫酸铁块状固体粉碎与雾化硫酸反应得到颗粒状聚合硫酸铁。该方法工艺简单，可以直接制备固体聚合硫酸铁，但存在硫酸亚铁没有完全被氧化的缺点。也有通过稀硫酸与硫酸亚铁的悬浮液在一定温度和压力下，用空气氧化，经过滤得到聚合硫酸铁水溶液。

8.2.5 絮凝剂的实验室评价方法

良好的絮凝剂要求絮体沉淀速度快，絮团紧实含水率低，上层清液浊度小。实验室对絮凝剂性能的评价依据应用领域的不同而有所不同，常见的方法有如下几种。

（1）量筒实验 实验室最常用、最简单的方法是量筒实验，这种方法可以快速筛选药剂或定性确定药剂的用量，特别是在待筛选的药剂方法较多或几种药剂复配的情况下该方法最为有效。其主要测试程序是将泥浆水加入有磨口密封的量筒中，加入一定量药剂，再用人工或振荡器振动几十次，然后待其静止沉降，观察絮体形态、沉降速度以及淤泥体积、浊度和水相随时间变化的情况，量筒实验只是一种定性实验，能够在一定程度上确定药剂的有关性能和最佳用量。实验过程中，在聚合条件优化选择阶段便是选用量筒实验这种方法进行絮凝效果对比实验，从而确定出聚合反应的最佳因素条件。

（2）毛细吸水时间测定 毛细吸水时间（CST）实验由 Gale 和 Baskerville 提出，其目的是评价污泥水经絮凝后絮体的紧实和脱水效果。毛细吸水时间是指污泥水在吸水滤纸上渗透距离 1cm 时所需要的时间。污泥比阻值越大，CST 值也越大。絮凝良好的污泥，析出的游离水很多，在滤纸上渗透很快，故 CST 值很小。毛细吸水时间测定的优点是快速、简便。

（3）比阻值的测定 比阻值的物理意义是：单位质量的污泥在一定压力下过滤时在单位过滤面积上的阻力。求此值的作用是比较污水絮凝沉淀后絮体的过滤性能。比阻值越大，过滤性能越差，比阻值越小，其脱水性能越好。

絮凝剂在废水处理中具有举足轻重的地位，它正向着高效、无毒、价廉、复合、多功能、适合工业化生产的方向发展。降低絮体含水率，提高絮体含泥率，是普遍的需求。从分子层面优化结构设计和合成工艺、降低制造成本、提高电荷密度、提高高分子絮凝剂分子量、提高低温溶解性等也在不断地研究和开发中。此外，发展天然絮凝剂和微生物絮凝剂也成为热门的方向。

8.3 阻垢剂

8.3.1 循环水系统水垢的形成

水垢除了在工业循环水中容易形成外，在日常的生活中也经常可见。这是因为水中含有各种可溶性盐类，如重碳酸盐、氯化物、硫酸盐等，在其中可溶性钙盐容易在受热、碱性条件下分解生成 $CaCO_3$ 沉淀即碳酸钙水垢。通常发生以下四类反应。

（1）热分解 随着 CO_2 的放出，碱性增强，加速了碱性条件下的沉淀反应。

$$Ca(HCO_3)_2 \longrightarrow CaCO_3 \downarrow + H_2O + CO_2 \uparrow$$

（2）碱性条件下发生如下反应

$$Ca(HCO_3)_2 + 2OH^- \longrightarrow CaCO_3 \downarrow + 2H_2O + CO_3^{2-}$$

（3）水中含有磷酸根时与钙离子生成磷酸钙沉淀

$$2PO_4^{3-} + 3Ca^{2+} \longrightarrow Ca_3(PO_4)_2 \downarrow$$

（4）水中有硫酸根还会形成硫酸钙沉淀

$$SO_4^{2-} + Ca^{2+} \longrightarrow CaSO_4 \downarrow$$

水垢之所以容易在比较高的温度下生成，是因为碳酸钙、硫酸钙、磷酸钙等具有反常的溶解度和温度关系。一般盐类的溶解度随温度升高而增加，而这三种钙盐在较高的温度下溶解度下降。不同温度下化合物溶解度见表8-2。

表 8-2 不同温度下化合物溶解度

化合物	溶解度/(mg/L)	
	0℃	100℃
$Ca(HCO_3)_2$	2630	分解
$CaCO_3$	20	13
$Ca_3(PO_4)_2$	0.1	—
$CaSO_4$	2120	1700

钙盐沉淀形成后就会附着在换热器表面，逐步形成水垢，同时也会促进微生物的生长，造成对设备的腐蚀。

8.3.2 阻垢剂及其作用机理

阻垢剂指的是具有能分散水中的难溶性无机盐（如碳酸钙、硫酸钙等），阻止或干扰难溶性无机盐在金属表面的沉淀、结垢，对碳钢、铜及铜合金都具有优良缓蚀性能，维持金属设备有良好传热效果的一类药剂。

从作用机理上来讲，阻垢剂的作用可分为螯合、分散和晶格畸变三部分。

（1）螯合作用　由中心离子和多齿配位体的两个或两个以上配位原子键合而成具有环状结构的配合物的过程称为螯合作用。阻垢剂一般是具有多齿配体化合物，可以和成垢阳离子（如 Ca^{2+}、Mg^{2+} 等）产生螯合作用生成稳定的螯合物，从而阻止其与 CO_3^{2-}、SO_4^{2-}、PO_4^{3-} 等成垢阴离子的接触，使得成垢的概率大大下降，举例如下。

另外，阻垢剂还会吸附在碳酸钙活性点上阻碍结晶的进一步长大。

（2）分散作用　阻垢剂中也包括一些分散剂，分散剂的作用是阻止刚形成垢的微小粒子间的相互接触和凝聚，从而可阻止垢的生长。理论上，首先希望通过阻垢剂作用不生成水垢粒子，而分散剂可以看成螯合作用的补充。分散剂一般是具有一定分子量（或聚合度）的水溶性高分子聚合物，可以吸附微小固体粒子，如图 8-6。与螯合作用相比，分散作用是十分有效的补充。

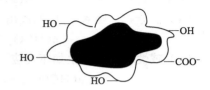

图 8-6　水溶性高分子对颗粒的吸附

（3）晶格畸变作用　当循环水的硬度、碱度较高，加入的螯合剂、分散剂不足以完全阻止水垢形成的时候，水垢就不可避免地产生并析出。如果没有外在干扰的存在，水垢的生长服从晶体生长的一般规律，所形成的垢牢固地附着在热交换器表面上。当有足量的分散剂存在，由于成垢粒子（由成百上千个 $CaCO_3$ 分子组成）被分散剂吸附、包围，阻止了成垢粒子在其规则的晶格点阵上排列，从而使所生成的水垢松软、易被水流的冲刷带走。可以说晶格畸变作用又是分散作用的补充。

8.3.3　阻垢剂主要品种

8.3.3.1　有机膦系列阻垢剂

氨基三亚甲基膦酸盐（ATMP）：

ATMP 具有良好的螯合、抑制结晶及晶格畸变作用，可有效阻止水中成垢盐类形成水垢，特别是碳酸钙垢的形成。ATMP 在水中化学性质稳定，不易水解。在水中浓度较高时，还有良好的缓蚀效果，防止管道腐蚀。

羟基亚乙基二膦酸（HEDP）：

$$\begin{array}{c} \text{OHOHOH} \\ \text{OH—P—C—P—OH} \\ \text{O} \quad \text{CH}_3\text{O} \end{array}$$

HEDP 使用特别广泛，在电力、石化、冶金等工业循环冷却水系统及中低压锅炉、油田注水及输油管线的阻垢和缓蚀方面都有应用；HEDP 在轻纺工业中，可以作金属和非金属的清洗剂，漂染工业的过氧化物稳定剂和固色剂，无氰电镀工业的配合剂。能与铁、铜、锌等多种金属离子形成稳定的配合物，能溶解金属表面的氧化物。在 250℃ 下仍能起到良好的缓蚀阻垢作用，一般光热条件下不易分解。耐酸碱性、耐氯氧化性能较其他有机膦酸（盐）好。

乙二胺四亚甲基膦酸（EDTMPA）：

$$(\text{HO})_2\text{P—CH}_2 \quad \quad \text{CH}_2\text{—P(OH)}_2$$
$$\text{N—CH}_2\text{—CH}_2\text{—N}$$
$$(\text{HO})_2\text{P—CH}_2 \quad \quad \text{CH}_2\text{—P(OH)}_2$$

EDTMPA 在水溶液中能离解出 8 个正、负离子，故可以与更多个金属离子螯合，形成多个单体结构大分子网状配合物，松散地分散于水中，有效破坏了钙垢正常结晶过程，与无机聚磷酸盐相比，缓蚀率高 3～5 倍。EDTMPA 的钠盐或钾盐电荷多，水溶性好，无毒，无污染，化学稳定性及耐温性好，在 100℃ 时仍有良好的阻垢效果。EDTMPA 在电子行业可作为半导体芯片的清洗剂，用于制造集成电路；在医药行业作放射性元素的携带剂，用于检查和治疗疾病；EDTMPA 的螯合能力远超过乙二胺四乙酸（EDTA）和二亚乙基三胺五乙酸（DTPA），几乎在所有使用 EDTA 作螯合剂的地方都可用 EDTMPA 替代。

8.3.3.2 聚羧酸类阻垢分散剂

聚丙烯酸钠（PAAS）：

$$\begin{array}{c} -[\text{CH}_2\text{—CH}]_n- \\ \text{C=O} \\ \text{O—Na} \end{array}$$

作为阻垢剂的 PAAS 平均分子量不能过高，一般在 1000～6000 范围，随具体水质不同和操作条件不同有不同合适的分子量。PAAS 不仅有较好的阻垢性能，对非晶态的污泥、腐蚀产物等污物也具有一定分散作用，可在碱性和中浓缩倍数条件下运行而不结垢。

丙烯酸-2-丙烯酰胺-2-甲基丙磺酸共聚物（AA/AMPS）：

$$\begin{array}{c} \text{H} \quad\quad\quad \text{H} \\ -[\text{CH}_2\text{—C}]_n-[\text{CH}_2\text{—C}]_m- \\ \text{COOH} \quad\quad \text{C=O} \quad \text{CH}_3 \\ \text{NH—C—CH}_2\text{SO}_3\text{H} \\ \text{CH}_3 \end{array}$$

AA/AMPS 为丙烯酸与 2-丙烯酰胺-2-甲基丙磺酸（AMPS）共聚而成。分子结构中同时含有羧基和强极性的磺酸基，螯合作用更强，水溶性更好，提高钙离子容忍度，阻垢分散作用好，特别适合高 pH、高碱度、高硬度的水质，是实现高浓缩倍数运行较为理想的阻垢分散剂之一。

聚环氧琥珀酸（钠）（PESA）：

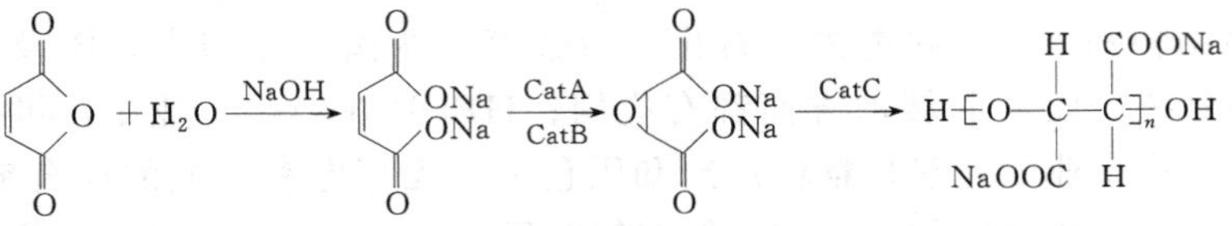

琥珀酸，即顺丁烯二酸，经环氧化、聚合形成 PESA。PESA 分子中不含磷、氮等富氧元素，因此是"绿色"环保型多元阻垢剂。生物降解性能好，应用范围广泛，尤其适用于高碱、高硬、高 pH 条件下的冷却水系统，可实现高浓缩倍数运行，与其他药剂配伍性好。

聚天门冬氨酸（PASP）：

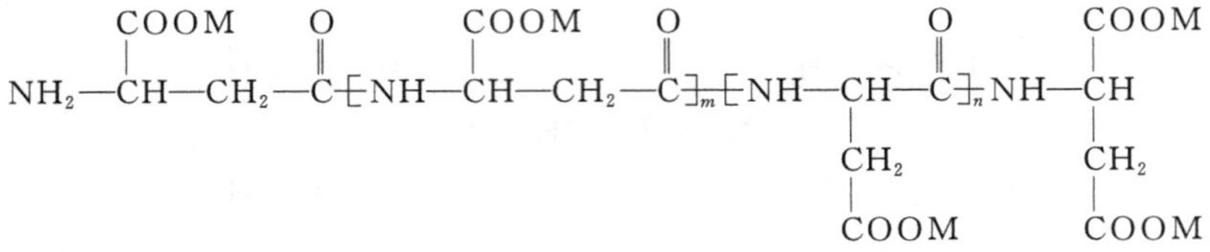

PSAP 同样是一种易降解、不含富氧元素、无公害的绿色水处理剂，对钙、镁离子等有极强的螯合能力，具有阻垢与缓蚀双重功效。

8.3.4　阻垢剂的评价

常见的阻垢性能评价方法：静态阻垢法、鼓泡法、临界 pH 法、极限碳酸盐硬度法、玻璃电极法与 pH 位移法、浊度测定法、电导法、恒定组分技术、动态模拟法。

（1）**静态阻垢法**　原理：在一定的温度和 pH 条件下，配制一定体积、浓度的含 Ca^{2+}、Mg^{2+} 硬水，然后加入化学计量的 CO_3^{2-}、SO_4^{2-} 溶液。经过一定时间，使碳酸钙或硫酸钙沉淀完全。在同样组成的溶液中，加入一定量的阻垢剂，在相同条件下使之沉淀完全。最后，用已知浓度的 EDTA 溶液测定两者的剩余硬度，所得加入阻垢剂的数值与空白值相比即为阻垢率。水中剩余硬度值越大，则阻垢效果越好。

优点：静态法设备简单，试验周期短，可同时进行大批量筛选，但是操作时控制条件不同，会对测试结果有很大影响。同时它也存在以下许多缺点：①它不能反映出垢的形态、黏着性和结晶特性，只能反映水体中无机垢沉淀量，而且不能用这一方法来测试淤泥。②测试温度为水体温度而非传热面温度。③测试无法来考虑流速、腐蚀、表面状态等对结垢有明显影响的因素及微生物等的拖曳效应等。因此静态法只能用于初步筛选。

（2）**鼓泡法**　基本原理：将含有碳酸氢钙的水和阻垢剂制成试液，为了模拟冷却水在热交换器中受热和在冷却塔中曝气两个过程，升高试液温度并向其中鼓入一定流量的空气，以带走溶解在其中的二氧化碳，使碳酸氢钙加速分解生成碳酸钙，试液迅速达到自然平衡，然后测试试液中钙离子的稳定浓度，钙离子浓度越大，则该阻垢剂的阻垢性能就越好。

鼓泡法相对于静态阻垢法而言具有操作简单、耗时短、重现性好的优点。原则上鼓泡法是可信和可行的，但在实际应用中，如果某些步骤的操作条件控制不严格，就会导致测试结果发生不同程度的偏差，实验结果就失去了应有的意义，从而使该方法的应用受到了一定的限制。

（3）**临界 pH 法**　晶体生长理论认为，碳酸盐必须要达到一定的过饱和状态才能从溶液中沉淀出来，这时候的溶液 pH 就是临界 pH，即 pH_c。当水的实测 pH 值超过 pH_c 时才会出现结垢，如果小于 pH_c，则不会结垢，如果阻垢剂的性能越好，则相应溶液的 pH_c 就越高。

阻垢剂加入后能将更多的钙、镁离子稳定在水中，减少了其生成过饱和溶液的可能，提高了溶液的 pH_c。临界 pH 法评定阻垢剂性能，相对静态阻垢法、鼓泡法有较大的改善，具有省时、省力、准确、快速的特点。

（4）极限碳酸盐硬度法　利用蒸发浓缩实验可确定特定水样的极限碳酸盐硬度，阻垢剂的存在提高了极限碳酸盐硬度，从而根据适用不同阻垢剂时极限碳酸盐硬度的不同，可以评定阻垢剂的阻垢性能。

极限碳酸盐硬度法较静态阻垢法实验准确、可靠，能提供更多有价值的数据；较动态模拟实验操作简便而准确，不需复杂的设备，具有较高的实用价值，尤其在拟定阻垢配方时的阻垢剂筛选阶段特别有用。但是极限碳酸盐硬度法只能评价阻垢剂对钙离子的螯合能力，对于阻垢剂的分散作用及晶格畸变作用无法评价，所以它不能全面地评价阻垢剂的阻垢性能。

评价阻垢剂阻垢性能的方法一般可以分为静态阻垢率评价方法和动态阻垢率评价方法两种。静态阻垢率评价方法包括沉积法、鼓泡法、浊度法、临界法、位移法、电导率法和诱导期法等。动态实验法是尽最大限度地模拟阻垢剂的实际应用环境，如流速、流态、水质、金属材质、换热强度和冷却水进出口温度等主要参数，而对其阻垢性能进行客观评价的方法，此类方法测得的阻垢分散性能最接近于阻垢剂的实际。

8.3.5　阻垢剂的发展方向

阻垢剂在循环水的处理过程中有着不可替代的重要作用，无论是阻垢剂的生产还是新品开发，都是精细化工领域的重要内容。目前，国内阻垢剂的品种虽已包括无机聚磷酸盐、有机磷酸盐、合成聚合物阻垢分散剂、绿色聚合物阻垢分散剂等较丰富的产品种类，但阻垢性能更优越、自身绿色环保、价格低廉的阻垢剂新品种，依然是水处理行业的期待。阻垢剂的发展方向在行业内也较为清晰，主要是：①开发无磷、无氮、可生物降解的绿色阻垢剂新品种；②以功能为导向的阻垢剂复配研究，强化组分之间的协同效应，避免单一阻垢剂性能上的不足；③阻垢剂阻垢机理的深入研究，特别是阻垢剂分子结构和阻垢性能的关系上期待进一步突破；④开发适合高温、高电解质浓度、高 pH 值等苛刻条件的高性能阻垢剂。

8.4　杀菌剂

8.4.1　杀菌剂概述

（1）循环水中细菌、藻类的产生　循环水有一定的温度，并有长期暴露在阳光和空气中条件，适合细菌、真菌和藻类的繁殖。如产黏泥细菌，又称黏液异养菌，这类细菌会产生胶状、黏泥状附着物，强烈沉积在设备表面，虽不直接引起腐蚀，但容易引发沉积物下的腐蚀发生；而硫酸盐还原菌（SRB）是一种厌氧菌，能在无氧或缺氧条件下把硫酸盐还原为硫化物引起腐蚀过程的发生，酸洗时还会释放硫化氢。铁细菌是一种好氧异养菌，能把溶于水的二价铁离子转变为不溶于水的三氧化二铁水合物，并分泌黏性物质，形成体积较大的红棕色沉淀物引起管道堵塞。真菌在循环冷却水中主要包含霉菌和酵母菌，破坏木质纤维素产生黏性沉淀物；藻类常见有蓝藻、绿藻、硅藻，在阳光充足和空气环境较好的废水池中容易滋生，而死亡的藻类形成漂浮物或沉积物存于水中，给循环冷却过程带来麻烦。

（2）**杀菌剂的作用**　杀菌剂就是指在循环冷却水系统中用以杀死微生物和藻类，以阻止其大量繁殖导致冷却水系统的金属设备发生腐蚀及事故，影响正常运行的水处理药剂。对于杀菌剂，不仅希望其在循环水的运行条件下对细菌和藻类都有广谱杀生效果，还要求排入环境后易于水解或被生物降解，具有抗氧化性，不易被余氯氧化分解，能与缓蚀剂、阻垢剂很好地相容，并具有对微生物黏泥的剥离和分散能力。

（3）**杀菌剂的分类**　杀菌剂的种类很多，按化学成分可分为无机杀菌剂和有机杀菌剂；按杀菌机理可分为氧化型杀菌剂和非氧化型杀菌剂。

8.4.2　氧化型杀菌剂

氧化型杀菌剂具有强烈的氧化性，与细菌体内代谢酶发生氧化作用而达到杀菌目的。

（1）**氯气、次氯酸钠、次氯酸钙**　这三种含氯化合物主要是通过在水中生成次氯酸的氧化作用杀菌。HClO 即次氯酸，是强氧化剂，与细胞内原生质（代谢酶）反应生成稳定的氮-氯键，达到杀菌目的。用氯杀菌，pH 值最佳条件为 6.5～7.5，当 pH 值大于 7.5 时，HClO 会加速电离：

$$HClO \Longrightarrow H^+ + ClO^-$$

而次氯酸根 ClO^- 的杀菌率只有次氯酸的 1/20。因此，水的 pH 控制在小于 6.5 时杀菌效果最好。

（2）**三氯异氰尿酸（商品名：强氯精）、二氯异氰尿酸钠（商品名：优氯净）**　1mol 三氯异氰尿酸水解后生成 3mol 次氯酸和 1mol 三聚氰酸。三聚氰酸是次氯酸的稳定剂，因此使用三氯异氰尿酸比液氯杀菌效果好得多。1mol 二氯异氰尿酸钠水解后生成 2mol 次氯酸。

三氯异氰尿酸　　　　二氯异氰尿酸钠

（3）**二氧化氯 ClO_2**　二氧化氯是黄绿色气体，pH 适用范围 7.5～8.5，且在碱性条件下，二氧化氯对细胞壁有较强的吸引和穿透能力，其杀菌率是液氯的 20 倍。二氧化氯是爆炸性气体，一般现场制备，有二氧化氯发生器成品可直接购买，制备反应式为：

$$2NaClO_2 + Cl_2 \longrightarrow 2ClO_2 + 2NaCl$$
$$2NaClO_3 + SO_2 \longrightarrow 2ClO_2 + Na_2SO_4$$
$$6NaClO_3 + CH_3OH + 6H_2SO_4 \longrightarrow 6ClO_2 + 6NaHSO_4 + 5H_2O + CO_2$$

（4）**溴及溴化合物**　与氯的杀菌机理类似，溴和水生成次溴酸，但杀菌速度更快。

$$Br_2 + H_2O \longrightarrow HBr + HBrO$$

溴类化合物有溴化海因、溴氯二甲基海因，在水体中水解成次溴酸和次氯酸。

（5）过氧乙酸 过氧乙酸分子式为：

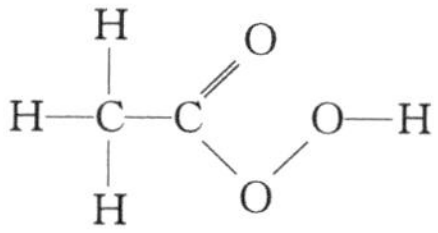

除做循环水杀菌剂外，也广泛用于公共卫生的消杀作用。用醋酸和双氧水制得

$$CH_3COOH + H_2O_2 \longrightarrow CH_3COOOH + H_2O$$

无色透明液体，弱酸性，有较强的乙酸气味，溶于水、醇、醚、硫酸。属强氧化剂，极不稳定。在 -20℃ 也会爆炸，浓度大于 45% 就有爆炸性，遇高热、还原剂或有金属离子存在就会引起爆炸。

过氧乙酸是通过氧化微生物细胞中的蛋白质、类脂质等细胞组织中的巯基（—SH）、二硫键（—S—S—）和双键结构而破坏细胞膜以至灭杀微生物。

8.4.3 非氧化型杀菌剂

非氧化型杀菌剂是以致毒剂的方式作用于微生物某一特殊部位，从而破坏微生物的细胞或者生命达到杀菌目的。

8.4.3.1 氯酚类

氯酚类化合物的杀菌机理是，它们能吸附在微生物细胞壁上，然后扩散到细胞结构中，在细胞内生成胶态溶液，使蛋白质沉淀，从而破坏蛋白质杀死细菌。常见的有双氯苯酚和五氯苯酚。

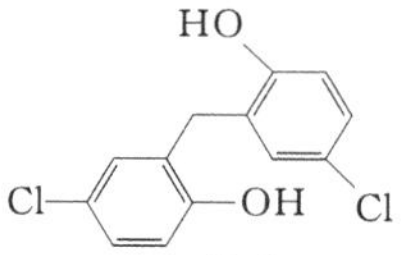

双氯苯酚 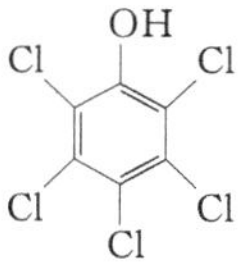　　　　　　五氯苯酚

双氯苯酚，化学名为 2,2′-亚甲基双（4-氯苯酚），由对氯苯酚与甲醛反应而得。商品"G-4"杀菌剂的主要成分。一般加入适量的氢氧化钠，以形成酚的单钠盐增加溶解度。在大型化肥厂冷却水系统中使用，水样 pH 值为 7.8～8.2，加入 50～100mg/L 的 G-4，作用 24h，杀菌率超过 98%；加入 100mg/L，杀菌率一直在 99.65% 以上，药效比较长。该品在农业、医药、制造肥皂中可作杀菌剂使用。双氯苯酚也是一种抗蠕虫药物。

五氯苯酚（pentachlorophenol，PCP），是一种氯代的酚类化合物，纯品为白色晶体。微溶于水，通常加入适量的氢氧化钠形成酚钠盐溶液作杀菌消毒剂，但由于其高毒性及低生物降解度，现已愈来愈少使用。

8.4.3.2 季铵盐类

季铵盐类杀菌剂一般也属于季铵盐阳离子表面活性剂，杀菌作用机理是长链疏水基团增加了分子的表面活性，再加上分子带有正电荷，使其容易在细菌表面吸附并进一步渗透到细菌内部，阻止了细菌的呼吸和代谢异常。常见的品种有：N,N-二甲基-N-十二烷基苄基氯化铵，亦称吉尔灭；N,N-二甲基-N-十二烷基苄基溴化铵，亦称新吉尔灭。

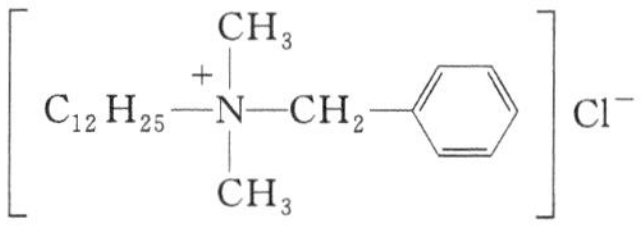

洁灭尔 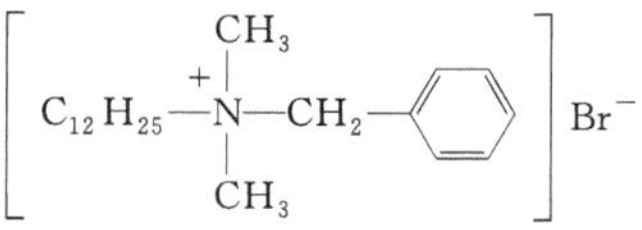　　　　　　　新洁灭尔

近年来，市场上还广泛使用双阳离子杀菌剂、双烷基季铵盐杀菌剂，其杀菌效果更好，但泡沫会更多，有时需要加入适当的消泡剂。

8.4.3.3　季鏻盐

季鏻盐最常见的杀菌剂品种是四羟甲基硫酸鏻（THPS），分子结构如下。

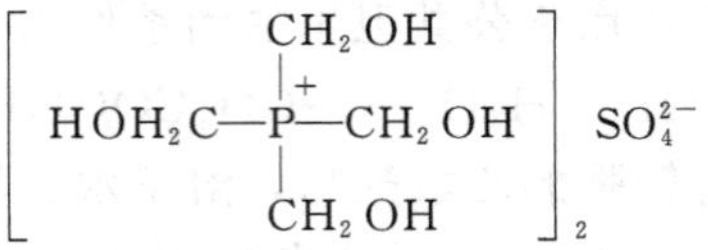

$$\left[\begin{array}{c} CH_2OH \\ | \\ HOH_2C-\overset{+}{P}-CH_2OH \\ | \\ CH_2OH \end{array} \right]_2 SO_4^{2-}$$

四羟甲基硫酸鏻

四羟甲基硫酸鏻为无色透明液体，易溶于水，作为杀菌剂最主要的优点是在使用以后迅速降解为完全无害的物质，毒性低，因而被广泛地使用在水处理、油田、造纸等行业杀菌消毒，并具有一定的缓蚀作用，大大减轻这类行业对环境的影响。此外，THPS还可作为纯棉、涤棉织物的阻燃剂使用。

8.4.3.4　杂环类化合物

杂环类化合物为含硫、氮杂原子化合物。杀菌机理：主要依靠杂环上的活性部分，如N、S等与菌体蛋白质中DNA作用，吸附在细胞上，从而破坏了细胞内DNA的结构导致DNA失去繁殖能力，使细胞死亡。如二硫氰基甲烷（MBT）、2-甲基-4-异噻唑啉-3-酮（MI）、5-氯-2-甲基-4-异噻唑啉-3-酮（CMI）。

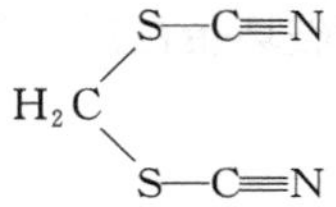

MBT

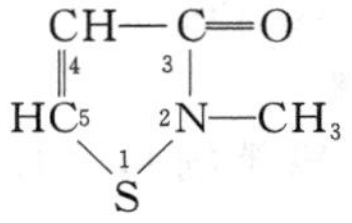

MI

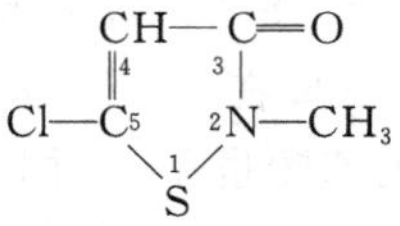

CMI

二硫氰基甲烷是一种高效杀藻杀菌化学药物，为白色或浅黄色的针状晶体，熔点104℃，水中溶解度约0.4g，在酸性条件下稳定，对细菌、真菌和藻类都具有高效的杀灭效果，而且药效维持时间长，使用3～4mg/L的用量对异养菌、亚硝化细菌、硫酸盐还原菌、大肠杆菌、铁丝菌、厌氧菌、反硝化菌和硫细菌的杀菌率高达99％以上。其原液稳定，在应用时又能迅速降解，对环境不会造成二次污染，具备高效、低残留物，对人体、畜物无害，能够做到安全排放，是较好的广谱杀菌剂。

异噻唑啉酮亦称卡松防腐剂，棕黄色透明液体，主要由5-氯-2-甲基-4-异噻唑啉-3-酮（CMI）和2-甲基-4-异噻唑啉-3-酮（MI）组成。异噻唑啉酮是通过断开细菌和藻类蛋白质的键而起杀生作用的。异噻唑啉酮与微生物接触后，能迅速地不可逆地抑制其生长，从而导致微生物细胞的死亡，故对常见细菌、真菌、藻类等具有很强的抑制和杀灭作用。杀生效率高，降解性好，具有不产生残留、操作安全、配伍性好、稳定性强、使用成本低等特点。能与氯及大多数阴、阳离子及非离子表面活性剂相混溶。高剂量时，异噻唑啉酮对生物黏泥剥离有显著效果。

异噻唑啉酮是一种广谱、高效、低毒、非氧化型杀生剂。广泛运用于油田、造纸、农药、切削油、皮革、油墨、染料、制革等行业。

8.4.3.5 有机醛类

甲醛具有杀菌防腐作用，但循环水处理中醛类杀菌剂主要是戊二醛，其分子结构如下：

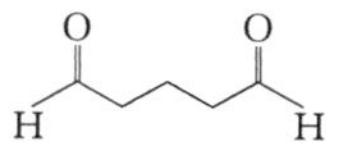

$$\text{H}\overset{\overset{\displaystyle O}{\|}}{C}\text{—CH}_2\text{—CH}_2\text{—CH}_2\text{—}\overset{\overset{\displaystyle O}{\|}}{C}\text{H}$$

戊二醛的杀菌机理主要依靠醛基作用于菌体蛋白的巯基、羟基、羧基和氨基，可使之烷基化，引起蛋白质凝固造成细菌死亡。

戊二醛具有广谱、高效、低毒、对金属腐蚀性小、受有机物影响小、稳定性好等特点。其灭菌浓度为 2%，市售戊二醛主要有：2% 碱性戊二醛和 2% 强化酸性戊二醛两种。碱性戊二醛常用于医疗器械灭菌，使用前应加入适量碳酸氢钠，摇匀后，静置 1h，测定 pH 值。pH 在 7.5～8.5 时，戊二醛的杀菌作用最强。戊二醛杀菌是其单体的作用，当溶液的 pH 达到 6 时，这些单体有聚合的趋势，随 pH 上升，这种聚合作用极迅速，溶液中即可出现沉淀，形成聚合体后会失去杀菌作用。因此碱性戊二醛是一种相对不稳定的消毒液，2% 强化酸性戊二醛是以聚氧乙烯脂肪醇醚为强化剂，有增强戊二醛杀菌的作用。它的 pH 低于 5，对细菌芽孢的杀灭作用较碱性戊二醛弱，但对病毒的灭活作用较碱性戊二醛强，稳定性较碱性戊二醛好，可连续使用 28 天，广泛用于循环水杀菌。

8.4.4 杀菌剂的评价

杀菌率是杀菌剂的重要指标。一般杀菌率按式（8-3）计算：

$$杀菌率 = \frac{加杀菌剂前水样中的细菌含量 - 加杀菌剂后水样中的细菌含量}{加杀菌剂前水样中的细菌含量} \times 100\% \quad (8\text{-}3)$$

除杀菌率外，还要评价其他的应用性能，包括杀菌的广谱性、适应的 pH 值范围、对金属的腐蚀性、生物降解性、与其他水处理剂的配伍性、经济性等。这些性能的评价需要严格按照国家或行业颁布的标准方法和程序完成。

思 考 题

1. 水处理剂的概念是什么？
2. 举例说明絮凝剂的应用和絮凝剂作用原理。
3. 絮凝剂一般是如何分类的？举例说明常见品种。
4. 工业循环水的水垢是怎样形成的？
5. 聚合氯化铝的盐基度是什么概念？
6. 阻垢剂的作用原理是什么？有哪些评价方法？
7. 絮凝剂有哪些实验室评价方法？
8. 循环水为什么容易滋生细菌？杀菌剂有哪些类型？

第9章

食品添加剂

9.1 概论

9.1.1 食品添加剂的定义及有关法规

根据《食品卫生法》的规定：食品添加剂是指"为改善食品品质和色、香、味，以及为防腐和加工工艺的需要而加入食品中的人工合成或者天然物质"。

《食品添加剂使用标准》（GB 2760—2014）对食品添加剂重新规定："为改善食品品质和色、香、味，以及为防腐和加工工艺的需要而加入食品中的人工合成或者天然物质。营养强化剂、食品用香料、胶基糖果中基础剂物质、食品工业用加工助剂也包括在内。"其中，在我国，食品营养强化剂也属于食品添加剂。《食品卫生法》规定：

营养强化剂是指为平衡、补充、增强营养成分而加入食品中的天然的或者人工合成的营养素和其他营养成分，并在 GB 2760—2014 之外单独制定了国家标准 GB 14880—2012。

食品用香料是指能够用于调配食品香精并使食品增香的物质。

加工助剂或称食品工业用加工助剂，是指能使食品加工顺利进行的各种物质，本身与食品本身无关。如助滤、澄清、吸附、润滑、脱模、脱色、脱皮、提取溶剂、发酵用营养物质等，它们一般应在食品成品中除去而不应成为最终食品的成分，或仅有残留。

我国台湾省规定："食品添加剂是指食品的制造、加工、调配、包装、运输、储存等过程中用以着色、调味、防腐、漂白、乳化、增香、稳定品质、促进发酵、增加稠度、强化营养、防止氧化或其他用途而添加于食品或与食品接触的物质。"

在国际上，由于各自理解的不同，各国对食品添加剂的定义也不同。

日本规定：食品添加剂系指"在食品制造过程中为了保存的目的加入食品，使之混合、浸润及其他目的而使用的物质"。

欧盟规定：食品添加剂是指"在食品制造、加工、准备、处理、包装、运输或储藏过程中加入到食品中，直接或间接地成为食品的组成成分。其本身不构成食品的特性成分，并且本身不能被当作食品消费的物质"。

美国规定：食品添加剂是"由于生产、加工、储存或包装而存在于食品中的物质或物质的混合物，而不是基本的食品成分"。基于此，他们将其再分为直接食品添加剂和间接食品添加剂两类，前者是指故意向食品中添加，以达到某种作用的食品添加剂，又称为有意食品添加剂；后者则指在食品的生产、加工、储存和包装中少量留存在食品中的物质，又称为无意食品添加剂，不包括偶然的污染物。

联合国粮农组织（FAO）和世界卫生组织（WHO）联合组成的食品法规委员会（CAC）1983 年规定："食品添加剂是指本身不作为食品消费，也不是食品特有成分的任何物质，而不管其有无营养价值。它们在食品的生产、加工、调制、处理、装填、包装、运输、储存等过程中，由于技术（包括感官）的目的，有意加入食品中或者预期这些物质或其副产物会成为（直接或间接）食品中的一部分，或者改善食品的性质。它不包括污染物或者为保持、提高食品营养价值而加入食品中的物质。"Codex Stan 192—1995 Codex General Standard For Food Additives 食品添加剂通用法典标准（2013 年修订）中仍对此定义。而中国、日本、美国规定的食品添加剂均包括食品营养强化剂。

污染物指不是有意加入食品中，而是在生产（包括谷物栽培、动物饲养和兽药使用）、制造、加工、调制、处理、装填、包装、运输和保藏等过程中，或是由于环境污染带入食品中的任何物质，但不包括昆虫碎体、动物毛发和其他外来物质。残留农药和兽药均是污染物。

9.1.2　食品添加剂产业概况

"食品添加剂"的定义尽管提出不久，但人们实际使用食品添加剂的历史久远，中国传统点制豆腐所使用的凝固剂盐卤，在公元 25 年的东汉时期就已经应用，并一直流传至今；公元 6 世纪北魏末年农业科学家贾思勰所著的《齐民要术》中就记载着如何从植物中提取天然色素并予以应用的方法；作为肉制品防腐和护色用的亚硝酸盐，大约在 800 年前的南宋时就用于腊肉生产，并于公元 13 世纪传入欧洲；在国外，公元前 1500 年的埃及墓碑上就描绘有人工着色的糖果；葡萄酒也已在公元前 4 世纪进行人工着色，以目前的认识来看这些都是古代社会生活中天然物作为食品添加剂的应用。最早使用的化学合成食品添加剂是 1856 年英国人 W. H. Perkins 从煤焦油中制取的染料色素苯胺紫。在工业革命后，化学工业特别是化学合成工业的发展更使食品添加剂进入一个新的加快发展的阶段，许多人工合成的食用化学品如着色剂、防腐剂等相继大量应用于食品加工；进入 20 世纪后期，发酵工艺生产的和天然原料提取的食品添加剂也迅速发展起来。工业对食品加工带来巨大的变化。现代生活导致人们提高了对食品品种和质量的要求，其中包括对改善食品色、香、味、形、营养等的要求，食品添加剂在工业和科学技术的促进下发展起来，成为独立性的领域。

我国的食品添加剂虽然规模生产起步较晚，但产业迅速发展，仅用了三十多年年，产品由原先的几十种到几百种到近两千多种，2010 年进入 GB 2760 食用香精香料名单的品种已增加到近 2000 种，是近年来增长最快的食品添加剂，产值由原先的几亿元人民币增加到约 1400 亿元人民币（2019 年），应用于超过 14 万亿元产值的食品。随着我国方便食品的发展，调味料（咸料）香精的增长幅度将更大。我国是全球最大的柠檬酸生产国，2019 年我国柠檬酸（盐）产能为 139 万吨，绝大多数产品销售依赖出口，年产能占世界的 70% 左右。在营养强化剂方面，我国是全球生产各种维生素品种较齐全的国家，也是全球产量最大、出口量最大的国家，维生素 C、维生素 E、叶酸等生产技术达到世界领先水平。

9.1.3　食品添加剂的种类

由于食品添加剂在现代食品工业中所起的重要作用，各国许可使用的食品添加剂品种都在千种以上。美国目前已有 2500 种以上的食品添加剂应用于 20000 种以上的食品之中，在美国食品和药物管理局（FDA）所列 2922 种食品添加剂中，受管理的有 1755 种，2005 年出版的美国《食品用化学品法典》（FCCV）共收载 1077 种质量规格标准；日本使用的食品添加剂约 1100 种，2011 年出版的日本食品添加物公定书（第八版）共收载 421 种标准规格；欧洲共同体约使用 1500 种食品添加剂。

2006 年，按我国《食品添加剂使用卫生标准》（GB/T 2760—2006）的规定，我国许可使用的食品添加剂的品种数为 2047 种，其中合成物质 252 种，可在各类食品中按生产需要适量使用的食品添加剂 55 种，食品用香料 1531 种（其中食品用天然香料 329 种、天然等同香料 1009 种、人工合成香料 193 种），食品工业用加工助剂 114 种，食品用酶制剂 44 种，胶姆糖基础剂 51 种。到 2014 年，按我国《食品添加剂使用卫生标准》（GB 2760—2014）的规定，我国许可使用的食品添加剂的品种数为 2067 种，食品用香料 1853 种（其中食品用天然香料 400 种、人工合成香料 1453 种），食品工业用加工助剂 107 种，食品用酶制剂 52 种，胶姆糖基础剂 55 种。

食品添加剂的分类可按其来源、功能和安全评价的不同而有不同的划分。

（1）按来源分　有天然食品添加剂和人工化学合成品之不同。前者主要由动、植物提取制得，也有一些来自微生物的代谢产物或矿物；后者则是通过化学合成的方法所得，其中又可分为一般化学合成品与人工合成天然等同物。如天然等同香料、天然等同色素等。

（2）按生产方法分类　有化学合成、生物合成（酶法和发酵法）、天然提取物三大类。

（3）按作用和功能分类　根据中国 1990 年颁布的《食品添加剂分类和代码》（GB 12493—1990）规定，按其主要功能作用的不同分为：酸度调节剂、抗结剂、消泡剂、抗氧化剂、漂白剂、膨松剂、胶姆糖基础剂、着色剂、护色剂、乳化剂、酶制剂、增味剂、面粉处理剂、被膜剂、水分保持剂、营养强化剂、防腐剂、稳定和凝固剂、甜味剂、增稠剂、加工助剂和食品用香料，共 22 类。

（4）按食品安全评价分类　JECFA 是 FAO/WHO 食品添加剂联合专家委员会的简称，是由联合国粮农组织（FAO）和世界卫生组织（WHO）于 1956 年建立的国际食品添加剂安全评价的权威机构。A（1）类：JECFA 评价认为毒理学资料清楚，已制定出 ADI 值或者认为毒性有限无需规定 ADI 值者。A（2）类：JECFA 已制定暂定 ADI 值，但毒理学资料不够完善，暂时许可用于食品者。B 类是 JECFA 曾进行过安全评价，但未建立 ADI 值，或者未进行过安全评价者，其中，B（1）类：JECFA 曾进行过安全评价，因毒理学资料不足而未制定 ADI 值者。B（2）类：JECFA 未进行过安全评价。C 类是 JECFA 认为在食品中使用不安全或应该严格限制作为某些食品的特殊用途者。C（1）类：JECFA 根据毒理学资料认为在食品中使用不安全者。C（2）类：JECFA 认为应严格限制在某些食品中作特殊应用者。

9.1.4　食品添加剂的地位和作用

食品添加剂是食品加工必不可少的主要基础配料，其使用水平是食品工业现代化的重要标志之一。食品添加剂已被列为我国加速开发发展的重要基础行业。"没有食品添加剂，很难有现代化的食品工业"。

食品添加剂在食品工业中的重要地位，归纳为下列四个方面：

① 以色、香、味适应消费者的需要，从而体现其消费价值。

② 随着消费者对营养学认识的不断提高，人们愿意以高价购买各种营养素强化食品。

③ 保鲜手段的提高取得了比罐头、速冻食品具有更有效的、更经济的加工手段。

④ 就业人员增加和单身家庭等因素，促使方便食品、快餐食品高速增加，其色、香、味和品质等均与食品添加剂有关。

食品添加剂大大促进了食品工业的发展，并被誉为现代食品工业的灵魂和食品工业创新的秘密武器，这主要是因为它给食品工业带来许多益处，其主要作用有：①有利于食品的保藏，防止食品腐败变质；②改善食品的感官性状；③保持或提高食品的营养价值和提高产品质量；④增加食品的品种和方便性；⑤有利于食品加工操作，适应生产的机械化和自动化；⑥满足其他特殊需要，作为某些特殊膳食用食品必要配料或成分。

食品应尽可能满足人们的不同需求。例如，糖尿病人不能吃糖，则可用无营养甜味剂或低热能甜味剂，如用三氯蔗糖或阿力甜取代蔗糖或用山梨糖醇、木糖醇等制成无糖食品供应。对缺碘地区供给碘强化食盐，可防止当地居民的缺碘性甲状腺肿。此外，近年来人们所大力开发的某些功能性物质如黄酮类物质等亦可望作为功能性添加剂以满足人们的需要。

9.1.5 中国的食品添加剂法规与监督管理

在我国，食品添加剂的使用要严格遵守国家法规。经过二十多年来的建设和发展，我国已经形成了有关食品添加剂的法律、法规和标准管理体系，主要有：①《中华人民共和国食品卫生法》；②《食品添加剂卫生管理办法》；③《食品添加剂使用卫生标准》；④《食品营养强化剂使用卫生标准》；⑤《食品标签通用标准》；⑥《食品安全性毒理学评价程序》；⑦《食品添加剂分类和代码》；⑧《食品用香料分类和代码》；⑨《卫生部食品添加剂申报与受理规定（包括"食品添加剂新品种申请表"）》等，还有有关产品质量和规格的国家标准、行业标准200多个，这些法律、法规和标准，对于我国食品添加剂的安全性起到了积极的促进作用。

在我国日前出台的各项法规中，GB 2760《食品添加剂使用标准》、GB 14880《食品营养强化剂使用标准》是食品添加剂使用中必须遵守的基础标准，在以上两个标准中，对可以作为食品添加剂使用的物质名称、食品添加剂的使用量、食品添加剂的使用范围都进行了严格的规定。GB 2760无论对食品和食品添加剂生产、经营和应用企业，还是对监督管理部门，都具有十分重要的意义和作用。它以国际标准为基础，结合我国实际制定，建立我国食品添加剂分类体系、各类食品分类框架及说明，与国际标准接轨。

绿色食品生产要求：在绿色食品生产、加工过程中，A级、AA级的产品视产品本身或生产中的需要，均可使用食品添加剂，在AA级绿色食品中只允许使用天然的食品添加剂，不允许使用人工化学合成的食品添加剂，在A级绿色食品中可以使用人工化学合成的食品添加剂，但以下产品不得使用：①亚铁氰化钾；②4-己基间苯二酚；③硫黄；④硫酸铝钾；⑤硫酸铝铵；⑥赤藓红；⑦赤藓红铝色锭；⑧新红；⑨新红铝色锭；⑩二氧化钛；⑪焦糖色（亚硫酸铵法加氨生产）；⑫硫酸钠（钾）；⑬亚硝酸钠（钾）；⑭司盘80；⑮司盘40；⑯司盘20；⑰吐温80；⑱吐温20；⑲吐温40；⑳过氧化苯甲酰；㉑溴酸钾；㉒苯甲酸；㉓苯甲酸钠；㉔乙氧基喹啉；㉕仲丁胺；㉖桂醛；㉗噻苯咪唑；㉘过氧化氢（或过碳酸钠）；㉙乙萘酚；㉚联苯醚；㉛2-苯基苯酚钠盐；㉜4-苯基苯酚；㉝戊二醛；㉞新洁而灭；㉟2,4-二氯苯氧乙酸；㊱糖精钠；㊲环乙基氨基磺酸钠。在2002年卫生部出台的《关于进一步规范保健食品原料管理的通知》中，以下天然的原料禁用：八角莲、土青木香、山莨菪、川乌、广防己、马桑叶、长春花、石蒜、朱砂、红豆杉、红茴香、洋地黄、蟾酥等 59 种。

9.2 食品防腐剂

9.2.1 食品防腐剂的定义

防腐剂（preservatives）是指具有杀死微生物或抑制微生物增殖作用的物质。如果从抗微生物的角度出发，称抗菌剂（antimicrobal agents）。

防腐剂的概念有广义和狭义之分。狭义的防腐剂主要指山梨酸、苯甲酸等直接加入食品中的化学物质；广义的防腐剂除包括狭义防腐剂所指的化学物质外，还通常包括认为是调味料而具有防腐作用的物质，如食盐、醋，以及那些通常不加入食品，而在食品储藏过程中使用的消毒剂和防腐剂等。作为食品添加剂的防腐剂是指为防止食品腐败、变质，延长食品保存期，抑制食品中微生物繁殖的物质。有的文献将防腐剂分为杀菌剂和保藏剂。

杀菌剂是指具有杀菌作用的化学物质。保藏剂是指具有抑菌作用的物质。

但杀菌剂和保藏剂没有严格的区分界限，同一物质，浓度低时能抑菌，而浓度高时则能杀菌；作用时间长可杀菌，作用时间短则只能抑菌。同时，由于微生物种类繁多，性质各异，同一物质对一种微生物有杀菌作用，而对另一种物质只有抑菌作用，所以笼统地将其称为防腐剂较好。

从防腐剂的组成和来源来看，可分为有机化学防腐剂和无机化学防腐剂。有机化学防腐剂主要包括苯甲酸及其盐类、山梨酸及其盐类、对羟基苯甲酸酯类、乳酸等；无机化学防腐剂主要包括亚硫酸及其盐类、二氧化碳、硝酸盐及亚硝酸盐、游离氯及次氯酸盐。

防腐剂的作用机理：①能使微生物的蛋白质凝固或变性，从而干扰其生长和繁殖。②防腐剂对微生物细胞壁、细胞膜产生作用。由于能破坏或损伤细胞壁，或能干扰细胞壁合成的机理，致使胞内物质外泄，或影响与膜有关的呼吸链电子传递系统，从而具有抗微生物的作用。③作用于遗传物质或遗传微粒结构，进而影响到遗传物质的复制、转录、蛋白质的翻译等。④作用于微生物体内的酶系，抑制酶的活性，干扰其正常代谢。

9.2.2 几种常用食品防腐剂

（1）苯甲酸及其盐类（benzoic acid and benzoate）

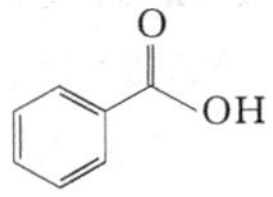

又名安息香酸，许多天然果胶中就存在。例如，安息树胶中含 20% 苯甲酸，红莓、杏子、苹果、桂皮中均含有苯甲酸。

苯甲酸添加量：葡萄酒、果酒、软糖为 0.8g/kg；酱油、食醋、果酱、果汁饮料为 1.0g/kg。

苯甲酸在使用时要注意以下事项：①由于苯甲酸在水中溶解度低，故实际应用时要加适量的碳酸钠和碳酸氢钠，用 90℃ 以上的热水溶解，使其转化为苯甲酸钠后再添加到食品中去。若必须使用苯甲酸，可先用适量乙醇溶解后再应用。②由于苯甲酸对水的溶解度比苯甲酸钠低，因此在酸性食品中使用苯甲酸钠时要注意防止由于苯甲酸钠转变成苯甲酸而造成沉淀和降低使用效果。③1g苯甲酸相当于1.18g苯甲酸钠，1g苯甲酸钠相当于0.847g苯甲酸。④甲酸钠一般在汽水、果汁中使用时，应在配制糖浆时添加，苯甲酸钠、柠檬酸、悬浊剂必须先后依次加入，若苯甲酸钠、柠檬酸同时加入，则会出现絮状物。⑤用于酱油时，苯甲酸钠要在杀菌工序中添加。

苯甲酸使用标准参照 GB 1886.184—2016、GB 1886.183—2016。果脯、果膏：0.5g/kg；酱料、酱油、食醋、糖浆、饮料：1g/kg；复合调味料：0.6g/kg；固体碳酸饮料：0.2g/kg；配制酒：0.4g/kg；果酒：0.8g/kg。

（2）山梨酸及其钾盐（sorbic acid and potassium sorbate）

1859年，山梨酸由德国化学家 A. W. VonHoffmann 分离得到，1900年第一次人工合成，1940年发现了山梨酸有杀菌作用，1945年第一次申请专利作为防腐剂，1953年WHO/FAO 同意其作为食品防腐剂。

山梨酸为无色、单斜晶体或结晶体粉末，具有特殊气味和酸味，对光、热均稳定，但在氧气中长期放置易氧化着色。山梨酸钾也是白色粉末，其抑菌效果为同质量山梨酸的74%。山梨酸是一种毒性较低的食品防腐剂，其毒性仅为苯甲酸的1/4、食盐的1/10。山梨酸的生理代谢作用和其他脂肪酸一样，通过水合、脱氢、氧化等作用最后生成二氧化碳和水，并释放出能量，因而山梨酸及其盐类是对人体无害的食品防腐剂。

山梨酸类抗菌剂主要是抑制霉菌、酵母菌及一些好氧性细菌（如沙门氏菌、大肠杆菌、假单胞菌、副溶血性弧菌等），而对乳酸菌则几乎没有什么抑制作用。因此在产酸型发酵食品的生产中，山梨酸（0.1%）可抑制表面酵母及其有害微生物的生长，而不影响正常发酵过程。

山梨酸抑菌作用与 pH 值有关，随 pH 值下降而抑菌作用加强，因为 pH 值下降，未解离分子增多。尽管在低 pH 值范围其抑菌作用强，但山梨酸类抗菌剂在 pH 值为6.0左右仍有效，与其他抗菌剂最高作用 pH 值相比，算是较高。如丙酸 pH 值最多为5.0～5.5，苯甲酸 pH 值最高为4.0～4.5。山梨酸与其他脂肪酸一样，参加氧化降解，以 CO_2 形式排出，有一部分用于合成新的脂肪酸而留在动物的器官、肌肉中，一般认为很安全。山梨酸无毒害作用且抗菌很广，几乎在所有 pH 值低于6的食品中都可使用。现主要用于乳制品（0.05%～0.30%）、焙烤食品、蔬菜、水果制品、饮料等中作抑真菌剂。各类蔬菜类制品（包括腌菜、泡菜）都广泛地应用水溶性山梨酸盐类作防腐剂。由于山梨酸的口感温和且基本无味，因而比其他抗菌剂更适合于水果产品的保鲜。目前果汁、果酱、果浆、果子罐头都用山梨酸作保鲜剂。在焙烤食品中山梨酸虽然没有丙酸用途广泛，但因其抑真菌作用较丙酸强，且在较高 pH 值仍有效，因此仍有作用。为了不干扰酵母的发酵过程，应在面团发好后加入。在不同酵母发酵的焙烤食品中，则应尽早加入，以便均匀分布。肉中添加山梨酸盐，不仅可抑制真菌，而且可抑制肉毒羧菌、冷育细菌及一些病原菌（沙门氏菌、金黄色葡萄球菌、产气荚膜核菌），从而降低亚硝酸盐的用量。

山梨酸及其钾盐使用标准参照 GB 1886.39—2015、GB 1886.186—2016。干酪制品、豆制品、中西糕点、水制品、糖浆、酱油、食醋、各类调味料、乳酸菌饮料：1g/kg；鱼肉制品：0.75g/kg；各类饮料：0.5g/kg；果酒：0.6g/kg；果冻、胶原蛋白肠衣：0.5g/kg。

（3）**对羟基苯甲酸酯类（p-hydroxybenzoate esters）**　对羟基苯甲酸酯类又称尼泊金酯类，用于食品防腐的主要有对羟基苯甲酸甲酯、对羟基苯甲酸乙酯、对羟基苯甲酸丙酯、对羟基苯甲酸丁酯、对羟基苯甲酸异丁酯。

对羟基苯甲酸酯类的抑菌机理类似苯酚，可破坏细胞膜，使细胞内蛋白质变性，并可抑制微生物细胞的呼吸酶系与电子传递酶系的活性，对真菌的抑菌效果最好，对细菌的抑制作用也较苯甲酸和山梨酸强，对革兰氏阳性菌有致死作用。对细菌最适 pH 值为 7.0，许多国家都允许对羟基苯甲酸甲酯、对羟基苯甲酸乙酯、对羟基苯甲酸正丙酯、对羟基苯甲酸丁酯作为食品防腐剂，美国允许对羟基苯甲酸甲酯、对羟基苯甲酸丙酯、对羟基苯甲酸庚酯在啤酒中使用，日本多用对羟基苯甲酸丁酯。对羟基苯甲酸酯类在人肠中很快被吸收，与苯甲酸类抗菌剂一样，在肝、肾中酯键水解，产生对羟基苯甲酸直接由尿排出或再转变成羟基马尿酸、葡萄糖醛酸酯后排出，在体内不累积，安全，ADI 为 0～5mg/kg。对羟基苯甲酸酯类的使用标准，按 GB 2760—2014、GB 1886.31—2015、GB 30602—2014，经过表面处理的果蔬保鲜：0.012g/kg；风味饮料、蚝油、果蔬汁、果酱、食醋、酱油：0.25g/kg；碳酸饮料及固体碳酸饮料：0.20g/kg；烘焙糕点馅：0.5g/kg；热凝固蛋制品：0.20g/kg。台湾省的标准如酱油：0.25g/kg；醋碳酸饮料：0.1g/kg；水果及蔬菜的外皮：0.012g/kg。

以上三种食品防腐剂从安全性角度来说，山梨酸＞对羟基苯甲酸酯类＞苯甲酸，对羟基苯甲酸酯类 pH 使用范围最广，而苯甲酸成本最低。

（4）**丙酸及其盐类（propionic acid and propionate）**　丙酸与丙酸钠的结构式为

丙酸为无色液体，易溶于水和乙醇，其盐类白色，结晶状，有奶酪味，丙酸钠溶解度大于丙酸钙，丙酸天然存在于瑞士奶酪中约含 1%，它在奶酪的防霉中运用较多，在焙烤食品中运用主要是抑制霉菌和防止面包发生"黏丝病"，因为丙酸及其盐类对酵母菌的发酵作用几乎没有什么影响。丙酸钙通常用于面包，如用钠盐会使 pH 值升高，影响生面的发酵（pH 值最佳为 4.5），而且钙元素能增加产品的营养。丙酸钠主要用于糕点，糕点中有膨松剂（化学发酵剂），如用钙盐会生成碳酸钙，减少 CO_2 生成。丙酸为食品的正常成分，也是人体代谢的正常中间体。丙酸易被消化系统吸收，无积累性，不随尿排出。

丙酸及其盐类的使用标准参考 GB 2760—2014、GB 25549—2010、GB 1886.210—2016，丙酸作为防腐剂用于各类豆制品、面包、中西式糕点、食醋、酱油加工，最大值为2.5g/kg，用于各类生湿面制品为 0.25g/kg，用于调理肉制品最大用量为 3g/kg，用于杨梅罐头工艺时，最大用量为 50g/kg，台湾用于面包最大值为 2.5g/kg。丙酸盐一般在和面的时候添加，浓度根据产品的种类和各种焙烤食品的储存时间确定，使用丙酸盐，不仅防腐，而且有抵抗霉菌生成霉菌毒素的作用。面包中添加 0.3%，可延长 2～4 天不长霉；蛋糕中添加 0.25%，可延长 30～40 天不长霉。

9.3　食品乳化剂

9.3.1　食品乳化剂的定义

食品乳化剂是能使互不相溶的两种液体（如油和水）中的一种呈微滴状分散在另一种液

体中的一类添加剂。乳化剂大都为表面活性剂，其主要功能是起乳化作用。食品乳化液存在着巨大的面积，界面能形成极大的界面力，促使聚结的速度急剧加快，所以降低界面张力必然会降低聚结的推动力，因而增加体系的安定性，这就是食品乳化剂简单的热力学基础。除了降低界面张力，食品乳化剂的分子膜能将液珠包住，可防止碰撞液滴的聚结。食品乳化剂能稳定食品的物理状态，改进食品的组织结构，简化和控制食品的加工过程，改善风味、口感，提高食品质量，延长货架寿命。食品乳化剂在食品工业领域发挥着巨大的作用，它能使两种以上互不相溶的溶液形成稳定的混合体系，从而为开发丰富多彩的食品新品种提供了前提条件。

9.3.2　食品乳化剂的分类

食品乳化剂从来源上分可分为天然食品乳化剂和人工食品乳化剂；从两相中所形成的乳化体系的性质分又可分为水包油型（O/W，oil/water）和油包水型（W/O，water/oil）。食品乳化液通常是由互不相溶成分构成的多相体系。

食品乳化剂必须具备的性质：①无毒、无味、无色。②可以显著降低表面张力。③可以很快吸附在界面上，形成稳定的膜。④不易发生化学变化。⑤亲水基和憎水基之间有适当的平衡，可安定所需要的乳化液。可产生很大的电动势，在低浓度时可有效地发挥作用。

9.3.3　几种主要乳化剂的介绍

食品添加剂中需求量最大的为脂肪酸甘油酯，其次是蔗糖酯、山梨糖醇酯、大豆磷脂、丙二醇脂肪酸酯等。

（1）单硬脂酸甘油酯（glyceryl monostearate，monosterin）　单硬脂酸甘油酯又称甘油单硬脂酸酯，简称单甘酯，分子式为 $C_{21}H_{42}O_4$。

（2）硬脂酰乳酸钙（calcium stearoyl lactylate）　硬脂酰乳酸钙别名为十八烷基乳酸钙（CSL），为白色至带黄白色的粉末或薄片状、块状固体，无臭，有焦糖样气味。难溶于冷水，稍溶于热水，易溶于热的油脂。乳酸加热浓缩至重合乳酸，加入硬脂酸和碳酸钙，通惰性气体加热至 200℃ 进行酯化反应，将反应生成物制成钙盐。硬脂酰乳酸钙主要作乳化剂、稳定剂、品质改良剂，主要用作面包、糕点的品质改良剂。其机理为：①作为面包或其他面制品品质改良剂，主要是因为 CSL 与面粉中的淀粉、脂质形成网络结构，这样便强化了面筋的网络结构，形成多气泡骨架，使面包体积增大、膨松。不仅如此，还强化了面包网络结构，增加了面筋的稳定性和弹性，同时，也显著地改善了面包的耐混特性。②在和面时加入 CSL，面团中的直链淀粉与之形成不溶于水的配合物，阻止了直链淀粉的溶出，增加了面包的柔软性，延长了面包的货架寿命。因为直链淀粉溶出的话，经炸、烤、冷却后易结晶，而淀粉结晶，面包就发硬。

9.3.4　乳化剂在食品制作中的应用

①人造奶油：改善油水相溶，将水分充分乳化分散，提高乳液的稳定性。用量为 0.1%～0.5%。②巧克力：增加巧克力颗粒间的摩擦力和流动性，降低黏度，增进脂肪分散，防止起霜。提高热稳定性，提高产品表面的光滑度。③冰淇淋：增强乳化，缩短搅拌时间。有利于充气和稳定泡沫，并能使制品产生微小冰晶和分布均匀的微小气泡，提高比体积，改善热稳定性，从而得到质地干燥、疏松、保形性完好、表面光滑的冰淇淋产品，用量

为 0.2%～0.5%。④焙烤食品和淀粉制品：增加面筋网，促进充气，提高发泡性，使焙烤食品结构细密；增大体积，使产品膨松柔软；保持湿度，防止老化，便于加工，延长货架寿命。⑤糖果：使脂肪均匀分散，增加糖膏的流动性，易于切开和分离，提高生产效率，增进产品质地，降低黏度，改善口感。⑥植物蛋白饮料：稳定油脂不分层，制备稳定的乳液。⑦乳化香精：稳定天然香料的乳化，防止制品中香料的损失。

9.4 消泡剂

9.4.1 概述

食品加工如发酵、搅拌、煮沸、提取和浓缩等过程中常常会产生大量的泡沫，影响正常操作的进行，必须及时消除或防止泡沫的产生。例如，在加工高淀粉、高含量蛋白、糖、油脂的植物性原料时，会产生大量泡沫，导致物料随泡沫溢出，不仅造成浪费，而且严重影响加工设备和车间的清洁卫生；在煎炸过程中，由于煎炸用油精制不充分（含有磷脂），煎炸的食物中含有使油料起泡的成分或者煎炸用油是混合油，很容易起泡溢出，造成经济损失及伤害操作工人，在明火加热的情况下还易引起火灾。另外，在罐头、饮料加工，酱油等调味品的生产，以及葡萄酒、啤酒、味精等的生产发酵过程中都会产生有害泡沫。

在纯液体中不易形成泡沫，但在含有表面活性物质的溶液中（如食品加工体系），表面活性物质吸附在气液的界面上，降低了液膜的界面张力，增大了液膜的黏度，并在一定程度上阻碍了气泡的聚并，从而使泡沫达到相对稳定的状态。

消泡剂是在食品加工过程中用于降低表面张力、消除泡沫的加工助剂。但起泡体系非常复杂，要选择到合适的消泡剂，大多还是按经验方式进行。一般是选择亲油性比较小、分支多、密度轻及能使水溶液表面张力降低的有机化合物作为水溶液的消泡剂。

消泡剂大致可分两类：一类能消除已产生的气泡，如低级醇、聚氧乙烯山梨糖醇酐脂肪酸酯、天然油脂等。这类消泡剂分子的亲水端与溶液的亲和性较强，在溶液中分散较快，因此随着时间的推移或温度的上升，消泡效力会迅速降低。另一类则能抑制气泡的形成，如乳化硅油等、聚醚等。这类消泡剂通常是与溶液亲和性很弱的难溶或不溶的分子，具有比起泡剂更大的表面活性；当溶液中发生气泡时，能首先吸附到泡膜上去，抑制了起泡分子的吸附，从而抑制了起泡。但一类消泡剂使用量大时常常兼有破泡与抑泡的双重作用。

消泡剂的品种很多，有油型、溶液型、乳液型、粉末型和复合型。无论是何种消泡剂，均应具备下述性质：①消泡力强，用量少；②加入发泡系统后其基本性质不受影响；③表面张力小；④与表面的平衡性好；⑤扩散性、渗透性好；⑥耐热性好；⑦化学性稳定，耐气化性强；⑧气体溶解性、透过性好；⑨在发泡系统中的溶解度小；⑩无生理活性，安全性好。

9.4.2 国内外常用的食品消泡剂及应用

实际应用的消泡剂种类很多，而应用于食品工业时，除要考虑其消泡能力外，还要考虑其毒性等。美国 FDA 批准允许使用的食品消泡剂主要有聚硅氧烷树脂、C_{12}～C_{22} 高级脂肪酸、卵磷脂、甘油脂肪酸酯、聚甘油脂肪酸酯、山梨糖醇酐脂肪酸酯、固体石蜡、动植物油及微细二氧化硅等。我国许可使用的消泡剂有乳化硅油、高碳醇脂肪酸酯复合物、聚氧乙烯聚氧丙烯季戊四醇醚、聚氧乙烯聚氧丙醇胺醚、聚氧丙烯甘油醚和聚氧丙烯聚氧乙烯甘油醚、聚二甲基硅氧烷等 7 种。

（1）消泡剂在食品中的应用　豆制品生产中的应用：大豆磨成豆浆，制成各种豆制品的生产中会产生大量泡沫，特别是煮浆的过程中。煮浆可以除去黄豆中有害的营养因子抑制剂及豆腥味，是必不可少的工序。但因为豆浆中含有大量的蛋白质，其所含皂角成分也会受热分解，当空气进入溶液时，蛋白质等活性成分中的疏水性基团伸向气泡内部，而亲水性基团吸附在液面，形成气泡。气泡在液体浮力作用下升至液面，并在向外部气相扩散时形成双分子膜。当气泡越积越多，大量的双极性蛋白质分子有规则地排列在气液界面上，阻止气泡的破裂，从而形成大的球状泡沫集合体，且越来越稳定，以至溢出容器。因此必须使用消泡剂进行消泡，以减少豆浆的损失。

目前在豆制品生产中应用较多的是复合型消泡剂，是以多种食品级表面活性剂为主要原料经一定配方制成的。一般对水有亲和力，对蛋白质形成复合体，能充分发挥表面活性剂之间的协同作用，达到理想的消泡效果。例如，日本市售的复配型豆腐消泡剂配方组成如下。①豆腐消泡剂（液体）：硅树脂 30，山梨糖醇酐脂肪酸酯 5，单硬脂酸甘油酯 2。②豆腐消泡剂（液体）：硅树脂 10，山梨糖醇酐脂肪酸酯 5，单硬脂酸甘油酯 1，蔗糖脂肪酸酯 1。③豆腐消泡剂（粉末）：高熔点植物油脂 40，碳酸钙 60。④豆腐消泡剂（淡黄色粉末）：单脂肪酸甘油酯 48，大豆磷脂 7，碳酸钙 45。⑤豆腐消泡剂（淡黄色颗粒）：碳酸钙 60，植物油 40。⑥豆腐消泡剂（粉状）：单脂肪酸甘油酯 92.2，大豆磷脂 3.9，磷酸三钙 3，硅树脂 0.9。⑦豆腐消泡剂、油炸改良剂（淡黄色粉末）：单脂肪酸甘油酯 90，大豆磷脂 4.3，碳酸钙 5，硅树脂 0.7。

（2）消泡剂在制糖工业中的应用　制糖生产过程中，糖液在搅拌、流动和输送等因素影响下与空气混合接触，易产生大量泡沫。泡沫的产生常常使糖液溢出锅外，造成物料的损失，同时较多的泡沫还影响糖液的输送，造成操作困难。在蒸发和结晶工段，稠厚的泡沫可以减缓水分的蒸发和结晶速度，增加能耗，严重影响制糖企业的经济效益。因此，消除和抑制糖液泡沫的生成一直是制糖企业非常重视的一个问题。

由于使用消泡剂法省时、省力、投资少和见效快，所以目前制糖生产中采用的消泡方法基本上都是消泡剂法。比较常用的制糖用消泡剂有：

① 蔗糖脂肪酸酯类消泡剂　是国际上认可的一种食品乳化剂，有很好的安全性。对其亲水、亲油性进行调整后，可用来做制糖用消泡剂。

② 聚甘油脂肪酸酯　是一种优良的煮糖消泡剂，能明显缩短煮糖时间，有利于节能增效。

③ 聚醚类消泡剂　在制糖中也有一定用量，具有较好的消泡性能。不同生产厂家的产品，其结构性能也有所不同。有的产品只是一般的聚氧乙烯聚氧丙烯嵌段共聚物，有的产品是在其共聚的基础上将其改性，如烷基化。在生产时，一般要调节好环氧乙烷和环氧丙烷的聚合度和摩尔比，并保证环氧丙烷接到聚合链的末端。

④ 有机硅消泡剂　其表面张力低，有很好的化学惰性，介质中溶解度小，消泡快，是非常有潜力的一类消泡剂，当前在许多行业得到广泛应用。制糖中应用的一般都是乳液产品，即以硅油为主料，添加一些其他成分，用乳化剂乳化制成。这类乳化硅油消泡剂有很好的消泡效果。

⑤ 复配型消泡剂产品　这类产品弥补了单一消泡成分的不足，增加了功效，使产品更具全面性。如将一些表面活性剂和硅油或其他疏水基团复配乳化或改性，消除各自的一些不

利因素，从而拥有更好的使用性能。

⑥ 天然植物油类产品　主要是豆油。作为传统的消泡剂，用量大，消泡效果差。但由于是纯天然产品，使用安全性最好，来源方便，所以仍有少量应用。

在甘蔗制糖的实际生产中，需要添加消泡剂的工序一般有中和罐、清汁罐、糖浆罐、蒸发罐和结晶罐。由于糖汁经历了过滤、絮凝和沉淀等分离工序，糖汁中的杂质是逐步减少的，但是糖汁的黏度却是越来越大，在生产前期糖液中杂质含量多、表面活性高是产生泡沫的主要原因，生产后期糖液黏度增大、表面膜不易破裂成为泡沫产生的主要原因。还需要指出的是，中和罐的泡沫比较厉害，这是因为加入的碱性物质和糖液中的一些酸性物质中和时易产生泡沫，同时生成的一些皂类物质也增强了糖液的表面活性。另外，由于地域自然条件的差别、不同的收获期，甘蔗成分有所不同，造成了不同生产期泡沫产生情况的差异，所以消泡剂的使用需要有选择性。

9.5　食用香料（增香剂）

9.5.1　概述

食用香料，亦称"增香剂"，是一种人类嗅觉器官能感受出气味的物质。由于有些物质同时具有刺激味觉器官的能力，故有时常将凡能刺激味觉器官或嗅觉器官物质统称为"风味物质"，也有一些称为香料前驱物质，这些物质可在食品烹调或加工过程中因受热等作用而产生香味。但就食品添加剂而言，食用香料是指以能赋予食品香气为主的物质，个别尚兼有赋予特殊滋味的能力。

按中国 GB 12493—1990《食品添加剂分类和代码》及 GB/T 14156—1993《食品用香料分类与编码》中的术语解释：食品用香料是"能够用于调配食品用香精的香料。它包括天然香味物质、天然等同的香味物质和人造香味物质三类"。其中"天然香味物质"是指"用纯粹物理方法从天然香原料中分离得到的物质"，它包括提制品和非提制品，它们通常为多种成分的混合物。非提制品即香辛料，在生产中往往是加工成粉末状的产物或直接浸提后使用。"天然等同的香味物质"，是指"用合成方法得到或从天然芳香原料经化学过程分离得到的物质，这些物质与供人类消费的天然产品中存在的物质在化学组成上是相同的"，这种物质均为一些单一的成分。"人造香味物质"则是指"在供人类消费的天然产品中尚未发现的香味物质"，就化学组成而言均为单一成分。

联合国食品添加剂法规委员会（CCFA）对香料和色素的分类为：①天然的。是指用物理方法从天然物质中取得的。②与天然相同的。是指其化学结构是天然物质中存在的，由合成方法取得。③人工的。其化学结构不存在于天然物质中，由化学合成法取得。按美国 FDA 对食品添加剂中的食用香料，分为"天然香味物质和与香味有关的天然物质"及"合成香味物质和辅助物"两类。前者包括植株的部分、液体和固体萃取物、浸膏、净油、油脂、树胶、油树脂、香脂、蜡和蒸馏品；后者则包括所有单一成分的合成香料和单离香料。

食用香料的品种繁多。美国由食用香料制造者协会（FEMA）提出的，由 FDA 认可的属于 GRAS 范围的食用香料，至 1993 年为止已发布 16 次，共 2834 种。中国 1987 年 1 月 1 日起执行的 GB 2760—1986 中（包括已公布的自 1990 年补充品种），准用和暂时允许使用的香料（不包括香辛料）共 703 种。1993 年公布的 GB/T 14156—1993 中，列入编号的共 720 种。目前执行的 GB 2760—2014 标准中允许使用的食品用香料（不包括香辛料）1853 种，其中天然香料 400 种、合成香料 1453 种。近年来，方便食品的迅速发展，大大推动了香料工业的发展，也推动了食用香料技术的发展，开发的各种具有牛肉、猪肉、鸡肉、明虾、烤肉、芝麻之类的合成香料和香精日新月异，迅速地充实着已经很庞大的香料名单。但从实际需要来看，仍有不少难以满足食品加工业要求的香料品种，如番石榴、西番莲、榛子、桃子、莲藕、蘑菇、香菇、羊肉、鸭肉、蟹肉、贝类等香味的香料仍嫌不足。

目前我国对香辛料的名单、技术指标的管理归口部门较多。食品安全国家标准体系中虽无专门的香辛料产品标准，但在通用标准中有 3 项，即：GB 2762—2017《食品中污染物限量》、GB 2763—2021《食品中农药最大残留限量标准》、GB 2760—2014《食品添加剂使用标准》，分别规定了香辛料的污染物限量、农药残留限量和添加剂的使用。

9.5.2　天然香料

我国应用天然香料历史悠久，远在公元前就已在食品中使用了天然香料。我国芳香植物资源丰富，种类繁多，天然香料的生产在世界上占有重要地位，产品在国际市场上享有较好的声誉。中国食品添加剂使用卫生标准中食用香料名单所列入的允许使用的天然香料有 400 种。下面介绍部分香料的性状、性能及应用。

（1）香辛料（辛香料）——天然香料（spices natural flavouring substances）　香辛料是指各种具有特殊香气、香味和滋味的植物全草、叶、根、茎、树皮、果实或种子，如月桂叶、桂皮、茴香和胡椒等，用以提高食品风味。因其中大部分用于烹调，故又称"调味香料"。按美国香辛料协会（Americans Spices Association）的定义为："凡主要用来供食品调味用的植物，均可称为香辛料。"一般香辛料均含有一定量的挥发性精油，常为提取精油、酊剂、油树脂、浸膏等的原料，或用以配制五香粉、咖喱粉等调味料。香辛料中的有效成分一般可用溶剂提取，而无香辛作用的纤维素、鞣质、矿物质、淀粉、糖等不溶于溶剂的成分可被分离掉，这样可以提高利用效率（如桂皮等直接用于烹饪时，其有效成分仅约利用 25%，如制成油树脂，则抽出率可达 95% 以上），同时提取过程有降低所附微生物、减少储藏和运输吨位及使用方便等优点，故提取精油和油树脂等制品，已成为香辛料的重要发展趋势。

不少香辛料已有上千年的食用史，在正常使用范围内无毒性问题。在国际市场上，胡椒的贸易量约占香辛料的 1/4，2013 年产量约为 40 万吨。美国 2013 年进口黑、白胡椒的金额超过 1 亿美元。其他依次为丁香、姜、肉豆蔻和斯里兰卡肉桂。美国进口金额最大的香辛料（香原料）是香荚兰豆，2014 年达到 1500t 左右，主要用以制备香荚兰豆浸膏。香荚兰果荚含有香兰素（或称香草精）以及碳烃化合物、醇类、羧基化合物、酯类、酚类、酸类、酚醚类和杂环化合物等 150～170 种成分。由于它具有特殊的香型，广泛用作高级香烟、名酒、奶油、咖啡、可可、巧克力等高档食品的调香原料，质量远优于以合成香草醛为主的香草香精，美国大多数名牌香草型冰淇制品，只用天然的香草抽提液而不用香味简单的合成品。如多香果主要成分含有挥发油，成分为丁子香酚，蛋白质，脂肪，维生素 A、C、B_1、B_2 和多种矿物质。

（2）天然提取香料（natural extractive flavouring substances）　天然提取香料是用蒸汽蒸馏、压榨、萃取、吸附等物理方法，从芳香植物不同部位的组织（如花蕾、果实、种子、根、茎、叶、枝、皮或全株）或分泌物中提取而得的一类天然香料。由于提取方法的不同，分以下各种提取制品：

精油（essential oil）。亦称"芳香油"，是天然香料中的一大类。成分多为萜类和烃类及其含氧化合物，十分复杂，多的可达数百种。其含量常因原料的栽培地区和条件等的不同而有很大差异，香味亦可有明显不同。精油的提取方法，最普遍的是水蒸气蒸馏，亦常采用溶剂萃取。唯所用溶剂应采用食用级的产品。一般来说，溶剂戊醇和乙醇适用于花蕾，甲苯适用于含芳烃化合物的精油，乙醇或丙酮适用于酚类化合物，含氯溶剂适用于含胺类化合物的精油提取。在各种精油中，中国生产的桂皮油在世界市场上占有重要地位。酊剂（tincture），是指用一定浓度的乙醇，在室温下浸提天然动物的分泌物或植物的果实、种子、根茎等并经澄清过滤后所得的制品。一般 10mL 相当于原料 20g。如海狸酊、枣子酊等。浸膏（concrete），是指用有机溶剂浸提香料植物组织的可溶性物质，最后经除去所用溶剂和水分后所得的固体或半固体膏状制品。一般 1mL 相当于原料 2～5g，如桂花浸膏。香膏（balsam），是指芳香植物所渗出的带有香成分的树脂样分泌物。如吐鲁香膏。香树脂（resinoid），是指用有机溶剂浸提香料植物所渗出的带有香成分的树脂样分泌物，最后经除去所用溶剂和水分的制品。净油（absolute），是指植物浸膏（或香脂、香树脂及用水蒸气蒸馏法制取精油后所得的含香蒸馏水等的萃取液），用乙醇重新浸提后再除去溶剂而得的高纯度制品。也有的经冷冻处理，滤去不溶于乙醇的蜡、脂肪和萜烯类化合物等全部物质，再在减压低温下蒸去乙醇后所得的物质。属高度浓缩、完全醇溶性的液体香料，是天然香料中的高级品种。如玫瑰净油。油树脂（oleoresin），是指用有机溶剂浸提香辛料后除去溶剂而得的一类天然香料，呈黏稠状液体。主要成分为精油、辛辣成分、色素和树脂，有时也含非挥发性油脂及部分糖类，为天然香辛料有效成分的浓缩液，其浓度约为香辛原料的 10 倍。如黑胡椒油树脂等。

精油等提取物与香原料相比，有如下优点：通过提取，可获得所需物质的 95％ 左右，如以丁香、桂皮之类的香原料直接加以应用其有效率仅 25％ 左右，其余均为无利用价值部分，因此经济效益高；提取品均符合严格的卫生要求，可直接或配制后用于食品，而香原料一般均含有大量细菌（如胡椒粉等）；提取品可相互混合后直接配制香精；提取品耐储藏，不易变质，可长年供应，而香原料在保藏过程中易腐败、发霉、变质，香气损失严重，即使像八角茴香之类较耐储藏的香原料，一般经六个月储藏后其香气约损失 50％；提取品体积小，仓储、运输费用亦低。部分精油和香辛料的相当值［香气相当于100kg 香原料所需的精油的质量（kg）］如：多香果 2.5，芹菜籽 2，苦杏仁 0.5，辣根 1，月桂叶 1，大茴香 2.5，肉桂 1.5，桂皮 0.5。

9.5.3 食用香精

随着消费者对食品嗜好需求的提高，现代食品加工中已经不再单纯依靠食品物料和添加少量的食用香料，而是恰当地通过添加适量的香精，使食品具有连续饱满、持久延长的香气以满足消费者。这也是前面介绍的许多香料所无法达到的特征。在食用香料中可直接添加的只有柠檬油、橙油、麦芽酚、香兰素等少数几种，而香精则是根据不同需求，有目的地选用几种或几十种香料调配加工制成的混合香料。

食用香精是由香精基和稀释剂与载体组成的。香精基是由几十种可溶的天然或合成食用香味物质组成的具有一定香型的混合物，是经过调香师选料、拟定、试配、评估、调整、验证、试用等大量复杂工序后确定的，香精基是食用香精的灵魂，它的优劣对香精的质量有着决定性的作用。食用香精基的主要组成部分为主香体、辅助剂、定香剂。

由于香精基的浓度高、挥发性较强，一般不适合直接生产使用，因此需要添加合适剂量的稀释剂或载体。食用香精配制常用的稀释剂或载体主要有乙醇、丙二醇、甘油、三乙酸甘油酯、精炼植物油、可溶性淀粉等。由于香精基性质、产品浓度、要求和使用食品的范围的不同，稀释剂或载体的选择和添加剂量也有很大的区别。

食用油溶性香精比较适用于饼干、糖果及其他焙烤食品的加香。食用油溶性香精在焙烤食品、糖果中的用量为：饼干、糕点中 0.05％～0.15％，面包中 0.04％～0.1％，糖果中 0.05％～0.1％。

焙烤食品由于焙烤温度较高，不宜使用耐热性较差的水溶性香精，必须使用耐热性比较高的油溶性香精。但还是会有一定的挥发损失，尤其是饼干，饼坯薄，挥发快，故其使用量往往稍高一些。焙烤食品使用香精香料多在和面时加入，但使用化学膨松剂的焙烤食品，投料时要防止与化学膨松剂直接接触，以免受碱性的影响。一般甜酥性饼干使用量较低；甜度较低的韧性饼干需要适当提高使用量。在硬糖生产时，香精香料应在冷却过程的调和时加入。当糖膏倒在冷却台后，待温度降至 105～110℃时，顺次加入酸、色素和香精。香精不要过早加入，以防大量挥发；但也不能太迟加入，因温度过低糖膏黏度增大，就难以混合均匀。蛋白糖果生产时，香精香料一般在搅拌后的混合过程中加入。当糖坯搅拌适度时，可将熔化的油脂、香精香料等物料加入混合，此时搅拌应调节至最慢速度，待混合后应立即进行冷却。

乳化香精适用于汽水、冷饮的赋香。雪糕、冰淇淋、汽水中一般用量为 0.1％，也可用于固体饮料，用量为 0.2％。

食用香料和香精的种类很多，但在食品中的用量很小，每种香料在香精中所占的比例更少。使用过程中添加量过大会影响到食品的安全，尤其对于一些合成香料，添加量过大同样使人不能接受，因此，食用香料一般又被称为"自我限量"的食品添加剂。

9.6 酶制剂

四千多年前，我们的祖先就学会了酿酒；两千多年前，就会酿醯、制酱。古汉语中，"酶"通"媒"，谷物经过麦曲的媒介，方可酿出甘酒之意。西文的酶为 enzyme；希腊文为"在酵母中"，17 世纪将酿酒过程物质的变化的因素，称为酵素"ferment"。在现代汉语中，ferment、enzyme 通译为酶。现在酶的定义为生物体内产生的具有催化功能的特殊蛋白质。但现已发现，许多 RNA 分子，亦具有作为催化剂的酶的全部特性，即 ribozyme，是一类特殊的催化剂。酶的催化效率极高，具有高度的专一性、易变性，酶活性又具有可调控性，酶反应条件温和。

酶的种类很多，现在已知的酶有数千种，而且有新酶不断被发现。1961 年国际生化协会酶命名委员会根据酶所催化的反应类型将酶分为六大类。①氧化还原类（oxido-reducrase），如脱氢酶、氧化酶、过氧化物酶；②转移酶类（transferase），如转甲基酶、转氨酶；③水解酶类（hydrolases），如淀粉酶、蛋白酶、酯酶；④裂合酶类（lyase），如醛缩酶、水化酶、脱氨酶；⑤异构酶类（lsomerases），如顺反异构酶、消旋酶、差向异构酶；⑥连接酶类（ligases），如羧化酶、酪氨酸合成酶、谷氨酸合成酶。

食品酶制剂的定义是指从生物中提取的具有生物催化能力的物质，辅以其他成分，用于加速食品加工过程和提高食品产品质量的制品。20世纪以来，随着酶学理论和蛋白质分离纯化技术的发展，微生物发酵工艺不断更新，酶制剂研究工作迅速发展，先后开发出不少酶制剂。例如：枯草杆菌淀粉酶制剂、细菌转化酶、蛋白酶制剂、纤维素酶、果胶酶、葡萄糖异构酶、动物胰蛋白酶、胃蛋白酶、尿液酶等等，以及植物木瓜蛋白酶、菠萝蛋白酶等等不同生物来源的不同剂型的酶制剂，并已广泛应用于食品、医学、纺织、制革等各个工业生产领域，农、牧、水产业加工领域以及医药卫生领域等。现在酶制剂在食品工业中的应用有酶法生产葡萄糖、果葡糖浆、氨基酸、味精、呈味核苷酸，酶法生产肽、变性淀粉等。从酵母菌、乳酸杆菌、乳酸链球菌、黑曲霉、枯草杆菌中得到的酶也认为是食品安全的。

9.7 食品增稠剂

食品增稠剂通常指能溶解于水中，并在一定条件下充分水化形成黏稠溶液或胶冻的大分子物质，又称食品胶。食品增稠剂在食品加工中起到提供稠性、黏度、黏附力、凝胶形成能力、硬度、脆性、紧密度、稳定乳化悬浊液等作用。因此，在保持食品的色、香、味、结构和食品的相对稳定性等方面具有相当重要的作用，是食品工业中有广泛用途的一类重要的食品添加剂。

在食品中需要添加的食品增稠剂其量甚微，通常为千分之几，但却能有效又经济地改善食品体系的稳定性。迄今为止世界上用于食品工业的食品增稠剂已有四十余种。食品增稠剂根据组成，可分为多肽和多糖两大类物质，除明胶、酪蛋白酸钠为以氨基酸为结构单元所组成的多肽类蛋白质外，其他大多是天然多糖及其衍生物，广泛分布于自然界。

根据来源，可分为天然和合成两大类，但以天然的增稠剂为主，可分为动物性胶、植物性胶、微生物胶及酶处理生成胶四大类，它们的大致分类如下：

（1）动物性增稠剂 明胶、酪蛋白酸钠、甲壳质、壳聚糖。

（2）植物性增稠剂 分为种子类胶、树脂类胶、植物提取胶及海藻类胶。①种子类胶：主要有瓜尔豆胶、刺槐豆胶、罗望子胶、亚麻子胶、决明子胶、沙蒿胶、车前子胶、田菁胶。②树脂类胶：主要有阿拉伯胶、黄芪胶、桃胶、刺梧桐胶、印度树胶。③植物提取胶：主要有果胶、魔芋胶、黄蜀葵胶、阿拉伯半乳聚糖、非洲芦荟提取物、微晶纤维素、秋葵根胶等。④海藻类胶：主要有琼脂、卡拉胶、海藻酸、红藻胶。

（3）微生物性增稠剂 主要有黄原胶、结冷胶、凝结多糖、气单胞菌属胶、半知菌胶、菌核胶等。

（4）其他增稠剂 主要有羧甲基纤维素钠、海藻酸丙二醇酯、变性淀粉、酶水解瓜尔豆胶、酶处理淀粉、葡萄糖胺等。

世界范围内，用于食品工业的增稠剂的总产量及消费量都已趋于饱和，但各品种之间的相互消长取决于供应量及价格的变化。有些品种的需求量逐年增加，如用于生产低热量果酱的低脂果胶就越来越受欢迎；而另一些品种则在逐年下降，如许多树胶，这是因为原用途不断被其他胶所取代。由于每种现存的亲水胶都有其特殊的用途及独特的性质，使得在不同的食品加工体系中，合理应用各种食品胶成为一种专门知识。

9.8 被膜剂

在某些食品表面涂布一层薄膜，不仅可以增加食品外表的明亮、美观，而且可以延长食品保存期。这些涂抹于食品外表形成薄膜，起保质、保鲜、上光、防止水分蒸发等作用的物质称为被膜剂。水果表面涂一层薄膜，可以抑制水分蒸发，防止微生物侵入，并形成气调层，吸收和调节食物的呼吸作用，因而达到延长水果保鲜时间的目的。有些糖果如巧克力等，表面涂膜后，不仅外观光亮、美观，而且还可以防止粘连，保持质量稳定。在粮食的储藏过程中，被膜剂能有效隔离病菌和虫害，同时也能在一定程度上抑制粮食的呼吸作用，具有良好的保鲜作用。被膜剂用于冷冻食品和固体粉状食品，可防止其表面吸潮而避免因此产生的产品质量下降。在稻米加工中，被膜剂不仅能使米粒具有晶莹的光泽，而且可以向被膜剂中添加不同的营养成分，使稻香的营养得到强化，使食用品质、储藏品质明显提高，商品价值也随之明显上升。

如果在被膜剂中加入一些防腐剂、抗氧化剂和乳化剂等，还可以制成复合型的保鲜被膜剂。目前，我国允许使用的被膜剂有紫胶、石蜡、白色油（液体石蜡）、吗啉脂肪酸盐（果蜡）、松香季戊四醇酯盐、二甲基聚硅氧烷、巴西棕榈蜡硬脂酸 7 种，主要应用于水果、蔬菜、软糖、鸡蛋等食品的保鲜，在粮油食品加工中应用也具有很好的效果。比如速煮方便米饭为保持米饭松散、不粘成块的品质，一般选用直链淀粉含量较高的大米，但结果却是米饭易发生老化，口感较硬，营养价值有所下降。在速煮方便米饭中应用被膜剂，可以改善米饭品质（口感更柔软、膨松）和风味，同时延长产品的货架期。被膜剂可将米饭的松散程度人为地调整到所需的范围，相应地，方便米饭的原料就可扩到支链淀粉含量高的原料。支链淀粉含量越高，方便米饭的老化越慢，口感也就越好。日本工艺流程为：浸泡-被膜-常压或加压蒸煮-40℃调温-60℃热风干燥-包装-成品；美国工艺流程为：浸泡-被膜（1～2h，30℃）-蒸煮（3～5min）-干燥10%-膨化（240～270℃/10～20s）-成品。

果实的生长发育、成熟衰老过程的呼吸分四个时期，即幼果阶段的强呼吸期，成熟阶段的呼吸降落期，完全成熟阶段的呼吸跃升期以及最后阶段的呼吸衰落期。在最后衰落期的果实，其耐储藏性和抗病性都开始下降，品质变劣。因此，延长第一和第二呼吸期的时间，推迟呼吸衰落期的出现，将对果蔬保鲜起着至关重要的作用。要达到此目的，必须适当抑制果实的生理呼吸。被膜剂涂膜到果蔬的表面，可适当阻塞果蔬表面气孔，抑制呼吸作用，减少营养损失，同时减少水分挥发，抑制微生物入侵，防止腐败变质。果蔬表面形成的一层被膜，又大大改善了果蔬的色泽，增加亮度，提高了果蔬的商品价值。以果蜡和蜂蜡为基料，加入适量的分散剂配制成乳浊状涂膜剂，用于苹果、柑橘的保鲜储存。结果表明，储存一个月和三个月后，用蜂蜡涂膜剂和 CFW 型果蜡处理的两组苹果好果率一致，均高于对照组；储存六个月后，蜂蜡涂膜剂和 CFW 型果蜡两组处理的苹果好果率明显高于对照组，差异达12%～14%，水分损失率均较对照组低得多，且外观仍光滑饱满，果皮无明显皱缩，而对照组则呈现果皮皱缩，光泽黯淡。

9.9　抗结剂

　　颗粒状和粉末状食品在生产后的物流和储存过程中，因其颗粒细微、松散多孔以及吸附力强，常常容易吸收水分、油脂而发生结块，失去其松散或自由流动的性质，严重影响食品的品质。为防止这种现象发生，保持食品的初始颗粒或粉末状态，需要在食品生产过程中添加抗结剂。抗结剂又称抗结块剂，是用来防止颗粒或粉状食品聚集结块，保持其松散或自由流动的物质。其颗粒细微、松散多孔、吸附力强。易吸附导致形成结块的水分、油脂等，使食品保持粉末或颗粒状态。

　　我国许可使用的抗结剂目前有 5 种：亚铁氰化钾、硅铝酸钠、磷酸三钙、二氧化硅和微晶纤维素。其中亚铁氰化钾在"绿色"标志的食品中禁用，一般食品中其加入量上限为 0.01g/kg。除我国允许使用的五种抗结剂外，FAO/WHO、FCC、EEC（欧洲经济共同体）和日本人食品中作为抗结剂使用的还有硅酸铝、硅铝酸钙、硬脂酸钙、硬脂酸镁、碳酸镁、氧化镁、硅酸镁、磷酸镁、高岭土、滑石粉、亚铁氰化钠和硅铝酸钠镁等。许多抗结剂除具有抗结块作用外，还有其他作用。例如，硅酸钙、高岭土有助滤作用，硬脂酸钙、硬脂酸镁有乳化作用，磷酸三钙有水分保持、酸度调节的性能，微晶纤维素有乳化、分散、防黏结和碎裂的功能。

9.10　甜味剂

　　甜味剂作为食品添加剂的一大门类，是指赋予食品甜味的添加剂。食品甜味的作用是满足人们的嗜好要求，改进食品的可口性以及其他食品的工艺性质。

　　甜味剂分为两类：一类是天然甜味剂，如砂糖或糖浆，是甜味调味品中有代表性的物质和常用的天然甜味剂。天然甜味剂又可分为糖与糖的衍生物以及非糖天然甜味剂。另一类是人工合成甜味剂，如采用淀粉或植物类原料，甚至以石油为原料，采取酸解、酶解或者萃取等方法，并用各种分离方法进行精制，可以得到各种具有不同特性的人工甜味剂。

　　通常所说的甜味剂是指人工合成的非营养甜味剂、糖醇类甜味剂与非糖天然甜味剂 3 类。糖醇类甜味剂是指多羟醇结构、甜度低于蔗糖、低热能的一类甜味剂。非糖天然甜味剂是指从天然物（甘草、植物果实等）中提取其天然甜味成分而制成的一类天然甜味剂。至于葡萄糖、果糖、麦芽糖和乳糖等物质，虽然也是天然甜味剂，但因长期被人类食用，且是重要的营养素，所以通常被视为食品原料，不作为食品添加剂对待。

　　理想的甜味剂应具备以下条件：具有生理安全性；有清爽、纯正、似糖的甜味；低热量；高甜度；化学和生物稳定性高；不会引起龋齿；价格合理。综合各方面考虑，功能性甜味剂以其既能满足人们对甜食的偏爱，又不会引起副作用，并能增强人体免疫力，对肝病、糖尿病具有一定辅助治疗作用而受到越来越多的青睐及应用。

　　低聚糖又称寡糖，是由 2～10 个单糖通过糖苷键连接形成直链或支链的低度聚合糖，有功能性低聚糖和普通低聚糖两大类。蔗糖、麦芽糖、乳糖、海藻糖和麦芽三糖等属于普通低聚糖，它们可被机体消化吸收，不是肠道有益菌双歧杆菌的增殖因子。功能性低聚糖包括水苏糖、棉籽糖、帕拉金糖、乳酮糖、低聚果糖、低聚木糖、低聚半乳糖、低聚乳果糖、低聚异麦芽糖、低聚帕拉金糖和低聚龙胆糖等。人体肠胃道内没有水解这些低聚糖（除帕拉金糖之外）的酶系统，因此它们不被消化吸收而直接进入大肠内优先为双歧杆菌所利用，是双歧杆菌的增殖因子。功能性低聚糖中，除了低聚龙胆糖没有甜味反而具有苦味之外，其余的均带有甜度不一的甜味，可作为功能性甜味剂用来替代或部分替代食品中的蔗糖。低聚龙胆糖因具有特殊的苦味，只能用在咖啡饮料、巧克力之类食品中及作为某些特殊调味料的增味成分。功能性低聚糖因具独特的生理功能而成为一种重要的功能性食品基料，已引起全世界的广泛关注。目前，日本在这方面的研究、开发与应用位居前列，已形成工业化生产规模的低聚糖品种多达十几种，功能性低聚糖已替代或部分替代蔗糖而广泛应用于饮料、糖果、糕点、冰淇淋、乳制品及调味料等 450 多种食品。

功能性低聚糖作用：①最大限度地满足了那些喜爱甜品却又担心发胖者的要求，还可供糖尿病人、肥胖病人和低血糖病人食用。②活化肠道内双歧杆菌并促进其生长繁殖。双歧杆菌是人体肠道内的有益菌，其菌数会随年龄的增大而逐渐减少。婴儿出生后 3～5 天肠道内双歧杆菌数占绝对优势，可达 90％以上，之后逐渐减少，直至老年人临死前完全消失。因此，肠道内双歧杆菌数的多少成了衡量人体健康与否的指标之一。③不会引起牙齿龋变，有利于保持口腔卫生。龋齿是由于口腔微生物特别是突变链球菌侵蚀而引起的，功能性低聚糖不是这些口腔微生物的合适作用底物，因此不会引起牙齿龋变。④由于功能性低聚糖不被人体消化吸收，属于水溶性膳食纤维，具有膳食纤维的部分生理功能，如降低血清胆固醇和预防结肠癌等。功能性低聚糖与通常为高分子的膳食纤维不同，它属于小分子物质，添加到食品中基本上不会改变食品原有的组织结构及物化性质。

我国农副产品资源较为丰富，功能性低聚糖的开发和生产具有得天独厚的原料优势，低聚糖的生产原料，如蔗糖、玉米、薯类、玉米芯、蔗渣等农副产品，价格低廉、产量大、产地集中，从综合考虑，将使农产品实现产后增值，提高农村的经济效益。总之，功能性低聚糖附加值高，市场前景好，有极大的开发价值和应用潜力。

9.11　着色剂

食品着色剂又称食用色素，是以食品着色为目的的一类食品添加剂。食品的颜色是食品感官质量的重要指标之一，食品具有鲜艳的色泽不仅可以提高食品的感官质量，给人以美的享受，还可以增进食欲。很多天然食品都有很好的色泽，但在加工过程中由于加热、氧化等各种原因，食品容易发生褪色甚至变色，严重影响食品的感官质量。因此在食品加工中为了更好地保持或改善食品的色泽，需要向食品中添加食品着色剂。

食品着色剂按其来源和性质分为食品合成着色剂和食品天然着色剂两大类。食品合成着色剂，也称为食品合成染料，是用人工合成方法所制得的有机着色剂。合成着色剂的着色力强、色泽鲜艳、不易褪色、稳定性好、易溶解、易调色、成本低，但安全性低。其按化学结构可分成两类：偶氮类着色剂和非偶氮类着色剂。油溶性偶氮类着色剂不溶于水，进入人体内不易排出体外，毒性较大，目前基本上不再使用。水溶性偶氮类着色剂较容易排出体外，毒性较低，目前世界各国使用的合成着色剂有相当一部分是水溶性偶氮类着色剂。此外，食品合成着色剂还包括色淀和正在研制的不吸收的聚合着色剂。色淀是由水溶性着色剂沉淀在允许使用的不溶性基质上所制备的特殊着色剂，其着色剂部分是允许使用的合成着色剂，基质部分多为氧化铝，称之为铝淀。

食品天然着色剂主要是由动植物和微生物中提取的，常用的有叶绿素铜钠、红曲色素、甜菜红、辣椒红素、红花黄色素、姜黄、β-胡萝卜素、紫胶红、越橘红、黑豆红、栀子黄等。食品天然着色剂按化学结构可以分成六类：①多酚类衍生物，如萝卜红、高粱红等；②异戊二烯衍生物，如β-胡萝卜素、辣椒红等；③四吡咯衍生物（卟啉类衍生物），如叶绿素、血红素等；④酮类衍生物，如红曲红、姜黄素等；⑤醌类衍生物，如紫胶红、胭脂红等；⑥其他类色素，如甜菜红、焦糖色等。与合成着色剂相比，天然着色剂具有安全性较高、着色色调比较自然等优点，而且一些品种还具有维生素活性（如β-胡萝卜素），但也存在成本高、着色力弱、稳定性差、容易变质、难以调出任意色调等缺点，一些品种还有异味、异臭。

近年来国外正致力于大分子聚合物合成色素的开发，这种聚合色素分子量为 30000～130000，这种色素在生理上不活跃，并经同位素标记证实几乎完全不会吸收，摄入人体内由肠道排出，不会对人体产生危害，适用于多种食品着色。除此之外，国内外制造商致力于应用研究开发，除了提高现有产品原色素质量外，还在这些色素不同制剂和衍生产品上做文章，以满足用户对色调、性能等方面的不同要求。

在色素的合成、精制、干燥等生产过程中，采用高新技术（例如膜分离技术和超临界二氧化碳萃取技术等）进行工艺选择、参数优化、设备设计及制造，来提高生产能力和效率，提高工艺稳定性，降低能耗和成本，实现生产过程的连续化、自动化和清洁化，达到食品 GMP 要求，是色素制造商所追求的目标。

着色剂应用的使用范围、使用方式、复方应用、调色及着色效果，为色素的推广应用提供依据。由于天然色素成分复杂，决定了天然色素在应用时存在许多问题，随着制剂化技术的进步和应用技术的开发，上述问题正得到逐步解决。天然色素的系列化、配套化、分类应用指导等的研究正在逐步实施和完善。

9.12 漂白剂和发色剂

漂白是破坏、抑制食品的发色因素，使其转变为无色或使食品免于褐变。如在加工蜜饯类、干果类食品时，常发生褐变作用而影响外观，这时就要求将酱褐黑色变成白色，甚至变成无色。漂白剂除可改善食品色泽外，还具有抑菌等多种作用，在食品加工中应用甚广。

食品工业中常用的漂白方法有还原漂白法、氧化漂白法和脱色漂白法。一般又将还原漂白法和氧化漂白法称为化学漂白法。还原漂白法用的漂白剂大多属于亚硫酸及其盐类化合物，如亚硫酸氢钠、亚硫酸钠、低亚硫酸钠、焦亚硫酸钠等，它们通过所产生的二氧化硫的还原作用使果蔬褪色，亚硫酸盐类被广泛用于食品的漂白与保藏。氧化漂白法是通过氧化剂强烈的氧化作用使着色物质被氧化破坏，从而达到漂白的目的。常用的有过氧化氢、过氧化钙、过氧化苯甲酰、亚氯酸钠（$NaClO_2$）、漂白粉［有效成分 $Ca(ClO)_2 \cdot CaCl_2 \cdot 2H_2O$］、高锰酸钾、二氧化氯等。氧化漂白剂除了用于面粉处理剂的过氧化苯甲酰等少数品种外，实际应用很少。至于过氧化氢，我国仅许可在某些地区用于生牛乳保鲜、袋装豆腐干，不作氧化漂白剂使用。

硝酸钾（potassium nitrate）使用范围：《食品添加剂使用标准》（GB 2760—2014）规定，与硝酸钠同。本品可代替硝酸钠作为混合盐的组成成分用于肉制品的腌制。

亚硝酸钠（sodium nitrate）使用范围：我国《食品添加剂使用卫生标准》（GB 2760—2014）、GB 1886.94—2016、GB 1886.11—2016 规定，腌腊肉制品类（如咸肉、腊肉、板鸭、中式火腿、腊肠）、酱卤肉制品类、白煮肉类、酱卤肉类、糟肉类、熏肉类、烧肉类、烤肉类、油炸肉类、西式火腿（熏烤、烟熏、蒸煮火腿）类、肉灌肠类、发酵肉制品类、肉罐头类腌制最大使用量：0.15g/kg。FAO/WHO（1983 年）规定：亚硝酸钠可用于咸牛肉罐头，最大使用量为 50mg/kg（单用或与亚硝酸钾合用，以亚硝酸钠计）；用于午餐肉、熟腌火腿、熟猪前腿肉、熟腌碎肉，最大使用量为 125mg/kg（单用或与亚硝酸钾合用，以亚硝酸钠计）。世界食品卫生科学委员会 1992 年发布的人体安全摄入亚硝酸钠的标准为 0～0.1mg/kg 体重；若换算成亚硝酸盐，其标准为 0～4.2mg/60kg 体重，按此标准使用和食用，对人体不会造成危害，亚硝酸钠有毒，人直接食用 0.2～0.5g 就可能出现中毒症状，若一次性误食 3g，就可能造成死亡。

思 考 题

1. 简单概述我国食品添加剂的发展过程。
2. 食品消泡剂可分为哪几类？应具有哪些基本性质？
3. 简述食品防腐剂的定义，典型防腐剂（3～5 种）的用量、用途。
4. 简述食用香料类型，举例说明天然香精的提取方法。
5. 食品乳化体系分为几类？焙烤食品加入哪几种类型？各自作用是什么？

第10章

化妆品与盥洗卫生品

10.1 概述

当前中国是全球化妆品生产、流通和消费大国之一，国内市场迅猛增长，但 1980 年以前的 100 多年的时间历史上化妆品是奢侈品。清代道光十年（1830 年）扬州谢馥春日化厂创立，该厂的产品主要有宫粉、水粉、胭脂、香囊和香佩；1994 年扬州谢馥春日化厂与法国绿丹兰化妆品公司合资。清代同治元年（1862 年）杭州孔凤春化妆品厂创立，以生产宫廷皇后嫔妃所用的贡粉而著称，1988 年与日本高丝化妆品公司合资。1898 年华侨梁楠在香港创办广生行，后又在上海、广州和营口等地设立分行，主要生产双妹花露水、双妹雪花膏、双妹润发蜡和双妹艳发胶。1913 年上海中华化妆品厂成立。1941 年周邦劲在上海创办了明星花露水厂，后合并为上海家用化妆品厂。改革开放后到现在人们逐步认识到化妆品是日用消费品，全国化妆品生产厂大量设立，特别是世界著名化妆品公司纷纷来华投资创办合资企业，例如德国威娜、德国汉高、法国克丽丝汀·迪奥、美国阿芳、美国 P&G、日本资生堂等公司，使中国化妆品工业蓬勃发展。

化妆品的生产已经超脱了日用化工范畴，化妆品的开发和研制中越来越多、越来越广泛地应用了现代高新技术，它以精细化工为背景，以制药工艺为基础，融汇了医学、生物工程学、生命科学、微电子技术等，化妆品产业正在逐步发展成一个应用多学科的高技术产业。化妆品的安全性、功能性、天然性、环保性是未来发展的一个重要特点。中国依据《中华人民共和国化妆品卫生监督管理条例》，美国为《food and drug administration》（FDA，食品药品监督管理局），日本为药事法管理，其他各国都有自己的管理法规来规范各国的化妆品管理。

化妆品发展的阶段有：

① 第一代是使用天然的动植物油脂对皮肤作单纯的物理防护，即直接使用动植物或矿物来源的不经过化学处理的各类油脂。

② 第二代是以油和水乳化技术为基础的化妆品。

③ 第三代是添加各类动植物萃取精华的化妆品。

④ 第四代是仿生化妆品，生物技术制造与人体自身结构相仿并具有高亲和力的生物精华物质并复配到化妆品中，以补充、修复和调整细胞因子来达到抗衰老、修复受损皮肤等功效。

10.1.1　化妆品的定义

广义的化妆品是指各种化妆的物品。化妆一词，最早来源于古希腊，含义是"化妆师的技巧"或"装饰的技巧"。狭义的化妆品因各国的习惯与定义方法不同而略有差别。但从使用目的看，均为保护皮肤、毛发，维持仪容整洁，遮盖某些缺陷，美化面容，促进身心愉快的日用品。我国化妆品卫生监督条例规定：化妆品是指以涂搽、喷洒或其他类似的方法，散布于人体表面任何部位（皮肤、毛发、指甲、口唇、口腔黏膜等），以达到清洁、消除不良气味、护肤、美容和修饰目的的日用化学工业产品。作用：保护皮肤生理健康，增加魅力，修饰容貌，促进身心愉快等。

10.1.2　化妆品的分类

化妆品主要是按产品功能、使用部位来分类；而对于多功能、多使用部位的化妆品是以产品主要功能和主要使用部位来划分类别，具体见《化妆品分类（GB/T 18670—2017）》。

按使用目的的分类：

（1）**清洁用化妆品**　如香皂、香波、沐浴液、洗面奶、洁肤乳、清洁水、清洁霜、磨面膏等。

（2）**基础化妆品**　如各种膏、霜、蜜、脂、粉、露、乳、水、面膜等。

（3）**美容化妆品**　如腮红、唇膏、粉饼、唇线笔、眉笔、眼影膏（粉）、眼线笔等。

（4）**香化用化妆品**　如花露水、香水、古龙水等。

（5）**护发、美发用化妆品**　如发油、发乳、护发水、摩丝、润发剂、整发剂以及洗发剂、香波等洁发用品，此外还有烫发剂、染发剂等。

按使用部位分类：皮肤用化妆品、黏膜用化妆品、头发用化妆品、指甲用化妆品、口腔用化妆品。

按功能分类：清洁用化妆品，一般化妆品如皮肤、毛发护理或美容用品、特殊用途化妆品；药用化妆品。

常用的归类方式表 10-1 所示。

表 10-1　常用化妆品归类举例表

部位	功能		
	清洁类化妆品	护理类化妆品	美容/修饰类化妆品
皮肤	洗面奶（膏） 卸妆油（液、乳） 卸妆露 清洁霜 面膜 浴液 洗手液 洁肤啫喱 花露水 洁面粉	护肤膏（霜） 护肤乳液 化妆水 护肤啫喱 润肤油 按摩精油 按摩基础油 花露水 痱子粉 爽身粉	粉饼 胭脂 眼影（膏） 眼线笔（液） 眉笔（粉） 香水 古龙水 香粉（蜜粉） 遮瑕棒（膏） 粉底液（霜） 粉条 粉棒 腮红 粉霜

部位	功能		
	清洁类化妆品	护理类化妆品	美容/修饰类化妆品
毛发	洗发液 洗发膏 洗发露 剃须膏	护发素 发乳 发油/发蜡 焗油膏 发膜 睫毛基底液 护发眼霜	定型摩丝/发胶 染发剂 烫发剂 睫毛液（膏） 生（育）发剂 脱毛剂 发蜡 发用啫喱水 发用漂浅剂 定型啫喱膏
指（趾）甲	洗甲液	护甲水（霜） 指甲硬化剂 指甲护理油	指甲油 水性指甲油
口唇	唇部卸妆液	润唇膏 润唇啫喱 护唇液（油）	唇膏 唇彩 唇线笔 唇油 唇釉 软唇液

按产品形态分类：

液态化妆品：常见的有化妆水、各种乳剂和油剂。

固态化妆品：膏类、霜类、粉类、胶冻状、硬膏状（如唇膏）、块状（如粉饼、胭脂、香皂）、锭状和笔状等。

按原料来源分类：天然化妆品和合成化妆品。

按照剂型分类：

（1）**液态化妆品**　如化妆水、花露水、香水。

（2）**油状化妆品**　如防晒油、发油等。

（3）**乳化体化妆品**　如雪花膏、发乳等。

（4）**悬浮体化妆品**　如粉蜜、水粉微胶。

（5）**膏状化妆品**　如洗发膏、眼影膏等。

（6）**凝胶状化妆品**　如防晒凝胶、洁面凝胶。

（7）**粉状化妆品**　如香粉、爽身粉等。

（8）**块状化妆品**　如粉饼、眼影等。

（9）**锭状化妆品**　如唇膏、防裂膏等。

（10）**笔状化妆品**　如唇线笔、眉笔等。

（11）**蜡状化妆品**　如发蜡等。

（12）**气雾状化妆品**　如喷发胶、摩丝等。

（13）**薄膜状化妆品**　如湿布面膜等。

（14）**胶囊状化妆品**　如精华素胶囊等。

（15）**纸状化妆品**　如香粉纸、香水纸等。

按产品标准分类：①护肤品；②毛发用品；③美容品；④清洁用品；⑤其他化妆品。

10.1.3　化妆品的作用

（1）**清洁作用**　祛除皮肤、毛发、口腔和牙齿上面的脏物，以及人体分泌与代谢过程中产生的不洁物质。如清洁霜、清洁奶液、净面面膜、清洁用化妆水、泡沫浴液、洗发香波、牙膏等。

（2）**保护作用**　保护皮肤及毛发等处，使其滋润、柔软、光滑、富有弹性，以抵御寒风、烈日、紫外线辐射等的损害，增加分泌机能活力，防止皮肤皱裂、毛发枯断。

（3）**营养作用**　补充皮肤及毛发营养，增加组织活力，保持皮肤角质层的含水量，减少皮肤皱纹，减缓皮肤衰老以及促进毛发生理机能，防止脱发。

（4）**美化作用**　美化皮肤及毛发，使之增加魅力，或散发香气。

（5）**防治作用**　预防或治疗皮肤及毛发、口腔和牙齿等部位影响外表或功能的生理病理现象。

10.2　护肤用化妆品

护肤产品仍然是化妆品及盥洗用品市场真正的主打产品，大量的传统品牌均在开发有机护肤产品。SPA 品牌 Thalgo 发展的第一个生产线已被 Ecocert 和 Cosmos 认证。有机橙花系列包括藻类、矿物盐和微量元素在内的海洋活性成分，与地中海植物提取物和精油相混合。产品包括洁面乳、化妆水、磨砂膏、抗老化保湿霜和精华素。天然和有机产品的发展趋势已渗透到大众品牌市场。随着科学技术的发展，今天可得到天然物、合成物和生物生成物等多种原料，化妆品质量也变得越来越好，制品也越来越多样化，化妆品行业已经不仅仅单纯依赖其他产业提供一般原料，而是靠自己的力量来积极地设计开发具有新功能和适合皮肤生理的原料。护肤品的主要功能是清洁、保养皮肤或对问题性皮肤起治疗作用。

10.2.1　皮肤及生理作用

皮肤是由蛋白质构成，分别由表皮、真皮和皮下组织组成；最外层叫角质层，是大多数皮肤用化妆品所作用之处。角质层细胞是坚韧和有弹性的组织，与水有较强的亲和力；当手脚在水中浸泡时间过长，会有肿胀发白的现象，这是角质层的吸水作用；而到了冬天，角质层细胞水分降低，皮肤变硬脆裂，使得手臂和腿部成片状鳞屑，有瘙痒感觉。在表皮中有一种天然的调湿因子的亲水性吸湿物质存在，使皮肤保持水分和维持健康。角质层主要由含水量较低和表面 pH 约为 4、略带酸性的死细胞所组成。角质层的主要蛋白质是角朊，由大约 22 种不同的氨基酸组成。角质层的结构使得它既不溶于水，又能使水稍微透过。为控制角质层的湿度使它不变干和脱落太快，要在皮肤上涂些润滑剂。

真皮主要由胶原蛋白组织构成，使皮肤具有弹性、光泽和张力。真皮层含有丰富的毛细血管、汗腺、皮脂腺等。其中皮脂腺的功能是分泌皮脂，润湿皮肤和毛发等，人体的脸部和头部分布的皮脂腺最多，年轻人新陈代谢旺盛，分泌的皮脂腺较多，不经常清洗，堵住毛囊口，就会形成粉刺，如果再经过细菌感染容易引起化脓性毛囊炎。而随着年龄的增大，皮脂分泌减少，粉刺会不治而愈。

皮下组织主要起保温作用，主要由结缔组织和脂肪组织构成。

皮肤的功能：皮肤覆盖人体全身，使身体内部组织和器官免受外界各种侵袭，抵抗外界细菌感染；具有保护作用、调节体温作用、知觉作用、渗透和吸收作用、分泌和排泄作用。人们的皮肤一般分为脂性皮肤、干性皮肤和普通性皮肤三类。其中脂性皮肤分泌皮脂比较旺盛，不及时清洗，容易导致皮肤病的发生，需要清洁霜类化妆品进行清理和保护；而干性皮肤皮脂腺分泌较少，表皮干燥，要经常选用油包水型化妆品滋润，保养皮肤。要延缓皮肤衰老、保护和增进皮肤健康，除了要正确使用化妆品外，必须注意皮肤的保养，比如避免使用碱性重的洗脸物质，避免用热水洗脸，尤其在冬天，多吃维生素含量丰富的物质，保持心情的舒畅等。

10.2.2　护肤品的油相原料

护肤品的基本组成见图 10-1。

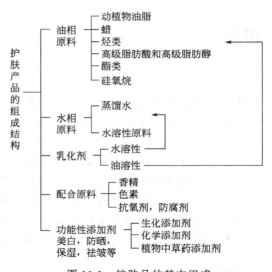

图 10-1　护肤品的基本组成

油性原料是油溶性的，广泛用于化妆品中。其目的是抑制皮肤水分蒸发，同时也提高化妆品的使用感觉。油脂、蜡类原料是组成膏霜类化妆品和发蜡、唇膏等油蜡类化妆品的基本原料，主要起护肤、柔滑和滋润作用。

一般可以分为三类——动植物油脂、矿物油脂和化学合成的脂肪酸酯。最常用的动植物油脂有椰子油、蓖麻油、橄榄油、羊毛脂、蜂蜡、白油等。

油脂资源丰富，种类繁多，从动植物和微生物生成物都可提取，但是可作化妆品原料的油脂种类有限。

（1）油脂（oils and fats）　　油脂的主要成分是由脂肪酸和甘油所成的三酯（甘油三酯），在动植物界分布广泛。常温下为液体的称为油，固体的称为脂。油脂经脱色和脱臭等精制后可直接用作化妆品原料，也可将其部分或全部加氢制成硬化油，或用冷却方法将固体脂除去。

① 橄榄油（olive oil）　　橄榄油是由橄榄树的果实经压榨制取的脂肪油。主要产地是西

班牙和意大利等地中海沿岸地区。构成脂肪酸中以油酸最多（65%～85%）；其他为棕榈酸（7%～16%）、亚油酸（4%～15%）。使用橄榄油的目的是抑制皮肤表面的水分蒸发，提高化妆品的使用感。

② 山茶油（camellia oil） 山茶油是由山茶的种子经压榨制备的脂肪油。构成脂肪酸中以油酸最多（82%～88%）；其他为棕榈酸等饱和酸（8%～10%）、亚油酸（1%～4%）。山茶油的性状和橄榄油类似，在膏霜和乳液制品中使用，自古就将山茶油作为发油使用。

③ 胡桃油（macadamia nut oil） 胡桃油是由原产于澳大利亚的胡桃（坚果）的种子经压榨制备的脂肪油。构成脂肪酸中虽然以油酸为主要成分（50%～65%），但是也含有较多的在植物油脂中珍奇的棕榈烯酸（20%～27%）。由于这种特性提高了使用感，用于膏霜、乳液制品和口红等。

④ 蓖麻油（castor oil） 蓖麻油是由原产于印度或非洲的蓖麻种子经压榨制得的脂肪油。构成脂肪酸中，由于含有大量的属于羟基酸的蓖麻醇酸（85%～95%），所以比其他油脂亲水性大，也很黏稠，可以用乙醇溶解。由于这些特性除用在口红和香膏中外，还作为染料（红色223号、四溴荧光素）的溶解剂。

（2）蜡类

① 巴西棕榈蜡（carnauba wax） 巴西棕榈蜡是由南美洲，特别是在巴西北部自生和栽培的，高约10m的巴西棕榈的叶和叶柄中提取的硬蜡。巴西棕榈蜡为C_{20}～C_{32}的脂肪酸和C_{28}～C_{34}的脂肪醇所组成的酯，特别是含羟基酸酯很多，熔点在80～86℃，这在植物蜡中是很高的。使用巴西棕榈蜡的主要目的是用于口红这样的细圆条状制品上光，以及提高耐温性。

② 小烛树蜡（candelilla wax） 小烛树蜡是从生长在墨西哥西部和美国得克萨斯州等温度差变化较大，少雨干燥的高原地带生长的小烛树植物等的树茎的蜡精制而成。C_{16}～C_{34}的脂肪酸约占30%，三十一烷（$C_{31}H_{64}$）等的烃类约占45%，三十烷醇等游离醇和树脂等约占25%。主要使用目的是使口红这样的细圆条状制品上光，以及提高耐温性。

③ 霍霍巴油（jojoba oil） 霍霍巴油是从美国南部和墨西哥北部干燥地带自生的霍霍巴的种子中提取的液体蜡。主要成分是不饱和高级醇（11-二十碳烯醇和13-二十二碳烯醇）和不饱和脂肪酸（11-二十碳烯酸和油酸）的酯。也有进行人工栽培的。霍霍巴油有良好的氧化稳定性。使用感好，很容易与皮肤溶合。用于膏霜、乳液和口红等。

④ 蜂蜡（bees wax） 蜂蜡由东洋蜜蜂等的蜂巢蜡精制而得。将采取蜜后的蜂巢，放入热水中把蜡分离出来。蜂蜡为黄色或黄褐色的固体。蜂蜡主要在膏霜、口红和固体发膏等细圆条状制品中使用。虽然东洋蜂蜡和西洋蜂蜡的组成有些不同，但都是以高级脂肪酸和高级醇的酯为主成分，也含有游离脂肪酸和烃类。东洋蜂蜡的酯的主成分为羟基棕榈酸二十六烷醇酯［$C_{15}H_{30}(OH)COOC_{26}H_{53}$］和棕榈酸二十六烷醇酯（$C_{15}H_{31}COOC_{26}H_{53}$）；西洋蜂蜡中以棕榈酸三十一烷醇酯（$C_{15}H_{31}COOC_{31}H_{63}$）为主成分。

⑤ 羊毛脂 羊毛脂（lanolin）是羊的皮脂腺分泌的皮脂，从洗涤绵羊毛的废水中回收得到的脂肪样物质，色深味臭，油腻感强，经过精制或化学改性后可得到精制羊毛脂（为淡黄色的软膏状）和衍生物。如羊毛脂加氢得羊毛醇，和环氧乙烷加成得聚氧乙烯羊毛脂（水溶性的），还可以制得乙酰化的羊毛脂（油溶性的），主成分为高级脂肪酸和甾醇类以及高级醇的酯的混合物。羊毛脂对皮肤的亲和性和吸附性都很好，而且本身有很好的水合性，有很好的乳化和渗透作用，具有柔软皮肤、防止脱脂和防止皮肤皲裂的功效，并能与多种原料配伍，可广泛地用于各种膏霜、清洁品和口红等中。

（3）烃类

① 液体石蜡（liquid paraffins） 液体石蜡（又称为白油）是将石油原油在 300℃ 以上蒸馏后除去固体石蜡而精制得到的，为常温下呈液态的 $C_{15} \sim C_{30}$ 的饱和烃化合物。液体石蜡的精制比较容易。精制品无色无臭，具有化学惰性（对酸、热、光稳定），很少变质，能溶于苯、醚和油脂，不溶于水和乙醇，乳化也很容易。为此被广泛地作为油性原料。化妆品用白油有 7、11、18、24 号等规格，编号数字代表其运动黏度［为流体的绝对黏度与其同温度下（50℃时）密度的比值］。低黏度和高黏度的白油的性质不同，低黏度白油的洗净与润湿效果好而柔软效果差，高黏度白油正好相反。因此，低黏度白油用于清洁霜中，高黏度白油用于护肤霜和护发品中。化妆品中使用液体石蜡最多的是膏霜和乳液等基础化妆品。其目的是抑制皮肤表面水分蒸发，提高制品的使用感。

② 固体石蜡（paraffin） 固体石蜡是将石油原油蒸馏最后残留的部分，再经真空蒸馏或者用溶剂分离所得到的白色或无色透明的固体（熔点 50～70℃）。组成中主要是直链的烃类，但多数也含有 2%～3% 的侧链烃。碳原子数在 $C_{16} \sim C_{40}$ 之间，$C_{20} \sim C_{30}$ 者特别多。固体石蜡和液体石蜡一样，无色无臭，具有化学惰性，在膏霜和口红等中使用。

③ 凡士林（petrolatum） 将石油原油真空蒸馏后的残油部分，再经溶剂脱脂后所得到的软膏状物质。主成分是 $C_{24} \sim C_{34}$ 的非结晶烃类。一般认为，凡士林不是固体石蜡和液体石蜡的单纯的混合物，而是固体石蜡作为外相、液体石蜡作为内相的胶体状态。凡士林和液体石蜡一样无色无臭，化学惰性，有黏着力。在膏霜和口红中使用。

④ 纯地蜡（ceresin） 纯地蜡由地蜡精制而成，主要由 $C_{29} \sim C_{35}$ 的直链烃组成，一部分也含有异石蜡。与石蜡相比分子量较大，相对密度、硬度和熔点（61～95℃）也高，纯地蜡在口红和发蜡中作为固定剂来使用。

⑤ 微晶蜡 微晶蜡（microcrystalline wax） 由凡士林等脱油得到的微晶固体，是以 $C_{31} \sim C_{70}$ 的异石蜡为主成分的复杂的混合物。微晶蜡具有黏性和延伸性，在低温时也不变脆的微细结晶。熔点较高（60～85℃）。与其他的蜡类混合时会抑制结晶的生长。微晶蜡使用在口红和膏霜等。

⑥ 角鲨烷 角鲨烯（squalane） 一般在深海产的鲨鱼中大量存在，在橄榄油等中也存在。将角鲨烯氢化得到角鲨烷（2，6，10，15，19，23-六甲基二十四烷，$C_{30}H_{62}$），常温下为液体。角鲨烷是高安全性、化学惰性的油性原料，常用在膏霜和乳液中。

（4）高级脂肪酸（higher fatty acids） 脂肪酸是一般用分子式 RCOOH（R 为饱和烷基或不饱和烷基）等表示的化合物，在天然油脂、蜡等中以酯类的形式存在。动植物油脂类所含的脂肪酸多为直链脂肪酸，其碳原子数都为偶数。随着石油化学的进步，现已用合成法开发出含侧链和奇数碳原子数的脂肪酸。脂肪酸作为化妆品的油性原料虽然和油脂、蜡和烃类混合使用，但是主要与氢氧化钾、三乙醇胺等合并使用，生成肥皂作为乳化剂。

① 月桂酸（lauric acid） 月桂酸由椰子油、棕榈核油等经碱化分解，然后将得到的混合脂肪酸经分馏而得到。将月桂酸用氢氧化钠或三乙醇胺中和后生成肥皂，由于水溶性高，泡沫丰富，故使用在香皂和洗脸制品中。

② 肉豆蔻酸（myristic acid） 肉豆蔻酸可由棕榈核油等经碱化分解，而后将得到的混合脂肪酸经分馏而得到，很少直接用于化妆品中。肉豆蔻酸的肥皂发泡性能和去污性能都很好，广泛用于洗脸制品中。

③ 棕榈酸（palmitic acid） 由棕榈油等经碱化分解而得。作为油性原料使用在膏、霜和乳液中。

④ 硬脂酸（stearic acid） 为略带珠光的白色蜡状固体。硬脂酸的制造，主要是将硬化的牛脂和羊脂水解后经冷冻、结晶、压滤等工艺除去液体酸（主要是油酸）而制成。也有将大豆油和棉子油等加氢，使油酸和亚油酸等不饱和脂肪酸转变成饱和脂肪酸后，再经蒸馏而得到。前者含有一定量的棕榈酸，后者得到的硬脂酸纯度较高，熔点也高。化妆品一般选用三压硬脂酸。硬脂酸是膏、霜的重要的基质成分，可以影响膏霜的稠度和硬度。在膏、霜、化妆水和口红中使用。

（5）高级脂肪醇（higher fatty alcohol） 将 C_6 以上的一元醇统称为高级脂肪醇，天然原料的醇类和石油化学制品的醇类有很大的差别；高级脂肪醇除作为油性原料外，还作为乳化剂制品的乳化稳定助剂来使用。

① 鲸蜡醇（cetyl alcohol） 鲸蜡醇由鲸蜡碱化分解后的醇类再经分馏的方法制得。也可将椰子油或牛脂先还原后分馏的方法以及齐格勒（Ziegler）方法来制造。鲸蜡醇为白色、蜡样的固体。由于含有羟基，所以不具备自乳化的能力。作为膏霜、乳液等乳化制品的乳化稳定助剂来使用。

② 硬脂醇（stearyl alcohol） 硬脂醇的制造方法与鲸蜡醇的相同。外观为白色、蜡样的固体。除作为膏霜、乳液等乳化制品的乳化稳定助剂外，还在口红等中使用。

③ 异硬脂醇（isostearyl alcohol） 异硬脂醇是带有侧链的碳原子数为18的饱和醇的总称，可按格尔伯特（Guerbet）法、碳基反应和醇醛缩合等化学合成法来制造。有将油酸二聚体合成时的副产物不饱和脂肪酸加氢而制成异硬脂酸，还原成异硬脂醇来出售的。异硬脂醇为液状，有良好的热稳定性和抗氧化性，作为油性原料来使用。

④ 2-辛基十二烷醇（2-octyl dodecanol） 2-辛基十二烷醇由格尔伯特（Guerbet）法、醇醛缩合等化学合成法来制造。2-辛基十二烷醇为无色透明的液状，不带任何气味。由于带有侧链，所以凝固点低。使用感良好，作为油性原料来使用。

（6）硅氧烷（silicones） 硅氧烷是含有硅氧键（—Si—O—Si—）的一类有机硅化合物，俗称硅油，二甲基硅油是有代表性的硅氧烷。硅油有各种黏度，可以在广泛的范围内选择。硅油的特征是疏水性高，像烃类油分那样的不发黏的轻快使用感，在头发和皮肤上的舒展性好。

10.2.3　护肤品的辅助原料

护肤品的辅助原料是化妆品成型、稳定或赋予化妆品以色、香和特定作用的原料。它在配方中比重不大，但极为重要；主要包括乳化剂、香精、色素、防腐剂和抗氧剂等。引起皮肤功能障碍最危险的是香料，其次为色素和防腐剂。香料是引起化妆品过敏最常见的成分，湿疹患者发生化妆品过敏反应时，30％～45％均为化妆品香料所致。

（1）防腐剂 化妆品主要成分是水和油。大多数在其中添加有微生物生长和繁殖所需的物质，如油、多元醇、蛋白质和氨基酸等。化妆品被微生物污染后，即变臭、变质和发霉，致使产品质量下降或再也无法使用。为此，有必要对化妆品采取防止微生物污染的措施。为达防腐目的，除了在化妆品生产过程中加强卫生管理以外，大部分化妆品中必须加入防腐剂。化妆品中混入微生物通常有两种情况，在生产中形成的称作"一级污染"；消费者使用过程中形成的，如用脏手接触化妆品或挑蘸过多又放回瓶中，或打开瓶盖后忘记盖上等，这称作"二级污染"。化妆品被微生物污染后，霉菌在化妆品表面繁殖即为发霉，而细菌在化妆品内外繁殖即为腐败。污染了微生物的化妆品很快就发生变质，而致使产品质量下降。

化妆品中微生物污染常见的变质现象有：产品表面形成红、黑、绿等霉斑；有机物产生气体而导致膏体发胀；使产品变色，如被绿脓杆菌污染，膏体变成灰绿或蓝绿色；因微生物分解产品中的有机成分，而产生有机酸，使化妆品的 pH 值降低，导致化妆品产生异味；由于膏体的蛋白质或酯类水解，使乳化性受到破坏，乳剂发生分离。另外更严重的是产品中致病微生物繁殖，将使消费者面临着被传染的危险，例如有因使用被绿脓杆菌污染的化妆品与眼部接触后引起角膜溃烂和失明的报道。

考虑到化妆品受微生物污染过程，要解决化妆品的微生物污染问题，首先必须建立良好的生产环境。生产和灌装要在无菌环境中进行，所使用的原料应严格控制卫生指标。良好的生产过程可以保持产品不受微生物污染，但要保证产品货架寿命以及免受消费者的二级污染，还要选择一个良好的防腐体系。对化妆品中微生物允许存在数量，中华人民共和国《化妆品卫生标准》（GB 7916—1987）对化妆品的微生物学质量标准化作出了明确规定：眼部、口唇、口腔黏膜用化妆品以及婴儿和儿童用化妆品细菌总数不得大于 500 个/mL 或 500 个/g。其他化妆品细菌总数不得大于 1000 个/mL 或 1000 个/g。每克或每毫升产品不得检出粪大肠菌群、绿脓杆菌和金色葡萄球菌。20 世纪 80 年代后欧美等著名的大化妆品公司实施优质产品规范（GMP），自行订制了要求较高规范：眼眉及婴儿用化妆品杂菌数要求小于 10 个/g 或 10 个/mL。口唇用化妆品杂菌数小于 100 个/g 或 100 个/mL。其他产品杂菌数小于或等于 100 个/mL。

理想的防腐剂应基本符合以下条件：有高的安全性，应低毒、无刺激、无过敏、无色无味；具有广谱抗菌活性，对各种细菌、霉菌及酵母菌均有很好的抗菌活性；能与配方中各组分相配伍，在有效浓度下应易溶于水，因微生物多数是在水相中繁殖；pH 值适用于 5~8，因为化妆品一般 pH 值在 7 左右；制造过程和贮存温度条件下保持稳定；使用方便，价格合理。在美国获准或暂时获准允许使用的防腐剂有 120 多种，欧共体有 70 多种，中国《化妆品卫生标准》规定了化妆品中限用防腐剂 66 种。但常用化妆品防腐剂有一二十种，下面介绍一些常用的防腐剂。

① 醇类防腐剂（易挥发）

a. 苯甲醇　霉菌和部分细菌抑制效果较好，但当 pH<5 时会失效。一些非离子表面活性剂可使它失活。国家法规添加量：≤1.0%。

b. 苯氧乙醇　此防腐剂最大的优点是对绿脓杆菌效果较好。国家法规添加量：≤1.0%。

② 甲醛的供体和醛类衍生物防腐剂

a. 2-溴-2 硝基-1,3-丙二醇　白色结晶或结晶粉末，稍有特征气味。但含巯基化合物（如半胱氨酸）、亚硫酸钠、硫代硫酸钠，严重影响其活性，配方中有氨基化合物存在时，有生成亚硝胺的潜在可能。国家法规添加量：≤0.1%。

b. DMDM 乙内酰脲和咪唑烷基脲　前者为无色透明液体，带有甲醛气味。后者为白色粉末，能溶于水释放甲醛。两者游离甲醛含量可以控制在较低的水平，广泛应用于各种驻留型及洗去型化妆品中。国家法规添加量：≤0.6%。

c. 季铵盐-15　奶白色吸湿性粉末，无气味，溶于水。推荐用于婴儿护理品、眼部化妆品、面膜、防晒品等。国家法规添加量：≤0.2%。

③ 苯甲酸及其防腐剂

a. 苯甲酸　白色颗粒或结晶性粉末或雪片状，无臭或稍带安息酸气味。在空气中稳定，易溶于水，pH 值为 8。国家法规添加量：≤0.5%（以酸计）。

b. 对羟基苯甲酸酯类　国内称为尼泊金酯，为无色细小晶体或白色结晶粉末。国家法规添加量：≤0.4%（单一酯）；≤0.8%（混合酯）。

④甲基氯异噻唑啉酮和甲基异噻唑啉酮的混合物　俗称凯松，为23%硝酸镁、75.5%水、1.15%甲基氯异噻唑啉酮和0.35%甲基异噻唑啉酮混合物。为淡琥珀色的液体，气味温和，溶于水，最佳使用pH值范围pH＝4～8。国家法规添加量：≤15μg/g，但胺类、硫醇、硫化物、亚硫酸盐、还原剂及漂白剂会使凯松降低活性。应避免用于直接接触黏膜的制品如牙膏、口红、眼部化妆品中，一般仅使用于漂洗产品中。

⑤三氯生　商品名称：玉洁新，玉洁纯，抑菌纯。玉洁纯为高度纯化的三氯生，纯度高达99.0%以上。玉洁纯可用于口腔产品，玉洁新则可用于皮肤、毛发护理产品中。其为具芳香性白色粉末，微溶于水，在许多有机溶剂中有较高溶解度，在非水性溶剂或表面活性剂中溶解后得透明浓缩液体产物。该杀菌剂具有优异的性能：对革兰氏阳性、阴性菌，真菌，酵母菌及病毒（如甲肝、乙肝病毒，狂犬病毒，艾滋病毒）等具广泛的杀灭或抑制作用；兼具杀菌、消炎、防腐功能。作为抗菌剂具长效抗菌作用；广泛长期使用对人体和环境安全；对化妆品原料配伍性好。由于其优异的杀菌、抗菌、消炎作用，在化妆品中已得到广泛的应用。如在口腔卫生用品牙膏中使用，对口腔炎症、口臭有治疗作用，国际及国内著名牙膏品牌如高露洁、冷酸灵等都使用了三氯生；使用于洁身产品中，能有效抑制微生物在皮肤表面的生长繁殖，P&G公司在其舒肤佳浴液及香皂中使用了该杀菌剂；在面部清洁化妆品中添加三氯生，可有效清除微生物对皮肤的不良侵害；在防晒化妆品中它可清除皮肤炎症，减少皮肤晒伤，降低防晒剂对皮肤的刺激。另外，利用其杀菌、消炎功能，已开发出治疗粉刺产品。

⑥其他有机防腐剂　辛甘醇，既是良好的保湿剂，也具有防腐功能。

⑦天然防腐剂　柿子、迷迭香、肉桂、大蒜、苦瓜等的提取物有很好的抑菌效果。

单一防腐剂在抑菌谱、稳定性、相容性等方面或多或少存在缺陷，不能满足现代化妆品的防腐要求。通过复配，扩展防腐剂抗菌谱，利用协同效应增加其抗菌活性，改变其与各表面活性剂和蛋白质的相容性。复配物能构成更有效、更经济的防腐剂体系。防腐剂复合物已在化妆品防腐方面得到广泛应用。

（2）乳化剂　乳化剂是石油衍生的合成型表面活性剂，如直链烷基苯磺酸类、烷基酚衍生物等，含有对人体不利物质的半合成表面活性剂，如脂肪醇聚氧乙烯醚硫酸盐（AES）和烷基二乙醇胺盐（6501）等，已经面临市场的质疑，逐渐走向没落。如烷基酚聚氧乙烯醚（APEO）是一类非离子表面活性剂，是高效的润湿剂和乳化剂。欧洲理事会第76/769/EEC号指令中的关于限制某些有毒物质的销售、使用和制备的第26号修正案指出，在各个领域中使用的壬基酚和壬基酚聚氧乙烯醚的限量必须从1%下降到0.1%。而壬基酚聚氧乙烯醚是APEO的主要产品，因此应开发和使用性能更优越、生态更友好的表面活性剂。替代原料有：

① 天然存在的，从动植物体内提取出来的天然表面活性剂　如茶皂素、皂素、各种磷脂、多糖以及天然高分子表面活性剂，如果胶酸钠和各种淀粉等。温和性和环境相容性好，但应用性能较其他产品差。

② 天然物的分解物而制得的表面活性剂　如肥皂、蛋白类表面活性剂。这类表面活性剂环境相容性好，但刺激性和应用性能并不理想。

③ 用天然物的主要成分制成的表面活性剂　如以烷基多糖苷（APC）、蔗糖酯、葡萄糖酰胺、烷基葡萄糖酰胺和烷基葡萄糖酯为代表的各类糖基表面活性剂；以甲酯磺酸盐

（MES）、脂肪醇硫酸盐为代表的油脂衍生产品；以脂肪酰谷氨酸盐和脂肪酰肌氨酸盐为代表的类氨基酸产品。这类表面活性剂具有大部分的天然物基团，或具有与天然物类似的结构，能够平衡温和性、环境相容性和应用性能。

生物表面活性剂以其生产原料来源广阔、表面活性高、乳化能力强、起泡性高、无毒、环境友好、能被生物完全降解、生物相容性好、不致敏和可消化等优点而备受青睐。生物表面活性剂主要分为糖脂类、脂肽和脂蛋白类、磷脂和脂肪酸类、聚合表面活性剂类和微粒表面活性剂类等五大类。大多数已知道的生物表面活性剂属于糖脂类，其中槐糖脂、鼠李糖脂和海藻糖脂是人们最为熟悉的。

（3）特效添加剂

① 丝素蛋白　蚕丝美容在中国已有悠久的历史，据《本草纲目》记载：丝粉可以消除皮肤黑斑，治疗化脓性皮炎。天然蚕丝具有珍珠般光泽，洁白晶莹，手感光滑柔软。它是一种天然蛋白纤维，蛋白质含量为96％以上，其氨基酸组成与皮肤毛发相似，被称为"第二皮肤"。天然蚕丝被视为所有天然纤维中最强有力的纤维，具有高度的强力性。天然蚕丝经脱胶工艺处理后而得到丝素蛋白干燥粉末，简称丝粉。由丝粉经不同水解工艺处理后可得到丝肽粉、丝肤液。应用于化妆品中的丝素蛋白有丝粉、丝肽粉、丝肽液、丝精。丝素蛋白所含的氨基酸种类齐全，包含了8种人体必需的氨基酸，其中甘氨酸含量最高。甘氨酸除了作为合成蛋白质的原料外，还是合成嘌呤、嘌呤环、甘氨胆盐、谷胱甘肽肌酸代谢物的前体，还能对致癌的芳香族类物质起解毒作用。用于化妆品中，甘氨酸与缬氨酸可以抗辐射、起防晒作用。丝氨酸具有防止皮肤老化作用，苏氨酸、胱氨酸、亮氨酸、色氨酸具有极好的生发和养发作用。

丝素蛋白的分子结构中有许多亲水性基团，因此它是一种优良的天然保湿因子，对皮肤具有天然保湿和营养肌肤的作用；同时能抑制皮肤黑色素生成，促进皮肤组织再生，防止皲裂和化学损害等。丝素蛋白对于受机械损伤和化学损伤的头发有很好的滋养作用，能渗入损伤的头发鳞片内部，起修复和护理作用，具有优异的护发美发功能。总之，丝素蛋白是国际上用于护肤类和发用类化妆品中的一种天然高级生物营养添加剂。

② 金属硫蛋白（metallothioneie，MT）　金属硫蛋白是国际生物工程技术最新产品，是从动物体中提纯出的具有生物活性及性能独特的低分子量蛋白质。有研究表明从马的肾组织中分离出含铬硫蛋白（CrMT）以及正常动物体内也存在能结合锌的含锌硫蛋白（Zn-MT）。由于该种蛋白质含有35％硫的半胱氨酸残基，且能结合重金属离子，故称其为金属硫蛋白。MT具有十分特殊的分子结构，分子中含有61个氨基酸，分子量仅有6000～7000。极易被人体皮肤吸收，具有较好的透皮吸收性能。它作为一种非酶蛋白，活性极为稳定，室温下长期保持不变性。在80℃的热水中存活30min，在100℃的热水中存活10min。MT具有极好的溶水性能，在pH7.4～7.8条件下溶解而不失活性。MT与SOD相比较，分子量更小，仅为SOD的1/4，更易被皮肤吸收；MT对热的稳定性比SOD强，不易分解；MT半衰期比SOD长，不易变性；MT清除自由基的能力比SOD强大；MT分子不必像SOD那样进行修饰；MT具有结合金属离子的能力，比SOD有更好的生理功能。国内化妆品行业使用的MT产品，是以锌盐为诱导剂从家兔肝脏中提纯而成的锌硫蛋白（ZnMT）。

③ 透明质酸（hyaluronic acid，HA）　别名：玻璃糖醛酸，分子量50000～8000000。1934年Meyer等人首次从牛眼玻璃体中发现了透明质酸。1982年将HA添加化妆品生产后轰动了日本和欧洲市场。我国已有众多化妆品生产企业生产含HA的高级生物化妆品。HA广泛存在于动物脏器及组织中，例如人胎盘脐带、鸡冠、牛眼及皮肤组织中。国外一些先进

国家对从动物脏器提取 HA 进行了大量的研究及工业化生产。我国生产透明质酸的企业有江苏淮阴生物制品研究所、上海南源化妆品辅料厂、广州百星生物工程有限公司等。HA 可广泛应用于护肤类化妆品、香波、摩丝等发用类化妆品产品中，其推荐使用量为 $0.03\%\sim0.08\%$。HA 是一种酸性黏多糖，为透明生物高分子物质，具有无可伦比的保湿性、渗透性、滑爽性、透气性等功能，是一种性能极佳的天然保湿因子。试验证明，HA 对皮肤的保湿性远远优于甘油、山梨酸、聚乙二醇、吡咯烷酮羧酸钠四种保湿剂。HA 能在不同湿度环境下保持合适的吸湿程度，即在高湿度时不太吸湿，低湿度时能充分吸湿，从而使皮肤表面明显光滑滋润。较小分子量的 HA 能与氨基酸和活性肽一起渗入皮肤真皮层，扩张毛细血管，增强血液循环，改善中间代谢，促进营养物的吸收与废物的排泄，从而起到防止或延缓皮肤老化的作用。它使化妆品具有抗皱去皱、嫩肤美白及防止皮肤皲裂之功效。HA 作为化妆品天然保湿因子添加剂被誉为护肤美容的"夜明珠"。

④ 曲酸　1907 年日本学者第一次在酿造酱油的曲中发现了曲酸。曲酸是微生物在发酵过程中生成的天然产物，是国际流行的新型生化祛斑美白剂，具有护肤、防晒、祛斑、美白等功效。曲酸祛斑霜在治疗色素沉着症中独树一帜，较为成功地解决了色素沉着这一重大皮肤医学难题。含有曲酸的化妆品在欧洲、美国、日本等地中颇为流行。我国南京石山头制药厂生产的曲酸祛斑霜，因祛斑效果显著深受用户欢迎。日本中山秀夫教授用 0.25% 曲酸粉饲养黑色金鱼，黑色金鱼逐渐变成黄色，最后变成白色。此后，中山秀夫在日本第六次香妆品科学学术会议上，首次作了关于用 2.5% 曲酸霜治疗黄褐斑病人有效率为 95% 的学术报告，引起了各界的重视。早在 1988 年 4 月，日本就批准了曲酸作为化妆品新型祛斑、防晒、美白剂使用，最大允许使用浓度为 3%。我国上海师范大学生化实业公司由葡萄糖经半曲霉发酵精制而成较高纯度的曲酸产品。经有关专家确认，该产品的外观、纯度、质量已达到了国际同类产品水平，填补了国内空白。

⑤ 熊果苷　美国哈佛大学与日本驰名化妆品公司在他们的基础医学研究室，从一种叫熊果的植物中发现了含有能够抑制黑色素的活性成分，随后在越橘、草莓、沙梨、虎耳草、酸果蔓等植物中也相继发现了这种物质。为了将此发现造福于人类，研究人员历时 8 载，潜心研究，终于从上述植物中提取出了一种无刺激、无过敏、配伍性强的天然美白活性物质——熊果苷。熊果苷是白色带苦味针状晶体。医学临床发现，熊果苷对人体具有利尿和抗尿道感染作用。1991 年日本一些医院以熊果苷入药治疗皮肤色素沉着的病人，随后日本还将熊果叶作为生药收入药典。它渗入皮肤后能有效地抑制酪氨酸酶的活性，来达到阻断黑色素形成的目的，起到减少黑色素积聚，预防雀斑、黄褐斑等色素沉着，使皮肤产生独特的美白功效。化妆品中熊果苷推荐使用量为 $1\%\sim5\%$。国外临床试验证明，熊果苷对紫外线照射后黑色素沉着抑制有效率可达 90%。熊果苷具有安全性和稳定性，不但能卓有成效地抑制黑色素，而且还具有良好的配伍性，能协助其他护肤成分更好地完成美白、保湿、柔软、去皱、消炎等作用，因此发达国家的美白护肤品市场已被熊果苷所垄断。

熊果苷不仅用于美白护肤品，而且广泛应用于洗发、护发和染发化妆品中。用适量的熊果苷与两性型表面活性剂等制成的香波，洗发时对皮肤与毛发无任何刺激性。在发乳、焗油、摩丝等护发产品中添加熊果苷，可抑制护发剂中的色素或香精对皮肤和毛发的刺激性或过敏性。熊果苷添加于染发剂中，则能增强产品对毛发的渗透性，从而缩短染发时间，提高染发效果。

⑥ 超氧化歧化酶（superoxide dismutace，SOD）　超氧化歧化酶是一种具有生物催化活性的生物酶。1968 年美国 Duke 的科技人员首先发现和制得这种生物酶。当今 SOD 生物

化妆品层出不穷，并风靡盛行。例如，北京生产的大宝 SOD 蜜畅销不止，上海生产的美加净 SOD 牙膏出口世界一些地方。它广泛用于食品、药品和化妆品中。1986～1991 年，中国人民海军抗衰老中心用 SOD 美容霜对皱纹、粉刺、色素沉着斑三种皮肤病临床治疗。治疗结果是：治疗皱纹有效率为 89%，治疗粉刺有效率为 91%，治疗色素沉着斑有效率为 92%。我国上海南源化妆品辅料厂生产的 SOD 为黄色液体。山西科尔曼生化工程公司生产的修饰 SOD 为白色或微带蓝棕色冻干粉。SOD 有调节体内的氧化代谢和抗衰老功能，因此也将其称为"抗衰老酶"。它具有延缓衰老、抗皱、祛斑、除粉刺、防晒、抗癌等生物学作用和效果。临床上将 SOD 作为消炎新药用于治疗关节炎和类风湿，加入饮料中提高免疫力。另外据研究对植物的抗旱、抗寒、抗有害物质的伤害也有一定的保护作用（《化工百科全书》11：488）。SOD 的化学本质是蛋白质，稳定性差，高温或强酸、强碱条件下容易失活，在体内半衰期极短，只有 5～10min，有时对人体易引起过敏反应。

10.3　美容用化妆品

　　美容用化妆品是用来美化和修饰面部、眼部、唇部及指甲等部位的化妆品。

　　使用美容类化妆品的目的：掩盖缺陷、赋予色彩立体感、美化容颜。

　　美容类化妆品分类：①面部化妆品；②眼部化妆品；③唇部化妆品；④指甲用化妆品等。

10.3.1　面部化妆品

　　（1）粉底类化妆品　用于化妆之前打底用的化妆品。作用：改善肤色、保护皮肤、调整皮肤性质、增强面部立体感。按肤质选择：油性皮肤——选用乳剂型粉底霜；干性皮肤——选用液体型粉底霜。按肤色选择：肤色较白——用淡粉色粉底；肤色发黄——用肉色粉底；肤色深者——用橘黄色和浅棕色粉底。

　　蜂肽焕颜双效美白粉底液制备：先分别将凡士林、蜂蜡、硅油、辛酸癸酸三甘油酯 GCTT 和矿油混合加热到 70～75℃，搅拌并保温，将维生素 E、卡拉胶、多元醇、氨基酸、纳米粉和硫酸镁混合加热到 70～75℃，然后再将上述两组成分混合搅拌，当温度降低到 40～50℃时，加入蜂子冻干粉、抗氧化剂、防腐剂、去离子水和香精，搅拌均匀，即成。作用：可遮盖瑕疵，调整修饰肤色，持久贴合，肌肤全天候呈现健康自然的功能。

　　香粉蜜的配方举例（质量分数，%）

碳酸镁	4.5	氧化锌	2.5
甘油	5	滑石粉	10
乙醇	2	高黏度羟甲基纤维素	1.5
去离子水	余量	香精、颜料、防腐剂	适量

　　（2）胭脂类　胭脂：又称腮红，是用来涂敷于面颊，特别是腮部，颜色多为含有红色成分的暖色调，使面色显得红润、健康的化妆品。作用：可使脸部具有立体感；可使妆容看起来健康、时尚。现代腮红主要成分：滑石粉、碳酸钙和碳酸镁、高岭土、氧化锌、二氧化钛、硬脂酸锌、硬脂酸镁、色素、黏合剂（如羧甲基纤维素、羊毛脂或者矿物油）等。

胭脂膏是由颜料和油脂为主要原料调制而成，具有滋润性，也可兼作唇膏使用。可直接用手上色。胭脂膏本身含水、油，比较贴装，比之胭脂不容易脱妆。分两种类型：油膏型和膏霜型。油膏型胭脂膏：以油、脂、蜡类为基料，加上适当颜料和香精配制成。有渗小油珠的倾向，加入蜂蜡、地蜡、羊毛脂等可抑制渗油现象。

胭脂的配方举例（质量分数,%）

滑石粉	50	高岭土	12
碳酸钙	4	液体石蜡	2
碳酸镁	6	钛白粉	9.5
硬脂酸锌	4	颜料	12
香精	适量		

胭脂配方（%）

A	辛酸十六/十八烷基酯	39.00
	氢化椰油甘油酯	2.90
	小烛树脂	4.70
	蜂蜡	12.70
	巴西棕榈蜡、鲸蜡醇/	
氢化棕榈油辛酸十六/十八烷基酯等混合物		3.70
B	滑石粉	1.20
	聚甲基丙烯酸甲酯	10.00
C	氧化锌	2.00
	二氧化钛和石蜡油	20.65
	氧化铁黄和石蜡油	1.25
	群青和石蜡油	1.90

将 A 组分搅拌加热到 90℃后加入 B 中，将 C 组分混合后加入 AB 混合物中，于 75℃注入模子中。

油膏型胭脂膏的制备方法：在一部分液体石蜡中加入高岭土、滑石粉、钛白粉、颜料等，研磨混合均匀为颜料份。其余成分加热（75℃）熔化，将颜料份加入此混合液中，搅拌使之分散均匀，冷却至 50℃时灌装。灌装温度和灌装后冷却速度对油膏型胭脂膏的外观影响很大。表面光洁度可通过重熔的方法改进。

（3）面膜 通过具有收敛作用的物质和添加的调理皮肤的其他物质构成。如海泥、草本蔬菜面膜等，可以起到收敛皮肤、预防粉刺、促进血液循环和延缓皮肤衰老的作用。

黏土面膜配方（%）

A	膨润土	8
	水	67
	甘油	10
B	调理剂	7.5
C	高岭土	7.5

10.3.2 唇部化妆品

概念：是赋予唇部色彩，具有光泽，使整个唇形有明显的变化，同时还有防止干裂作用的化妆品。对唇部用化妆品的安全性要求：唇部用化妆品易于进入口中，对人体应无毒性、对黏膜无刺激性等。

分类：棒状唇膏、唇线笔、液态唇膏（不常使用）。

10.3.2.1　唇膏

优良唇膏应具有下列特性：组织结构好，膏体细腻，表面光洁，软度适中；涂敷上方便，无油腻感。涂于唇肤上油润、光亮，涂于嘴唇边不向外化开，涂后无色条出现；不受气候条件变化的影响；色泽鲜艳，均匀一致，附着性好，不易褪色；气味自然清新，使用感好；常温放置不变形、不变质、不酸败、不发霉；对唇部皮肤无毒、无刺激，对人体无毒害。

唇膏的基质原料：由油、脂、蜡类原料组成。油、脂与蜡类原料有一定的触变特性，即有一定的柔软性，能轻易地涂于唇部并形成均匀的薄膜，能使嘴唇润滑而有光泽；由油、脂与蜡类原料形成的膜经得起温度的变化。

唇膏的色素是唇膏中极重要的成分。最常用的是溴酸红染料。溴酸红染料不溶于水，能溶于油脂，能染红嘴唇并使色泽牢固持久。单独使用溴酸红染料制成的唇膏表面是橙色的，但一经涂在嘴唇上，由于 pH 值的变化，就变成鲜红色（变色唇膏）。

不溶性颜料主要是色淀。色淀是极细的固体粉粒，经搅拌、研磨后混入油、脂、蜡基中。色淀制成的唇膏在嘴唇上能留下一层艳丽的色彩，且有较好的遮盖力，但附着力不好；色淀必须与溴酸红染料同时使用。

珠光颜料：是由数种金属氧化物薄层包覆云母构成的。如果改变金属氧化物薄层，就能产生不同的珠光效果。普遍采用的金属氧化物是氧氯化铋。

唇膏用香精：要求能完全掩盖油、脂与蜡类的气味，且具有令人愉快、舒适的口味。香味一般比较清雅（常选用玫瑰、茉莉、橙花以及水果香型）。必须使用食用香精；易形成结晶析出的固体香原料不宜使用。

唇膏的制作方法：原色唇膏的制法是将溴酸红溶解或分散于蓖麻油及其他溶剂中；将色淀调入熔化的软脂和液态油的混合物中，经胶体磨研磨使其分散均匀；将羊毛脂、蜡类一起熔化，温度略高于配方中最高熔点的蜡；然后将三者混合，再一次研磨。当温度降至较混合物熔点约高 $5\sim10^{\circ}\mathrm{C}$ 时即可浇模，并快速冷却。香精在混合物完全熔化时加入。

变色唇膏的制法：可将溴酸红在溶剂内加热溶解，加入高熔点的蜡，待熔化后加入软脂、液态油，搅拌均匀后加入香精，混合均匀后即可浇模。

无色润唇膏制法：简单，将油、脂、蜡混合，加热熔化，然后加入磨细的尿囊素，在搅拌下加入香精，混合均匀后即可浇模。

10.3.2.2　唇线笔

为使唇形轮廓更为清晰饱满，给人以富有感情、美观细致的感觉而使用的唇部美容用品。

10.3.3　眼部化妆品

（1）眼影

① 概念：是用来涂敷于眼窝周围的上、下眼皮和外眼角，形成阴影，塑造眼睛轮廓，增强立体感，强化眼神的美容化妆品。分类：有粉质眼影块、眼影膏、珍珠眼影和眼影水等。

② 粉质眼影块主要成分：滑石粉、硬脂酸锌、高岭土、碳酸钙、无机颜料（氧化铁红、氧化铁黄、群青等）、珠光颜料（氧氯化铋）、防腐剂和胶合剂。

（2）眼线笔

① 概念：是用来描涂眼皮上下睫毛处的化妆品。眼线即在上下睫毛底部用眼线笔画成的细长线。

② 铅笔型眼线笔：笔芯要有一定的柔软性，且不受汗液和泪水影响化开而使眼圈发黑；主要原料是各种油、脂、蜡类加上颜料，研磨后制成笔芯，黏合在木杆中；硬度是由加入蜡的量和熔点来调节的；眼线应该画在睫毛根部，一定要使用比眼影深一系的眼线笔，才能使眼睛看起来乌黑有神；一般选黑色和咖啡色的眼线笔，适合于日常生活。

③ 眼线液：O/W 型乳剂型眼线液是在蜜类乳剂中，加入色素和少量滑石粉制成。

④ 眼线膏：用油、脂、蜡类加上颜料制成，有不同的颜色，如棕色、绿色、蓝色、珍珠光泽等；眼线膏质地适中，刚好是介于液状和铅笔式眼线之间的"衍生物"。没有铅笔式的粗犷效果，没有液体的难操控性。

（3）睫毛膏

① 概念：是用来涂染睫毛，使眼睫毛增加光泽和色泽，显得又浓又长，增强立体感、烘托眼神的化妆品。类型：固体块状、乳化型的膏霜状、液体状。睫毛膏的颜色以黑色和棕色为主，一般采用炭黑与氧化铁棕（氧化铁红 Fe_2O_3 与氧化铁黑 Fe_3O_4 的机械混合物）。

对睫毛膏的要求：容易涂敷，在睫毛上不易流下，不会很快干燥，没有结块和干裂的感觉，对眼睛应无刺激，容易卸妆等。

② 睫毛膏的组成：固体块状睫毛膏是将颜料与肥皂、油、脂、蜡等混合而成。膏霜类睫毛膏是在膏霜基质中加入颜料制成。

（4）眉笔

① 概念：是用来增浓眉毛的颜色，并与脸型、肤色和眼睛相协调的描眉用化妆品。

② 制作方法：采用油脂和蜡加上炭黑制成的细长圆条，有的把圆条装在木杆里做笔芯，使用时把笔头削尖；有的把圆条装在细长的金属或塑料管内，使用时用手指把芯条推出来。

③ 眉笔的分类：眉笔以黑、棕两色为主；眉笔要求软硬适度、容易涂敷，使用时不断裂、不发汗，色彩自然。目前流行的眉笔如铅笔状眉笔：笔芯完全像铅笔一样，新制眉笔笔芯较软而韧，放置会逐渐变硬。推管式眉笔：将颜料和适量的矿脂及液体石蜡研磨均匀成浆状，把余下的油、脂、蜡混合并加热熔化，再加入颜料浆，搅拌均匀后，浇入模子中，冷却即成。将笔芯插在笔芯座上，使用时用手指推动底座即可将笔芯推出来。

10.3.4　指甲用化妆品

概念：是指用于美化、保护指甲的化妆品，包括指甲油、指甲油去除剂、指甲白和指甲保养剂等。常用指甲用化妆品：主要是指甲油与指甲油去除剂。

（1）指甲油

① 概念：是指涂于指甲上用来修饰和增加指甲美观的化妆品。指甲油涂于指甲表面上能形成一层坚牢、耐摩擦的薄膜，起到保护、美化指甲的作用。

② 主要成分：固态成分如色素、闪光物质；液体溶剂成分如丙酮、乙酸乙酯（俗称香蕉水）、邻苯二甲酸酯、甲醛等。

（2）指甲油去除剂

① 概念：是指用来去除涂在指甲上的指甲油膜的制品。

② 主要成分：乙酸乙酯、乙酸丁酯、丙酮、羊毛脂等，为了减少溶剂对指甲的脱脂而引起的干燥感觉，可适量加入油脂、蜡及其类似物质。

（3）指甲白

① 概念：涂于指甲尖的里面，使指甲变白、变美的化妆品。

② 主要成分：钛白粉、蜂蜡、可可脂、羊毛脂等。

10.4　香水类化妆品

概念：主要以酒精溶液作为基质的透明液体。主要品种有香水、古龙水、花露水等。一般由高质量的乙醇、香精和新鲜的蒸馏水制成。

原料要求：①香水类化妆品中含有大量的乙醇，乙醇对香水类化妆品的质量影响很大，在很多国家香水类化妆品中乙醇的含量为 95％，乙醇不能含有丝毫杂味，否则会严重影响香水的香气；②香精：一般初调配的香精的香气不协调，先要将香精进行预处理，比如先在香精中加入少量乙醇，然后引入玻璃瓶中，在室温和无光线的条件储存后再配制成产品；③水质要求：一般香水类化妆品用的水要求是新鲜蒸馏水、去离子水或脱矿物质的软水。水中不能含有微生物，微生物会损害香水香气，同时如果水中含有一些金属离子，如铁、铜等，它们会使不饱和的芳香物质发生氧化。

（1）香水　是香精的酒精溶液，主要作用是喷洒于衣服、发际等处而散发令人愉悦的香气。香水中一般香精的用量为 15％～25％，乙醇浓度为 90％～95％，含量为 75％～85％，还可根据需要加入甘油、抗氧化剂、润肤剂、色素等。

（2）古龙水　是一种男用花露香水，香精用量为 3％～6％左右，含 75％～85％的乙醇，还可以加入少量的增稠剂、乳化剂、色素等，所用香精有香柠檬油、熏衣草油等。

（3）花露水　是沐浴后祛除汗味或公共场所祛除秽气的卫生用品。香精用量一般为 2％～5％，乙醇浓度为 70％～75％。以熏衣草油为主体，加入一些醇溶性色素，使它具有清凉感觉，颜色通常以绿色、黄色、湖蓝、浅色为佳。

10.5　毛发用化妆品

头发的作用不仅仅是保护头皮，而是保护整个头部，正常的头皮，其油性超过其他部位的皮肤。毛发用化妆品作用：可清洁头发，或使头发保持油分，不因失去水分而变得干枯，还可使漂白、染色、烫成卷曲后的头发得到保护。可分为香波、头油、头蜡、染发剂、烫发剂、剃须用品等。

10.5.1　香波

香波也叫洗发露、洗发水等。是一种以表面活性剂为主制成的产品，使用时能从头发及头皮中移除表面的油污和皮屑，对头发和头皮无不良影响。可以洗净头发上的污垢和头屑，同时使得洗后的头发柔软、顺服。香波的配方要求具有清洁、发泡、润湿和对皮肤温和等功能。现在流行趋势是将香波和护发素分开应用来调理头发。

香波就产品形态来分，有液体香波、粉状香波及膏状香波，但使用较多的为液体香波。液体香波主要包括透明液体香波和珠光液体香波，具有性能好、使用方便、制备简单等特点。

主要原料：

（1）表面活性剂 为香波提供了良好的去污力和丰富泡沫，以阴离子表面活性剂为主，利用它们的渗透、乳化和分散作用将污垢从头发、头皮中除去。常用的有：脂肪醇硫酸盐（AS）和脂肪醇醚硫酸盐（AES）、α-烯基磺酸盐（AOS）等。

（2）辅助表面活性剂 指用量较少，能增强主表面活性剂的去污力和泡沫性，改善香波的洗涤性和调理性的活性物，包括阴离子、两性、非离子型。常用的有：N-酰基谷氨酸钠（AGA）、甜菜碱类、烷基醇酰胺、氧化胺类、吐温-20、环氧乙烷缩合物、醇醚磺基琥珀酸单酯二钠盐（MES）等。

（3）添加剂 为了赋予香波某些理化特性和特殊效果而使用的各种添加剂。

① 增稠剂 调节香波黏稠度的一类物质。常用的增稠剂有：无机盐类（氯化钠、氯化铵等）、脂肪醇聚氧乙烯酯类（乙二醇二硬脂酸酯、聚乙二醇单硬脂酸酯等）、水溶性胶质原料（黄原胶、纤维素衍生物等）。

② 增溶剂（澄清剂） 指能提高基料表面活性剂溶解度的一类物质，常用的有乙醇、丙二醇、甘油等醇类；非离子表面活性剂型增溶剂；以及苯磺酸钠、二甲苯磺酸钠等。

③ 稳泡剂 常用的有酰胺基醇、氧化胺类表面活性剂。

④ 赋脂剂 指能使头发光滑、流畅的一类物质，多为油、脂、醇、酯类原料，常用的有橄榄油、高级醇、高级脂肪酸酯、羊毛脂及其衍生物和硅油等。

⑤ 螯合剂 用以防止或减少用硬水洗发时产生钙/镁皂，并沉积到头发上，螯合剂还有稳定泡沫的作用。常用的螯合剂有 EDTA 衍生物、柠檬酸等。

⑥抗头屑剂 指在使用过程中及使用后有清凉感、舒爽感以及止痒去屑效果的一类添加剂，常用的有薄荷醇、吡啶硫酸锌、樟脑、辣椒酊等。

有机香波：

成分	质量分数/%
去离子水	50.30
瓜儿胶羟丙基三甲基氯化铵	0.70
癸基葡糖苷/月桂酰乳酰乳酸钠	35.00
椰油基一葡糖苷柠檬酸酯二钠	10.00
芦荟提取物	2.00
甘油硬脂酸酯	1.50
苯氧乙醇	0.50

工艺过程：将瓜儿胶羟丙基三甲基氯化铵分散到去离子水中，混合 15min。搅拌下，加入癸基葡糖苷/月桂酰乳酰乳酸钠、椰油基一葡糖苷柠檬酸酯二钠、芦荟提取物和甘油硬脂酸酯。加入苯氧乙醇，并加热到 60℃。冷却到 40℃。

10.5.2 护发用品

护发用品是具有滋润头发、使头发亮泽的头发美容保健品。主要品种有通用头发调理剂、营养型头发调理剂、透明头发调理剂、护发素、喷雾型头发调理剂、发油和发乳等。普通头发调理剂主体成分是油性组分、表面活性剂、调理剂和去离子水。

辅助成分是防腐剂、抗氧化剂、香精和色素等。

护发素：没有油腻感，不会使头发显得不自然或肮脏；能有效并均匀地附着在头发上，护发效果好；易于清洗。主要成分为阳离子表面活性剂、胶原水解物、果实的提取物、动植物油脂、碳氢化合物、高级脂肪酸酯、高级醇等。

日用深层护发素（质量分数）/％

A 相

去离子水	85.05

B 相

三（月桂醇醚-4）磷酸酯	2.15	硬脂醇聚醚-20	0.85
山嵛基三甲基氯化铵	3.75	鲸蜡醇	4.00

C 相

甘油	2.00	辛基聚甲基硅氧烷	0.25
聚二甲基硅氧烷	1.25		

D 相

香料	0.40	DMDM 乙内酰脲	0.30

工艺过程：加热 A 相到 75℃。混合 B 相各组分，并加热到 75℃，混合均匀。搅拌下，将 A 相加入到 B 相中，冷却。当＜40℃时，搅拌下，依次加入 C 相各组分。当＜35℃时，搅拌下，加入 D 相。视需要，用氢氧化钠调节 pH 值。

10.5.3 发胶和摩丝

发型固定剂主要有发蜡、发胶和摩丝等。发乳除了具有赋予头发光泽、滋润、使头发柔软、防止头发断裂以外，还有定型作用。发型固定用品的主体成分是成膜剂（胶黏剂）、蜡和油性组分。其他成分随产品不同有所不同。

发胶成分有成膜剂、溶剂、中和剂、增塑剂、抛射剂、辅助成分。现在多用聚合物作为成膜剂，有聚乙烯醇（PVA）、聚乙烯吡咯烷酮、甲基乙烯基醚/顺丁烯二酸共聚物、乙烯基乙酸酯/马来酸丁酯/丙烯酸异丙酯共聚物、辛基丙烯酰胺/丙烯酸盐/丁基乙醇胺甲基丙烯酸酯共聚物、辛基丙酰胺/丙烯酸酯共聚物等；溶剂溶解成膜剂使其能在头发上黏附。主要有乙醇、异丙醇、丙酮、戊烷和水等；中和剂的作用是将成膜剂分子中的羧酸基因中和成盐，以提高成膜剂的水溶性，常用的中和剂有氨甲基丙醇（AMP）、三乙醇胺（TEA）、三异丙醇胺（TIPA）、二甲基硬脂醇胺等；增塑剂的作用是改善发胶聚合物膜在头发上的柔软性，用作发胶增塑剂的有二甲基硅氧烷、月桂基吡咯烷酮、$C_{12} \sim C_{15}$ 醇乳酸酯、己二酸二异丙酯、乳酸鲸蜡酯等。喷发胶还需要加入抛射剂，常用的抛射剂为烷烃如正丁烷、异丁烷，此外还有二甲醚（DME）及压缩空气和二氧化碳等。辅助成分有防腐剂、香精和色素。

摩丝是一种气溶胶泡沫状润发定发产品，其特点是具有丰富的、细腻的、量少而体积大的乳白色泡沫，很容易在头发上分布均匀并能迅速破泡，使头发润滑、易梳理、便于造型和定型。这种产品自问世以来至今仍风行全球。其主要成分与发胶类似，有成膜剂、发泡剂、溶剂及抛射剂等。其成膜剂主要为聚季铵盐类，如聚季铵盐-28、聚季铵盐-4、聚季铵盐-10、聚季铵盐-11 等。此外还有聚乙烯甲酰胺（PVF）；常用的发泡剂有脂肪醇聚氧乙烯醚和山梨醇聚氧乙烯酯等非离子表面活性剂，不但具有发泡性能，与树脂还具有良好的相容性。摩丝使用的溶剂主要是水，还有水/醇混合物，后者可减少黏性且膜形成较快；摩丝使用的抛射剂主要是丙烷、丁烷，最常用的是异丁烷，也可使用二甲醚。

10.6 盥洗用品

常用口腔卫生用品有牙膏、牙粉、漱口水等。

（1）**牙膏**　最早的牙膏是古埃及人发明的。最早发明牙刷的是英国的威廉·艾迪斯。最早的牙膏公司是英国高露洁。早期的洁齿品主要是白垩土、动物骨粉、浮石甚至铜绿，直到19世纪还在用牛骨粉和乌贼骨粉制成牙粉。用食盐刷牙和盐水漱口至今也还存在。而我国唐朝时期即已有中草药健齿、洁齿的验方。18世纪英国开始工业化生产牙粉，牙粉才作为一种商品。1840年法国人发明了金属软管，为一些日常用品提供了合适的包装，这导致了一些商品形态的改革。1893年维也纳人塞格发明了牙膏并将牙膏装入软管中，从此牙膏开始大量发展并逐渐取代牙粉。牙膏是在牙粉的基础上改进形成的，早期的牙粉主要用碳酸钙作为摩擦剂，以肥皂为表面活性剂。20世纪40年代起，科技的迅速发展，牙膏工业也得到很大的改进，一方面是新的摩擦剂、保湿剂、增稠剂和表面活性剂的开发和应用，使牙膏产品质量不断升级换代；另一方面，牙膏还从普通的洁齿功能发展为添加药物成为防治牙病的口腔卫生用品，最突出的是加氟牙膏，使龋齿病发病率大大减少。1945年，美国在以焦磷酸钙为摩擦剂、焦磷酸锡为稳定剂的牙膏中添加氟化亚锡，研制出了世界上第一支加氟牙膏。我国从19世纪末开始生产牙粉，1926年在上海生产第一支三星牌牙膏。

牙膏是由水溶性液体原料、不溶性固体粉料以及油溶性香精在黏合剂和表面活性剂的作用下所组成的一种体系稳定的复杂的混合物。可分为普通牙膏和药物牙膏（特种牙膏）两大类。在牙膏中加入某些活性物质或药物，使牙膏除了有洁齿功能以外，还有除牙结石、防龋齿、消炎、脱敏等功效，这类牙膏称为药物牙膏。

牙膏的主要成分有：

① **摩擦剂**　是牙膏的主体原料，一般占配方的40%～50%，主要有$CaCO_3$、磷酸氢钙、焦磷酸钙、SiO_2、$\alpha-Al_2O_3 \cdot 3H_2O$等。其中，天然$CaCO_3$有方解石粉和云石粉两种，其碳酸钙质量分数都达98%以上，白度较好，是目前价廉物美的牙膏原料，可以与磷酸盐共同使用；SiO_2与牙膏中的氟化物和其他药物相容性较好，与其他原料的配伍性也很好，是近年来发展很快的一种牙膏原料，是透明牙膏的独特原料；$\alpha-Al_2O_3 \cdot 3H_2O$质量稳定，外观洁白，摩擦值适中，pH值接近中性，是制造含氟牙膏或其他药物牙膏较理想的摩擦剂。

② **增稠剂**　是牙膏稳定性的关键原料，防止牙膏中固相与液相的分离。CMC（羧甲基纤维素钠）是目前国内外最普遍使用的增稠剂，价格便宜，增稠性能好。用于牙膏的CMC替代度一般为0.7～1.2，HEC（羟乙基纤维素）用于牙膏的替代度为1.7，鹿角菜碱是一种天然的增稠剂，在钠、钾、铝等正离子存在下，形成热可逆性凝胶。鹿角菜碱的凝胶具有触变性，切力增加时膏体变薄。挤出性能好，刷牙时易分散。与牙膏中有效成分相容性好，不易受生物酶的作用而降解。

③ 保湿剂　是牙膏中的主要组分之一，其主要作用是：保持膏体的水分，保持膏体的流变性，降低牙膏的冻点，提高牙膏的共沸点。常用的保湿剂有：甘油、山梨醇、木糖醇、聚乙二醇等。现在最经常使用的是山梨醇，或甘油和山梨醇的混合物。其中，甘油用于牙膏，具有优良的保湿、抗冻性能，同时，还具有抗菌性能、适口的甜味和稳定牙膏黏度的作用。液体山梨醇澄清无色，无臭，糖浆状的水溶液含总固体 $50\%\sim70\%$（质量分数），是一种不易燃、无毒性、不挥发的溶液。能从空气中吸收较少的水分，存贮时与铁接触会变色。山梨醇是甘油的代用品，保湿性较甘油缓和，口味也较好，与甘油配合使用，制成的牙膏扩散性和触变性更好。聚乙二醇是一种无色透明液体，稍有特殊气味，其分子量因聚合度的不同而不同，可完全和水、大部分有机溶剂及香精混溶。聚乙二醇具有增稠、保湿功能，用作牙膏增稠保湿剂，尤其在透明牙膏中使用可增加牙膏透明度和成条性。

④ 表面活性剂　牙膏中加入表面活性剂有乳化、发泡和清洁的作用。牙膏级的发泡剂必须对牙龈和口腔黏膜无刺激、安全无毒、无不良气味等。最常用的表面活性剂是十二烷基硫酸钠（俗称 K12）。此外还有 N-月桂酰肌氨酸钠（L-30）、椰油单甘油酯硫酸钠等。十二烷基硫酸钠简称 K12，白色或米色晶体、薄片或粉末，略具油脂物气味；有滑感，呈中性反应，堆密度 $0.25g/mL$，熔点 $180\sim185℃$（分解），易溶于水，无毒，可降低水溶液的表面张力，使油脂乳化。十二烷基硫酸钠以椰子油为主要原料，通过磺化、中和、漂白、喷粉制得。

⑤ 香精　是牙膏中极为重要的组成部分，牙膏的口感、风格、档次等因素基本上取决于所选用的香精。配制牙膏香精所用的香料质量要求很高，必须严格鉴定。常用的香型有：薄荷香型、留兰香型、冬青香型、水果香型、肉桂香型以及茴香香型。

⑥ 去离子水及其他添加剂　牙膏中有 $20\%\sim30\%$ 的水分，常用的缓蚀剂有硅酸钠、硝酸钾等，还有着色剂、漂白剂及甜味剂。

在我国生产的牙膏中，常加入草珊瑚、千里光、两面针、田七、连翘、金银花等中草药的有效成分，这些中草药具有抗菌、消炎、活血等效果，且对人体无害。目前我国中草药牙膏占 $40\%\sim60\%$ 的市场份额。

在普通牙膏的配方中加入少量聚磷酸盐及柠檬酸锌。柠檬酸锌是抑制菌斑和结石的传统药物，锌离子能阻止磷酸钙的生成，从而防止牙结石的形成，柠檬酸锌还有明显的抑菌和脱敏效果。柠檬酸锌的用量为 $0.2\%\sim0.5\%$ 左右。聚磷酸盐也是安全有效的抗结石剂，能阻止无定形磷酸钙变成结晶型羟基磷灰石。聚磷酸盐一般用量为 $1\%\sim2\%$。在普通牙膏的配方中加入少量抗菌剂，抗菌剂的作用是抑制口腔细菌的生长，间接地防止葡聚糖和酸的产生，并消除炎症。常用的有季铵盐、叶绿素铜钠盐、止坏血酸等；叶绿素铜钠盐可祛除口臭、促进伤口愈合；止坏血酸能在短时间内有相当数量被口腔黏膜吸收，故有良好的消炎作用，对抑制口腔炎、出血性疾病及祛除口臭有良效。牙膏中加酶的作用就是利用酶的催化，使难溶的菌斑基质、食物残渣分解，常用的酶有蛋白酶、葡聚糖酶、溶菌酶、纤维素酶等。普通牙膏中加入芦丁、三七等，可防治牙龈出血；加入"连翘"、"本草"、"雪莲"、"香风茶"等，可在口腔内杀死病毒，防止感冒。

（2）含漱水　含漱水简称漱口水，与牙膏、牙粉的使用法不同，主要作用是祛除口臭和预防龋齿。含漱水一般由水、酒精、增稠剂、表面活性剂、香精及其他添加剂组成。其配方组成为：

乙醇	10	山梨醇（70%）	20
葡萄糖酸洗必太	0.1	Tween 60	0.3
薄荷油	0.1	肉桂油	0.05
柠檬酸	0.1	香精/食用色素/去离子水	余量

含漱水与水剂类化妆品的生产过程一致，包括混合、陈化和过滤。配制的含漱水应有足够的陈化时间，以使不溶物全部沉淀，溶液最好冷却至5℃以下，然后在这一温度下过滤，以保证产品在使用过程中不出现沉淀现象。

10.7 化妆品安全及卫生规范

化妆品是与人体直接接触的日用工业产品，由多种作用不同的原料，经配伍、生产加工而成的混合物，现在逐渐地成为人们生活中必不可少的用品；因此，化妆品安全至关重要，在达到清洁、美容和护肤的同时，不能对人体产生危害。当前，化妆品品牌和销售渠道多样，质量参差不齐；制定化妆品质量标准和卫生规范是化妆产品重中之重，建立一个安全的消费环境，才能使消费者安心和放心。

我国化妆品相关法律法规主要有：①《化妆品卫生规范》-2015；②《化妆品生产企业卫生规范》-2007；③《健康相关产品命名规定》-2019；④《化妆品皮肤病诊断标准及处理原则》-1997；⑤《化妆品标签标识管理规范》等。

（1）一般要求　化妆品应经安全性风险评估，确保在正常、合理的及可预见的使用条件下，不得对人体健康产生危害；化妆品生产应符合化妆品生产规范的要求，化妆品的生产过程应科学合理，保证产品安全；化妆品上市前应进行必要的检验，检验方法包括相关理化检验方法、微生物检验方法、毒理学试验方法和人体安全试验方法等；化妆品应符合产品质量安全有关要求，经检验合格后方可出厂。

（2）配方要求　化妆品配方不得使用化妆品禁用组分；若技术上无法避免禁用物质作为杂质带入化妆品时，国家有限量规定的应符合其规定；未规定限量的，应进行安全性风险评估，确保在正常、合理及可预见的使用条件下不得对人体健康产生危害；化妆品配方中的原料如属于化妆品限用组分中所列的物质，使用要求应符合限用品规定；化妆品配方中所用防腐剂、防晒剂、着色剂、染发剂，必须是对应最新国家标准的物质。

（3）微生物要求　菌落总数≤1000CFU/mL，酵母菌与霉菌≤100CFU/mL，金色葡萄球菌、耐热大肠菌群、铜绿假单胞菌不得检出。

（4）包装材料要求　直接接触化妆品的包装材料应当安全，不得与化妆品发生化学反应，不得迁移或释放对人体产生危害的有毒有害物质。

（5）标签要求　凡化妆品中所用原料按照技术规范需在标签上标印使用条件和注意事项的，应按相应要求标注；其他要求应符合国家有关法律法规和规章标准要求。

（6）儿童用化妆品要求　儿童用化妆品在原料、配方、生产过程、标签、使用方式和质量安全控制等方面除满足正常的化妆品安全性要求外，还应满足相关特定的要求，以保证产品的安全性；儿童用化妆品应在标签中明确适用对象。

（7）原料要求　化妆品原料应经安全性风险评估，确保在正常、合理及可预见的使用条件下，不得对人体健康产生危害；化妆品原料质量安全要求应符合国家相应规定，并与生产工艺和检测技术所达到的水平相适应；原料技术要求内容包括化妆品原料名称、登记号（CAS 号和/或 EINECS 号、INCI 名称、拉丁学名等）、使用目的、适用范围、规格、检测方法、可能存在的安全性风险物质及其控制措施等；化妆品原料的包装、储运、使用等过程，均不得对化妆品原料造成污染；直接接触化妆品原料的包装材料应当安全，不得与原料发生化学反应，不得迁移或释放对人体产生危害的有毒有害物质，对有温度、相对湿度或其他特殊要求的化妆品原料应按规定条件储存；化妆品原料应能通过标签追溯到原料的基本信息（包括但不限于原料标准中文名称、INCI 名称、CAS 号和/或 EINECS 号）、生产商名称、纯度或含量、生产批号或生产日期、保质期等中文标识。属于危险化学品的化妆品原料，其标识应符合国家有关部门的规定；动植物来源的化妆品原料应明确其来源、使用部位等信息；动物脏器组织及血液制品或提取物的化妆品原料，应明确其来源、质量规格，不得使用未在原产国获准使用的此类原料；使用化妆品新原料应符合国家有关规定。

化妆品原料组分种类繁多，主要由基质原料和配合原料组成。基质原料是构成化妆品基体的原料，在配方中占有较大比重，主要包括油脂、蜡、粉类物质、水和有机溶剂等。油脂和蜡类是用于化妆品生产的油性原料，是组成膏霜、乳蜜等乳化型和油蜡型化妆品的基质原料，主要起滋润、柔滑、护肤、护发等作用。粉类物质是构成香粉、粉饼、胭脂粉等各种粉类化妆品的基质原料，主要起滑爽、遮盖、吸收等作用。水和有机溶剂主要起稀释、溶解等作用。配合原料是使化妆品成型、稳定或赋予化妆品以芳香和其他特定作用的辅助原料，主要包括着色剂、赋香剂、防腐剂、抗氧化剂、防晒剂和其他添加剂（保湿剂、黏合剂、收敛剂、稳定剂、特殊功效添加剂等）。配合原料在化妆品中所占的比重虽不大，但作用极为重要，而且添加过程中一定要掌握好度，用量不够，起不到作用；过量使用，则有可能对人体有害。因此清楚了解化妆品组分构成，及其禁用组分、限用组分及准用组分，对于科学选购化妆品至关重要。

（1）禁用组分　化妆品禁用组分是指不能作为化妆品生产原料添加到化妆品中的有害物质。某些禁用组分系不法生产商为提高产品特定效果而人为添加的物质，如铅、汞、糖皮质激素、性激素、甲硝唑等；而另一部分则属于工业残留物，如丙烯酰胺、钕、石棉等。化妆品禁用组分可能因为非故意因素存在于化妆品的成品中，如来源于天然或合成原料中的杂质，来源于包装材料，或来源于产品的生产或储存等过程。在符合国家强制性规定的生产条件下，如果禁用组分的存在在技术上是不可避免的，则化妆品的成品必须满足在正常的或可合理预见的使用条件下，不会对人体造成危害的要求。

化妆品中多种禁用组分的检测方法主要有：薄层色谱法、高效液相色谱法、液质联用法等。

（2）限用组分　化妆品限用组分在限定条件下可作化妆品原料使用的物质。限用组分应当在化妆品安全技术规范及相关规定中限定的适用及（或）使用范围、化妆品使用时的最大允许浓度以及其他限制和要求情况下使用，以免对消费者造成危害。

（3）准用组分　化妆品组分除了包括不能使用的禁用组分、限制使用的限用组分以外，还包括批准后才能使用的准用组分。准用组分主要是一些功效成分，常用作防腐剂、防晒剂、着色剂和染发剂。市场上具有防腐、防晒、着色和染发功能的化学物质有很多，为安全有效地发挥化妆品功效，我国实施准用制度，即对于经过安全性评估证明安全的具有防腐、防晒、着色和染发功能的化学物质，允许其在限定使用范围和限定浓度下用于化妆品，必要时通过警示用语告知安全风险。未纳入准用组分的其他具有防腐、防晒、着色和染发功能的化学物质，不能随意用于化妆品。购买化妆品时，应理性对待"新一代无毒无害防腐剂"

"植物防晒剂""纯天然染发剂"等广告宣传，目前，我国未批准任何一种植物防晒剂成分，也未批准过纯天然染发剂成分。况且，即便是纯天然成分，其中的功效成分依然是化学物质，纯天然不等于安全无毒。

思 考 题

1. 概述化妆品各个发展阶段。
2. 简述化妆品未来发展趋势和方向。
3. 简述皮肤功能以及不同类型皮肤的特点及注意事项。
4. 简述举例说明面部化妆品的典型配方以及各自作用。
5. 简述香水类化妆品的概念及原料要求。
6. 简述香波的主要成分和各自作用。
7. 简述毛发化妆品类型、洗发香波与护发素的区别。
8. 简述化妆品准用组分、限用组分、禁用组分的定义。

第 11 章

高新精细功能材料

11.1 纳米精细功能材料

11.1.1 纳米材料的简介

纳米（nm）是一种长度的度量单位，1nm 的长度大约为 4 到 5 个原子排列起来的长度，$1nm=10^{-3}\mu m=10^{-6}mm=10^{-9}m$，形象地讲，1nm 相当于人类头发丝直径的十万分之一。在英语里纳米用 nanometer 表示，nano 这个词源于拉丁语词缀，它的意思是矮小。

纳米粒子在自然界早就存在，并不是人类在近几十年才"发明"的神奇材料。例如，动物的牙齿、骨骼、海底的藻类、天上的陨石，都是由纳米粒子构成的。人类对纳米粒子的制备和利用也已经有了很长的历史，至少可以追溯到 1000 年以前，我国古代就知道收集蜡烛燃烧的烟尘来制造精墨，这种烟尘就具有纳米尺度的炭黑。我国古代的铜镜表面的防锈层则是由纳米 SnO_2 组成的一层薄膜，但是人类真正开始对纳米粒子进行系统研究则是近几十年的事。

人工纳米微粒是在 20 世纪 60 年代初期由日本科学家首先在实验室制备成功的。纳米金属固体则是德国科学家 Gleiter 在 1984 年首先制备成功，他把这种材料称为纳米材料。1987年美国科学家 Siegll 制备了纳米 TiO_2 陶瓷，他将这种材料称为纳米相材料。1989 年纳米结构材料的概念被正式提出，1990 年 7 月在美国巴尔的摩召开的第一届国际 NST 会议标志着这一全新的科技——纳米科技的正式诞生，并很快得到确立和发展。我国也在 1990 年由中国科学院数理化局召开纳米固体讨论会，开始了对于纳米材料和纳米科技的广泛研究。图 11-1 显示的是最近发展较快的石墨烯材料。

纳米材料（nanostructure materials）是纳米级结构材料的简称，纳米材料可以从两个角度来定性地描述，狭义角度：是由纳米颗粒组成的固体材料，其中纳米颗粒的直径不能超过 100nm，但是在常见的情况下，纳米颗粒的直径不可以超过 10nm；广义角度：是指微观结构至少在一维方向上受纳米尺度（1～100nm）限制的各种固体细微材料，其中包括零维的原子团簇（几个甚至几十个原子组成的原子聚集体）以及纳米微粒、一维的纳米纤维、二维的纳米微粒膜（涂层）材料，以及我们日常可以应用的三维纳米材料。

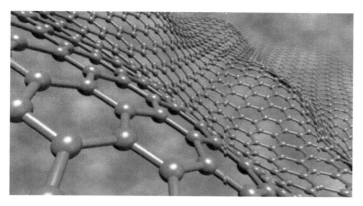
图 11-1 近期发展较快的石墨烯材料

11.1.2 纳米材料的特性

运用纳米技术，将物质加工到 100nm 以下尺寸时，由于它的尺寸已接近光的波长，加上其具有大表面的特殊效应，因此其所表现的特性，如熔点、磁性、化学、导热、导电特性等，往往产生既不同于微观原子、分子，也不同于该物质在整体状态时所表现的宏观性质，即纳米材料表现出物质的超常规特性。

当小颗粒进入纳米级时，其本身和由它构成的纳米固体主要有如下四个方面的效应。

11.1.2.1 体积效应（小尺寸效应）

当粒径减小到一定值时，纳米材料的许多物性都与颗粒尺寸有敏感的依赖关系，表现出奇异的小尺寸效应或量子尺寸效应。例如，对于粗晶状态下难以发光的半导体 Si、Ge 等，当其粒径减小到纳米量级时，会表现出明显的可见光发光现象，并且随着粒径的进一步减小，发光强度逐渐增强，发光光谱逐渐蓝移。又如，在纳米磁性材料中，随着晶粒尺寸的减小，样品的磁有序状态将发生本质的变化，粗晶状态下为铁磁性的材料，当颗粒尺寸小于某一临界值时可以转变为超顺磁状态。当金属颗粒减小到纳米量级时，电导率已降得非常低，这时原来的良导体实际上会转变成绝缘体。这种现象称为尺寸诱导的金属-绝缘体转变。

11.1.2.2 表面与界面效应

粒子的尺寸越小，则表面积越大。纳米材料中位于表面的原子占相当大的比例，随着粒径的减小，引起表面原子数迅速增加。如粒径为 10nm 时，比表面积为 $90m^2/g$；粒径为 5nm 时，比表面积为 $180m^2/g$；粒径小到 2nm 时，比表面积猛增到 $450m^2/g$。这样高的比表面，使处于表面的原子数越来越多，使其表面能、表面结合能迅速增加致使它表现出很高的粒子化学性。利用纳米材料的这一特性可制得具有高的催化活性和产物选择性的催化剂。纳米材料的许多物性主要是由表（界）面决定的。例如，纳米材料具有非常高的扩散系数。如纳米固体 Cu 中的自扩散系数比晶格扩散系数高 14～20 个数量级，也比传统的双晶晶界中的扩散系数高 2～4 个数量级。这样高的扩散系数主要应归因于纳米材料中存在的大量界面。从结构上来说，纳米晶界的原子密度很低，大量的界面为原子提供了高密度的短程快扩散。

11.1.2.3 量子尺寸效应

量子尺寸效应在微电子学和光电子学中一直占有显赫的地位。粒子的尺寸降到一定值时，费米能级附近的电子能级由准连续能级变为分立能级，吸收光谱值向短波方向移动。这种现象称为量子尺寸效应。1993年，美国贝尔实验室在硒化镉物质中发现，随着粒子尺寸的减小，发光的颜色从红色变成绿色进而变成蓝色，有人把这种发光带或吸收带由长波长移向短波长的现象称为"蓝移"。1963年日本科学家久保（Kubo）给量子尺寸效应下了如下定义：当粒子尺寸下降到最低值时，费米能级附近的电子能级由准连续变为离散能级现象。

11.1.2.4 宏观量子效应

微观粒子具有贯穿势垒的能力称为隧道效应。用此概念可定性地解释超细镍微粒在低温下继续保持超顺磁性。科学工作者通过实验证实了在低温下确实存在磁的宏观量子隧道效应。这一效应与量子尺寸效应一起，确定了微电子器件进一步微型化的极限，也限定了采用磁带、磁盘进行信息储存的最短时间。

11.1.3 纳米材料的性能

由于纳米粒子有极高的表面能和扩散率，粒子间能充分接近，从而范德华力得以充分发挥，使纳米粒子之间、纳米粒子与其他粒子之间的相互作用异常强烈，从而使纳米材料具有一系列特殊的光、电、热、力学性能和吸附、催化、烧结等性能。

11.1.3.1 力学性能

高温、高硬、高强是结构材料开发的永恒主题，纳米结构材料的硬度（或强度）与粒径成反比（符合 Hall-Retch 关系式）。材料晶粒的细化及高密度界面的存在，必将对纳米材料的力学性能产生很大的影响。在纳米材料中位错密度非常低，位错滑移和增殖采取 Frand-Reed 模型，其临界位错圈的直径比纳米晶粒粒径还要大，增殖后位错塞积的平均间距一般比晶粒大，所以在纳米材料中位错的滑移和增殖不会发生，此即纳米晶强化效应。

（1）弹性 实验发现，纳米晶体金属材料的弹性常数减少30%左右。这是由于晶界处存在着自由体积，相对于完整晶体点阵来说，晶界区域的平均原子距离增大。如果假设晶界处原子间的势能是和完整点阵中的一样，那么，由于界面处弹性模量的降低，与晶态相比，纳米晶体材料的弹性常数将降低。

（2）纳米晶陶瓷低温延性 纳米尺度晶体形成的陶瓷材料在低温下具有可塑性，而且具有大的塑性变形（100%）。在某种程度上，延性来源于原子沿晶粒间界的扩散流变。

11.1.3.2 光学性能

纳米结构材料的红外吸收谱有蓝移和宽化的特性，这主要是由于下述原因引起的：小尺寸效应、量子尺寸效应、晶体场效应和界面效应。

（1）宽频带强吸收 当尺寸减小到纳米级时，纳米微粒几乎都呈黑色，它们对可见光的反射率极低，强吸收率导致粒子变黑。因为纳米粒子大的比表面导致平均配位数下降，不饱和键和悬键增多，与常规大块材料不同，没有一个单一的、择优的键振动膜，而存在一个较宽的键振动膜分布，这就导致了纳米粒子红外吸收带的宽化。

（2）蓝移现象 与大块材料相比，纳米微粒的吸收带普遍存在蓝移现象，即吸收带移向短波方向。其原因归纳如下：一是量子尺寸效应，由于颗粒尺寸下降能隙变宽。二是表面效应，由于纳米微粒颗粒小，大的表面张力使晶粒畸变、晶格常数变小。

（3）量子限域效应 半导体纳米微粒的半径 $r < a_B$（激子玻尔半径）时，电子的平均自由程受小粒径的限制，局限在很小的范围内，空穴很容易与它形成激子，引起电子和空穴波

函数的重叠，这就很容易产生激子吸收带。当微粒尺寸变小后，出现明显的激子峰。

（4）**纳米微粒的发光**　当纳米微粒的尺寸小到一定值时，可在一定波长的光激发下发光。1990 年，日本佳能研究中心的 H. Tabagi 发现，粒径小于 6nm 的硅在室温下可以发射可见光。当粒径大于 6nm 时，这种光发射现象消失。在相关的研究中得到证实，大块硅不发光是它的结构存在平移对称性，由平移对称性产生的选择定则使得大尺寸硅不发光，当硅粒径小到一定程度时（6nm），平移对称性消失，因此出现发光现象。

11.1.3.3　电学性能

纳米材料电学性能发生奇异的变化，是由于电子在纳米材料中的传输过程受到空间维度的约束从而呈现出量子限域效应。结果表现出当金属颗粒的两端加上电压，电压合适时，金属颗粒导电；而电压不合适时，金属颗粒不导电。这样一来，原本在宏观世界内奉为经典的欧姆定律在纳米世界内不再成立了。纳米银失去了典型金属特征；纳米二氧化硅比典型的粗晶二氧化硅的电阻下降了几个数量级；常态下电阻较小的金属到了纳米级电阻会增大，电阻温度系数下降甚至出现负数；原来绝缘体的氧化物到了纳米级，电阻却反而下降，变成了半导体或导电体。纳米材料的电学性能决定于其结构。如随着纳米碳管结构参数的不同，纳米碳管可以是金属性的、半导体性的。如表 11-1 所示是宏观物质和纳米结构物质的性质区别。

表 11-1　宏观物质与其纳米结构物质的性质区别

组成	块状材料	纳米尺度材料
碳（C）	导电体，半金属	半导体，金属电子放射，贮存氢（碳纳米管）
硅（Si）	半导体，不发光	发蓝色光（多孔硅）
二氧化硅（SiO₂）	绝缘体，不发光	发蓝色光（纳米导线、纳米管）
金（Au）	具有化学稳定性	催化作用（CO 气体的氧化）（直径 5nm 的超微粒子）
铁（Fe）	磁性材料，矫顽力 470Oe（1Oe＝79.5775A/m，下同）	保磁力约提高 5 倍（直径 20nm 的纳米粒子）

（1）**电阻**　纳米材料的电阻高于常规材料，电阻温度系数强烈依赖于晶粒尺寸，当颗粒尺寸小于某一临界尺寸（电子平均自由程）时，电阻温度系数可能由正变负。

（2）**压电效应**　我国颗粒工作者在 LICVD 纳米非晶氮化硅块体材料上观察到强的压电效应，制备块状材料条件对压电常数的影响很大，压制时，压强大约为 60MPa 的纳米非晶氮化硅试样具有最高的压电常数。根据纳米压电效应制备的压电晶体的质量灵敏度可以达到 $225Hz \cdot cm^2/\mu g$。

11.1.3.4　磁学性能

（1）**超顺磁性**　磁性参数与物质的晶粒大小、形状、第二相分布及缺陷有着密不可分的关系。纳米微粒尺寸小到一定临界值时进入超顺磁状态，矫顽力 $H_c \longrightarrow 0$，这可归因于以下原因：由于小尺寸下，当各向异性能减小到可与热运动能相比拟时，磁化方向就不再固定在一个易磁化方向，易磁化方向做无规则变化，结果导致超顺磁性的出现。不同种类的纳米磁性微粒显现超顺磁性的临界尺寸是不相同的。

纳米晶 Fe 不存在常规的畴结构，又由于纳米晶体中晶粒取向混乱，加上晶粒磁化的各向异性，使得磁化交互作用仅限于几个晶粒范围内，长程交互作用受到障碍。铁的饱和磁化强度 M_s 主要取决于短程结构，由于纳米晶 Fe 的界面的原子间距较大，导致纳米晶 Fe 的 M_s 下降，由于纳米材料颗粒尺寸较小，当温度下降到某一特征温度（Neel 温度）T_N 时，纳米晶顺磁体转变为反铁磁体。对于纳米结构块体，界面体积分数很大，界面的磁各向异性常数 K 比晶粒内部小，使得磁有序的弛豫时间 τ 变小，磁有序易实现，因此超顺磁峰降低。

（2）**矫顽力**　纳米微粒尺寸高于超临界尺寸时通常呈现出高的矫顽力 H_c，对于纳米微粒高的矫顽力的起源有两种解释：一致转动模式和球链反转磁化模式。前者主要内容是：当纳米尺寸小于某值时，每个粒子就是一个单磁畴，实际上成为一个永久磁铁，要是这个磁铁永久失去磁性，必须使每个粒子整体的磁矩反转，这需要很大的反向磁场，即单磁畴状态微粒具有较高的矫顽力。

11.1.3.5　热学性能

纳米粒子的熔点、开始烧结温度和晶化温度均比常规粉体低很多，其原因是其颗粒小，纳米微粒的表面能高。比表面原子数多，表面原子近邻配位不全，活性大，体积远小于大块材料，因此纳米粒子熔化时所需增加的内能要小得多，致使熔点急剧下降。20nm 的 Pb 微粒较大块 Pb 熔点降低 288K；常规 Ag 熔点远高于 1173K，而纳米 Ag 微粒低于 373K 开始熔化。将粉末先用高压压制成型，然后在低于熔点的温度下使这些粉末互相结合成密度接近常规材料的块材，满足这一条件的最低加热温度称为烧结温度。由于尺寸小，表面能高，压制成块状材料后的界面具有高能量，在烧结中高的界面能成为原子的驱动力，有利于界面中孔洞收缩，空位团湮灭，因此在较低温度下即可烧结。几种常规材料与纳米材料烧结温度的对比如表 11-2 所示。

表 11-2　几种常规材料与纳米材料烧结温度的对比

材料类型	Al_2O_3	SiN_4	TiO_2
常规	2073～2173K	＞2273K	1660K
纳米级别	1423～1773K	1773～11173K	773K

11.1.3.6　烧结性能

纳米材料中有大量的界面，这些界面为原子提供了短程扩散途径。高的扩散率对蠕变、超塑性等力学性能有明显的影响，同时可以在较低的温度对材料进行有效的掺杂，也可以在较低的温度下使不混溶的金属形成新的合金相；纳米材料的高扩散率，可使其在较低的温度下被烧结。如 12nm TiO_2 在不添加任何烧结剂的情况下，可以在低于常规烧结温度 400～600℃下烧结；普通钨粉需在 3000℃ 高温下才能烧结，而掺入 0.1%～0.5% 的纳米镍粉后，烧结温度可降到 1200～1311℃；纳米 SiC 的烧结温度从 2000℃ 降到 1300℃。很多研究表明，烧结温度降低是纳米材料的共性。纳米材料中由于每一粒子组成原子少，表面原子处于不安定状态，使其表面晶格振动的振幅较大，所以具有较高的表面能量，造成超微粒子特有的热性质，也就是造成熔点下降，同时纳米粉末将比传统粉末容易在较低温度烧结，而成为良好的烧结促进材料。

11.1.3.7　纳米陶瓷的超塑性能

超塑性是指材料在断裂前能产生很大的伸长量的性能。这种现象通常发生在经历中等温度（约 $0.5T_m$），中等至较低的应变速率条件下的细晶材料中，主要是由晶界及原子的扩散率起作用引起的。一般陶瓷材料属脆性材料，它们在断裂前的形变率很小。科学家们发现，随着粒径的减小，纳米 TiO_2 和 ZnO 陶瓷的形变率、敏感度明显提高。纳米 CaF_2 和 TiO_2 纳米陶瓷在常温下具有很好的韧性和延展性能。据国外资料报道，纳米 CaF_2 和 TiO_2 纳米陶瓷在 80～180℃ 内可产生 100% 的塑性变形，且烧结温度降低，能在比大晶粒低 600℃ 的温度下达到类似于普通陶瓷的硬度。

11.1.4 纳米材料的应用

11.1.4.1 在生物医学中的应用

（1）药物载体 大部分的药物本身由于难以通过人体的生物屏障，在临床上的应用受到限制，而借助纳米药物载体，药物可以克服人体屏障的阻碍，进入病灶区，从而提高局部药物的浓度，实现对疾病的有效治疗，减少毒副作用。

纳米粒子作为药物载体主要包括磁性纳米颗粒、高分子纳米药物载体、纳米脂质体等。

磁性纳米颗粒不仅具有良好的生物相容性，还能在外磁场的作用下定向运动，能有效地提高药物输送的靶向性，促进药物的吸收。目前用得最为广泛的是顺磁性或超顺磁性的氧化铁和氧化硅纳米颗粒，磁性纳米颗粒具有一般纳米颗粒的小尺寸效应、量子尺寸效应以及良好的表面与界面效应等特点。除此以外，磁性纳米粒子还具有优异的磁学性能，通过外加磁场的作用，能够控制其运动轨迹，可用于药物的靶向输送。

顺磁性氧化铁纳米颗粒还能在随时间变化的磁场中加热到 $40 \sim 45℃$，利用这种性质，磁性纳米颗粒汇集到目标点的时候，可有效地"烧死"肿瘤细胞（高温疗法）。利用磁性纳米粒子还可以将癌细胞从骨髓中分离出来。由于纯金属镍、钴纳米粒子具有致癌作用，磁性氧化铁纳米粒子成为纳米微粒应用于这种技术的最有前途的载体。

目前广泛研究的靶向药物载体的高分子材料主要包括合成的可生物降解聚合物以及天然高分子。合成的聚合物主要包括聚乙烯醇、聚乳酸、聚乙酸-乙醇酸共聚物等。天然高分子主要包括明胶、白蛋白、多糖等。为了使药物能穿过组织间隙及相关生物屏障并被细胞吸收，通常使用高分子纳米颗粒，并对高分子纳米粒子进行表面修饰。表面修饰过的纳米粒子药物输送系统在血液的循环时间更长，靶向性更好，更易于控制药物在体内的分布。由于高分子纳米载药体系在体内的循环时间很长，且病变部位的血管系统通常比正常部位的血管系统具有更高的通透性，药物易于在病变部位富集，从而提高药物输送的效果。

纳米脂质载体以具有良好的生物相容性的类脂作为材料，能将药物溶解包裹于内脂核，或将药物吸附于纳米颗粒表面而提高药物的溶解性。纳米脂质载体材料为合成或天然的类脂。包括液态类脂、固态类脂以及乳化剂。液态类脂主要包括油酸、大豆油、橄榄油等；固态类脂主要包括脂肪酸类、甘油酯类、蜡类以及甾体类（如胆固醇）等；乳化剂主要包括磷脂类、短链醇类以及非离子表面活性剂等。

纳米脂质体是目前较为理想的纳米药物载体模式，具有以下优点：

① 提高难溶性药物的溶解能力：有些难溶性药物与类脂材料有天然的亲和性，制成纳米制剂后，粒子减小，药物的分散性提高，能显著增加药物的溶解能力，可以透过间隙较大的人体病灶部位的血管内皮细胞进入病灶部位。

② 提高药物的跨膜转运能力：脂质体的主要组成部分为磷脂，磷脂本身是细胞膜成分，因此纳米脂质体作为药物载体进入细胞可与细胞发生吸附、酯交换、吞噬、渗透、扩散、酶消化等作用，不易引起免疫反应。

③ 磷脂在血液中的消除很慢，纳米脂质体作为药物载体能保护所载药物，防止药物被体液稀释或被体内酶分解破坏，增加药物在血液循环系统中的保留时间，使病灶部位得到充分的治疗。

④ 多功能修饰：脂质纳米载体不但粒径可控，而且可以进行表面修饰，如在类脂分子

上连接亲水分子，实现主动给药。

（2）**疾病诊断** 量子点在生物体系中作为荧光探针，与传统的荧光探针相比，量子点激发光谱宽，且连续分布而发射光谱呈对称分布且宽度窄，颜色可调。在单一波长光的激发下，通过改变量子点的尺寸和它的化学组成可以使量子点产生从紫外到近红外范围内任意点的发射光谱。这就可以用同一波长的光来激发不同大小的量子点，使其发射出不同波长和颜色的光。这也可以用于标识不同的细胞和骨架系统，并且光化学稳定性高，不易分解。量子点的生物相容性好。最子点经过各种化学修饰之后，可以进行特异性连接，其细胞毒性低，对生物体危害小，可进行生物活体标记和检测。

量子点大小可变、非凡的耐光性以及良好的表面特性使它们广泛用于光学探头中。硒化镉、碲化镉、磷化铟和砷化铟是最常用于量子点的物质。根据粒子的大小，量子点可以吸收 $400 \sim 1350nm$ 之间不同波长的光。量子点用于肿瘤的诊断是通过与生物分子的结合形成生物分子荧光标记而实现的。量子点与生物分子的结合方式主要有被动吸附、多价螯合以及交联反应等。由于量子点的表面带负电，而很多生物分子带正电，两者也可通过静电作用相结合。

超顺磁性氧化铁纳米粒子用于各种肠道造影剂与肝/脾成像，这种新一代合成磁性纳米粒子能显著地增强质子弛豫，从而改变磁共振成像的方式，提高成像的对比度。这些新型的磁共振成像对比剂由核心材料（如氧化铁）涂上合适的涂料构成，这些涂层材料能结合肿瘤的特异性基团，提高药物的定位功能，从而提高疗效。超顺磁性氧化铁纳米粒子易于被位于肝部的巨噬细胞吸附，从而增加了与病变组织之间的对比，利用这种技术，可检测到 $2 \sim 3mm$ 大的肝肿瘤。

11.1.4.2 在能源领域中的应用

（1）**太阳能电池** 染料敏化纳米晶太阳能电池主要是模仿自然界中的光合作用原理，研制出来的一种新型太阳能电池。如图 11-2 所示，典型的染料敏化太阳能电池主要由透明导电玻璃、纳米晶二氧化钛多孔膜、染料光敏化剂、电解质和反电极组成。染料敏化太阳能电池采用的是有机和无机的复合体系，其工作电极是纳米晶二氧化钛多孔膜。制备纳米晶二氧化钛薄膜通常采用溶胶-凝胶法、水热反应法、醇盐水解法、溅射沉积法、等离子喷涂法和丝网印刷法等，然后烧结。染料敏化电池由于结构简单，具有材料成本低及制程简单的优点，而且还可以用印刷方式进行大面积的大量生产，形成柔性太阳能电池。

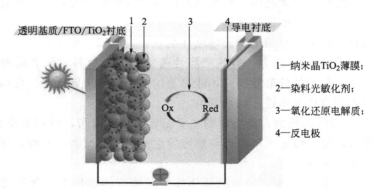

图 11-2 染料敏化纳米晶太阳能电池的结构示意图

美国圣母大学研究小组制备出世界上首例具有多种尺寸量子点的太阳能电池，在二氧化钛纳米薄膜表面以及纳米管上组装硒化镉量子点，吸收光线以后，硒化镉向二氧化钛放射电子，再在传导电极上收集，进而产生光电流。长度为800nm的纳米管内外表面均可组装量子点，其传输电子的效率较薄膜高。研究发现，小的量子点能以更快的速度将光子转换为电子，而大的量子点则可以吸收更多的入射光子，3nm的量子点具有最佳的折中效果。这有望提高电池的效率至30%以上，而传统的硅电池仅为15%～20%。

（2）锂离子电池 斯坦福大学用一种薄膜碳纳米管涂在另一张表层含有金属锂化合物纳米管上，然后将这些双层薄膜固定在普通纸张的两面，便携性纸张既是电池的支撑结构，同时也起到分离电极的作用。在该电池中，锂作为电极，而碳纳米管层则是电流集合管。纸质锂电池仅有300μm厚，而且节能效果比其他电池好。经过300多次循环充电测试，性能仍然令人满意。这种电池生产难度不高，比其他瘦身电池的方法更容易投入商用化。虽然目前这种电池技术还不太成熟，也可能并非是所有移动设备的最理想配件，但在智能化包装、能源存储装置、电子标签以及电子纸产品等领域将具有广泛的应用。

11.1.4.3 在催化领域中的应用

纳米二氧化钛（TiO_2）具有氧化性强、耐酸碱性好、化学性质稳定、对生物无毒、来源丰富等优点，成为当前最具应用潜力的一种光催化材料。目前已用于水处理、环境有害气体净化、抗菌材料、自清洁技术、光催化分解水制氢、涂料、化妆品、食品行业以及染料敏化太阳能电池等诸多领域。随着环境污染问题及能源危机的加剧，纳米 TiO_2 光催化氧化技术成为目前研究的热点。

（1）光催化降解有机污染物 在光照条件下，纳米 TiO_2 会产生光生电子-空穴对，光生电子具有很强的还原性，光生空穴具有很强的氧化性。利用纳米 TiO_2 在光激发下产生光生电子和空穴可共同参与污染物的光催化氧化降解反应，可将纳米 TiO_2 用于污水处理、环境有害气体净化及抗菌除臭等领域。

迄今为止，利用纳米 TiO_2 已可以降解3000多种难降解的有机化合物，当污水中有机污染物的含量很高或者在自然降解有限的情况下，这种技术的优势更加明显。德国已开发出利用太阳能的光催化装置，净化速度可达 $100～150L/h$。尽管目前利用纳米 TiO_2 进行污水处理还没有实现广泛的应用，其前景必定非常广阔。

纳米 TiO_2 光催化的另一个重要应用就是空气净化，特别是对室内空气进行净化、除臭和消毒。密闭空间难免会产生很多有害气体，对身体健康造成严重威胁。此外，在公共场合设施中，通常含有细菌、真菌等，也会危害人体的健康。常见的含硫化合物，如硫化氢、二氧化硫、硫醇类、硫醚类等；含氮化合物，如胺类、酰胺等；卤素及其衍生物，如氯气、卤代烃等；烃类，如烷烃、烯烃、炔烃、芳香烃等；含氧的有机物，如醇、酚醛、酮、有机酸等。室温下，纳米 TiO_2 通过吸收空气中的水分和氧气使它们成为光生电子受体，形成强氧化离子并可以将绝大部分的有机污染物氧化成为 CO_2。

纳米 TiO_2 仅可对细菌产生光化学氧化作用使生物体中辅酶的活性降低，最终导致细菌死亡，而且能够降解细菌死亡后产生的有毒复合物。这是由于 TiO_2 光催化作用下产生的羟自由基的氧化势能远高于构成微生物细胞有机体的 C—O、C—N、C—H 等化学键键能，因而能使细胞内的有机物发生分解，达到杀菌效果。光催化作用下杀灭有害菌的机理主要包括：①破坏细胞膜/细胞壁；②促进辅酶 A 氧化；③破坏遗传物质 DNA 或 RNA 等。近年来，纳米 TiO_2 的抗菌研究被持续地开发和利用，出现了抗菌荧光灯、抗菌纤维、抗菌建材、抗菌涂料等产品。

（2）**光催化自清洁**　利用纳米 TiO_2 在光激发下产生的光生空穴迁移至表面可产生"光诱导超亲水"现象，可将纳米 TiO_2 用于自洁净功能化表面和防雾功能化表面的设计。通常，暴露在室外的物体表面（如瓷砖、玻璃等）会吸附空气中的有机污染物形成有机污垢，该污垢不能像灰尘一样被雨水冲掉，只能通过人工刷洗才能除去。自清洁功能化表面的设计能够很好地解决上述缺陷，通过在不同物体表面涂覆纳米 TiO_2，利用太阳光、自然光中的弱紫外或人工紫外光源，即可保持物体表面清洁，节省维护和清洁费用；而且自然雨水的冲刷会显著增强自洁净功能化表面的自洁净作用，这是因为自然雨水可以深入污渍和超亲水纳米 TiO_2 表面之间将污渍冲刷去除，因此自洁净功能化表面特别适用于室外建筑材料，如瓷砖、玻璃、帐篷及水泥材料等。另外，由于水在普通物体表面上的接触角很大，在潮湿空气中由于水滴不能完全铺展开会在玻璃表面形成雾化水滴，从而影响物体表面的可见度和反光度，如后视镜、交通工具挡风玻璃、眼镜镜片和浴室的镜子。采用影响物体表面的可见度和反光度纳米 TiO_2 薄膜表面的光诱导亲水性可开发防雾镜子，在物体表面涂覆一层纳米 TiO_2，当空气中的水分或蒸汽凝结时，冷凝水会形成均匀的水膜，避免了在物体表面形成光散射的雾，也不会形成影响视线的分散水滴。物体表面可维持高度透明性，可确保广阔的视野和能见度，保证车辆及交通的安全。防雾功能还被用于医学内窥镜的防雾和空调设备的传热中。

11.1.4.4　在日常生活中的应用

（1）**纳米技术与食品**　近年来，纳米技术在食品产业链中取得了快速的发展。在食品加工过程中，添加的纳米颗粒以其尺寸小、比表面积大和表面活性高的特点，可有效提高食品的口味，改善食品的质地和颜色，提高食品中营养成分被吸收的概率，为人们的健康带来益处。纳米技术在食品加工领域的应用目前比较成功的例子是纳米微化技术（包括微胶囊、乳化等技术）和纳米膜分离技术。纳米微化技术可广泛用于保健食品领域，通过将营养补充剂颗粒纳米化，改善它们的应用性能，提高其利用率，还可以降低保健食品的毒副作用。纳米微胶囊技术以安全无毒的天然材料为基础（如酪蛋白），经一定处理，在其自组或重组过程中形成微胶囊（1～1000nm），并将人体必需的微量元素或营养功能因子包裹其中。经处理后，不但可以改变这些营养功能因子的溶解性质，扩大其应用范围，同时由于保护作用，它们在生物体中的利用率也得以提高。并且，这种纳米微胶囊可以经酸碱度和温度等达到控制释放。目前，德国巴斯夫公司已成功研发多种纳米胶囊化的类胡萝卜素，使其在果汁饮料和人造黄油的生产中得以广泛使用。芬兰保利希食品公司采用纳米技术，将植物固醇制成纳米微粒，并在一定的温度下将纳米微粒均匀地加入人造黄油中，从而解决纯植物固醇的溶解性难题，扩展了其应用领域。

（2）**食品包装**　运用纳米技术研发的包装系统可以修复小的裂口和破损，适应环境的变化，并且能在食品变质的时候提醒消费者。此外纳米技术可以改进包装的渗透性，提高阻隔性，改进抗损和耐热，形成抗菌表面，防止食物发生变质。在食品包装领域，近几年来，国内外研究最多的纳米材料是聚合物基纳米复合材料，即将纳米材料以分子水平（10nm 数量级）或超微粒子的形式分散在柔性高分子聚合物中而形成的复合材料。常用的聚合物有聚酰胺（PAE）、聚乙烯（PE）、聚丙烯（PP）、聚氯乙烯（PVC）、聚对苯二甲酸乙二醇酯（PET）、液晶聚合物（LCP）等；常用的纳米材料有金属、金属氧化物、无机聚合物等三大类。目前根据不同食品的包装需求，已有多种用于食品包装的聚合物基纳米复合材料面市，如纳米银/PE 类、纳米二氧化钛/PP 类、纳米蒙脱石粉/PA 类等，其某些物理、化学、生物学性能有大幅度提高，如可塑性、稳定性、阻隔性、抗菌性、保鲜性等，在啤酒、饮料、果蔬、肉类、奶制品等食品包装工业中已开始大规模应用，并取得了较好的包装效果。

（3）纳米技术与化妆品　太阳光中的紫外线按其波长可分为 UVA（320～400nm）、UVB（290～320nm）和 UVC（200～290nm）。UVC 虽绝大部分被大气平流层中的臭氧层所吸收，但由于其波长短、能量高和臭氧层破坏的日益加剧，对人类造成的伤害也不能忽视。UVA 的穿透能力强且具有累积性，长期作用于皮肤可造成皮肤弹性降低、皮肤粗糙和皱纹增多等光老化现象，UVA 还能加剧 UVB 造成的伤害。UVB 是导致灼伤、间接色素沉积和皮肤癌的主要根源。纳米氧化锌能够有效屏蔽 UVA，纳米二氧化钛可以有效屏蔽 UVB，近年来在防晒化妆品中得到广泛应用。所以，如果我们想通过二氧化钛或氧化锌来抵御紫外线，就需要使用二氧化钛加氧化锌的混合配方，才能达到同时抵御 UVA 及 UVB。两者的混合悬浮分散液还具有以下特点：①无毒，高浓度时对皮肤也无刺激，高效、长效屏蔽紫外线；②分散稳定剂具有抗水成膜性，使有效成分保持在 90% 以上；③极佳的粒径尺寸保证了极佳的防晒效果，同时也避免了涂抹时的泛白现象；④高分散度的悬浮分散液无须再分散即可使用，十分方便。

11.2 超亲/疏水材料

11.2.1 超亲水材料

表面浸润性是固体表面的重要特征之一，通常用接触角（contact angle，CA）来表征液体对固体的浸润程度。超亲水一般是指水滴能够在材料表面完全铺展开，使接触角等于或者接近于 0°。1997 年，东京大学的 Wang 等在 Nature 上首次报道了有关二氧化钛（TiO_2）超亲水表面的研究，由此激发了科研工作者对超亲水表面制备及应用的兴趣，并开展了许多研究工作。目前，超亲水表面在自洁、防雾、防污、油水分离等领域获得了广泛应用，并在热传递、微流体控制、生物分子固定、蓄积、雨水、减阻等方面也表现出潜在的应用前景。

11.2.1.1 超亲水表面的亲水机理

固体表面表现出超亲水性能的机理总体上可以分为两种，一种是在高表面能物质的表面构造粗糙度。当高表面能固体的粗糙表面与水滴接触时，为了使整个体系处于平衡，水滴首先会在固体表面铺展并渗透到这些微纳结构中，然后剩余的水在水膜表面完全铺展开来。第二种是光致超亲水机理，光致超亲水机理又可以分为两种，一种为光催化机理，另一种为氧化还原机理。光催化机理是指在紫外光的照射下，表面的憎水性有机物在光的催化下分解掉，表面只剩下亲水性的光催化活性物质。氧化还原机理是指在紫外光的照射下，光催化活性物质（如 TiO_2、ZnO、SnO_2、WO_3、V_2O_5 等）的价带电子被激发，在其表面形成电子-空穴对，而电子与金属离子发生还原反应生成低价位的金属离子，空穴与表面桥位氧离子发生氧化反应生成氧空位，空气中的水被吸附到氧空穴中形成羟基，这些亲水性羟基进一步吸附空气中的水，使其氧空穴附近形成一层高度亲水微区，其余地方仍然保持疏水性。但由于水滴远大于亲疏水微区面积，因此表面在宏观上保持超亲水特性。

11.2.1.2 超亲水表面的构筑

根据制备涂层所使用材料的不同，可将涂层分为有机涂层、无机涂层以及有机无机杂化超亲水涂层。其中有机超亲水涂层由于具有众多亲水性基团，所以亲水性较强，能够将表面雾滴快速铺展或形成水合分子至聚合物中，从而实现超亲水。并且聚合物超亲水膜具有优异的柔韧性，与柔性可弯曲的有机衬底具有良好兼容性界面效应。

（1）亲水性聚合物　有机超亲水涂层中，最有效的方法之一是沉积具有天然或合成亲水性聚合物薄膜，这些聚合物往往含有亲水的官能团，例如羟基（OH）、羧酸基/酯（COOH/COOR）、氨基（NH_2）、磺酸基（SO_3H）和磷酸二氢根（$H_2PO_4^-$）。这些基团能够与水分子相互作用，通过氢键和相关偶极相互作用，导致水膜形成。

天然亲水性聚合物（例如纤维素）和其他相关的亲水性多糖用于防雾的用途引起了广大学者极大的兴趣，因为它结合了无毒以及环境和生物学无害的特性。从结构的角度来看，多糖是由单糖或二糖重复单元组成的，单糖或二糖重复单元侧边具有极性基团，例如羟基、氨基或羧基，主要起着亲水的作用。例如 Zhang 等通过将天然的果胶和鞣酸（TA）之间的氢键相连，浸涂在邻苯二甲酸酯（PET）上制备出了高度透明且可自修复的超亲水薄膜，具有防雾效果。

（2）表面活性剂　除了前面提到的利用表面润湿性来制备超亲水功能的涂层外，还有一类是利用渗透机理的有机物超亲水涂层制备。这类防雾涂层主要是含氟表面活性剂（即全氟化聚乙二醇聚合物和全氟聚醚聚合物），包含亲水性和疏油性区域。由于该聚合物的特殊性，小分子（例如水分子）比大分子（例如十六烷分子）更快地穿透涂层。通常，当将含氟表面活性剂沉积在基材上时，全氟化链向外（疏水/亲油区）取向，而含聚乙二醇和羟基的部分则指向表面（亲水/疏油区）。由于该结构排斥油和水滴的低表面能势垒，因此含氟层中需要有适当尺寸的缺陷，才能使水滴渗透并到达涂层/基材界面。

（3）无机超亲水涂层　近年来，在超亲水涂层中越来越多地使用二氧化硅（SiO_2），主要由两个主要原因引起：首先，不需要紫外线就可以使 SiO_2 材料的超亲水涂层产生防雾性；此外，由于 SiO_2 的反射率较低，因此此类涂层的透射率通常比涂覆 TiO_2 的基材更大。众所周知，SiO_2 的表面亲水，因为它被硅烷醇基（Si—OH）覆盖，硅烷醇基团会与雾滴形成氢键，导致薄膜状冷凝，从而赋予 SiO_2 表面防雾性能。各种尺寸和形态的构件，包括实心二氧化硅纳米粒子（SSNP）、介孔二氧化硅纳米粒子（MPSNP）、空心二氧化硅纳米球（HSN）、覆盆子状二氧化硅纳米球、二氧化硅纳米片和二氧化硅纳米线等。实际上，超亲水性一方面来自于这些独特的形貌结构增加了表面粗糙度，另一方面源于单位面积具有丰富的硅烷醇基团。

除了 SiO_2 之外，TiO_2 也是常用的无机超亲水防雾材料之一。与 SiO_2 相比，TiO_2 用于防雾的用途更加引人注目，因为它在暴露于紫外线后，对有机和无机污染物均具有很强的光催化氧化能力。光催化是半导体与特定波长的光相互作用，以产生"反应性氧化物质"（ROS）的过程，该过程通过适当的氧化还原反应分解污染物。同时，光诱导的超亲水性使雾滴散布形成薄膜状，从而洗去了灰尘，并减轻了光散射。这种光催化性能使 TiO_2 薄膜具有自清洁能力，从而使 TiO_2 基涂料在需要具有一定程度的自清洁功能的防雾应用中极具吸引力。由于单一 TiO_2 纳米颗粒涂层往往需要在紫外线存在条件下才具有超亲水性，并且 TiO_2 的宽带隙将光吸收限制在紫外线区域，该区域仅占太阳光谱的 4%，因此使用 SiO_2 和 TiO_2 两种纳米颗粒的超亲水防雾涂层具有更加广泛的应用。

（4）有机无机杂化超亲水涂层　单一的聚合物超亲水涂层和无机物超亲水涂层在应用时，各自都存在一定的局限性。通过将有机和无机组分以纳米尺度混合，以构建纳米结构的3D网络，可以同时体现出两种材料在防雾涂层应用上的优点。例如 Liang 等采用甲基丙烯酸磺基甜菜碱和甲基丙烯酸-2-羟乙基酯在磺基甜菜碱改性二氧化硅纳米粒子存在下共聚的方法，来制备一种既耐划伤又具有自愈合性的防雾涂料。由于填充了 SiO_2 纳米颗粒，涂层的硬度得到提升。此外，由于 SiO_2 纳米粒子经过改性后具有甜菜碱基团，提升了颗粒在聚合物基质中的分散性，并使得涂层保留了较高的透过率。该涂层在正常使用条件下还有抗刮擦和磨损的能力，即便被尖锐的物体划破，在水的辅助下通过聚合物组分和二氧化硅纳米颗粒之间可逆的氢键相互作用，能够在几分钟内完全愈合伤口。

11.2.1.3　超亲水表面的应用

随着超亲水表面制备技术的发展，其在工业和日常生活中也逐步得到了应用，如自清洁与防雾、油水分离以及其他方面。

（1）自清洁与防雾　众所周知，冬季时在汽车内通过空调保持宜人的温度时，会在窗户内侧产生雾，而起雾后汽车挡风玻璃和后视镜的能见度会急剧降低，从而会对驾驶安全带来危险。基于 TiO_2 纳米颗粒的光催化涂层成功应用在汽车后视镜上，并实现了防雾功能。除了汽车领域外，超亲水防雾表面在光伏领域也有广泛的应用。这是因为除了光反射和灰尘堆积以外，对光伏组件的能量转换效率产生不利影响的原因之一是表面雾的形成。通过 SiO_2 纳米材料制备的超亲水涂层往往还会改善涂层的减反射性能，用于各类光伏器件。防雾减反射涂层功能化的光阳极可显著抑制起雾并减少反射，从而增强了光的收集。

此外，进行体育锻炼（如游泳或滑雪）时，所用的护目镜也常常会出现起雾的现象。因此，目前市面上出现众多用于护目镜、泳镜等防护眼镜的防雾剂。食品包装行业也常常面临起雾现象带来的许多问题，例如，当将新鲜烹制的食品包装在超市的冷藏柜中展示时，水分子通常会在包装的内表面凝结，从而降低了消费者看到产品的效果，冷凝水的滴落还可能导致食物变质。因此，使用具有防雾性能的聚合物薄膜可以延长产品的保质期，并使新鲜的食物更具吸引力。

（2）油水分离　相比于超疏水表面，超亲水表面在油水分离方面具有更为明显的优势。目前在一些网膜上构造超亲水/超疏油表面是其油水分离应用的主要方式。水滴可以通过这种油水分离膜，而油却被阻隔在膜的另一侧，避免了油残留在油水分离膜上，可延长分离膜的使用寿命。

11.2.2　超疏水材料

超疏水材料是指材料表面与水的接触角大于 $150°$ 而滚动角小于 $10°$ 的材料。在自然界中，许多植物叶面、水禽羽毛都具有超疏水性，如蜻蜓翅膀、水黾的腿、荷叶等，其中最典型的就是"荷叶效应"。这些动、植物的表面都含有特殊的几何结构，与水的接触角达 $150°$ 以上。以荷叶为例，荷叶表面（如图 11-3 所示）由许多平均直径为 $5 \sim 9 \mu m$ 的乳突构成，

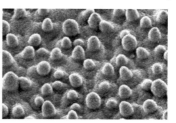

(a) 荷叶表面的SEM图　　(b) 高倍放大的乳突SEM图

图 11-3　荷叶表面的微观结构

水在该表面上的接触角和滚动角分别为（161.0±2.7)°和 2°。每个乳突是由平均直径为 (124.3±3.2) nm 的纳米结构分支组成。这些纳米结构，尤其是微米乳突上的纳米结构，对超疏水性起到重要的作用。

11.2.2.1 超疏水的基本原理

固体表面的润湿性主要由固体表面的化学组成和表面微观结构共同决定。固液的润湿性，即亲水与疏水性一般用液相和固相的接触角 θ 来表示。当水滴停留在光滑的固体表面上时，水滴在其表面上所形成的形状是由固体、液体和气体三相接触面的界面张力来决定的，其接触角 θ 可以通过 Young 方程来描述

$$\cos\theta = (\gamma_{SA} - \gamma_{SL})/\gamma_{LA}$$

式中，γ_{SA}、γ_{SL} 和 γ_{LA} 分别表示固气、固液和液气三个界面的界面张力。此时，这三种界面张力相互作用处于平衡状态。但是 Young 方程是一个理想化的模型，只适用于理想光滑的固体表面。如果是具有一定粗糙度的固体表面，其表观接触角和本征接触角存在一定的差值，固液实际接触面积大于表观接触面积，液滴完全进入到表面粗糙结构的空槽中，因此必须考虑粗糙度对疏水性能的影响。

水滴在斜面上的状态可以用滚动角来表征，所谓滚动角是指液滴在固体表面开始滚动时的临界表面倾斜角度 α。若液滴开始滚动的倾斜角越小，表明此表面的超疏水性越好。综上所述，固体与液体相互浸润性的好坏及其所表现出的亲-疏水性是由接触角和滚动角两者共同表征的。接触角越大、滚动角越小，说明材料表面的疏水性越强。

11.2.2.2 超疏水表面的构筑

通过研究，人们不仅发现了许多自然界中存在的超疏水现象及其表面结构，而且还可以通过多种方法人工合成超疏水表面。目前，制备超疏水表面的途径有两种：①在具有微纳米粗糙结构表面上修饰低表面能物质；②在具有低表面能的物质表面构造微纳米粗糙结构。

（1）刻蚀修饰法 刻蚀修饰法是最简单的实现人工超疏水表面的方法，该方法通过化学湿法刻蚀、激光刻蚀、机械加工处理等方式构建微米/纳米级粗糙结构，然后采用低表面能物质对刻蚀后的粗糙结构表面进行超疏水修饰。目前的研究结果表明，刻蚀修饰法制得的超疏水表面机械耐久性较差，表面的微米/纳米级粗糙结构很容易遭到破坏，而且采用该方法制备可控厚度的超疏水涂层难度较大，导致其未来应用将面对较大挑战。

（2）电化学法 电化学法是在外加恒定电流或恒定电压的情况下，通过控制一定的工艺参数制备超疏水涂层的方法。早期研究者采用阳极氧化法制备超疏水涂层，金属试样通过阳极氧化过程构建微米/纳米级粗糙结构，然后采用低表能物质对其进行超疏水修饰，最终在金属表面制得超疏水膜，该方法获得的超疏水涂层通常较薄且机械耐久性较差。随着研究的不断深入，研究者采用电镀、电化学沉积的方式制备多层叠加的超疏水涂层，该涂层有利于实现超疏水在腐蚀防护领域的工程应用。随着电化学沉积法的进一步发展，研究者采用电化学纳米共沉积法制备超疏水涂层，采用电化学等离子处理结合电化学沉积法提升超疏水涂层的机械耐久性，以及采用水热法结合电化学沉积法制备超疏水涂层，该方法将纳米粒子均匀地沉积于基体表面，制得的超疏水涂层均匀致密，机械耐久性得到一定的提升。

（3）物理、化学沉积法 为增强超疏水表面的机械耐久性及其多种基体适用性，研究者发现多层结构的超疏水涂层有利于实现持久的超疏水性。当表层超疏水膜遭到磨损甚至破坏时，暴露的新表面与表层超疏水膜基本相同，从而提高了超疏水表面的机械耐久性。早期研究者采用物理气相沉积法（PVD）、化学气相沉积法（CVD），为了实现大规模化、工艺

简单、低成本、可操作性强的超疏水涂层，基于溶胶-凝胶法的浸涂或刷涂的方式受到研究者广泛的关注，为了进一步提高涂层与基体的结合力，喷涂固化的方式得到更为广泛的应用。

11.2.2.3　超疏水材料的应用

超疏水材料具有自清洁、耐沾污等特性，因此，可以对超疏水材料进行开发和应用，使其在航天军工、农业、管道无损运输、房屋建筑，以及各种露天环境下工作的设备的防水、防冰等领域有广阔的前景。

（1）自清洁　超疏水自清洁性能是研究较早的应用性能之一，其超疏水涂层在户外玻璃、太阳能电池板、纺织品和外墙涂料等领域具有较高的应用研究价值。由于水滴在超疏水表面的极不浸润性，当水滴与超疏水表面接触时，水滴在重力或轻微外力的作用下滚动滑落而离开表面，因此，超疏水表面的污染物或某些细菌随着水滴的滚动离开，从而达到表面自清洁的目的。现阶段研究存在的问题集中在高透明、耐久性的自清洁涂层，近期也有研究表明，增加超疏水纳米粒子的含量有助于提高涂层的持久性超疏水，但涂层的透明度同时下降。因此，研究者致力于开发高透明/耐久性一体化的超疏水自清洁薄膜涂层。

（2）防覆冰　目前的超疏水防覆冰领域主要体现在三个方面：减少液滴与界面长时间接触、降低凝固点及延迟结冰时间和构建疏冰低结冰黏附力表面。超疏水涂层的表面能较小且静态接触角较大，导致液滴与超疏水表面的接触面积较小。根据小液滴的分类形核理论和抑制形核能，控制超疏水表面的粗糙度小于且无限接近于临界晶核的最小半径值，此时，超疏水表面具有结冰延迟效果。低表面能的超疏水表面可降低覆冰的黏附力，但由于超疏水表面形貌和微纳结构的差异，具体的防结冰及降低覆冰黏附力的机理研究还有待完善。

（3）耐腐蚀　提高金属的耐蚀防护能力一直是工程应用领域亟待解决的问题，超疏水涂层由于其超强的憎水性特点，为解决该问题提供了创新性思路。基于 Cassie-Baxter 模型的空气层理论及其微纳结构的毛细效应，使得超疏水表面和腐蚀介质之间存在大量的空气层，这些绝缘的空气层可阻止或抑制离子的迁移，在金属基体与腐蚀介质之间形成阻隔屏障。研究表明，超疏水表面可改善腐蚀电位正向移动，腐蚀电流密度至少提高两个数量级，金属的耐蚀能力得到提高。现阶段超疏水耐蚀涂层主要采用电化学沉积及其水热反应制备多层叠加结构、掺杂缓蚀剂结合氟硅烷修饰的化学转化膜，以及采用超疏水纳米粒子固化成膜反应等方式。长时间暴露于腐蚀介质中引起的憎水性下降是导致超疏水涂层耐蚀性衰减的主要原因，因此，具有自修复性能的超疏水耐蚀涂层将成为未来的研究趋势。

（4）油水分离　油水分离主要采用超疏水/亲油性的分离膜和超亲水/疏油性的分离膜，超疏水表面在油水分离中的应用主要通过重力或外力的驱动作用，油穿过分离膜且水被拦截在分离膜表面，从而达到油水分离的目的。江雷课题组最早报道了超疏水油水分离膜，通过重力驱动作用实现高通量的超疏水油水分离，拟解决工业含油废水及原油泄漏的再收集问题。目前超疏水油水分离膜的主要实现形式有：金属网、细沙子、滤纸、纤维织物、海绵等。一般情况下油密度低于水密度，油漂浮在水表面，因此需要在外力驱动下完成油水分离。金属网为支撑的超疏水油水分离膜具有较好的油通量，但网孔之间的间隙过大而导致油水分离率严重下降；超疏水改性的滤纸和细沙子很难实现大规模化油水分离，超疏水改性的海绵和纤维织物具有相对较好的油水分离效果，但分离膜表面耐污性较差，多次循环使用后出现油水分离率下降，长期的耐溶剂性有待提高。

超疏水材料的应用范围相当广泛，在各个方面已有一定的发展，其应用前景非常广阔。

然而由于受目前技术及开发成本等限制，实际产业化及商品化的还不多。首先，从理论角度考虑，超疏水表面结构的几何形貌、尺寸大小、官能团影响等研究还有待于继续深入。其次，在制备过程中，用到的低表面能物质都比较昂贵，多为含氟或硅烷化合物。最后，在技术方面，主要是表面涂层的耐用性及耐老化问题，许多超疏水结构因不牢固，较易被破坏而丧失超疏水性。因此，在材料的选择、制备工艺及后处理上，还需进一步深入研究解决。如何使性能降低或被破坏后的超疏水表面自动恢复或重新生成超疏水表面的研究将是此领域的重要研究方向。

11.3 超硬材料

11.3.1 超硬材料的发展

超硬材料主要是指金刚石和立方氮化硼及相关材料。金刚石（diamond）是目前已知的世界上最硬的物质，含天然金刚石和人造金刚石两种。金刚石以其璀璨夺目的外表和极高的硬度特征从古到今一直吸引着人们研究如何能将其人工合成。金刚石有硬度高、耐磨、热稳定性好等特性。立方氮化硼（cBN）在自然界是不存在，是人造的，在人工合成金刚石成功之后，科学家发挥联想，采用类似于合成金刚石的原料、设备和技术，创造出来的一种新材料，其硬度仅次于金刚石，但具有比金刚石更高的热稳定性和对铁族金属及其合金的化学惰性。

超硬材料的硬度远高于其他材料（包括磨具材料刚玉、碳化硅以及刀具材料硬质合金、高速钢等）的硬度，且具有其他材料无可比拟的优异力学、热学、光学、声学、电学和生物等性能，属于高效、高精、长寿命、节能、绿色环保型材料，享有"材料之王"赞誉，是用途广泛的极端材料，不仅可加工各种难加工材料，而且正在向高灵敏、高精度、高功率、高透光、高热传导、高电子迁移、高人体亲和、高耐磨、抗腐蚀、抗辐射等功能性元器件方向发展，对七大战略性新兴产业和其他高新技术产业的支撑作用极大。超硬材料及制品已广泛应用于国计民生的各个领域，可以说上到尖端技术和国防，下到加工制造业和人们的日常生活均离不开超硬材料及制品。

11.3.1.1 高温高压（HPHT）技术合成阶段

1953 年，瑞典 Liander 等人通过高温高压（HPHT）技术成功合成出金刚石。1957 年 GE 公司在高达 18GPa 和 1750～3023℃的条件下将六方氮化硼（hBN）转变为立方氮化硼（cBN）。随后的研究表明，若加入氧化硼、氮化锂、氮化钙或氮化镁等催化剂，可将合成压力和温度降低到 4～7GPa 和 1200～1700℃，此时制备的金刚石和 cBN 微晶主要用于磨料。随后人们开始探索制备宝石级大单晶和纳米微晶。2001 年美国 Gemesis 公司利用 BARS 压机成功合成出黄色大单晶，其生长速度为 3.5 天 2.8 克拉（Ct），并于 2003 年将经切割打磨过的黄色金刚石推向市场，当时售价约为天然金刚石的 1/4（约 4000USD/Ct）。相对而言，大颗粒单晶 cBN 制备较为困难，目前最大也就是达到 1～3mm。

11.3.1.2 化学气相沉积（CVD）技术合成阶段

由于 HPHT 法合成宝石级金刚石时，一般都要使用金属催化剂，晶体中会存在金属杂质，因此该法制备的金刚石的性能与天然金刚石还有较大距离。大约 20 世纪 80 年代，GE

公司和 Los Alamos 国家实验室、De Beers、Smith 先进材料、日本三菱、住友、东芝等超硬材料行业的公司和研究机构开始研发化学气相沉积（CVD）法制备金刚石和 cBN 膜材料。CVD 法可在常压及约 800℃ 下合成出金刚石。日本 Matsumoto 等人采用 CVD 法在非金刚石基体上获得高于 $20\mu m/h$ 的金刚石生长速率，从而使合成金刚石薄膜技术取得了突破性进展，也使其商业化成为可能。美国卡内基学院地球物理实验室可制备对角线长 10mm、厚度超过 5mm 的优质单晶 CVD 金刚石，生长速度超过 $100\mu m/h$，其利用 CVD 法已合成出 $0.4\sim2.4$Ct（直径超过 1cm）无色大单晶金刚石。退火处理后，CVD 金刚石的维氏硬度达到 200GPa，性能甚至优于天然金刚石。对于 CVD 法制备 cBN 膜材料，直到 1987 年才真正意义上被制备出来。随着科技的发展，cBN 膜的厚度已达到 $2\sim3\mu m$，且与基体的黏着力不断增强。

11.3.1.3　聚晶金刚石和聚晶立方氮化硼材料发展阶段

由于单晶体易解理和各向异性等不足，GE 公司及 De Beers 公司等开始研究聚晶金刚石（PCD）和聚晶立方氮化硼（PcBN）的制备。在 20 世纪 70 年代，他们先后申请了采用金属或陶瓷作为黏结剂，在高温高压下制备出各向同性的 PCD 和 PcBN 的烧结技术专利。具有划时代意义的是 GE 公司生产的 PCD 复合片（以硬质合金作为载体，在其上形成 $0.3\sim0.7$mm 厚的 PCD 层），此后许多国家和公司相继展开对 PCD 和 PcBN 的研究和制备。

传统的 PCD 和 PcBN 都会含有少量的黏结剂，从而导致其抗高温性能不佳。住友公司和日本爱媛大学合作分别以石墨、无定形碳、玻璃态碳、碳纳米管及 C_{60} 为原材料采用 HPHT 制备出透明的高纯纳米晶聚晶金刚石（被称为"媛石"）。当以石墨为原材料，在 $\geqslant$15GPa 和 $2300\sim2500$℃ 的条件下，获得层状晶（$100\sim200$nm）和 $10\sim30$nm 等轴晶的高纯聚晶金刚石，其努氏硬度高于 120GPa；以其他碳材料为原材料时，在 $\geqslant$15GPa 和 $1800\sim2000$℃ 的条件下，获得晶粒尺寸为 $5\sim10$nm、等轴晶的高纯聚晶金刚石，其努氏硬度为 $70\sim90$GPa，弹性模量达到 1163GPa（比钴黏结相聚晶金刚石的高 $200\sim300$GPa）。该纳米晶聚晶金刚石刀具已成功推入市场。

住友公司以高纯超细 hBN 为原材料，在 $7\sim8$GPa 和 $2200\sim2400$℃ 条件下，也获得透明高纯聚晶立方氮化硼。cBN 晶粒度为 $0.5\sim5\mu m$；硬度达到 $50\sim55$GPa（比含黏结相 PcBN 硬度 $30\sim40$GPa 高得多）；其耐热性能大大提高，其在 1000℃ 下，硬度仍保持 20GPa；在空气中的热稳定性达到 1350℃。

11.3.2　超硬材料的应用

中国是世界人造金刚石和立方氮化硼的最大生产国，然而在高端超硬材料及制品的研究开发和应用上却落后国外发达国家。国外，尤其以德国、美国、日本、韩国等国家为主，在超硬材料的开发应用上处于世界领先，其应用遍布各个领域。

11.3.2.1　地质勘察和采矿

人造金刚石磨料已用作勘探和爆破钻孔的工作介质，用以穿透最坚硬的地层。聚晶金刚石（PCD）、聚晶金刚石复合片（PDC）可镶嵌在钻头和截齿上，用作大型切割或撞击/冲击表面，以实现更高钻进速率和更长使用寿命，其价值在偏远地域作业时更加凸显。开采地球现存能源的难度越来越高，而能源的可持续供应至关重要，必须开发种类齐全的工具材料来满足石油和天然气行业钻探需求。

11.3.2.2　航空工业

超硬材料被应用在航空零部件及系统的精密切削、铣削、钻孔和研磨加工领域，满足了航空航天业因引进难加工材料（如复合材料和高强度金属）而不断变化的新需求。

航空工业中使用的碳纤维增强复合材料部件与钛合金部件连接在一起形成的所谓"叠层"极难加工。PCD是加工"叠层"组件的唯一选择。

立方氮化硼（cBN）材料用于研磨航空发动机涡轮叶根以及加工发动机罩的精确间隙。相对于传统磨料，cBN可在较宽的温度范围内保持较高的硬度和锋利度，其耐磨性比最常见的传统氧化铝磨料高两个数量级，从而使外形精度维持得更久，并大幅度提高研磨效率。

聚晶立方氮化硼（PcBN）材料被越来越多地用于镍基高温合金盘件和轴的半精加工，在镍基和钴基高温合金的精加工方面，与涂层及无涂层硬质合金工具相比，PcBN工具能够可靠地实现300m/min或更高的加工速度，实现更长的工具寿命，使生产率提高6倍，并提高表面质量。

11.3.2.3　汽车工业

超硬材料已被大量用于汽车行业的精密加工领域。每个汽车零部件都需要稳定、精密的生产工艺，以满足最终的可靠性需求，超硬材料可满足镗孔、铣削、机械加工、开槽、铰孔、研磨、车削和珩磨等应用场合的极端性能需求，可用在汽车制造的整套流程中，从合金轮毂、缸体、凸轮和曲轴套管加工到变速箱铣削、钻孔和铰孔。

11.3.2.4　电子、通信行业

超硬材料已广泛应用于电子行业。人造金刚石单晶应用范围包括半导体、传感器、电子元器件、医疗辐射测量仪、高能物理研究用安全系统探测器、辐射探测器和红外传感系统。主要通过其先进的单晶CVD（化学气相沉积）金刚石材料服务电子行业。人造金刚石单晶有优良的导热性和电绝缘性能，是一种宽带隙半导体，可以支持高电场而不被击穿。国外某实验室公司已经开发并率先商业化提供由氮化镓（GaN，世界上最强大的半导体材料）和人造金刚石（热导率最高的材料）通过原子级结合构成的复合型半导体晶片。这一组合可以为通信和雷达领域提供更高功率和更高频率的电子器件，也可针对铁路、混合动力/电动汽车、太阳能和风力发电领域提供体积更小、更节能的电源转换/传输产品。

11.3.2.5　激光与光学

在所有已知材料中，人造金刚石的光谱波段最宽，可实现从紫外线到远红外及毫米波微波的理想透过率，再加上其高硬度、高导热性和化学惰性，其成为许多工业、研发和国防光学应用中的理想窗口材料。人造金刚石光学材料主要应用在激光光学元件、红外光谱仪和无线电射频（RF）光学元件上。

除上述领域外，超硬材料在其他领域也得到拓展应用：人造金刚石已成为一系列量子应用的候选材料；聚晶金刚石（PCD）可以在高负荷、高温，甚至最具侵蚀性和腐蚀性的场合实现独一无二的高性能作业，如潮汐技术和在最恶劣环境中运作的风力涡轮机；人造金刚石可以实现臭氧的大规模生产；人造金刚石的所有极端特性，特别是它的硬度、耐磨性和化学惰性，都可以应用在传感器上，与其他任何传感器相比，人造金刚石的性能使其对水中更广范围的杂质更敏感，人造金刚石有望成为污染物探测器的首选，用于各种应用环境中可能会危害健康的污染物探测。

11.4 超级隔热材料——气凝胶

超级隔热材料的概念，是 1992 年由美国学者 A. J. Hunt 在国际材料工程大会上提出的，其典型特征为热导率低于同温度下静止空气的热导率。块体气凝胶材料是一类典型的超级隔热材料，具有气固两相相互贯穿的纳米结构特点，在常压条件下即可表现出"超级隔热"的特性。气凝胶是一种由胶粒或者聚合物单体相互聚合构成的具有三维网络骨架的固体纳米材料，具有超低密度、低热导、高比表面积和高孔隙率等优异性能。气凝胶材料的孔隙率在 90% 以上，且气凝胶材料内部的介孔结构可以使得气凝胶具有极佳的隔热性能，可以使得气凝胶在电池能源、工业高温窑炉和航空航天等领域得到广阔的应用，克服了传统隔热材料的各种缺陷，且节能降耗显著。

11.4.1 超级隔热材料的构筑

美国 Kistler 于 1931 年首次制备出气凝胶材料，其优异性能引起了世界学者对气凝胶材料的极大兴趣。1997 年，美国国家航空航天局（NASA）首次在航天火星探测器上成功应用氧化物气凝胶作为隔热材料，使得气凝胶在航天领域的实际应用成为可能。随后，美国相继开展了旋翼飞行器的轻质隔热材料研究（LTIR）和航天器生存能力（ARIAS）的研究计划，进一步研究轻质耐高温气凝胶的隔热与耐高温性能。

气凝胶材料中的热量传递主要包括固态传热、辐射传热和气态传热 3 种主要形式。在不考虑固态传热和气态传热的耦合效应前提下，气凝胶的热导率主要是 3 种传热方式的热导率的相加。气凝胶的制备过程一般要经历溶胶-凝胶过程、凝胶老化和溶剂置换过程、凝胶的干燥方式选择等一系列流程，甚至炭气凝胶或碳化物气凝胶材料还要经过对干燥后样品进行高温热处理工艺。目前超级隔热气凝胶材料研究主要有氧化物气凝胶（SiO_2、Al_2O_3、ZrO_2 气凝胶等）、炭气凝胶（RF 气凝胶等）、碳化物气凝胶（有 SiC、C/SiC 气凝胶等）3 大类。

11.4.1.1 氧化物气凝胶隔热材料

氧化物气凝胶的主要研究方向有 SiO_2、Al_2O_3、ZrO_2 气凝胶及其复合气凝胶，当前研究最早且较为成熟的气凝胶材料就是 SiO_2 气凝胶。SiO_2 气凝胶制备所需要的硅源一般有多聚硅、硅溶胶、正硅酸甲酯（TMOS）、正硅酸乙酯（TEOS）等。以硅溶胶为硅源，把碳纳米纤维成功地掺入到二氧化硅气凝胶的介孔网络中，开发一种新型碳纳米纤维/SiO_2 复合气凝胶。这种复合气凝胶可以有效提高 SiO_2 气凝胶的尺寸稳定性，并抑制在高温下成为主导的辐射热传导，在 500℃ 时实现 0.05W/(m·K) 的超低导热率，同时保持 500℃ 以上的热稳定性 [玻璃纤维在 500℃ 时为 0.3W/(m·K)]。1975 年，Yoldas 以仲丁醇铝为铝源，首次合成了 Al_2O_3 气凝胶材料。吴晓栋等以六水合氯化铝为铝源、正硅酸四乙酯为硅源制备出 SiO_2-Al_2O_3 二元复合气凝胶。SiO_2 气凝胶具有低密度和低热导率等优异性能，但是在高温下气凝胶孔结构容易发生坍塌，材料趋于致密，导致高温环境下热导率增幅较大，耐热温度仅为 800℃，有氧环境下长期使用温度不超过 650℃，这极大地限制了 SiO_2 气凝胶在高温领域的应用。

11.4.1.2 炭气凝胶隔热材料

1981年，Pekala等以间苯二酚（R）-甲醛（F）为反应物，首次制备出世界上第一块有机气凝胶，在惰性气氛下经过高温热处理转化成炭气凝胶材料。随后，在此研究基础上，包括甲酚-甲醛气凝胶、三聚氰胺-甲醛（MF）气凝胶和酚醛树脂-糠醛气凝胶等多种有机气凝胶经过热处理后被成功制备成炭气凝胶。炭气凝胶材料在惰性气氛或真空环境下，其耐高温可以高达2000℃，石墨化后的炭气凝胶的耐温性会进一步提升，最高可以达到3000℃的耐温性。然后在有氧高温环境下，炭气凝胶会发生严重的结构坍塌现象，热导率会大大升高，这极大地限制炭气凝胶在有氧环境的使用。

11.4.1.3 碳化物气凝胶隔热材料

C/SiC、C/SiO$_2$及C/Al$_2$O$_3$复合气凝胶在惰性氛围下能耐1500℃高温，轻质高强、高效隔热，但这些含C的气凝胶材料在氧气氛围中都容易发生氧化，易氧化发生烧蚀现象，导致材料内部结构的损坏，影响其耐高温性能。碳化物气凝胶，尤其是SiC气凝胶，因空气氛围下耐温性达1200℃、惰性氛围达1500℃，在高温隔热领域引起人们的普遍关注。孔勇等利用RF/SiO$_2$复合气凝胶为前驱体制备出硅酸铝纤维增强的SiC气凝胶复合材料，制备过程中材料演变主要经历了RF/SiO$_2$、C/SiO$_2$、C/SiC、SiC等一系列过程。最终制备的材料孔隙率达90.3%，总孔体积为2.71cm^3/g，比表面积为30m^2/g，且经过1200℃高温处理0.5h和2h后，收缩率分别为6.10%、6.88%，可见其在1200℃下收缩率变化不大，隔热性能稳定，耐高温性能优异。以氯氧化锆和间苯二酚（R）-甲醛（F）为前驱体，通过溶胶-凝胶法和碳热还原法合成C/ZrO$_2$/ZrC三元气凝胶复合材料；复合气凝胶的比表面积高达637.4m^2/g，高于以往报道。碳纤维增强复合气凝胶的热导率低至0.057W/（m·K）（25℃），可以广泛应用于高温窑炉、工业蒸汽管道及航空航天等领域。

11.4.1.4 多层气凝胶隔热材料

传统多层隔热材料在真空环境下具有极低的热导率，但是由于其间隔层多为疏松纤维，致使其隔热性能对使用环境真空度比较敏感，随着真空度的降低，隔热性能下降。由于气凝胶特殊的纳米级多孔网络结构，使其具有低的固相导热和气相导热，将其填充进传统多层隔热材料的间隔层中，与传统多层隔热材料相结合，会获得固相导热、气相导热和辐射导热均很低的多层气凝胶隔热材料。

吴文军等将陶瓷纤维增强的金属氧化物柔性SiO$_2$气凝胶和多层反射屏引入柔性隔热毯中，设计出了一种具有多层反射结构的柔性纳米隔热材料，其结构示意图如图11-4所示。多层反射屏抑制了材料的红外辐射传热，SiO$_2$气凝胶的纳米多孔结构降低了气体导热和对流传热，有效提高了材料的隔热性能。Sheng等制备了一种新型多层隔热材料，并采用溶胶-

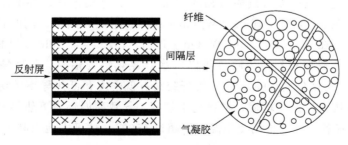

图11-4 多层隔热材料结构示意图

凝胶法将 SiO_2 气凝胶引入纤维中,在高真空环境下（10^{-3} Pa）,新型多层隔热材料的当量热导率比传统多层隔热材料降低 21.8%,质量降低 67.2%。此外,这种新型隔热材料在高温（1200K）以及低真空（100Pa）环境下也表现出良好的隔热性能。

11.4.2 超级隔热材料的应用

11.4.2.1 气凝胶在航空航天领域的应用

气凝胶是目前隔热性能最好的固态材料。目前,气凝胶在航空航天领域的应用得到进一步的拓展。

飞机黑匣子、"美洲豹"战斗机、高性能粒子加速器和美国航天飞机都已经成功将气凝胶材料作为隔热材料应用。NASA 的 Ames 研究中心将陶瓷纤维与气凝胶进行复合制备出一种低热导率、高强度及高隔热性能的新型复合隔热瓦,有效地提高隔热瓦的隔热性能 10～100 倍左右,使得气凝胶复合隔热瓦在航天器上重复使用具有巨大的潜力。气凝胶还具有非常好的保温隔热效果,可以有效地保护火星探测机器人的电子仪器设备。气凝胶超级隔热材料已成功应用于火星探测器的个别温度敏感部件及星云捕获器上以及俄罗斯"和平"号空间站的建造中,同时在高超声速飞行器、超声速巡航导弹的内部热防护方面都有重要应用。多层隔热材料具有优异的隔热性能,已广泛应用于航天器热防护、火箭上的燃料贮存、低温贮箱隔热和电力等领域。

11.4.2.2 气凝胶在建筑保温材料中的应用

由于前期气凝胶的生产工艺较为复杂,造价偏高,气凝胶的应用还限于航空航天等高端领域,但随着气凝胶研究的深入和制备技术的发展,目前也逐渐开始应用于建筑保温隔热领域。由于气凝胶具有优越的保温隔热性能和吸声减震等特性,用作保温隔热材料在建筑节能领域具有很好的发展和应用潜力,如气凝胶节能窗、气凝胶新型板材和屋面太阳能集热器。

（1）气凝胶节能窗 气凝胶被广泛应用于各种特殊的窗口隔热体系。Fricke 等发现硅气凝胶制备的双层隔热窗热导率低于 0.002W/(m·K),用该材料制得的特种玻璃,其保温性能是同样厚度普通泡沫塑料的 4 倍。2000 年俄罗斯一家公司开发出一种从外观和透明度看都与普通玻璃相似的新型气凝胶玻璃,由于它耐热性极高,阻燃,抗放射性辐射,还可以调色和吸音,广泛应用于建筑材料领域。

（2）气凝胶新型板材 Kalwall 公司利用先进的生产技术成功地设计了一种透光率为 20%、传热系数仅为 0.05W/(m^2·K) 的新型板材,该板材是以 Nanogel 材料为填充内核的复合结构夹芯板,称为 Nanogel 夹芯板,该公司制作的新型屋顶天窗系统,在加强透光性的同时,并没有在其隔热层内产生通风效应,同时也不会损失热量。

（3）太阳能集热器 把气凝胶用于太阳能的储水箱、管道和集热器,可使其集热效率比传统太阳能集热器提高一倍以上,且热损失下降 30% 左右。气凝胶用于荧光太阳能集热器具有塑性材料无法比拟的优点。

随着纳米技术的不断发展,气凝胶以其超级隔热和保温性能及良好的疏水特性引起了广泛的重视,成为保温隔热材料的研究热点,尽管目前由于气凝胶的成本较高限制了其保温隔热应用,但可以预见随着气凝胶制备技术的进一步发展和气凝胶保温隔热材料经济性的提高,气凝胶保温隔热材料必将获得广泛的应用,为节能降耗减排和社会可持续发展发挥更大的作用。

11.5　先进显示材料

　　显示技术是信息化产业的重要组成部分，显示屏作为视频图片信息的最佳呈现方式，小到智能手机，大到股票交易所巨型屏幕，可以说，我们每天都会面对着各种各样的显示屏来获取大千世界的各种信息。显示技术俨然已经成为我们日常生活、工业生产等诸多方面不可或缺的重要组成。因此人们对手机、电脑、大屏幕高清电视等显示技术提出了越来越高的要求，也成为了显示技术的原动力。

　　显示技术在过去的十几年间，经历了快速的发展。诞生于 20 世纪 60 年代的薄膜晶体管液晶显示（thin film transistor-liquid crystal display，TFT-LCD）技术经过近 30 年的不断发展和改良，于 1991 年由日本企业率先正式应用于商业化笔记本电脑，取代传统的阴极射线管（cathode ray tube，CRT）显示产品，开创了平板显示的新时代。TFT-LCD 具有色彩逼真、画质清晰、轻薄节能等优点，在许多领域都有着广泛的应用。除 TFT-LCD 外，平板显示技术还包括有机发光二极管（organic light emitting diode，OLED）显示、量子点发光二极管（quantum dot light emitting diode，QLED）显示、微发光二极管（Micro-LED）显示等新型显示技术。OLED 技术的研究起源于美籍华裔科学家邓青云教授。1979 年，邓青云教授于伊士曼柯达公司 Rochester 实验室发现了 OLED。1997 年，日本先锋公司在全球率先推出了 OLED 车载显示器，使 OLED 显示屏首次进入商业化领域。近年来，随着量子点制备技术的不断提高，量子点在显示领域的应用得到了广泛关注。采用量子点背光源技术，可大幅提高 LCD 器件的色域和亮度，从而使 LCD 器件拥有更高的显色性和色彩还原能力。但量子点背光源技术属于光致发光，仍然是依托于背光源的被动发光技术，光利用率不高。QLED 显示作为电致发光的自发光显示技术，其在色彩纯度、稳定性、发光效率及制造成本等方面较 OLED 显示更具有优势。Micro-LED 显示是 LED 显示技术发展的必然趋势。Micro-LED 显示技术已经发展了十几年，世界上多个研究组在开展相关的研究工作，开发基于 Micro-LED 的显示器件已成为显示行业的研究热点之一。Micro-LED 显示作为一种自发光显示技术，具有更宽的色域，带来更高的亮度、更低的功耗、更长的使用寿命、更强的耐用性和更好的环境稳定性，被认为是继 TFT-LCD 和 OLED 显示技术之后全新的颇具活力的显示技术。

11.5.1　先进显示结构及原理

11.5.1.1　TFT-LCD 显示的结构及原理

　　典型的 TFT-LCD 显示的基本结构如图 11-5 所示，在上、下两层玻璃基板之间夹一层液晶材料，形成平行板电容器，其中上玻璃基板贴有彩色滤光片，下玻璃基板则有薄膜晶体管镶嵌于上。上下两块偏光板的光学偏振方向互相垂直，即相位差为 90°。背光模组用来提供均匀的背景光源。以不加电压液晶面板为亮态（即常白态）为例，背光源发射出来的非偏振光通过下偏光板成为线偏振光，下玻璃极板上的薄膜晶体管用来对每个像素位置施加电压，以控制液晶转向。如果某个像素位置没有电压，由于晶体的旋光特性，该线偏振光的偏振方向将旋转 90°，正好与上偏光板的偏振方向相同，则光线顺利通过，该像素显示状态为亮。如果某个像素位置有电压，该像素区域的液晶的旋光特性将消失，通过液晶的光线的偏振状态不变，因此光线无法通过上偏光板，则该像素显示状态为暗。此外，因为上层玻璃基板与彩色滤光片贴合，彩色滤光片使每个像素包含红、蓝、绿三原色，从而使其呈现出某一特定的颜色，这些不同颜色的像素呈现出来的就是面板前端的图像。

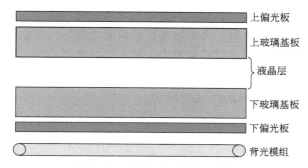

图 11-5　TFT-LCD 的基本结构

11. 5. 1. 2　OLED 显示的结构及原理

OLED 显示属于自发光显示技术，典型的有源矩阵有机发光二极管（active matrix organic light emitting diode，AMOLED）显示的基本结构如图 11-6 所示。在玻璃基板上通过喷墨打印、有机气相沉积或真空热蒸发等工艺，形成阳极、空穴传输层、有机发光层、电子传输层和阴极。当对 OLED 器件施加电压时，金属阴极产生电子，氧化铟锡（俗称 ITO）阳极产生空穴，在电场力的作用下，电子穿过电子传输层，空穴穿过空穴传输层，二者在有机发光层相遇，电子和空穴分别带正电和负电，它们相互吸引，在吸引力（库仑力）的作用下被束缚在一起，形成激子。激子激发发光分子，使得发光分子的能量提高，处于激发状态，而处于激发状态的分子是不稳定的，它想回到稳定状态，在极短的时间内，它放出能量回到稳定状态，而放出的能量就以光子的形式发出。由于 ITO 阳极是透明的，所以可看到发出的光。不同的有机发光材料发出不同颜色的光，依配方不同，可产生红、绿、蓝三原色，构成基本色彩。AMOLED 的每个像素都配备具有开关功能的低温多晶硅薄膜晶体管（low temperature poly-Si thin film transistor，LTP-Si TFT），通过 TFT 开关控制电流大小来改变器件发光亮度，从而实现对每个像素点的精确控制。每个 OLED 显示单元（像素点）都能产生 3 种不同颜色的光，从而可实现彩色显示。

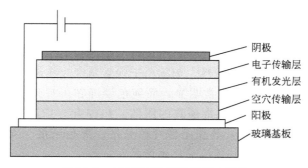

图 11-6　AMOLED 显示的基本结构

11.5.1.3 QLED 显示的结构及原理

QLED 显示属于自发光显示技术，其基本结构与 OLED 技术非常相似，由玻璃基板、阳极、空穴传输层、量子点发光层、电子传输层、阴极等组成。量子点是一种无机半导体纳米晶体，其晶粒直径在 $2\sim10nm$ 之间。量子点的光电特性很独特，当受到光或电的刺激，量子点便会发出色纯度非常高的高质量单色光，光线的颜色由量子点的组成材料、大小、形状决定。量子点层夹在电子传输和空穴传输有机材料层之间，外加电场使电子和空穴移动到量子点层中，它们被捕获到量子点层并且重组，从而发射光子。通过控制无机物成分和颗粒尺寸等性状来显示不同的颜色，从而实现画面显示功能的一种应用。

11.5.1.4 Micro-LED 显示的结构及原理

Micro-LED 显示属于自发光显示技术。Micro-LED 显示的结构是微型化 LED 阵列，也就是将 LED 结构设计进行薄膜化、微小化以及阵列化后，将 Micro-LED 巨量转移到电路基板上，再利用物理沉积技术生成上电极及保护层，形成微小间距的 LED。Micro-LED 的尺寸仅在 $1\sim10\mu m$ 等级左右，是目前主流 LED 大小的 1%，每一个 Micro-LED 可视为一个像素，同时它还能够实现对每个像素的定址控制、单独驱动自发光。Micro-LED 的典型结构是一个 PN 结面接触型二极管，由直接能隙半导体材料构成，当对 Micro-LED 施加正向偏压，致使电流通过时，电子、空穴在主动区复合，发出单色光。Micro-LED 阵列经由垂直交错的正、负栅状电极连接每一颗 Micro-LED 的正、负极，通过电极线的依序通电，以扫描方式点亮 Micro-LED 以显示影像。

11.5.2 先进显示技术的应用

11.5.2.1 LCD 显示技术的应用

LCD 显示经过多年的发展，技术成熟，成本较低，高、中、低端产品都有，能够实现从 1in（1in=2.54cm，下同）到 100in 之间各种尺寸的显示，其已经广泛应用到车载显示、数码相机、智能手机、IT 显示、电视产品、医疗器械显示、商用显示等各个领域之中。

量子点背光源技术利用量子点的发光特性，通过绿色、红色量子点将蓝色 LED 光转化为高饱和度的绿光和红光，并同其余未被转换的蓝光混合得到白光等各种颜色，在屏幕上显示宽广色域的颜色。近年来，三星、飞利浦、TCL 等多家公司推出了基于量子点背光源技术的 LCD 显示产品。

纯色硬屏技术是在广色域背光灯和液晶模组之间添加一层纳米颗粒，这层纳米颗粒是一种直径在 1nm 左右的均匀微型粒子，专门吸收背光源发出的杂光，提升红、绿、蓝三原色光的纯度，进而能够更加准确地表现画面色彩，呈现真实画面。由于纯色硬屏技术中的纳米颗粒比量子点背光源技术中的量子点更小，所以可产生更精细、更准确的色彩。此外，纯色硬屏技术可以增强离轴时的色彩一致性，消除由于观看角度改变而产生的色彩失真。传统屏幕的可视角度在大于 30° 时色差会非常明显，而纯色硬屏在可视角度达到 60° 的时候，依然没有色差，保持 100% 高色域，形成最逼真的图像。2017 年，LG、创维等公司都推出了搭载纯色硬屏技术的液晶显示产品，其在图像峰值亮度、黑色暗度、对比度、鲜艳度、真实度、细节还原等属性上，均高于其他液晶显示产品。

11.5.2.2 OLED 显示技术的应用

由于 OLED 显示较 LCD 显示有响应速度快、功耗低、重量轻、可柔性显示等优点，

OLED 显示在可穿戴设备、车载显示、智能手机、平板电脑、电视、超大屏幕显示、特种显示等领域应用潜力巨大。此外，值得关注的是近年来虚拟现实（virtual reality，VR）市场发展迅速，OLED 可以做到低余辉显示，并且响应时间是 LCD 的千分之一，而且具有响应时间短、视角广、轻薄的特点，可有效解决拖影、延迟问题，消除 VR 使用者的晕眩感，减轻 VR 设备对头部的负担，大幅提升沉浸感，使得 OLED 在 VR 领域应用广泛。目前市场上主流 VR 设备如 Gear VR、HTC Vive、Oculus Rift、Sony Play Station VR、Razer OS-VR 等均已采用 OLED 屏幕。但由于 VR 市场需求高于预期以及智能手机积极导入 OLED 面板，目前 OLED 面板还存在价格较高的问题。

2017 年，苹果公司推出采用 OLED 全面屏的 iPhone X 手机，整机正面看起来就是一块几乎整面的屏幕，其屏占比达到了 82.9%。苹果推出了采用 OLED 全面屏的 iPhone X 之后，OLED 全面屏彻底被引爆，智能手机市场已经进入了全面屏的时代。2018 年，LG Display 首次推出了 65in 卷轴式超高清 OLED 电视。这款产品拥有 3840×2160 的超高清分辨率，在不用的时候可直接卷成一卷，从而方便携带和安装，是罕见的可以充分卷曲的大尺寸显示产品。2018 年，LGD 公布了一条"OLED"峡谷。这个"OLED"峡谷有 28m，由 246 块凹凸有致的 LG Open Frame OLED 4K 超高清显示屏组成，总像素超过了 20 亿。与传统的大屏显示产品相比，OLED 曲面拼接屏不仅在外观更为轻薄、多变，同时还可以根据复杂的设计需求组合显示，这是液晶拼接、DLP 拼接以及小间距 LED 都无法企及的。

11.5.2.3　QLED 显示技术的应用

从理论上讲，QLED 显示在色域、稳定性、寿命、制造成本等方面较 OLED 显示更具优势，但目前电致发光 QLED 显示技术还处于起步阶段，许多技术问题还有待突破，离商业化应用还需要一定时间。一旦电致发光 QLED 技术取得突破并能够实现量产，它将会在微显示、小屏显示、中屏显示、大屏显示、超大屏幕显示的各个领域的应用中占据重要位置。

11.5.2.4　Micro-LED 显示技术的应用

由于 Micro-LED 显示的良好性能，其在穿戴设备、车载显示、手机、电视等领域具有广阔的应用前景。但由于技术难度大、成本高，Micro-LED 显示将首先应用在高端的超大屏幕室内外显示和小尺寸的智能型手表、手环等可穿戴式装置。

2017 年，Veeco 公司和 ALLOS Semiconductors 公司达成合作，将 Veeco 领先的 MOCVD 专业技术和 ALLOS Semiconductors 的硅基氮化镓外延晶片技术相结合，可生产出高质量的 GaN 晶圆，从而在现有的硅生产线上实现生产低成本的 Micro-LED。巨量转移技术作为 Micro-LED 制程中最困难的关键制程，将以薄膜转移的各种技术为主。目前，全球已有多家厂商投入到巨量转移技术的研发中，如 Lux-Vue、eLux、VueReal、X-Celeprint、法国研究机构 CEA-Leti、Sony 及冲电气工业（OKI）；台湾则有錼创、工研院、Mikro Mesa 及台积电（2330-TW）。

2021 年，台湾群创光电通过高效巨量转移技术让 Micro-LED 量产目标更进一步，发表首款 92.4in（1in＝2.54cm，下同）P 0.6mm 4K 量子点 AM-Micro-LED 无缝拼接显示器。这款 92.4 寸 4K 量子点 AM-Micro-LED 无缝拼接显示器具备 3D 立体感受、广色域、超高对比、流畅动态影像、视网膜级高画质、大型无缝拼接等特色，目标市场包括 8K 剧院、电竞中心、大型安控中心、博物馆数位艺术展示、与金字塔高端客群等大型显示器市场。

LCD 显示经过多年发展，通过量子点背光技术、蓝相液晶技术、纯色硬屏技术、柔性显示等技术创新来不断提高其综合性能，保持其主流地位。OLED 显示技术的出现使显示行业摆脱了传统 LCD 的背光源，开创了自发光显示的发展方向。在相当一段时期内，LCD 和 OLED 仍将还会共存于市场中，相互补充，激烈的竞争有望让消费者以更低的价格获得更好的显示效果。QLED 显示和 Micro-LED 显示这两种自发光显示技术，在理论上较 OLED 显示拥有更好的颜色表现、更久的工作寿命等优势，在越来越多显示企业及科研机构的共同推动下，QLED 显示和 Micro-LED 显示技术在近年内将会有突破性进展。

11.6 石墨烯材料

11.6.1 石墨烯简介

石墨烯（graphene）是一种以 sp^2 杂化连接的碳原子紧密堆积成单层二维蜂窝状晶格结构的新材料。最早是 2004 年由英国曼彻斯特大学物理学家安德烈·海姆（Andre Geim）和康斯坦丁·诺沃肖洛夫（Kostya Novoselov）用微机械剥离法成功从石墨中分离出石墨烯，因此共同获得 2010 年诺贝尔物理学奖。石墨烯具有优异的光学、电学、力学特性，在材料学、微纳加工、能源、生物医学和药物传递等方面具有重要的应用前景，被认为是一种未来革命性的材料。

简单来说，石墨烯是其他碳纳米材料的结构构成单元，它既可以堆积形成三维的石墨，也可以卷曲成为一维的碳纳米管，还可以包裹形成零维的富勒烯，如图 11-7 所示。石墨烯内部碳原子的排列方式与石墨单原子层一样以 sp^2 杂化轨道成键，并有如下的特点：碳原子有 4 个价电子，其中 3 个电子生成 sp^2 键，即每个碳原子都贡献一个位于 p_z 轨道上的未成键电子，近邻原子的 p_z 轨道与平面成垂直方向可形成 π 键，新形成的 π 键呈半填满状态。

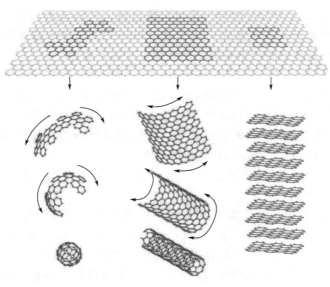

图 11-7 石墨烯及以其为单位构建的其他维度的石墨材料

研究证实，石墨烯中碳原子的配位数为 3，每两个相邻碳原子间的键长为 1.42×10^{-10} m，键与键之间的夹角为 120°，单层石墨烯厚度约为 0.35nm。除了 σ 键与其他碳原子链接成六角环的蜂窝式层状结构外，每个碳原子的垂直于层平面的 p_z 轨道可以形成贯穿全层的多原子的大 π 键（与苯环类似），因而具有优良的导电和光学性能。

石墨烯由于具有高的比表面积，通过强有力的 π-π 堆积和范德华力使石墨烯片层容易发生不可逆的多层堆积，使得石墨烯难溶于其他溶剂和水，从而大大地限制了石墨烯在各方面的应用。为了充分发挥石墨烯的优良性能，通常采用引入新的物质将石墨烯功能化。功能化的石墨烯既具有石墨烯的优良性质，又赋予石墨烯新的性质，因此，将石墨烯功能化为进一步研究石墨烯的性能和拓展石墨烯的应用提供了更广阔的空间。

11.6.2　石墨烯的性能

石墨烯独特的晶体结构，使其具有许多独特的性能，如优异的光学特性、良好的导电性和导热性、高的力学强度、高载流子迁移速率和超大的比表面积等，这些特性吸引了无数科学家的研究兴趣。

11.6.2.1　力学特性

石墨烯是已知强度最高的材料之一，将来可能作为增强材料广泛应用于各类高强度复合材料中。同时还具有很好的韧性，且可以弯曲，石墨烯的理论杨氏模量达 1.0TPa，固有的拉伸强度为 130GPa。而利用氢等离子改性的还原石墨烯也具有非常好的强度，平均模量可达 0.25TPa。由石墨烯薄片组成的石墨纸拥有很多的孔，因而石墨纸显得很脆，然而，经氧化得到功能化石墨烯，再由功能化石墨烯做成石墨纸则会异常坚固强韧。

11.6.2.2　热学性能

石墨烯具有非常好的热传导性能。纯的无缺陷的单层石墨烯的热导率高达 5300W/(m·K)，是迄今为止热导率最高的碳材料，高于单壁碳纳米管［3500W/(m·K)］和多壁碳纳米管［3000W/(m·K)］，室温下是铜的热导率［401W/(m·K)］的 10 倍。优异的导热性能使石墨烯在热管理领域极具发展潜力，但这些性能都基于微观的纳米尺度，难以直接利用。因此，将纳米的石墨烯组装成宏观薄膜材料，同时保持其纳米效应是石墨烯规模化应用的重要途径。如果把一维的碳纤维作为结构增强体，把二维的石墨烯作为导热功能单元，通过自组装技术，就可构建结构/功能一体化的碳/碳复合薄膜，类似于钢筋混凝土的多级结构，其厚度在 10～200nm 可控，室温面向热导率高达 977W/(m·K)，拉伸强度超过 15MPa。

11.6.2.3　光学性能

石墨烯由单层到数层碳原子组成，因此大面积的石墨烯薄膜具有优异的透光性能。对于理想的单层石墨烯，波长在 400～800nm 范围内的光吸收率约为 2.3%，在几层石墨烯厚度范围内，厚度每增加一层，吸收率增加 2.3%；当石墨烯层数增加到 10 层时，反射率也仅为 2%。单层石墨烯的吸收光谱在 300～2500nm 范围内较平坦，只在紫外区域（约 270nm）存在一个吸收峰。因此，石墨烯不仅在可见光范围内拥有较高的透明性，而且在近红外和中红外波段内同样具有高透明性；这使得它在透明导电材料，尤其是窗口材料领域拥有广阔的应用前景。

除了具有高透明度外，石墨烯还具有低电阻率（10^{-6} Ω·cm），使其适合用作液晶器件中的电极。可以使用石墨烯薄膜来代替铟锡氧化物薄膜制备柔性透明导体，应用于触摸屏、柔性显示器、印刷电子术、固态照明，特别是有机发光二极管和薄膜光伏电池。

11.6.2.4　电学特性

石墨烯新颖的电学特性在于它可以维持巨大的电流。石墨烯中的 π 键使石墨烯具有电子传导性，并使石墨烯层之间产生较弱的相互作用。石墨烯中的载流子可用狄拉克方程而不是薛定谔方程来描述。

石墨烯是一种典型的零带隙半金属材料，其电子能谱——电子的能量与动量呈线性关系。石墨烯在室温下的载流子迁移率约为 $15000 \mathrm{cm}^2/(\mathrm{V} \cdot \mathrm{s})$，这一数值超过了硅材料的 10 倍，是已知载流子迁移率最高的物质锑化铟（InSb）的两倍以上。在某些特定条件下如低温下，石墨烯传导时其电子或空穴浓度高达 $10^{13} \mathrm{cm}^{-2}$，其载流子迁移率甚至可高达 $500000 \mathrm{cm}^2/(\mathrm{V} \cdot \mathrm{s})$。之所以有如此高的迁移率，是因为完美的石墨烯蜂窝状晶格使电子能够十分顺利地通过。

石墨烯的电子性质与它的厚度有着密切的联系。因此，合成石墨烯时，通过控制生长参数控制石墨烯的厚度是至关重要的。石墨烯具有较高的电子（或空穴）迁移率和低热噪声（由于载流子的热激发而产生的电子噪声）。这一点十分有用，特别是在制作 PN 结时，暗电流最小。

11.6.2.5　化学稳定性及反应性

石墨烯的化学稳定性高是由于蜂窝网状结构中强大的面内 sp^2 杂化键的存在。石墨烯的化学惰性可应用于防止金属和金属合金的氧化，使它有望提高潜在的光电子器件的耐久性。

氧化石墨烯可溶于极性和非极性溶剂。因为每个石墨烯原子存在于表面，这些原子能够与目标气体或蒸气粒子的任何分子产生相互作用。因此，石墨烯展出其独特的化学反应特性。通过恰当地选择一个分子吸附在石墨烯的表面，这一独特的化学反应特性能够调节石墨烯的导电性。这些特性使石墨烯可应用于纳米机电系统（NEMS），如压力传感器和谐振器。

然而，由于石墨烯的二维结构，其每个原子的化学反应都是从两侧开始的。此外，位于石墨烯片边缘的碳原子显示出其特殊的化学反应性，而石墨烯片的缺陷也增强了化学反应能力。石墨烯的反应性和电子特性取决于石墨烯的层数，并随着层数和相邻层原子（堆叠顺序）相对位置的变化而变化。

11.6.3　石墨烯的制备

目前，石墨烯的制备方法主要包括自上而下（Top-down）和自下而上（Bottom-up）两种途径，其中自上而下（Top-down）法包括微机械剥离法、氧化石墨烯还原法、液相剥离法、碳纳米管切割法、电化学法和机械球磨法等，而自下而上（Bottom-up）法包括化学气相沉积法、SiC 外延生长法、固态碳源催化法、有机合成法等。

11.6.3.1　自上而下（Top-down）法

（1）微机械剥离法　Geim 等于 2004 年用一种极为简单的"微机械剥离法"成功地从高定向热解石墨（HOPG）上剥离并观测到单层石墨烯。该方法首先将 HOPG 表面用氧等离子刻蚀微槽，并用光刻胶将其转移到玻璃衬底上，HOPG 厚度逐步降低，会有些很薄的片层留在衬底上，其中包括单层石墨烯片（$10 \mu \mathrm{m}$ 尺寸）；再将贴有微片的玻璃衬底放入丙酮溶液中超声处理，之后在溶液中放入单晶硅片，单层石墨烯会在范德华力作用下吸附在硅片表面。该方法采用机械力来分离已知的最薄材料，并因此获得"2010 年诺贝尔物理学奖"。

其优点是可以获得采用其他方法时无法实现的极高品质石墨烯片（晶体缺陷少），石墨烯片的宽度能达到微米级，并且制备过程绿色无污染。缺点是石墨烯片的制备过程烦琐，尺寸及层数难以控制，生产效率也较低。因此，微机械剥离法只适用于实验室中小规模的制备，不能满足工业化和规模化的生产要求。

（2）氧化石墨烯还原法　氧化还原法是将石墨用强酸氧化生成氧化石墨，超声后得到氧化石墨烯，然后进行还原生成石墨烯的方法。具体步骤（图 11-8）：用无机强质子酸（如浓硫酸、发烟硝酸或它们的混合物）于反应室处理原始石墨，将强酸小分子插入石墨层间；再加入强氧化剂（如 $KMnO_4$、$KClO_4$ 等）将其进行氧化，消弱石墨层间作用力；然后超声处理，得到氧化石墨烯；最后加入还原剂（$NaBH_4$、水合肼、KOH、$NaOH$ 等），还原去除含氧官能团得到石墨烯。

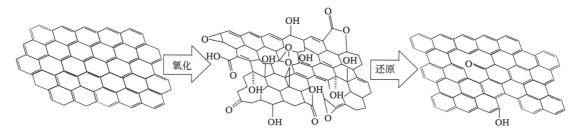

图 11-8　氧化还原法制备石墨烯过程示意图

目前，制备氧化石墨烯的技术已经成熟，用石墨制备氧化石墨是低成本、大规模制备石墨烯的起点。氧化石墨的层间距（7～1.2nm）较原始石墨层间距大，有利于将其他物质分子/原子插入。研究表明氧化石墨表面和边缘有大量官能团，易与极性物质发生反应，得到改性氧化石墨。氧化石墨的有机改性可使氧化石墨表面由亲水性变成亲油性，使用适当的剥离技术（如超声波剥离法、静电斥力剥离法、热解膨胀剥离法、机械剥离法、低温剥离法等）使其极易在水溶液或有机溶液中分散成均匀的氧化石墨烯溶液。

虽然氧化石墨及其衍生物都具有良好的溶解性，但是在对石墨强氧化的过程中 π 共轭结构遭受了极大的破坏，引入了含氧基团，芳香环上的碳变成了 sp^3 杂化，氧化石墨的导电性显著降低，甚至不导电。为了使其在功能化的同时也尽可能地保持石墨烯的本征性质，就需要对石墨烯的共轭结构进行还原。通过电化学或者化学还原的方法对氧化石墨烯修复，还原后得到和石墨一样的石墨烯 sp^2 杂化键结网结构，即氧化石墨烯脱氧和重石墨化，从而实现石墨烯导电性能的恢复或者显著提高。

由于经过强氧化剂氧化得到的氧化石墨并不一定能被完全还原，因此该方法最大的缺点就是制备的石墨烯有诸多晶格缺陷，容易导致一些物理、化学性能的损失，尤其是导电性能下降。但是由于该方法的成本较低且操作简单，能够大量制备石墨烯，适用于工业化生产，是目前常用的一种制备石墨烯的方法。

11.6.3.2　自下而上（Bottom-up）法

（1）化学气相沉积法　化学气相沉积（CVD）法是在真空容器中利用气态碳源在基底表面高温分解生长石墨烯膜的方法。

该方法中制备工艺有 3 个要素：气态碳源、生长基底及控制因素（反应室内温度、压力、气氛比例等）。其中：气态碳源可选用甲烷（CH_4）、乙烯（C_2H_4）及乙炔（C_2H_2）

等；生长基底根据所需石墨烯的品质要求可以选择过渡金属（Ni、Cu、Mo）、稀土金属（Ru、Ir）和金属氧化剂（SiO₂）等；控制因素中的生长温度根据碳源的分解温度可分为高温（＞800℃）、中温（600～800℃）和低温（＜600℃）。随着制备工艺研究的逐步完善，该法制备所得的石墨烯产品质量高、生长面积大，已成为目前制备高质量石墨烯的主要方法之一，也为石墨烯在高性能纳电子器件、透明导电薄膜等领域的实际应用奠定了材料基础。

由于 CVD 方法制备石墨烯的碳源气体充足、价位低，而且制备设备可用 CVD 反应室，工艺简单易行，产品质量很高，可实现规模化大面积生长，且相应转移技术的发展较为成熟，因此 CVD 法被认为是制备石墨烯最有前途的方法。但是采用 CVD 法制备石墨烯，所用的衬底的种类、衬底的质量（如基底的厚度、表面平整度等）会对石墨烯的成膜质量造成影响。另外，调节生长参数实现石墨烯优化生长的过程比较烦琐，如何简便快速地实现石墨烯从衬底向应用器件上的转移也是难题，从而在一定程度上限制了 CVD 法制备石墨烯在工业生产中的应用。

（2）　SiC 外延生长法　SiC 外延生长法以 SiC 单晶片为原料，进行去氧化物处理，然后在高温（通常＞1400℃）和超高真空（通常＜10⁻⁶Pa）（或氩气等稀有气体保护气氛）条件下使其表层中的 Si 原子蒸发，表面剩下的 C 原子通过自组形势发生重构，即可得到基于 SiC 单晶基底的石墨烯。

SiC 外延生长法被认为是生产石墨烯晶片的最优方法之一，主要原因是 SiC 自身提供了绝缘衬底。它是利用 Si 的高温蒸气压，在超高真空（低于 10⁻⁶Pa）的环境下加热 SiC 至 1300℃以上将 Si 原子从材料上脱离，剩余的 C 自发性结构重排，从而在单晶（0001）面上分解出石墨烯片层。通过这种方法得到的石墨层通常含有一层或者几层石墨烯，其具体厚度主要由加热温度和加热时间决定。

SiC 外延生长法的两个主要缺点是使用的衬底材料单晶 SiC 比较昂贵（难以重复使用）、生长的温度很高。另外，SiC 衬底有两个极性面 Si（0001）面和 C（0001）面，石墨烯在两个极性面均可以生长。由于石墨烯膜和 SiC 间的晶格失配，其物理与电子特性和基底的晶面密切相关，因此在不同极性面上生长的石墨烯的厚度、迁移率和载流子浓度等也有所不同。

11.6.4　石墨烯的应用

石墨烯应用的无限前景离不开其新奇的特性。例如：石墨烯重量超轻却无比坚硬和柔韧，耐高温却不吸收热量，是绝佳的导体却连氦也无法穿透它！由于石墨烯是相对较为新颖的领域，科学家们最初都将注意力放在降低其大规模生产的成本以及了解其特性上。为了进一步深入了解，这些研究仍在继续。

11.6.4.1　高比强度相关领域的应用

浸渍碳纳米纤维（CNF）聚合物复合材料的研究成果现已用于制造重量轻且坚固的飞行器。由于石墨烯比碳纳米纤维的质地更为坚硬，重量更轻，并能承受金刚石切割器的切削力，目前科学家正考虑将其应用于制造风力涡轮机叶片、飞轮、飞行器、运输和高功率传输线等。此外，将石墨烯与环氧树脂一类的塑料进行结合，不仅有望替代制造飞行器所用的钢铁，减轻飞行器重量，还能提高燃料效率。

目前，一些利用石墨烯高强度特性的商业应用已投入生产。例如：海德（HEAD）网球拍系列"YouTek™ SPEED"已经上市。

11.6.4.2　电能储存

锂离子电池与其他传统蓄电池相比，比能量高、大电流放电能力强、循环寿命长、无环境污染且储能效率可达到 90% 以上，被广泛应用于便携式电子设备和移动交通中。在锂电池中，石墨烯因其特殊的片层结构、较高的比表面积，相对于传统的碳负极材料，可以提供更多的储锂空间，开放的大孔结构为电解质中离子基团的进出提供了势垒极低的通道，凭借其优异的导电性能，可为石墨烯锂离子电池提供良好的功率特性和大电流充放电性能。

石墨烯在锂离子电池中的应用，一般是和其他物质形成复合材料，而直接用石墨烯做电极材料的研究相对较少。该类复合材料既可用作负极材料，也可用作正极材料，其中用于负极材料的研究相对较多。

石墨烯单独作为超级电容器的电极材料时，其理论比容量值仅为 329F/g，这样也就限制了该材料在超级电容器中的大规模应用。通过对石墨烯进行官能团修饰改性以及制备石墨烯基复合电极材料，构建法拉第准电容器已经成为该领域研究的热点之一。

由于石墨烯分散后具有非常大的储能活性，因此石墨烯复合功能材料也可用于超级电容器领域。将石墨烯与导电聚合物和金属氧化物复合而成的材料作为电极，则超级电容中双电层电容和法拉第准电容同时存在，使得两种电容的储能能力都得以充分发挥，从而更好地提高超级电容器性能。三元复合材料优异的协同作用，使其相比二元复合材料和纯材料有更好的电化学性能。可见，今后石墨烯在超级电容器电极材料中的应用研究会更加深入。

11.6.4.3　电子和光电设备

石墨烯可传输 97% 以上的光，具有良好的导电性，电阻较低。因此，石墨烯在光电学这一领域的发展迅速，不久就会出现商业用途的光电设备，如触摸屏、液晶显示屏（LCD）和折叠式有机发光二极管（OLEDs）等。这些应用对接触电阻的控制要求更高。虽然目前铟锡氧化物（ITO）已成功广泛地应用于各领域，但石墨烯的发现使人们发现石墨烯不仅符合铟锡氧化物的特性，甚至还有超越其的潜质。石墨烯的光学吸收性可通过调整费米能级而改变，优质石墨烯则具备极高的拉伸强度和柔韧性（用于弯曲半径小于规定的 5～10nm 可弯曲电子纸）。

集成电路便是成功运用石墨烯的典型实例之一。由于石墨烯的载流子迁移率高，噪声低，所以可用作场效应晶体管的通道，2008 年，科学家们制造出了最小的晶体管，只有单原子厚、10 个原子宽，2009 年又研制出 N 型晶体管。到 2010 年，美国国际商用机器公司在碳化硅上制备出外延生长的石墨烯，并可用于大规模生产集成电路。2011 年，美国国际商用机器公司制造出了首个石墨烯集成电路，这种宽带射频混频器即使在 127℃ 的高温下也能正常运作。此后在 2013 年，8-晶体管 1.28GHz 的环振电路得以问世。石墨烯还可用于制造触摸屏和逻辑晶体管等电子设备。

11.6.4.4　光伏电池中的透明柔性导电薄膜

作为一种透明柔性导电材料，石墨烯有望应用于光伏（PV）太阳能电池领域。电池中的石墨烯具有高导电性和光透明性，吸光率低，大约可吸收 2.7% 的白光，并同时保持高电子迁移率，因此可用于替代铟锡氧化物（ITO）。此外，由于石墨烯的带隙几乎为零，所以不能用来代替硅（Si）。最近，有研究报告显示，通过氯掺杂可将石墨烯的带隙增至 1.2eV，通过氢化甚至可增至 2.54eV。报告还指出，通过与硼掺杂，石墨烯还可以制成 P 型半导体。

石墨烯薄膜的另一个优势是在可见光和近红外光区域内具有高透光率。此外，石墨烯薄膜也具有化学稳定性和热稳定性，其电荷迁移率高，因此可用于制造电荷收集器和光伏透明电极。由于石墨烯的柔韧性大、质地极其轻薄，石墨烯光伏电池可用于手机充电或改造可储能的光伏纱窗或窗帘。

另一种高效能的石墨烯光伏太阳能电池使用效率为 15.6％。科学家们在用化学气相沉积（CVD）法制备石墨烯的过程中将甲烷用作前体，镍用作基底，同时在石墨烯上涂上热塑性塑料保护层，最后将这种塑料保护的石墨烯附着于柔性聚合物膜以制造光伏电池。这样就制成 150cm² 的石墨烯塑料，用以制备柔性光伏电池的密集阵列。

11.6.4.5 气体传感器

石墨烯具有高比表面积，并可掺杂各种阳离子和阴离子。这一特性使石墨烯可用作气体传感器。石墨烯能吸收大量气体，被吸收的气体会改变表面态的浓度，表面态浓度的变化反过来会改变石墨烯的表面电阻。这使得衡量电阻的变化成为可能，探测范围也可得以扩展，如可探测到浓度为 $10^{-9} \sim 10^{-6}$ 的二氧化氮（NO_2）和氨气（NH_3）。科学家们通过图形化石墨烯提高了石墨烯片的灵敏度，从而增大了石墨烯的活性比表面积，也因而扩大了探测范围。

11.6.4.6 压力传感器

由于具有高载流子迁移率和杨氏模量等特性，石墨烯是制造纳米电子机械系统（NEMS）的良好材料。石墨烯能在自身不破裂的情况下再延展 20％。气体（包括氦气）无法透过石墨烯，因而利用石墨烯片可检测气体压力。石墨烯受到施加应力时会产生电势，因此可用作压阻材料，这意味着石墨烯片受压时会产生电子信号，从而可测试施压强度。为此，可将石墨烯沉积于类似二氧化硅、氮化硅甚至某些聚合物等适合的基底上。研究表明，石墨烯每单位面积的灵敏度是传统压阻材料的 20～100 倍。

11.6.4.7 医疗领域

石墨烯在生物医学方面的应用取得了巨大进展，如药物传输、癌症治疗和生物传感等。目前，尽管众多研究具有广阔的前景，但仍处于初步阶段。然而，这一新兴领域不仅拥有机遇，还面临着众多挑战，石墨烯在纳米医学领域还存在诸多未解难题。石墨烯在药物传输应用中的一大难题就是其短期和长期毒性的问题。石墨烯的毒性与其表面功能化密切相关。但是拥有生物相容性涂层［如聚乙二醇（PEG）］的纳米石墨烯在活体外和活体内的毒性极小，且在高浓度盐和蛋白质中呈现出绝佳的稳定性。即使在浓度为 100mg/L 的环境下，涂有聚乙二醇的石墨烯对 HCT-116、OVACR-3、U87MG、MDA-MB-435 和 MCF-7 细胞系的体外毒性几乎可以忽略不计。

科学家发现浓度大于 50mg/L 的氧化石墨烯可用于引发人成纤维细胞的细胞毒性，而浓度为 85mg/L 的氧化石墨烯只会轻微降低 A549 细胞的增殖率，不会导致细胞凋亡。此外，对大鼠体内毒性的研究显示，在对大鼠静脉注射氧化石墨烯后，大部分氧化石墨烯会聚集在肺部，并导致剂量依赖性（明显的毒性为剂量 10mg/kg 时的肺毒性）。这可能是因为未进一步进行表面功能化的氧化石墨烯在生理环境下具有不稳定性。在光热治疗中，给小鼠静脉注射 10～50nm 放射标记的氧化石墨烯＋纳米聚乙二醇（PEG），小鼠在 40 天内没有显示明显的毒副作用，且注射物主要位于肝和脾脏等网状内皮系统中，肺部几乎没有堆积。此外，连续三个月对小鼠注射剂量为 20mg/kg 的氧化石墨烯会被逐渐排出体外，并不会导致毒副反应。因此，端氨基分枝型聚乙二醇可被用来功能化氧化石墨烯。

在发现石墨烯四年后，生物科学家们开始探索纳米石墨烯作为癌症药物的载体。2008年，戴（Dai）的科学团队首次将石墨烯应用于药物传输领域。药物传输中使用的石墨烯涂有具备生物相容性的端氨基分枝型聚乙二醇，能轻易与分子进行功能化。研究发现，石墨烯适用于被动体内肿瘤的摄取和光热消融肿瘤。通过 ω-ω 堆积，已有效实现在石墨烯表面大量负载抗癌药物 SN48 和阿霉素，从而在细胞内进行药物传输。由于石墨烯的表面积大，每个原子都暴露在其表面，因而其具有极高的载药量。

虽然石墨烯纳米医学还处在初期阶段，但其必将为癌症的治疗带来更多独特和新颖的进展。科学家们意识到，石墨烯在药物传输中的应用为药物传输与其他疗法如光热疗法和基因疗法的结合等奠定了基础。

思 考 题

1. 纳米效应指的是什么？解释纳米颗粒的光吸收带出现"蓝移"现象的原因。
2. 举例说明纳米材料在生物医学中有哪些应用？
3. 简述纳米脂质体作为药物载体的优点。
4. 简述纳米二氧化钛的光催化原理及应用领域。
5. 护目镜、泳镜在生产过程中，采用哪些涂层涂覆可以达到防雾效果？
6. 简述人工合成超硬材料的种类及应用领域。
7. 超级隔热气凝胶有哪些种类？在航空航天领域中有什么应用？
8. 目前先进显示技术有哪些种类？
9. 简述 OLED 显示材料的结构、原理及应用方向。
10. 简述 Micro-LED 显示材料的结构、原理及应用方向。
11. 石墨烯结构上有什么特点？有什么特殊性能？石墨烯制备方法有哪些？

参考文献

[1] 张俊甫. 精细化工概论. 北京：中央广播电视大学出版社，1991.

[2] 程铸生. 精细化学品化学. 上海：华东理工大学出版社，2002.

[3] 王明慧，袁冰，万钧. 精细化学品化学. 北京：化学工业出版社，2009.

[4] 闫鹏飞，高婷. 精细化学品化学. 北京：化学工业出版社，2013.

[5] 何海兰. 精细化工产品手册. 北京：化学工业出版社，2004.

[6] 郑冰，牛海军，白续铎. 有机染料敏化纳米晶太阳能电池. 化学进展，2008，20（6）：828-840.

[7] 付立民. 国内外压敏、热敏染料及其纸基的现状与发展. 辽宁化工，1992，21（3）：12-17.

[8] 陈丽媛，陈晓健，孙健，等. 近红外吸收染料的进展. 染料与染色，2013，50（6）：1-7.

[9] 官仕龙. 涂料化学与工艺学. 北京：化学工业出版社，2013.

[10] 赵春玲，寇开昌，张教强. 特种胶粘剂的研究进展. 中国胶粘剂，2009，18（3）：48-50.

[11] 张军营，张孝阿. 特种胶粘剂发展的化学基础//北京粘接学会第十七届年会暨胶粘剂、密封剂应用技术论坛论文集，2008.

[12] 卓龙海，寇开昌，吴广. 耐高温胶黏剂研究进展. 中国胶粘剂，2011，20（1）：53.

[13] 李连清. 特种胶黏剂. 宇航材料工艺，2005（5）：63.

[14] 蔡永源. 国内外胶黏剂技术进展. 化工新型材料，1999，27（2）：30-35.

[15] 叶青萱. 环保型胶黏剂最新进展. 粘接，2005，26（1）：38-40.

[16] Richard，Tabibian. Global competition leaves no time to rest. Adhesives Age，1993（5）：32-39.

[17] 李莉. 美国胶黏剂工业. 精细与专用化学品，2000（18）：33.

[18] 蔡永源. 国内外胶黏剂技术进展. 化工新型材料，1999，27（2）：30-35.

[19] 周文，张冬梅. 开发绿色健康型建筑胶黏剂. 粘接，1999（增刊）：102-104.

[20] 熊金平，胡定诗，陈冬梅. 黏合剂的研究进展//2000年全国非金属材料防腐蚀技术与应用学术讨论会论文集. 北京：中国腐蚀与防护学会，2000：7-11.

[21] 叶青萱. 日本胶黏剂现状与发展. 化学推进剂与高分子材料，2002（5）：28-31.

[22] 孙宇宏，张建华. 聚氨酯胶黏剂研究的进展. 粘接，1999（增刊）：92-94.

[23] Yoshihiro Okamoto，Yoshiki Hasegawa，Fumioyoshi Yoshino. Urethane/acrylic composite polymer emulsions. Progress in Organic Coatings，1996（29）：175-182.

[24] 杨宝武. 关于胶黏剂的环保问题. 胶体与聚合物，2002，20（4）：28-31.

[25] 周善康，戴李宗. 走向彻底环保型的鞋用胶黏剂. 厦门科技，2000（1）：23-25.

[26] 刘鹏凯，殷萍. 我国氯丁胶生产的现状、发展趋势与对策. 胶体与聚合物，2002，1（20）：39-41.

[27] 周曦滨. 浅谈室内装饰材料及其环保问题. 广东建材，2004（7）：69-71.

[28] 梁桂婷. 居室环保与绿色装饰材料. 广东建材，2004（7）：136-138.

[29] 叶青萱. 新一代密封胶—端硅氧烷聚氨酯密封胶. 中国胶粘剂，2001（8）：34-36.

[30] Vick Charles B，Okkonen E Arhold. Durability of one part polyurethane bonds to wood improved by HMR coupling a gent. Forest Products Journal，2000（10）：69-75.

[31] 詹中贤. 聚氨酯热熔胶黏剂的合成与应用的研究. 中国胶粘剂，2006（1）：41-44.

[32] Minfeng T A，Waldman Bruce. Silylated urethane polymer enhance properties of construction sealants. Adhesives Age，1995（4）：30.

[33] 叶青萱. 单组分聚氨酯胶黏剂发展简介. 聚氨酯工业，1998，13（1）：6-10.

[34] Bethw，Mcnin W，Scott S，et al. Synthetic latex products. Adhesives Age，1995（11）：34-41.

[35] 杨玉昆. 压敏胶黏剂. 北京：科学出版社，1987.

[36] 方少明，冯先平，程海军. 乳液型丙烯酸酯压敏胶. 粘接，1996，3（17）：13-15.

[37] 杜奕，李江屏，潘智存，等. 环保型丙烯酸系热容压敏胶黏剂. 粘接，2000，3（21）：12-15.

[38] 李延科，凌爱莲，桑鸿勋，等. 丙烯酸酯改性水性聚氨酯乳液性能的研究. 化工新型材料，2001，28（5）：31-32.

[39] Hiroset M，Kadowaki F，Zhou Jianhui. The structure and properties of core shell type acrylic polyurethane hybride aqueous emulsions. Progress in Organic Coatings，1997（31）：157-169.

[40] 郭琦，钱文浩，朱吕民. 双组分水性聚氨酯胶黏剂的合成与应用. 聚氨酯工业，2002，17（1）：12-14.

[41] 陈琦.水性聚氨酯胶黏剂进展.中国胶粘剂，2002，11（4）：43-47.

[42] 王世泰.D4-丙烯酸酯水性胶黏剂的研制.中国胶粘剂，2000，9（6）：10-12.

[43] 张心亚，蓝仁华，陈焕钦.单组分水性有机硅改性丙烯酸乳液胶黏剂的合成与性能.化学建材，2003（3）：36-38.

[44] Peter A Voss. Adhesion and adhesives. Adhesives Age, 1998 (5)：26-28.

[45] 张跃军，王新龙.胶粘剂新产品与新技术.南京：江苏科学技术出版社，2003.

[46] 邱明伟.室温硫化硅橡胶及其在航天器上的应用.宇航材料工艺，2005（4）：10.

[47] 《合成材料助剂手册》编写组.合成材料助剂手册.北京：化学工业出版社，1985.

[48] 葛世成.塑料阻燃实用技术.北京：化学工业出版社，2004.

[49] 王明慧，牛淑妍.精细化学品化学.北京：化学工业出版社，2013.

[50] 郑书忠.工业水处理技术及化学品.北京：化学工业出版社，2010.

[51] 雷仲存.工业水处理原理及应用.北京：化学工业出版社，2003.

[52] 严瑞煊.水处理剂应用手册.北京：化学工业出版社，2000.

[53] 姚重华.混凝剂与絮凝剂.北京：中国环境科学出版社，1991.

[54] ［日］川合知二主编.图解纳米技术的应用.陆求实译.上海：文汇出版社，2004.

[55] Ller R K. The Chemistry of silica. New York：Wiley-Interscience，1979.

[56] 曹茂盛.纳米材料导论.哈尔滨：哈尔滨工业大学出版社，2004.

[57] 陈光华.纳米薄膜技术与应用.北京：化学工业出版社，2004.

[58] 陈敏恒，袁渭康.工业反应过程的开发方法.北京：化学工业出版社，1983.

[59] Zhu yongfa, Tan Ruiqin, Tao Y, et al. Preparation of nanosized La_2CoO_4 perovskite oxide using an amorphous heteronuclearcomplex as a precursor at low-temperature. Journal of Materials Science，2000，35（21）：5415-5420.

[60] 国家新材料行业生产力促进中心.中国新材料发展报告.北京：化学工业出版社，2004.

[61] 李玲.表面活性剂与纳米技术.北京：化学工业出版社，2004.

[62] 董忠良.纳米粒子为种子的复合乳液聚合的研究.建筑装饰材料世界，2002，34（3）：18-21.

[63] 中国材料研究学会.94秋季中国材料研讨会Ⅱ，低维材料2.北京：化学工业出版社，1994：430.

[64] 沈兴海，王文清，王爽，等.P507（K）-醇-正庚烷-水四组分微乳液体系的结构参数.物理化学学报，1994，10（7）：585-590.

[65] Wang Wei, Fu Xiao'an, Tang Ji'an, et al. Preparation of submicron spherical particles of silica by the water-in-oil microemulsion method. Colloids and Surfaces A：Physicochemical and Engineering Aspects，1993，81：177-180.

[66] 王世敏，赵建洪，熊新明，等.用金属醇盐制备KTN溶胶凝胶的工艺研究.湖北大学学报（自然科学版），1995，17（3）：248.

[67] Bowes C L, Lough A J, Malek A, et al. Thermally stable self-assembling open-frameworks：isostructural Cs^+ and $(CH_3)_4N^+$ iron germanium sulfides. Chemische Berichte，1996，129：283-287.

[68] Bowes C L, Ozin G A. Self-assembling frameworks：beyond microporous oxides. Adv Master，1996，8：13-28.

[69] Guczi L，Sarma K V，Borkó L. Non-oxidative methane coupling over Co-Pt/NaY bimetallic catalysts. Catal Lett，1996（39）：43.

[70] Kohlschütter V，Haenni P. Zur Kenntnis des Graphitischen Kohlenstoffs und der Graphitsäure. Z Anorg Allg Chem，1918，105（1）：121-144.

[71] Walker，Sohia. Use of graphene photovoltaics as alternate source of energy｜Computer Talks. http：//www. Comptalks. com. Retrieved on 2010-12-10.

[72] Geim A K. Graphene：status and prospects. Science，2009，324：1530-1534.

[73] 赵国玺，等.表面活性剂作用原理.北京：中国轻工业出版社，2003.

[74] 陈荣圻.表面活性剂化学与应用.北京：纺织工业出版社，1995.

[75] 方海林.高分子材料加工助剂.北京：化学工业出版社，2007.

[76] 宜召龙.易建攻.杜任国.抗静电剂研究进展.塑料科技，1996，27（5）：39-41.

[77] 刘钟栋.食品添加剂.南京：东南大学出版社，2006.

[78] 胡国华.复合食品添加剂.北京：化学工业出版社，2006.

[79] 章苏宁.化妆品工艺学.北京：中国轻工业出版社，2007.

[80] 郝利平，聂乾忠，周爱梅.食品添加剂.3版.北京：中国农业大学出版社，2016.

[81] 彭珊珊，钟瑞敏.食品添加剂.4版.北京：中国轻工业出版社，2017.

[82] 詹怀宇. 制浆原理与工程. 4版. 北京：中国轻工业出版社，2019.

[83] 黄恭. 新国标 GB/T 2705—2003《涂料产品分类和命名》之我见. 中国涂料，2004，19（009）：11-12.

[84] 黄恭. 新国标 GB/T 2705—2003《涂料产品分类和命名》浅析. 化工标准·计量·质量，2004，09：3-9.

[85] 姜山，鞠书婷. 纳米. 北京：科学普及出版社，2013.

[86] 刘靖，王威，余新泉，等. 超亲水防雾表面研究进展. 表面技术，2020，49（12）：75-92.

[87] 刘成宝，李敏佳，刘晓杰，等. 超疏水材料的研究进展. 苏州科技大学学报（自然科学版），2018，35（4）：1-8.

[88] 王光祖. 超硬材料制造与应用技术. 郑州：郑州大学出版社，2013.

[89] 林峰. 超硬材料的研究进展. 新型工业化，2016，6（3）：28-52.

[90] 锁浩，王伟，江胜君，等. 耐高温气凝胶隔热材料研究进展. 上海航天，2019，36（6）：61-68.

[91] 冯坚. 气凝胶高效隔热材料. 北京：科学出版社，2016.

[92] 李继军，聂晓梦，李根生，等. 平板显示技术比较及研究进展. 中国光学，2018，11（5）：695-710.

[93] 陈永胜，黄胜，等. 石墨烯——新型二维碳纳米材料. 北京：科学出版社，2014.

[94] Jamie H Warner，等. 石墨烯：基础及新兴应用. 北京：科学出版社，2015.

[95] 陈洪龄，周幸福，王海燕. 精细化工导论. 北京：化学工业出版社，2015.